원리를 생각하는

축산식품가공학

한기동 저

한 기 동

현) 영남대학교 식품공학과 교수

영남대학교 식품가공학과 학사, 석사

Niigata University Graduate School of Science and Technology, 박사 (Ph. D)

Niigata Unversity School of Medical & Dental Science. Post-Doc.

Niigata College of Pharmacy, Laboratory of Biochemistry. Post-Doc.

University of Florida 방문교수

Lotte 중앙연구소, Tokyu Foods 연구원

한국식품과학회 사업간사

한국식품영양과확회 편집간사

KISTI 정보협의회 위원

원리를 생각하는

축산식품가공학

2017년 3월 01일 1판 1쇄 인쇄 / 2017년 3월 03일 1판 1쇄 발행

지은이. 한기동
펴낸이. 윤 용 호 | 펴낸곳. 석학당 출판사 121-856 서울시 마포구 토정로 222 한국출판협동조합 3층 301호
등록. 2001.10.23. 제10-2238호 | 전화. 02)719-6116 | 팩스. 02)719-6120
홈페이지. www.shdbooks.co.kr | E-mail. shd6116@chol.com

ISBN 979-11-87621-04-1 가격 20,000원

이 도서의 국립중앙도서관 출판예정도서목록(CIP)은 서지정보유통지원시스템 홈페이지(http://seoji.nl.go.kr)와 국가자료공동목록시스템(http://www.nl.go.kr/kolisnet)에서 이용하실 수 있습니다.
(CIP제어번호 : CIP2017004326)

축산식품산업은 경제성장과 더불어 괄목할만하게 생산과 소비의 신장이 이루어진 산업분야 중의 하나로 볼 수 있다. 식육과 축산가공식품은 인류의 생존을 위해 필수적인 동물성 단백질의 주요급원으로 오래전부터 인류의 역사와 함께 하여왔다. 축산물을 이용한 다양한 가공식품산업은 서양을 중심으로 발전하여왔다. 우리나라의 경우 근대화된 축산식품산업은 주로 일본을 통하여 도입되어 그 역사가 매우 짧고, 산업적으로 성숙되지 못하다가, 국가 근대화 과정을 거치고 경제성장과 더불어 발전하여 왔다. 이 후 축산식품산업은 식육소비량의 증가와 더불어 신선육산업을 중심으로 외형적으로 크게 발전하여 왔다. 한국 특유의 구이문화는 가공육산업의 성장에 걸림돌이 되어, 고급육가공제품시장이 성숙되지 못한 원인이 되어왔다. 그러나 최근 식생활 문화의 변화와 국민소비수준의 향상과 더불어 치즈, 아이스크림, 고급 육가공제품 등 특정 축산식품의 소비가 크게 증가하고 있다. 또한 웰빙 · 건강식품에 대한 소비자의 관심이 그 어느 때보다 높아지고 있어 관련업체에서는 발효유제품, 기능성 육가공품 등 특정 기능을 가지는 제품에 대한 연구 개발이 활발하게 이루어지고 있다.

새로운 제품의 개발을 위해서는 원료의 특성과 가공 원리에 대한 체계적인 이해가 무엇보다 우선 되어야 할 것이다. 이를 위해서는 학생들이 유가공, 육가공, 난가공 등을 구분하여 체계적으로 배우고 서로의 연관성에 대한 이해가 필요 하나, 대학교과 과정의 한계 상 대부분의 대학 학과에서는 구분하지 않고 축산식품가공과 같은 하나의 과목으로 한 학기에 강의하고 있는 실정이다. 따라서 짧은 시간이지만, 저자는 이 책을 통하여 독자가 축산식품별 산업현황, 축산식품의 가공원리 등 중요 내용을 스스로 체계적으로 이해하고 응용할 수 있는 구성이 되도록 노력하였다.

이 교재가 축산식품가공 전반에 걸쳐 다양한 문헌을 인용하여 저술되다 보니, 여러 부분에서 전문적 내용의 부족과 오류가 있으리라 생각되며 이러한 점은 향후 지속적으로 보완해 나갈 것이다. 더불어 출간을 도와주신 석학당 윤용호 사장님과 직원 여러분께 감사를 드린다.

2017년 02월

저자 씀

제 1 편 우유 및 유가공품

제 2 편 식육 및 식육가공품

제 3 편 계란 및 난가공품

제 1 편

우유 및 유가공품

제 1 장 우유 및 유가공 산업현황

I. 우유와 유가공의 역사

1. 인류문화와 유가공의 역사

최근의 자료에 따르면 인류가 포유동물을 가축화해서 우유를 착유하여 마시고, 또 다양한 유제품을 만들기 시작한 것이 지금으로부터 5,000년~6,000년 전으로 추정되고 있다.

기원전 3,500년경의 것으로 인정되는 유프라테스(euphrates)계곡 근처 알 우바이드(Al' Ubaid)에서 발견된 벽화이다. 1922년 대영 박물관과 미국 펜실베니아대학 박물관의 연구진에 의해 발견된 이 벽화에는 외양간에 매어있는 소젖을 짜는 사람모습, 젖을 걸러내어 그릇에 받는 모습 등이 새겨져 있다(그림 1-1).

기원전 2,500년경 슈메르인(Sumarians)에 의해 포유동물이 사육되고 있어 우유가 음용된 것으로 보인다(그림 1-2).

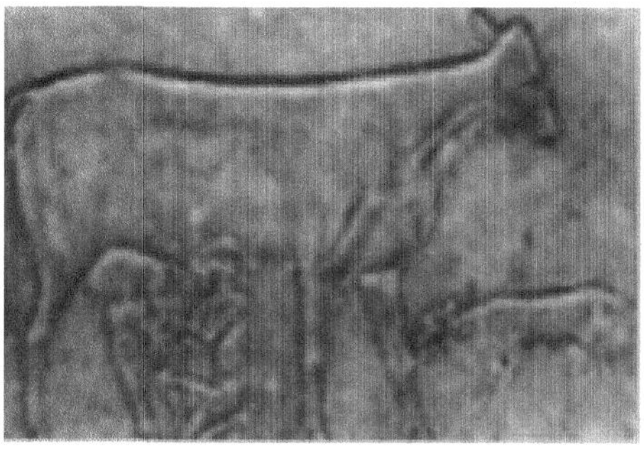

그림 1-1 소젖을 짜는 사람과 젖을 그릇에 받는 모습이 새겨진 알 우바이드(Al'Ubaid) 벽화.

그림 1-2 슈메르인이 그린 석화 : 두 번째 줄에 사람들이 동물을 사육하는 모습을 다루고 있다.

기원전 2000년경 앗시리아 시대에는 가축떼와 병사를 그린 벽화가 발견되는 등으로 보아 인류가 가축 및 그 우유를 이용한 역사는 매우 오래된 것으로 보인다. 그러나, 2012. 6.20 사이언스 데일리와 라이브사이언스 닷컴에서 북아프리카 리비아의 타카르코리 동굴에서 7,000년 전 초원이었던 사하라(Green Sahara) 사막에서 젖소벽화 발견을 발표했고 영국 과학 전문지 네이처는 브리스톨대학교 에버세드 교수를 비롯한 이탈리아, 영국 등 국제연구진이 아프리카 사하라북부 리비아의 고고 유적지인 타카르코리에 있는 바위 동굴에서 나온 벽화, 바위그림, 토기 파편을 분석한 결과 우유를 가공해 만든 유제품의 흔적도 발견되었다. 벽화에는 얼룩무늬 젖소의 젖통이 우유로 가득 차 둥둥 분 모습이, 바위그림에는 소젖을 짜는 사람의 모습이 그려져 있다. 고대 이집트, 그리스, 로마에서는 우유와 치즈, 버터를 고급식품으로 사용한 기록이 있다.

인류의 역사를 보면 우유를 잘 이용한 민족이 번성한 것으로 보인다. 유럽의 강성과 문화융성, 몽골족의 세계 정복의 원동력이 영양이 풍부한 다양한 유제품소비에 있다고 하며, 반대로 아메리카 인디언들이 문명을 발달시키지 못하고 멸망한 이유는 젖을 짜는 가축을 보유하지 못한데 있다는 주장도 있다.

2. 한국 유가공의 역사 및 산업현황

한반도에서 소를 가축으로 사육하고 식용이나 제물로 이용한 역사는 단군조선(B.C 1500년경) 이전으로 인정되고 있으나, 우유를 이용한 구체적인 기록은 1285년경 일연이 지은 삼유사에 농축유제품을 의미하는 낙(酪)이라는 말이 처음 나온다. 우리나라에서는 삼국시대 고려 우왕때 국가상설기관으로 유우소라는 목장을 설치하여 왕실과 귀족 등 높은 지위를 가진 사람들만 우유를 먹을 수 있었던 것으로 보인다. 조선 순조 때의 학자 홍석모가 지은 세시풍속서인 동국세시기에는 내의원에서 우유를 식품으로 만들어 임금과 신하에게 준 내용이 있고, 불전열반경성행품에는 우유를 환자에게 먹이도록 한 내용이 있다. 세종때는 유우소의 규모가 커지자 이의 폐단을 막고자 유우소를 폐지한 기록이 있다. 숙종때는 낙죽(우유죽)은 보양식으로 왕이나 일부 귀족층만 먹을 수 있는 식품이었다는 기록이 남아 있어 우유가 대중화 되지 못하였다. 1902년 구한말 농상공부기사로 근무하던 프랑스인 Short씨가 현재의 신촌 부근에 우사를 짓고 홀스타인 젖소 20여 두를 도입하여 신촌목장이라 명명하고, 착유한 우유를 판매한 것이 우리나라 유가공의 시작이라 할 수 있다.

한일 합병 당시 착유영업자 수는 61명에 달했으며 452두의 젖소가 있었으나 대부분 일본인이 독점하고 있었다. 우리나라 사람으로 1910년에 삼태 목장을 개설하여 유일하게 종사한 사람은 성봉선으로 추정된다. 1930년대 전후 우유 판매 등의 경쟁이 치열하였고 당시 우유 소매가격은 1홉(180㎖)에 12～15전이며 대량 거래처에 8～10전으로 할인 판매되는 등 유통제도가 확립되지 않았다. 이런 문제를 해결하고자 영세업자들이 1934년 4월 청량리 농유조합을 결성 하였다. 1937년 서울우유 전신인 경성 우유 동업조합이 정동에 설립되면서 우유 처리장다운 시설이 우리나라에 생겨났으며 이 때 우유병은 1홉이었으며 우유병은 일본에서 수입한 것으로 전해진다. 1941년 태평양 전쟁 후 군수식량으로 강제 반출되어 배급제가 실시되었으며, 1943년에 우유아(牛乳兒)등록된 사람만 경성우유 판매조합에서 우유가 배급되었다. 제1순위는 유아, 제2순위 중병 환자 신장염 결핵환자 등, 3순위는 기타 병자 임산부 허약자에게 배급되었다고 전해진다. 1945년 9월 2일에 경성우유동업조합을 서울우유동업조합으로 개칭되었으며, 해방 이후 모리나가, 메이지 등 일본직영 목장이 38선 이북에 있었기 때문에 낙농 사정은 알길이 없으며, 해방된 경성조합은 하루 3,600㎏에서 540㎏으로 생산량이 격감되었다.

1948년에 건강 우량아 선발대회가 개최되는 등 서울우유 홍보와 우유 소비를 촉진하게 되었으며 우유 판매 특약점이 25개소 생겼다. 6.25 동란 때 서울우유동업조합은 11,000여 두에 육박한 젖소가 237두로 격감하게 되며, 우유 생산이 중단되었으나 그해 10월 다시 원유를 처리하였다. 1950년대 말까지 우유 소비는 대부분 가정배달이었으며 1956년 제과점에 하루 200개를 공급하는 것을 계기로 대량거래처가 개척되고 이때 오리온제과에서 최초로 우유를 이용한 캐러멜이 생산되기도 하였다. 1962년에 젖소 사육두수 2,406두이던 것이 1995년 말에는 553,467두로 230배의 빠른 성장을 보였으나, 1995년 우루과이 라운드 타결에 의해 치즈, 분유류가 수입 개방되고 유가공 산업이 재편되면서 젖소의 사육두수도 점차 감소하였다. 1963년 최초로 가당연유의 생산을 시작으로 1963년 비락, 1966년 남양이 유아용 조제분유의 생산, 1969년 해태가 연유와 분유를 생산하면서 본격적으로 국내유가공산업의 확산이 시작되었다고 볼 수 있다.

최근 우리나라의 유가공산업은 전체 식품가공산업의 약 13%(2002년 기준 3조2천억)의 매출규모를 가지는 국민 기초산업으로 발전하였으며, 낙농업은 2003년에 사육두수 51만두, 착유두수 27만두 연간 우유생산량은 약 236만 톤으로 국민 1인당 소비량은 62.4kg에 이르렀고 2014년에는 1인당 72kg으로 소비가 늘고 있어 유가공산업은 꾸준히 성장하고 있다고 볼 수 있다. 그러나 일본을 제외한 낙농 선진국에서는 1인당 우유 및 유제품 소비량이 품목에 따라 우리나라보다 3배 이상으로 많다. 소득증대에 따라 소비자는 다양한 식생활을 추구하고 또한 건강에 많은 관심을 보이고 있다. 따라서 우리나라 국민에 맞는 유제품 개발과 프로바이오틱스 등 건강기능식품에 맞는 다양한 제품이 개발된다면 유가공산업의 잠재력은 매우 크다고 볼 수 있다.

제 2 장 우유의 과학

Ⅰ. 우유의 화학적 조성

1. 우유의 성분 조성

우유는 젖소의 유선(mammary gland)에서 합성되어 분비되는 백색 불투명의 액체로서 예로부터 인류의 중요한 식품중의 하나였으며 음용우유 및 버터 · 치즈 · 분유 등 각종 유제품의 제조에 널리 이용되고 있다.

일반적으로 우유는 이용목적이나 성분조성에 따라서 명칭이 다르다. 즉, 분만 후 5일 이내에 착유한 우유를 초유(colostrum)라 하고 그 이후에 착유한 우유를 정상유(normal milk)라고 한다. 그리고 목장에서 착유되어 살균되지 않은 우유를 생유 또는 원유(raw milk)라 하고 유가공장에서 살균(또는 멸균)처리된 우유를 시유(market milk)라고 한다. 시유에는 살균처리된 살균유(pasteurized milk)와 장기보관용으로 멸균처리된 멸균유(sterilized milk)가 있다. 우유는 주성분인 수분, 단백질, 지방질, 탄수화물 및 무기질로 구성되어 있으며, 그 외에 미량성분인 비타민, 효소, 색소 등이 함유되어 있다. 이러한 우유성분은 유제품의 제조에서 편리상 수분과 총고형분(total solids, TS)으로 구분되고, 수분을 제외한 총고형분을 지방(fat)과 무지고형분(solids-not-fat, SNF)으로 구분한다. 우유를 정치하면 지방구가 부상하는데 우유가공시에는 크림분리기를 사용하여 지방이 풍부한 크림을 분리한다. 이때 지방으로 이루어진 부분을 크림(cream)이라 하고, 지방을 제거한 나머지 부분를 탈지유(skim milk, non-fat milk)라 한다. 탈지유에 대해서 지방을 전혀 제거하지 않은 원래의 우유를 전유(whole milk)라고 한다. 전유 또는 탈지유에 산 또는 레닛(rennet)을 첨가했을 때 생성되는 응고물을 커드(curd)라 하고, 커드를 제거한 나머지의 투명한 황록색의 수용액을 유청(milk serum, whey)이라 한다. 커드는 전유의 경우 카세인(casein)과 지방을 주성분으로 하고, 탈지유의 경우 우유의 주요 단백질인 카세인을 주성분으로 한다. 또한 유청에는 유당을 비롯하여 유청단백질, 무기질 및 수용성 비타민이 함유된다. 이와 같은 우유성분 중에서 유당과 무기질의 대부분은 물에 용해되어 있고, 대부분의 단백질은 현탁질로서 콜로이드 상태로 분산되어 있으며, 지방질은 유탁질로서 유화 상태로 존재하고 있다.

우유에는 양질의 단백질과 지방이 소화되기 쉬운 형태로 함유되어 있으며, 우유는 특히 칼슘과 비타민 B2의 공급원으로서도 뛰어나다. 우유와 모유의 화학적 조성을 비교해 보면 표 2-1과 같다. 즉 우유와 모유는 지방, 무지고형분 및 총고형분 함량은 비슷하나 우유에는 모유에 비해 단백질 특히 카세인 함량과 칼슘, 인 등의 무기질 함량이 많고 유당과 철의 함량은 적다.

표 2-1 우유와 모유의 화학적 조성(100g 중)

성 분	우 유	모 유
총고형분(g)	12.4	12.5
지방(g)	3.5	3.8
유당(g)	4.8	7.0
단백질(g)	3.3	0.9
무기질(g)	0.7	0.2
칼슘(mg)	115	30
인(mg)	92	15
칼륨(mg)	157	53
철(㎍)	46	80
비타민 A(㎍)	30	54
비타민 B_1(㎍)	37	15
비타민 B_2(㎍)	180	38
비타민 B_6(㎍)	46	13
비타민 B_{12}(㎍)	0.42	0.05
나이아신(㎍)	90	170
비타민 C(㎍)	1.7	4.4
비타민 D(㎍)	0.06	0.05
비타민 E(㎍)	88	520
비타민 K(㎍)	17	3.4
면역글로불린 A(mg)	3	100
면역글로블린 G(mg)	60	3
락토페린(mg)	10	170
라이소자임(mg)	0.013	40

1) 우유의 성분 조성에 영향을 미치는 요인

우유의 성분 조성은 젖소의 품종, 비유기, 연령, 계절, 사료 및 질병 등의 조건에 따라 변화한다.

(1) 젖소의 품종

젖소가 우리나라에 처음 도입된 것은 1902년의 홀스타인(Holstein)종이었으며, 60년대에는 미국, 일본, 캐나다, 뉴질랜드, 오스트레일리아 등지에서 도입되었다. 우유 생산을 목적으로 개량한 젖소의 품종은 대단히 많으나, 현재 세계 각국에서 많이 사육되고 있는 것은 홀스타인종, 저지(Jersey)종, 건지(Guermsey)종, 에어셔(Ayrshire)

종, 브라운 스위스(Brown Swiss)종, 유용 쇼트혼(Shorthorn)종 등으로 이들은 세계 6대 유용종이라고 하며, 우리나라에서 사육되고 있는 젖소의 대부분을 차지하는 품종은 홀스타인종이다. 젖소의 품종별 우유조성을 보면 표 2-2와 같다. 홀스타인종은 다른 젖소에 비해 체형이 크고 산유량이 많으나 유지방과 총고형분 함량은 적은 편이다. 반면에 저지와 건지종은 유지방과 단백질 함량이 다른 품종보다 높은 대신 산유량이 적다. 그러나 브라운 스위스종은 체형이 홀스타인종 보다 왜소하면서도 산유량과 유지방 함량이 많다.

표 2-2 젖소 품종별 우유의 조성(%)

품 종	수 분		지 방		단백질		유 당		회 분		총 고형분	무지 고형분
	범위	평균	범위	평균	범위	평균	범위	평균	범위	평균	범위	평균
Jersey	82.32 ~ 89.04	85.60	82.32 ~ 89.04	5.05	2.98 ~ 5.83	3.75	2.73 ~ 5.66	4.84	0.57 ~ 0.82	0.76	14.40	9.35
Guernsey	82.12 ~ 87.93	85.89	3.65 ~ 7.66	4.75	2.65 ~ 5.45	3.75	3.57 ~ 5.78	4.86	0.60 ~ 0.85	0.75	14.11	9.36
Brown Swiss	-	86.93	-	3.95	-	3.43	-	5.00	-	0.73	13.07	9.16
Ayrshire	84.24 ~ 89.44	87.42	2.92 ~ 5.66	3.85	2.92 ~ 4.58	3.32	2.41 ~ 6.11	4.70	0.58 ~ 0.85	0.71	12.58	8.73
Holstein	82.38 ~ 89.28	88.12	2.72 ~ 6.00	3.52	2.44 ~ 6.48	3.30	3.96 ~ 5.71	4.70	0.56 ~ 0.86	0.69	12.21	8.69

(2) 비유기

젖소가 젖을 분비하는 것은 송아지를 키우기 위한 것이지만, 개량된 젖소는 송아지를 양육하는데 필요한 젖 이상으로 많은 우유를 생산한다. 젖소가 송아지를 분만한 후 우유를 생산하기 시작하여 우유의 생산이 끝날 때까지의 기간을 비유기(泌乳期, lactation period)라고 하며, 그 기간은 약 305일이다. 나머지 약 60일간은 건유기(乾乳期)라 하며, 다음 비유(泌乳)에 대비하여 영양소 비축과 태아의 발육, 비유기 중에 손상된 유선조직의 회복 등의 목적으로 반드시 건유기가 필요하다. 분만 후 5일이내에 착유한 우유를 초유(初乳)라 하고, 비유기의 최종시기의 우유를 말기유(末期乳)라고 한다. 초유는 농도가 짙고 황색을 띄며, 때로는 혈액이 혼입되어 있을 때도 있다. 초유에는 고형분 중에서 단백질, 지방 및 회분 함량은 많고 유당 함량은 적다. 특히 초유에는 단백질 중에서도 글로불린 함량이 많으며, 철분과 비타민 A의 함량이 많은 것이 특징이다. 또한 초유는 가열에 의하여 쉽게 응고하고 강한 산성반응을 나타내므로 원유로서 부적당하여 납유가 금지되고 있다. 초유로부터 정상유에 이르는 기간 동안의 우유 성분 조성의 변화를 보면 표 2-3과 같다. 즉 초유로부터 정상유에 이르는 약 1주일 사이에 변동이 가장 크며, 단백질, 지방 및 회분 함량이 감소하고, 수분 및 유당 함량은 증가한다. 일반적으로 분만 후 3 ~ 6주간은 비유량은 가장 많으나, 단백질, 지방 및 회분 함량이 감소하고 비유가 끝나기 2개월 전까지는 큰 변화가 없으나, 비유말기에는 단백질, 지방 및 회분 함량이 다시 증가하며, 유당 함량은 전 기간 동안 큰 변화가 없다.

표 2-3 초유로부터 상유에 이르기까지의 우유조성의 변동(%)

분만후 (일)	비 중	수분 (%)	전 고형분 (%)	총 단백질 (%)	Casein (%)	Albumin 및 globulin (%)	지방 (%)	유당 (%)	회분 (%)	열응고
직후	1.067	73.01	26.99	17.57	5.08	11.34	5.10	2.19	1.01	+
6	1.044	79.54	20.46	10.00	3.51	6.30	6.85	2.71	0.91	+
12	1.037	85.47	14.53	6.05	3.00	2.96	3.80	3.71	0.89	+
24	1.034	87.23	12.77	4.52	2.76	1.48	3.40	3.98	0.86	+
30	1.032	86.37	13.63	4.01	2.56	1.20	4.90	4.27	0.83	+
36	1.032	87.78	12.22	3.98	2.77	1.03	3.56	3.97	0.84	+
48	1.032	88.56	11.46	3.74	2.63	0.99	2.80	3.97	0.83	+
72	1.033	88.14	11.86	3.86	2.70	0.97	3.10	4.37	0.84	-
96	1.034	88.15	11.85	3.76	2.68	0.82	2.80	4.72	0.83	-
120	1.033	87.33	12.67	3.86	2.68	0.87	3.75	4.76	0.85	-
168	1.032	87.87	12.13	3.31	2.42	0.69	3.45	4.96	0.84	-

(3) 개체형질

같은 품종의 젖소를 동일한 환경에서 사육하더라도 개체간에는 우유 조성의 차이를 볼 수 있는데, 그 중에서 특히 지방 함량의 차이가 큰 편이다. 또한 지방, 단백질 및 유당 등의 유성분 함량과 비유능력은 유전에 의하여 지배되기 쉬우므로 유질을 개량하여 양질의 우유를 생산하고 산유량을 높이기 위해서는 젖소의 능력에 따라서 선발할 필요가 있다.

이와 같이 같은 품종의 개체간에도 유성분 조성의 변동은 유전요인과 환경요인에 의하여 일어나며, 영국에서의 한 조사에 의하면 홀스타인 젖소군간의 연간 평균치의 범위를 보면 무지고형분(SNF) 8.40 ~ 8.75%, 단백질 3.20 ~ 3.44%, 지방 3.32 ~ 3.72%, 유당 4.30 ~ 4.60% 이었다고 보고한 바 있다.

(4) 연령

대체로 젖소의 연령은 우유의 성분 조성보다는 산유량에 더 영향을 미친다.

일반적으로 젖소의 경우 유지율은 초산에서 3산까지 약간 높은 경향을 보이고, 그후에는 거의 안정된 상태를 보이다가 10세가 지나면 지방함량이 0.2% 정도 감소하며, 12세 이후에는 현저하게 감소하는 경향을 보인다고 알려져 있다. 이러한 현상은 지방률이 높은 개체에서 더욱 현저히 나타난다. 일반적으로 산유량은 초산 이후 연령이 많아질수록 증가하며, 7 ~ 9세에 최고에 달한다고 알려져 있다.

(5) 계절

우유의 조성은 계절에 따라 영향을 받는다. 일반적으로 여름에는 지방과 단백질 함량이 낮고, 겨울에는 높은 경향을 보인다. 그러나 유당은 계절의 영향을 거의 받지 않으며, 칼슘과 인은 겨울보다 여름에 약간 낮다.

(6) 사료

젖소에게 급여되는 사료의 질과 양은 산유량과 우유의 성분 조성에 영향을 주지만, 적절한 수준의 사료를 급여할 때에는 거의 영향을 받지 않는다. 대체로 표준이상의 균형있는 농후사료의 급여시에는 유량의 증가와 함께 무지고형분에도 증가가 인정되었다. 이와 반대로 사료의 급여가 과다하게 부족할 경우에는 유량이 현저하게 감소되며, 유지율과 무지고형분도 감소되었다. 특히 조사료의 양이 부족할 에는 지방률이 저하되는데, 그 이유는 위 내에서의 지방산의 합성이 저해되어 합성되는 지방량이 감소하기 때문인 것으로 알려져 있다.

(7) 착유간격

젖소로부터 착유과정 중에 우유의 조성을 보면 표 2-4와 같이 처음 착유된 우유에는 지방 함량이 낮고 착유 종료시에 나오는 끝젖에는 지방함량이 높게 나타나고 있다. 그러므로 우유의 지방률을 높일 뿐만아니라 유방염의 예방을 위해서 반드시 기계 착유후에는 손으로 직접 마지막에 나오는 끝젖을 짜는 일이 매우 중요하다.

또한 착유시간에 따라 다소 차이를 보이는데, 아침 일찍 착유하고 저녁에 늦게 착유할 때는 아침우유가 지방률이 0.5 ~ 2.0% 더 높아진다고 한다. 그러나 밤의 간격이 낮보다 긴 겨울에는 아침 우유의 지방률이 낮고, 저녁 우유의 지방률이 높다고 한다. 또한 1일 3회 착유할 때는 낮에 착유한 우유의 지방률이 가장 높고, 유량면에서는 아침 우유가 가장 많다. 일반적으로 착유회수가 많게 되면 비유량이 많고, 지방률이 낮아지며, 착유회수가 적어지면 그 반대이다.

표 2-4 착유과정에서 발생하는 우유조성의 변화

구 분	전고형분	무지고형분	단백질	지 방	유 당	무기질
착유초기	10.67	8.80	3.58	1.87	5.30	0.75
착유종료	14.86	8.58	3.38	6.28	5.33	0.70

(8) 질병

젖소의 질병 중에 유방염(mastitis)은 우유의 조성에 영향을 미치는 가장 중요한 요인이다. 유방염에 걸린 젖소는 건강한 젖소에 비하여 산유량이 적어도 10% 정도 감소하게 되고, 유조성은 지방이 정상수준보다 5 ~ 10%, 무지고형분 5 ~ 15%, 유당이 10 ~ 20% 수준의 감소를 나타낸다. 특히 염소(Cl)의 함량은 현저히 증가하여 정상유의 0.12%에 비해 유방염유는 0.3%에 달한다. 나트륨(Na)도 염소의 증가와 더불어 증가하지만, 칼륨(K)은 반대로 감소한다.

2. 우유의 단백질

단백질은 생물체를 구성하는 고분자 유기화합물로서 지방이나 탄수화물에 비하여 한층 복잡한 화합물이다. 지방이나 탄수화물은 주로 에너지원으로서 중요한 영양소이지만 단백질은 동물체에서 물을 제외한 대부분의 조직을 구성하고 있으며, 모든 세포에 절대 필요한 성분으로서 끊임없이 경신되는 성분이기 때문에 더욱 중요한 영양소이다. 즉, 조직단백질을 구성하거나 단백질에 의하여 구성되는 세포 속에 기능을 부여하기 위하여 필요한 각종의 아미노산이 적당한 배합을 가지고 체내에 끊임없이 공급되어야 한다. 이 목적을 달성하기 위하여 인간이나 동물이 반드시 섭취하여야 하는 것이 필수아미노산이다. 식품 단백질 중 양질의 단백질은 각종 필수아미노산을 충분히 함유하는 단백질이다. 이러한 관점에서 볼 때 우유 단백질은 각종 필수아미노산을 충분히 함유하고 있기 때문에 양질의 단백질이라 할 수 있다. 일반적으로 동물성 단백질은 식물성 단백질보다 영양가가 높으며, 특히 우유는 매우 우수한 단백질원으로서 성장이 왕성한 시기에 많이 섭취하면 좋다.

우유 단백질은 젖소의 품종에 따라 그 함량에 차이가 있으나, 우유 중에 약 3.0 ~ 3.9% 함유된다. 우유 단백질은 여러 종류의 단백질로 구성되어 있으나 대별하여 카세인과 유청 단백질로 분류된다. 탈지유의 pH를 4.6으로 조정하였을 때 침전되는 부분을 카세인이라 하고, 상징액에 남아 있는 단백질을 유청 단백질이라 한다.

1) 카세인(casein)

카세인은 우유 중에 약 3% 함유되어 있으며, 우유에 함유된 단백질 중의 약 80%를 차지한다. 카세인은 우유에 산을 가하여 pH를 4.6으로 하면 등전점에 도달하여 물에 녹지 않고 침전하므로 쉽게 분리할 수 있다. 이렇게 하여 얻어지는 카세인은 균일한 단백질이 아니라 여러 단백질의 혼합물이다. 1930년대에 이미 전기영동에 의하여 3종류의 카세인이 분리되었고, α -카세인, β -카세인, γ -카세인이라고 하였다. 그 후 α -카세인은 다시 κ -카세인과 α S-카세인 등 몇 가지 성분으로 되어 있음이 밝혀졌다. 또한 지금까지 γ -카세인 및 프로테오스펩톤으로 알려졌던 성분은 플라스민(plasmin)에 의하여 가수분해된 β -카세인의 N-말단 또는 C-말단의 단편(fragment)인 것으로 밝혀졌다. 우유 중의 카세인은 칼슘과 결합해서 카세인 칼슘(calcium caseinate)으로 되고, 여기에 인산칼슘과 복합체를 형성하여 콜로이드 상태로 분산되어 있으며, 이 콜로이드를 카세인 입자(casein particle) 또는 카세인 미셀(casein micelle)이라 부르고 있다 (그림 2-1).

카세인에는 칼슘과 인 외에 마그네슘과 구연산도 함유되어 있다. 이러한 카세인 미셀의 조성을 보면 표 2-5와 같다. 전자현미경에 의하면 카세인 미셀은 직경이 50 ~ 300 nm이며 구상으로 분산되어 있으나, 대부분은 100 ~ 200 nm의 크기인 것으로 알려져 있다. 또한 카세인은 열에 대해서 비교적 안정하지만 130℃에서 몇 분 동안 가열하면 변성을 일으켜서 응집 침전된다.

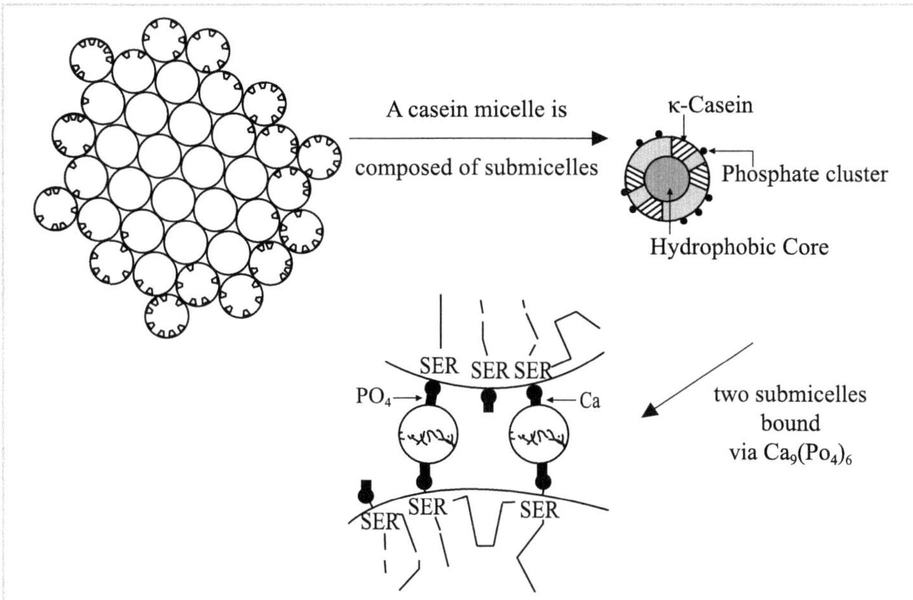

그림 2-1 카제인 미셀(casein micelle)의 구조

표 2-5 우유 중의 카세인 미셀이 조성(g/미셀 100g)

성 분	성 분
α_{S1}-Casein	35.6
α_{S2}-Casein	9.9
β -Casein	33.6
κ -Casein	2.3
Casein fragments	93.3
Calcium	2.87
Magnesium	0.11
Sodium	0.11
Potassium	0.26
Inorganic phosphate	2.89
Citrate	0.40
Total inorganic material	6.64

(1) α_S-카세인

α_S-카세인은 총 우유 단백질의 45 ~ 55%이고 분자량은 약 22,000 ~ 24,000이다. 그 주성분은 α_{S1}-카세인이며, 기타 미량성분으로 α_{S2}-카세인이 있다. α_S-카세인

은 4℃, pH 7.0의 0.4 M C_aCl_2 용액에서 침전되는 성질이 있으나, κ -카세인이 공존할 때 α S-카세인의 침전은 방지되며, $α_S$-카세인은 안정화된다. 이와 같이 $α_S$-카세인은 칼슘에 대하여 민감하므로 일명 calcium sensitive casein 또는 calcium insoluble casein이라고도 한다.

(2) β -카세인

β -카세인은 총 우유 단백질의 25 ~ 35%이고 분자량은 약 24,000이다. β -카세인은 pH 4.6의 4.6 M 요소 용액에서는 용해되지만, 3.3 M 요소 용액에서는 용해되지 않는다. 또 4℃에서 분자량이 가장 작은 모노머 상태로 존재하고, 8.5℃ 및 13.5℃에서는 분자량이 큰 폴리머를 형성한다. 또 18℃에서는 용해상태로 존재하지만 그 이상의 온도에서는 갑자기 침전을 일으키고, 냉각하면 다시 용해상태로 되는 성질이 있다.

(3) κ -카세인

κ -카세인은 총 우유 단백질의 8 ~ 15%이고 분자량은 약 19,000이다. κ -카세인은 4℃, pH 7.0의 0.4 M C_aCl_2 용액에서 용해상태로 존재하므로 calcium insensitive casein 또는 calcium soluble casein이라고도 한다.

κ -카세인은 169개의 아미노산으로 구성되어 있고, 키모신(chymosin, rennin)의 작용에 의해서 105번째의 phenylalanine과 106번째의 methionine 사이에서 가수분해되며, 그 결과 생성된 물질이 para-κ -casein(N말단으로부터 105까지)과 macropeptide(아미노산 잔기 106으로부터 169까지)이다. para-κ -casein은 불용성 물질이고 macropeptide는 가용성 물질이다.

이상과 같이 카세인에는 여러 종류의 성분들이 있는데 이들 성분끼리는 회합체(會合體)를 만들기 매우 쉬운 성질을 가지고 있다. 우유에는 송아지의 위액에 함유된 단백질 분해효소인 키모신의 작용을 받으면 응고하는 성질이 있다. 이 우유 응고는 우유가 위 속에 장시간 머물면서 소화효소의 작용을 충분히 받는데 적당하다는 생물학적 의미가 있다. 우유를 키모신으로 응고시킨 것을 레닛카세인이라고 하며, 이를 이용하여 치즈가 제조된다. 우유가 키모신의 작용으로 응고될 때 κ -카세인이 중요한 역할을 하는 것으로 생각되고 있다. 즉, 우유 중의 카세인은 κ -카세인에 의하여 카세인 미셀의 상태로 안정성 있게 분산되어 있는데, 우유에 레닛을 첨가하면 레닛의 작용에 의하여 κ -카세인이 para-κ -casein과 macropeptide로 분리되어 macropeptide를 유리시키므로 카세인 미셀의 안정성이 상실되고, 이때 생성된 불용성의 para-κ -casein은 칼슘의 존재하에 calcium para-κ -caseinate를 형성하여 침전 응고한다. Macropeptide는 당과 결합하고 있기 때문에 glycomacropeptide라고도 하며, biffidus 균의 증식을 촉진시키는 인자로 알려져 있다.

2) 유청 단백질

탈지유의 pH를 4.6으로 조정하였을 때 침전되는 카세인을 제거한 나머지 액상부분을 유청(whey)이라 하며, 이 유청 중에는 유청 단백질, 프로테오스펩톤 및 유리 질소 등이 함유되어 있다. 유청을 $MgSO_4$ 또는 $(NH_4)_2SO_4$로 반포화(半飽和)시켰을 때 용해되는 것을 글로불린(globulin), 용해되지 않는 것을 알부민(albumin)이라 한다. 유청 단백질에는 α 락트알부민(2 ~ 5%), β 락토글로불린(7 ~ 12%), 혈청알부민(0.7 ~ 1.3%) 및 소량의 면역글로불린 등이 있다. 프로테오스펩톤은 유청을 20분간 끓인 후 pH 4.6에서 침전하지 않고 열에 안정하나 12% TCA(trichloroacetic acid)에 침전하는 성질이 있으며, 종전에는 유청단백질의 일종으로 알려져 왔으나, 최근에 와서 플라스민(plasmin)에 의하여 가수분해된 β -카세인의 단편(fragment)인 것으로 알려져 있다.

(1) α 락트알부민

α 락트알부민은 총 우유 단백질의 2 ~ 5%이고, 유청 단백질 중에서 β 락토글로불린 다음으로 양이 많은 단백질이며, 분자량은 약 14,000이다. α 락트알부민은 여러 가지 생물학적 기능을 갖고 있으며, 유당을 합성하는데 관여하는 효소의 일부분으로 알려져 있다.

(2) β 락토글로불린

β 락토글로불린은 유청 단백질의 주성분이고, 총 우유 단백질의 7 ~ 12%로서 유청 단백질의 약 반을 차지하며, 분자량은 약 18,000이다. 이 단백질에는 N-acetylneuraminic acid, glucosamine, galactosamine, mannose 및 galactose가 미량 함유되어 있다. β 락토글로불린은 가열에 의하여 κ -카세인과 상호작용하는 성질이 있으므로 유가공 기술면에서 중요시되고 있으나, cysteine을 함유하고 있으므로 가열에 의하여 유리 sulfhydryl기가 생성되어 가열취의 원인이 되기도 한다.

(3) 혈청 알부민

혈청 알부민은 총 우유 단백질의 0.7 ~ 1.3%이고, 분자량은 약 66,000이다. 이 단백질은 혈액 속의 혈청 알부민과 같은 단백질인 것으로 알려지고 있다. 다른 우유 단백질과는 달리 유선에서 합성되지 않고 혈액으로부터 우유에 이행되는 단백질이다. 특히 유방염유나 이상유의 경우 이 단백질 함량이 증가한다.

(4) 면역글로불린

면역글로불린(immunoglobulin)은 항체단백질과 공통의 분자구조를 가진 단백질을 총칭하며, 항체단백질은 전기영동에서 가장 음극쪽에 이동하는 γ -글로불린 영역에 포함되는 것으로서 이전에는 γ -글로불린이라고 하였으나, 1964년 WHO의 제창에 의해 면역글로불린으로 통일되었다. 우유에는 면역글로불린의 대부분을 차지하는 immunoglobulin G_1(IgG_1)과 IgG_2, IgA 및 IgM 등이 존재한다. 정상유에는 총 우유 단백질의 1.9 ~ 3.3%이고, 유청 단백질의 약 10%를 차지하며, 분자량은 IgG_1의 경우 약 15만 ~ 16만이다. 초유에는 그 함량이 많으며, 초유의 총 단백질 함량(15 ~ 26%)의 50 ~ 60%, 초유 유청 단백질의 85 ~ 90%나 된다.

3. 우유의 지질

지질(lipid)은 물에 녹지 않고 에테르나 클로로포름 등의 유기용매에 녹는 성분으로서 구조적으로 많은 종류의 성분이 함유된다. 지질은 단순지질과 복합지질 및 유도지질로 대별된다. 단순지질은 유지, 즉 중성지방이 주성분이다. 중성지방은 지질 중에서 가장 많고, 단순지질을 지방이라고 부르는 경우도 많다. 복합지질에는 인지질, 당지질 및 리포단백질 등이 있고, 유도지질에는 콜레스테롤 등이 있다. 식품분석표에서는 지질, 영양조사에서는 지방이라고 하듯이 지질과 지방은 식품 · 영양의 분야에서는 흔히 동의어로 사용되는데, 이는 식품 중 지질의 대부분이 지방이기 때문이다.

우유의 지질은 우유 성분 중에 중요한 성분의 하나로 표 2-6에서 보는 바와 주로 triglyceride인 중성지방이 총지질의 약 95 ~ 98%정도이고 이외에 glyceride, 인지질(phospholipid)과 스테롤(sterol) 및 기타 미량의 지용성 비타민과 유리지방산 등이 함유되어 있다. 이들 성분은 거의 유지방구(milk fat globule)에 존재하나, 일부는 유청에 존재하고 있다. 또 우유의 지질은 거의 유리상태로 존재하지만 일부는 단백질과 복합체를 형성하고 있다. 유지방구의 크기는 표 2-7에서 보는 바와 같이 0.1 ~ 10 ㎛정도이지만 대부분이 2 ~ 5㎛이고, 그 수는 2 ~ 4×109/ml이며, 이들 지방구의 크기나 수는 젖소의 품종, 비유기, 사료 및 건강상태 등에 따라 다르다. 일반적으로 유지율이 높은 품종은 유지율이 낮은 품종에 비하여 지방구가 큰 편이고, 저지종이나 건지종의 우유에는 직경 5㎛ 이상의 지방구의 비율이 높다. 또 비유기가 진행됨에 따라서 지방구는 작아지나, 그 수는 증가한다.

표 2-6 우유 지질의 조성

분 류	함 량(%)
Triglycerides	95 ~ 98
Diglycerides	1.26 ~ 1.59
Monoglycerides	0.016 ~ 0.038
Keto acid glycerides (total)	0.85 ~ 1.28
Ketonogenic glycerides	0.03 ~ 0.13
Hydroxy acid glycerides (total)	0.60 ~ 0.78
Lactonogenic glycerides	0.06
Neutral glyceryl ethers	0.016 ~ 0.020
Neutral plasmalogens	0.04
Free fatty acids	0.10 ~ 0.44
Phospholipids (total)	0.80 ~ 1.00
Sphingolipids	0.06
Sterols	0.22 ~ 0.41
Squalene	0.007
Carotenoids	0.0007 ~ 0.0009
Vitamin A	0.0006 ~ 0.0009
Vitamin D	0.00000085 ~ 0.0000021
Vitamin E	0.0024
Vitamin K	0.0001

표 2-7 유지방구의 크기와 분포

품 종 별	지방구의 크기(μ m) 및 분포율(%)					
	0 ~ 0.24	2.4 ~ 4.8	4.8 ~ 7.2	7.2 ~ 9.6	9.6 ~ 12.0	12 ~ 14.4
Jersey	8.1	38.3	32.1	18.1	5.3	1.1
Guernsey	6.5	38.9	35.0	14.4	4.4	0.7
Ayrshire	14.6	54.0	23.4	6.2	1.6	0.2
Holstein	14.5	54.6	24.5	5.1	1.1	0.2

지방구의 표면을 둘러 싸고 있는 막을 지방구막이라고 하며, 이 막은 친수성으로써 지방을 유탁액 상태로 유지시켜 준다. 이 막은 비유세포의 세포막이 지방구의 형성중에 분리되어 지방구막이 된 것으로 그 성분과 구조는 세포막과 같으며, 글리세리드, 인지질, 단백질, 비타민 A, 카로티노이드, 콜레스테롤 및 각종 효소들로 구성되어 있다.

우유를 정치시키면 지방구가 클수록 쉽게 부상하여 크림층을 형성하며, 또 크림분리기에 의하여 유지방을 쉽게 분리할 수 있다. 우유를 그대로 방치해 두었을 때에도 유지방구는 상당히 안정된 상태로 존재하며, 크림층이 형성되더라도 지방은 유리되지 않는다. 이와 같은 지방구의 안정성은 지방구막이 있기 때문이나, 가열, 동결 및 마찰 등에 의하여 지방구막이 파괴되면 내부의 지방이 유리되어 나온다. 이 원리를 이용하여 우유의 지방 함량을 간단하게 측정하는 방법으로 Gerber법과 Babcock법이 있다.

1) 유지방(Glyceride)

지방산과 글리세롤의 에스테르 화합물(글리세리드)을 총칭하여 지방이라 하며, 지방산의 종류, 글리세롤과의 에스테르 결합의 수나 위치에 따라 여러 가지 화합물이 존재하지만, 천연적으로는 3개의 에스테르 결합을 가진 트리글리세리드가 대부분이다. (그림 2-2) 대부분의 단쇄지방산의 트리글리세리드 분자의 바닥 탄소 위치에 있으며, 장쇄지방산은 중간 및 최상위에 위치하는 경향이 있다. 트리글리세리드 중추에서의 지방산 분포는 유지방의 향미, 물리적 및 영양적 특성에 영향을 미친다. 지방은 일반적으로 물에 녹기 어렵고 에테르, 클로로포름 및 벤젠 등의 유기용매에 녹는다. 생물계에 널리 분포하며 영양물질 및 세포의 구성성분으로 중요하다. 순수한 지방은 무색, 무미, 무취이지만 천연의 지방은 카로티노이드 등의 유색물질이 녹아 착색되어 있다.

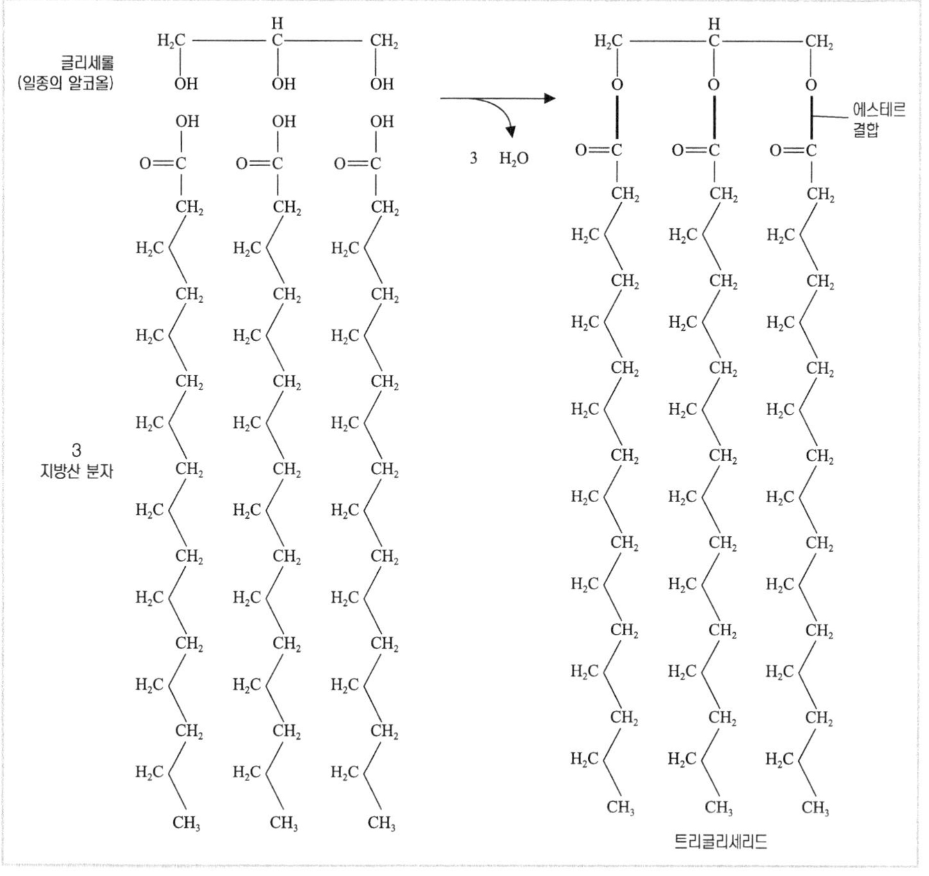

그림 2-2 트리글리세리드의 구조

우유에는 약 3.4%의 총 지방이 함유되어 있는데, 유지방은 식용 지방 중에서 가장 복잡한 지방산 조성을 가지고 있다. 400개 이상의 개별적인 지방산이 유지방에서 발견되었다. 그러나 약 15 ~ 20개의 지방산이 유지방의 90%를 차지한다. 유지방 중의 주요 지방산은 포화된 직쇄형 지방산이며, 4 ~ 18개의 탄소(4:0, 6:0, 8:0, 10:0, 12:0, 14:0, 16:0, 18:0), 1가불포화지방산(16:1, 18:1) 및 다가불포화지방산(18:2, 18:3) 등으로 구성되어 있다.

일부 지방산은 매우 극미량으로 발견되지만 유지방과 버터의 독특하고 바람직한 풍미에 기여하고 있다. 예를 들어, C14:0과 C16:0 β-하이드록실(hydroxyl) 지방산은 가열시 자발적으로 락톤류(lactones)를 생성하여 버터의 풍미를 강화시킨다. 유지방의 지방산 조성은 소의 비유주기 동안에 항상 일정하지 않다. 4 ~ 14 탄소 길이의 지방산은 동물의 유선(mammary glands)에서 만들어진다. 16개 탄소수 지방산의 일부는 동물이나 동물의 식이에서 유래되며, 18개 탄소수 지방산은 모두 동물의 식이에서 유래된다. 비유 단계 및 동물의 에너지 수요에 따라서 유지방 구성이 체계적으로 변화한다. 유지방의 약 50% 정도는 섭취하는 사료의 지방으로부터 생성된다고 알려져 있다. 소의 사료인 식물성 지방에는 다가불포화지방산이 많이 함유되어 있으나, 소의 제 1위의 미생물의 작용에 의하여 포화지방산으로 전환된다. 또 섬유소와 전분은 위내의 미생물의 작용에 의하여 분해되어 휘발성 지방산이 생성되며, 그 중에서도 특히 식초산 함량이 가장 많다. 이 식초산으로부터 대부분의 유지방이 유선에서 합성되므로 우유의 지방은 분자량이 작은 휘발성의 저급지방산을 비교적 많이 함유한다. 이와 같은 저급지방산은 우유 및 유제품의 풍미와 밀접한 관계가 있다. 특히 다른 식품의 지방에는 거의 들어있지 않는 낙산이 우유의 지방에 함유되어 있다는 것은 유지방의 특징이라 할 수 있다.

유지방은 60 ~ 70%의 포화지방산, 25 ~ 35%의 불포화지방산 및 약 4 ~ 5%의 다가불포화지방산으로 구성되어 있다. 유지방 중에서 다량으로 함유되어 있는 포화지방산은 myristic acid, palmitic acid 및 stearic acid이며, 주요 불포화지방산은 oleic acid와 linoleic acid이다. 각종 유지방의 지방산 조성은 표 2-8과 같다.

우유의 지방산 함량은 여러 가지 요인에 의하여 변화하며, 특히 계절 및 사료에 의한 영향을 많이 받는다. 즉, 여름철 청초의 섭취시에는 저급지방산 및 oleic acid함량이 증가하나, palmitic acid 및 stearic acid의 함량은 감소하며, 겨울철 건초의 섭취 시에는 그 반대 현상이 나타난다. 영양학적인 관점에서 볼 때 모든 지방산이 동일한 것은 아니다. 포화 지방산은 높은 혈중 콜레스테롤 및 심장병과 연관되어 있다. 그러나, 단쇄지방산(4 ~ 8개 탄소수)은 장쇄지방산(16 ~ 18개 탄소수)과 다르게 대사되기 때문에 심장 질환의 요인으로 간주되지 않는다. 공액리놀레산(conjugated linoleic acid, CLA)은 트랜스 지방산으로서 여러 가지 방면으로 인간에게 유용한 유지방이다.

표 2-8 모유, 우유, 면양유, 산양유 및 마유의 유지방의 지방산 조성(%)

지 방 산	모 유	우 유	면양유	산양유	마 유
Butyric acid	0.4	3.1	2.8	2.6	0.4
Caproic acid	0.1	1.0	2.6	2.3	0.9
Caprylic acid	0.3	1.2	2.2	2.7	2.6
Capric acid	1.7	2.6	4.8	8.4	5.5
Lauric acid	5.8	2.2	3.9	4.5	5.6
Myristic acid	8.6	10.5	9.7	11.1	7.0

Palmitic acid	22.6	26.3	23.9	28.9	16.1
Stearic acid	7.7	13.2	12.6	7.8	2.9
Arachidic acid	1.0	1.2	1.1	0.4	0.3
Decenoic acid	0.1	0.2	0.1	0.2	0.9
Dodecenoic acid	0.1	0.2	0.1	0.3	1.0
Tetradecenoic acid	0.6	1.1	0.6	0.5	1.8
Hexadecenoic acid	2.9	3.1	2.2	2.5	7.5
Oleic acid	36.4	32.2	26.3	27.0	42.4
Linoleic acid	8.3	2.8	5.2	2.6	
Linolenic acid	0.4	-	-	-	-
Arachidonic acid	0.8	1.0	-	1.5	-
C_{20-22} 불포화산	4.2	1.0	1.9	0.4	5.1

2) 인지질

인지질은 모든 식물과 동물조직에 널리 분포하고 있으며, 우유에도 미량으로 함유되어 있다. 우유에 함유되어 있는 인지질은 lecithin과 cephalin이며, 이외에 미량의 sphingomyelin 및 cerebroside가 존재한다. 우유의 인지질은 유지방구막을 이루는 주요성분으로서 분리방법에 그 함량이 다르며, 우유 및 유제품 중의 인지질 함량은 표 2-9와 같다. 우유를 원심분리하여 크림과 탈지유로 분리한 후에 크림을 교동에 의하여 버터를 만들 때 대부분의 인지질은 버터밀크로 옮겨진다. 이러한 결과는 크림의 교동시에 인지질을 많이 함유하고 있는 지방구막이 파괴되어 버터입자를 형성하고 버터입자로부터 인지질이 분리되어 버터밀크로 이행되기 때문이다.

표 2-9 우유 및 유제품의 인지질 함량(%)

제 품	제품 중의 인지질 함량	제품 중의 지질 함량	지방에 대한 인지질 함량
전유	0.0337	3.88	0.87
탈지유	0.0169	0.09	18.78
크림	0.1816	41.13	0.44
버터밀크	0.1819	1.94	9.38
버터	0.1872	84.80	0.22

3) 스테로이드

우유에 존재하는 스테로이드(steroids)는 우유 지질의 불검화물의 대부분을 차지하고, 거의 대부분은 콜레스테롤이며, 이외에 미량의 에르고스테롤(ergosterol)이 존재한다. 우유 중의 콜레스테롤 함량은 약 0.01%이며, 지방량의 0.28 ~ 0.41%이다. 우유 중에 콜레스테롤은 거의 유리상태로 존재하며, 지방구막 물질의 구성성분으로서 존재하기도 한다.

4) 유지방의 이화학적 성질

유지방의 이화학적 성질(표 2-10)은 유지방을 구성하고 있는 지방산의 성질에 따라 영향을 받는데, 이러한 성질을 파악하는 것은 우유의 처리 및 가공에 있어 매우 중요하다.

표 2-10 유지방의 이화학적 성질

구 분	수 치	특 징
비중(S.G., 15℃)	0.935 ~ 0.943	
융점(melting point)	28 ~ 38℃	저급 불포화지방산의 함유로 저하
굴절률(refractive index, 40℃)	1.4538 ~ 1.4578	〃
요오드가(iodine value)	24 ~ 46	불포화도의 지수
Reichert-Meissel value	21 ~ 36	저급 지방산량의 지수
Polenske value	1.3 ~ 3.5	불용성 지방산량의 지수
검화가(saponification value)	210 ~ 245	지방산의 평균 분자량 지수

(1) 용해성(Solubility)

유지방은 에테르, 클로로포름, 벤젠, 아세톤 및 이황산탄소 등에는 잘 용해되지만 물에는 용해되지 않는다. 또 가온된 에탄올이나 아밀알코올에는 용해되지만 실온의 것에는 조금밖에 용해되지 않는 성질이 있다.

(2) 비중(Specific gravity) 및 굴절률(Refractive index)

우유의 비중은 15℃에서 1.028 ~ 1.034로서 평균 1.032이나, 유지방의 비중은 15℃에서 0.935 ~ 0.943이며, 유지방 1㎖의 중량은 60℃에서 0.8892g 이다. 유지방의 굴절률은 40℃에서 1.4538 ~ 1.4578로서 다른 식품의 지방에 비해 포화지방산과 저급지방산 함량이 많기 때문에 굴절률이 낮은 편이다.

(3) 융점(Melting point)

일반적으로 탄소수가 적은 저급지방산과 불포화지방산(unsaturated fatty acid)은 융점을 저하시키고, 탄소수가 많은 포화지방산은 융점을 상승시키는 경향이 있다. 유지방의 융점 범위는 28 ~ 38℃로서 그 온도 범위가 다소 넓은 편이다.

(4) 검화가(Saponification value)

검화가(儉化價)란 1g의 지질을 비누화하는데 필요한 KOH의 mg 수를 말한다. 이 값은 지질 중의 지방산의 평균 분자량을 나타내는 것으로, 식물 유지(油脂)와 같이 분자량이 큰 지방산이나 불검화물을 많이 함유할 수록 이 값은 낮아진다. 특히 유지방은 저급 지방산을 비교적 많이 함유하고 있으므로 다른 유지와 비교해서 검화가가 높은 편이며, 그 범위는 210 ~ 245이다.

(5) 요오드가(Iodine value)

요오드가란 지질 100g 에 흡수되는 할로겐(halogen)의 양을 요오드의 g수로 나타낸 값으로, 이 값은 지질의 불포화도를 측정하는 중요한 지수이다. 유지방의 요오드가는 25 ~ 47의 범위이며, 다른 지방에 비하여 불포화지방산 함량이 적기 때문에 비교적 낮다.

(6) Reichert-Meissel가

Reichert-Meissel가는 지질 5g으로부터 수증기와 함께 휘발하는 수용성의 지방산을 중화하는데 필요한 0.1N KOH의 ㎖수를 말한다. 수용성 휘발산(butyric, caproic acid)을 함유하고 있는 유지방의 경우 이 값은 21 ~ 36의 범위이며, 다른 유지방보다 수치가 높다. 그러므로 천연버터와 인공버터의 감정에 이용된다.

(7) Polenske가

Polenske가는 지질 5g으로부터 수증기와 함께 휘발하는 물에 불용성의 지방산을 중화(neutraliztion)하는데 필요한 0.1N KOH의 ㎖수를 말한다. 이는 caprylic acid와 capric acid의 함량을 나타내는 것이다. 유지방의 Polenske가의 범위는 1.3 ~ 3.5이며, C_8 ~ C_{12}의 휘발성 지방산을 많이 함유한 지질은 이 값이 크다.

4. 우유의 탄수화물

우유의 탄수화물의 대부분은 유당(lactose)으로서 약 99.8%를 차지하며, 이외에 극히 미량으로 glucose(0.07%), galactose(0.02%) 및 oligosaccharides(0.004%) 등이 함유되어 있다.

1) 유당의 이화학적 성질

유당은 포유동물의 젖에만 함유되어 있는 특유한 당이라 할 수 있다. 일반적으로 정상유의 유당 함량은 4.4 ~ 5.2%이며 젖소의 품종과 동물의 종류에 따라 차이가 크다. 유당 함량에 가장 큰 영향을 미치는 요인은 유방의 건강상태이다. 그러므로 유방염은 우유의 유당 함량을 현저히 감소시키고, 무기질 특히 염소의 함량을 증가시킨다.

우유의 단맛은 모두 유당에 의한 것이며, 유당의 단맛은 설탕의 약 1/5에 불과하다. 유당은 우유 및 유제품의 영양 가치에 기여할 뿐만 아니라 발효유제품의 제조에 중요한 역할을 하나 우유 및 유제품의 갈변의 원인이 되기도 한다. 유당은 우유에서는 거의 유리상태로 존재하며, 그 중 약 0.5% 정도가 단백질과 약한 결합상태로 존재한다. 또 유당은 용해성이 비교적 낮으므로 유당의 결정화는 가당연유 및 아이스크림의 품질과 동결유의 안정성에 큰 영향을 미친다.

유당은 글루코오스 1몰과 갈락토오스 1몰로 이루어지는 이당류로서 환원기의 입체배치의 차에 의하여 α - 및 β -아노머(anomer)의 2가지 형태로 발견되는데, 상호간에 변환이 가능하며, 20℃에서는 약 37.3% 대 62.7%의 비율로 각각 존재한다. 이 상태의 유당을 평형유당이라 한다. α 유당 1 g은 5㎖의 물, 2.6㎖의 따뜻한 물에 녹으나 알코올에는 잘 녹지 않고, 클로로포름이나 에테르에는 녹지 않는다.

보통 유당이라 하면 α -유당1수화물(α -lactose monohydrate, $C_{12}H_{22}O_{11}H_2O$)를 말하는데, 유당의 포화용액을 93.5℃ 이하에서 결정화시키면 α 형이 침전되고, 93.5℃ 이상에서 결정화시키면 β 유당을 얻을 수 있다. 20℃ 이하의 온도에서 형성된 유당 결정은 주로 α -유당 결정이다. 예를 들어, 아이스크림이 수많은 가열 및 냉동 공정 사이클을 통과했을 때에도 α -monohydrate 유당 결정은 매우 단단하고 견고함을 유지하게 되어, 거친 모래와 같은 바람직하지 못 한 질감을 초래하게 된다. 이 때 유당의 결정화를 억제하기 위해서 검(gum)류가 아이스크림에 사용되기도 한다. β-유당의 결정 형태는 단맛이 강하며 α -monohydrate 유당보다 수용성이 높기 때문에 제빵용 응용에 선호된다.

유당은 묽은 산이나 락타아제의 작용으로 가수분해되어 D-글루코오스와 D-갈락토오스로 되며, 젖산균의 작용을 받으면 젖산이 된다. D-글루코오스와 D-갈락토오스가 β -1,4갈락토시드결합으로 결합된 구조를 갖고 글루코오스에 필적하는 환원력을 보인다.

포유동물의 젖샘에는 글루코오스와 우리딘이인산갈락토오스에서 락토오스를 합성하는 효소가 존재하며, 혈액 속의 글루코오스가가 유당의 전구물질이다. 또 이들의 합성에는 galactosyl-transferase와 유청에 존재하는 락트알부민이 관계하는 것으로 알려져 있다.

사람의 소장점막세포에는 유당을 D-글루코오스와 D-갈락토오스로 가수분해하는 소화효소인 락타아제가 함유되어 있다.

α -유당은 β -유당에 비하여 장내에서 발효를 일으키기 쉽고, 인공영양의 우유에 첨가되면 유아는 설사를 한다. 이에 반하여 β -유당을 사용하면 인공영양아의 장내의 균들이 모유영양아의 것에 가깝게 되고, 모유 속에서 유당은 α 형과 β 형이 평형상태에 있으므로 유아용 조제분유에는 β -유당 또는 평형유당이 첨가된다.

유당은 우유로부터 크림을 분리할 때 대부분이 탈지유에 남아있고, 일부분이 크림에 함유되어 크림 중의 유당도 크림으로부터 버터를 제조할 때 대부분이 버터밀크로 제거되며, 버터 중에는 이의 일부분이 함유되어 있다. 이것은 발효에 의하여 유산이 된다.

유당은 특히, 유즙 중에 함유되어 있는 것은 발육하는 뇌 및 신경조직의 중요 성분으로 있는 당지질의 형성에 유당의 가수분해에 의해 생성되는 갈락토오스가 필요하다. 유당의 일부분은 대장에 들어가 장내에서 젖산균의 발육 유지에 이용되어 장내의 반응을 산성으로 보존하고 기타 유해균의 증식을 억제하는 정장작용과 칼슘의 흡수를 촉진하는데에도 관여하고 있다.

5. 우유의 무기질

우유에는 약 0.7%의 무기질이 들어 있다. 일반적으로 우유의 무기질은 주요성분으로 Na, K, Cl, Ca, Mg, P 및 구연산염 등이 있고, 미량성분으로 Fe, Zn, Cu, I 및 Si 등 생체내에서 발견되는 대부분의 종류가 있으며, 그 함량은 표 2-11과 같다.

우유 중의 무기질의 함량은 품종, 비유기 및 건강상태에 따라서 변화한다. 즉, 품종에 따라서는 저지종 우유와 같이 고단백질의 우유의 경우 홀스타인종 우유에 비하여 무기질 함량이 높으며, 특히 Ca과 P의 함량이 높다. 홀스타인종 우유의 경우 다른 품종에 비하여 Na과 Cl의 함량이 높다. 또 비유기에 따라서는 비유초기에 Ca, P, Mg, Cl 및 Na의 함량이 높으며, 분만후 약 2주일이 경과하면 정상치에 달하여 일정하게 유지되나 비유말기에 다시 Ca, P 및 Cl의 함량이 증가한다. 이와 같이 초유와 말기유에는 무기질 함량이 높다. 또한 건강상태에 따라서는 유방염유의 경우 정상유에 비하여 Na과 Cl의 함량이 높고, K의 함량이 낮다.

이러한 우유 중의 무기질은 온도, 산도 및 농도 등에 따라서 영향을 받지만 주요성분의 분포상태를 보면 표 2-12와 같다. 즉 Na, K 및 Cl은 모두 이온상태로 유청 중에 존재한다. 그러나 Ca, Mg, P 및 구연산의 경우 일부는 이온상태로 존재하고, Ca의 2/3, Mg의 1/3, P의 1/2 및 구연산염의 1/10은 카세인과 결합하여 카세인 미셀로서 콜로이드상태로 존재한다.

표 2-11 우유의 무기질 함량

분 류	함 량(%)
Sodium (mg/L)	350 ~ 900
Potassium (mg/L)	1,100 ~ 1,700
Chloride (mg/L)	900 ~ 1,100
Calcium (mg/L)	1,100 ~ 1,300
Magnesium (mg/L)	90 ~ 140
Phosphorus (mg/L)	900 ~ 1,000
Iron (μg/L)	300 ~ 600
Zinc (μg/L)	2,000 ~ 6,000
Copper (μg/L)	100 ~ 600
Manganese (μg/L)	20 ~ 50
Iodine (μg/L)	260
Fluoride (μg/L)	30 ~ 220
Selenium (μg/L)	5 ~ 67
Cobalt (μg/L)	0.5 ~ 1.3
Chromium (μg/L)	8 ~ 13
Molybdenum (μg/L)	18 ~ 120
Nickel (μg/L)	0 ~ 50
Silicon (μg/L)	750 ~ 7,000
Vanadium (μg/L)	tr ~ 310
Tin (μg/L)	40 ~ 500
Arsenic (μg/L)	20 ~ 60

표 2-12 주요 무기질의 우유 중 분포

	총량 (mg/100mL)	용해상(solution) mg/100mL	콜로이드상(suspension) mg/100mL
Na	50 ~ 55	전량이 이온상으로 존재	
K	150 ~ 160	〃	
Cl	95 ~ 110	〃	
Ca	110 ~ 115	40 ~ 45 30 ~ 35% Ca 이온 50 ~ 60% 구연산 Ca 10% 인산 Ca	60 ~ 70 60 ~ 65% 인산 Ca 30 ~ 40% 단백질 결합
Mg	10 ~ 13	7.5 ~ 9.0 30 ~ 35% Mg 이온 50 ~ 60% 구연산 Mg 10% 인산 Mg	2 ~ 3 모두가 단백질결합
P	85 ~ 100	30 ~ 40 54% KH_2PO_4, K_2HPO_4 36% $Mg(H_2PO_4)_2$, $Mg(HPO_4)_2$ 10% 인산 Ca 또는 인산 Mg	65% 인산 Ca 35% 단백질 P
구연산	140 ~ 220	130 ~ 200 1% Di-구연산이온 14% Tri-구연산이온 85% 구연산 Ca, 구연산 Mg	15 ~ 20 구연산염

무기질은 생체 내에서 여러 가지 작용에 관여하고 있는 것으로 알려져 있다. 첫째로 세포내외의 체액 중에 이온으로 존재하며, 그 완충작용에 의하여 pH를 조절하고, 삼투압을 조절하여 체액의 이동에 관여한다. 또 근육 및 신경에 흥분을 전달하는 작용에 관여한다. 둘째로 인산과 같은 유기물과 결합하여 몸의 성분을 구성할 뿐만 아니라 중요한 생리작용에 관여한다. 셋째로 칼슘과 인은 뼈와 치아의 조직을 형성한다. 칼슘은 이외에도 혈액의 응고, 근육의 수축 및 신경자극의 전달에도 관여하고 있으며, 특히 임신 · 수유부에 있어서 그 요구량이 높다.

한편, 미량성분중 가장 중요한 것은 Cu와 Fe이다. Cu와 Fe은 영양상 중요한 성분으로서 대부분 단백질과 결합하고 있으며, 우유에 들어 있는 효소인 xanthine oxidase, peroxidase 및 catalase 등의 주요 구성성분이다. 이와 같이 우유 중의 Cu와 Fe는 영양면에서는 중요하나 유지방의 산화를 촉매하여 불쾌취의 원인이 되기도 한다. 우유의 Cu의 함량은 초유에 많으며 분만 5일후에는 정상유의 약 3배나 된다. 우유의 Fe은 영양상 중요하지만 모유나 기타 동물유에 비하여 그 함량이 현저히 낮은 편이다.

6. 우유의 비타민

비타민은 미량으로 생체내의 물질대사를 지배 · 조절하는 작용을 하지만, 그 자체는 에너지원이나 생체 구성성분이 되지 못하는 유기화합물로서, 생체 내에서는 생합성되지 않고 음식물 등을 통해 외부에서 섭취하지 않으면 안되는 영양소의 하나이다. 단, 니코틴산과 같이 간에서 일부 생합성되지만 필요량에 이르지 못하는 것도 비타민에 포함된다. 이와 같이 건강유지에 필요한 필수성분인 비타민은 식품에 미량으로 들어 있으며, 현재까지 알려진 비타민은 20여 종류에 이르고 있다. 그 중 중요한 것은 우유에 거의 함유되어 있다. 일반적으로 비타민은 지용성 비타민과 수용성 비타민으로 대별된다.

1) 지용성 비타민

지용성 비타민에는 비타민 A, D, E, K가 있는데, 이들은 상당히 안정하여 열에 의해 파괴되지 않고, 물에 녹지 않으며, 과량 섭취할 경우 간에 저장되었다가 인체의 요구가 있을 때 유리되어 나온다. 우유 중의 지용성 비타민 함량은 표 2-13과 같다.

표 2-13 우유의 지용성 비타민 함량

종 류	함 량
비타민 A (μg/L)	300
비타민 D (μg/L)	0.6
비타민 E (μg/L)	880
비타민 K (μg/L)	170

(1) 비타민 A

비타민 A에는 레티놀(비타민 A_1)과 디히드로레티놀(비타민 A_2) 및 이들의 유도체가 포함되는데, 좁은 의미로는 레티놀을 가리킨다. 젖소의 혈액에는 비타민 A와 카로틴(carotene)이 함유되어 있으며, 유선을 통하여 우유로 이행된다. 우유의 비타민 A는 모두 레티놀(비타민 A_1)로서 유지방과 결합하여 존재하며, 카로틴과 함께 지방구 표면에 많이 함유되어 있다. 카로틴은 카로티노이드(carotinoid)에 속하는 황색색소로서 유지방이 황색을 띠는 것은 주로 이 카로틴에 의한 것이다. 카로틴 외의 카로티노이드로서 cryptoxanthin과 xanthophyll이 미량으로 함유되어 있다. 카로틴에는 α, β, γ-카로틴의 세 종류가 있는데, 유지방에는 대부분이 β-카로틴이고 일부가 α-카로틴이며(α :β =26 : 74), γ -카로틴은 극히 미량으로 존재한다. α , β , γ -카로틴 및 cryptoxanthin은 비타민 A의 효과가 있으므로 프로비타민 A(provitamin A)라고 한다. 프로비타민 A는 장점막에서 비타민 A가 되고, 간장에서 에스테르체(體)로서 저장된다. β -카로틴의 효과는 비타민 A의 1/3이며, 비타민 A를 β -카로틴의 형태로 섭취할 때는 비타민 A 필요량의 3배가 필요하다. 우유의 비타민 A의 효과는 사료 중의 카로틴 함량과 밀접한 관계가 있으며, 젖소가 청초를 많이 섭취하는 계절에는 우유의 카로틴 함량이 높아지므로 비타민 A의 효과도 높아진다. 우유의 비타민 A 효과의 10 ~ 30%는 카로틴에 의한 것이다. 초유에는 정상유의 10 ~ 30배의 비타민 A를 함유한다. 우유의 비타민 A 및 카로틴은 직사광선에 의하여 파괴되고, 110 ~ 130℃에서 30분간 가열하면 그 일부가 파괴되나, 비타민 C를 첨가하면 그 파괴를 방지하는 효과가 있다. 비타민 A는 상피세포의 형성이나 유지에 관여하고, 이 결핍에 의해 상피의 건조나 각화를 비롯한 결막건조증과 각막연화 외에 야맹증이 발생한다.

(2) 비타민 D

비타민 D는 동식물계에 널리 분포하는 프로비타민 D인 에르고스테롤(ergosterol)과 7-디히드로콜레스테롤(7-dehydrocholesterol)로부터 자외선에 의해 형성된다. 즉, 자외선을 쬐면 식물에서는 에르고스테롤에서 에르고칼시페롤(ergocalciferol, 비타민 D_2)이 형성되고, 동물에서는 7-디히드로콜레스테롤에서 콜레칼시페롤(cholecalciferol, 비타민 D_3)이 형성된다. 비타민 D_2와 D_3는 모두 비타민 D로서 동등한 생물활성을 갖고 있다. 우유에도 비타민 D_2와 D_3이 함유되어 있으며, 비타민 D_2는 사료로부터 섭취되어 분비되고, 비타민 D_3는 젖소의 일광욕에 의하여 형성되거나, 우유의 자외선 조사에 의하여 형성된다. 따라서 우유 중의 비타민 D 함량은 젖소 및 사료의 일광조사기간에 비례한다. 여름철 우유는 겨울철 우유보다 4 ~ 5배의 비타민 D를 함유한다. 또한 비타민 D가 많은 사료를 급여하면 우유의 비타민 D 함량은 다소 증가하나 섭취 비타민의 우유로의 이행 비율은 1 ~ 2%에 불과하다. 비타민 D는 소장에서 칼슘의 흡수와 신장 및 뼈로부터의 재흡수를 촉진한다. 결핍증으로는 오래전부터 구루병이 알려져 있다.

(3) 비타민 E

자연계에 존재하는 비타민 E 작용물질로는 토코페롤(tocopherol) 4종(α , β , γ , δ)과 토코토리에놀 4종(α , β , γ , δ)의 8종으로 알려져 있으며, 이들의 총칭이 비타민 E이다. 생물활성은 α -토코페롤이 가장 강하여 좁은 의미로는 이것을 가리킨다. 우유의 비타민 E 함량은 젖소의 품종, 연령, 계절 및 사료보다는 성주기에 따라 영향을 받으므로 발정기에 증가한다. 또 초유에는 정상유의 2.5 ~ 7배나 된다. 우유의 비타민 E는 가열에 대해서는 비교적 안정하다. 비타민 E의 작용 메카니즘에 관해서는 불확실한 것이 아직 많은데, 항산화작용이 알려져 있다. 즉, 소화관으로부터 흡수되어 체내의 여러 기관이나 지방속에 축적되어 불포화지방산의 산화를 방지한다. 또 고도불포화지방산의 섭취량이 많아지면 비타민 E의 소모가 많아지기 때문에 보급이 필요하다. 비타민 E의 결핍시에는 생체막에서의 항산화작용의 저하로 인하여 미숙아 빈혈의 원인이 된다고 알려져 있다.

(4) 비타민 K

자연계에 존재하는 비타민 E 작용물질로는 비타민 K_1과 비타민 K_2가 있는데, 모두 나프토퀴논(napthoquinone) 유도체이다. 비타민 K의 효력은 비타민 K_1이 비타민 K_2의 약 1.5배이다. 비타민 K1은 청초와 녹색야채에 많으므로 우유에는 사료로부터 이행되는 것도 있으나, 특히 미생물에 의하여 제 1위 내에서 합성되기도 한다. 혈액응고인자인 프로트롬빈 등의 생성을 촉진시켜 혈액응고기능을 정상적으로 유지하는 작용을 한다는 점에서 항출혈성 비타민이라고도 한다. 비타민 K는 식물계에 널리 존재하고, 또 장내세균에 의해 합성된 것을 흡수하여 보급하기 때문에 자연적으로 결핍증을 일으키지 않는다고 생각되지만, 지방질 흡수장애를 일으키거나 항생물질 등의 투여로 장내세균총에 이변이 생기는 경우에는 비타민 K의 결핍증을 볼 수 있다. 비타민 K가 결핍되면 혈액응고시간이 연장되며, 신생아의 출혈성 질환의 원인이 될 수 있다.

2) 수용성 비타민

수용성 비타민은 비타민 B군과 비타민 C로 대별되며, 비타민 B군에는 비타민 B_1, B_2, B_6, B_{12} 외에 니코틴산, 판토텐산, 비오틴 및 폴산 등이 포함된다. 이들은 일반적으로 열, 강산, 강염기 및 장기간의 저장에는 불안정하다. 우유 중의 수용성 비타민 함량은 표 2-14와 같다.

표 2-14 우유의 수용성 비타민 함량

종 류	함 량
비타민 B_1 (μg/L)	370
비타민 B_2 (μg/L)	1,800
니코틴산 (μg/L)	900
비타민 B_6 (μg/L)	460
판토텐산 (μg/L)	3,500
비오틴 (μg/L)	35
엽산 (μg/L)	2.9
비타민 B12 (μg/L)	4.5
비타민 C (μg/L)	17

(1) 비타민 B_1

최초에 발견된 비타민으로 티아민(thiamine)이라고도 하며, 소량으로 식물계에 널리 존재한다. 장에서 신속히 흡수되어 체내에서 티아민포스포키나아제(thiamine phosphokinase)에 의해 활성화되어 티아민피로인산(thiamine pyrophosphate, TPP)이 되고, 조효소로서 주로 탄수화물대사, 즉 α 케토산 등의 산화적 탈탄산 반응이나 트랜스캐톨라아제(transketolase) 반응에 관여한다. 그러므로 음식물 속의 탄수화물 양이 많을수록 티아민의 양은 증가한다. 또 중노동자, 임산부 및 수유부 등에서는 수요가 높아진다. 비타민 B_1의 결핍증에는 비타민 발견의 단서가 되었던 각기(脚氣)가 있다. 우유 중의 비타민 B_1은 유리형(50 ~ 70%), 인산 결합형(18 ~ 45%) 및 단백질 결합형(15 ~ 17%)으로 존재한다. 초유에는 주로 결합형의 형태로 상당한 양(0.1 ㎎/100㎖)이 들어 있으나, 비유기간이 경과힘에 따라 그 양이 점치 감소히면서 유리형디이민이 증가하여 6개월째에는 총 티아민의 약 70%를 차지하게 된다. 티아민은 광선에 대해서는 안정하지만 열에 의해서 파괴된다. 가열에 의한 파괴는 가열온도 보다도 가열시간에 의한 영향이 크며, 63℃에서 30분간의 가열에 의해 5.5 ~ 25% 손실되지만, HTST 살균법의 경우에는 3 ~ 4% 손실된다. UHT 살균법의 경우에는 손실율이 더 낮아진다.

(2) 비타민 B_2

비타민 B_2는 좁은 의미로는 리보플라빈(riboflavin)을 가리키고, 넓은 의미로는 FMN(flavin mononucleotide)과 FAD(flavin adenine dinucleotide)를 포함한다. 즉, 비타민 B2(리보플라빈)는 생체내에서는 대부분 FMN과 FAD의 형태로 존재하고, 플라빈(flavin) 효소의 조효소로서 생체내의 산화환원반응에 관여한다. 모든 식물이나 미생물에서 합성되는데, 고등동물에서는 합성되지 않는다. 비타민 B_2가 결핍되면 설염을 비롯하여 구내염, 구순염 및 지루성피부염 등 점막, 피부 및 눈에 증상이 나타난다. 또 항생물질 등의 투여, 간질환이나 당뇨병 등일 때에도 경우에 따라서는 2차성 결핍을 볼 수 있으며, 임신기나 수유기에는 대량의 비타민 B_2가 필요하다. 우유의 비타민 B2는 유청에 황록색을 띄게하며, 유리형이 54 ~ 95%이다. 리보플라빈은 광선에 의해 급속히 파괴되며, 투명한 병에 넣어서 2시간 햇빛을 받으면 20 ~ 80%가 파괴된다. 열에 대해서는 비교적 안정하며, 75℃에서 15분 및 135℃에서 2초 가열에서 리보플라빈의 파괴율은 각각 5.3% 및 4.2%였다고 한다.

(3) 니코틴산

니코틴산(nicotinic acid)은 피리딘 유도체로서 니아신이라고도 한다. 식물 및 대부분의 동물에서는 트립토판으로부터 합성되는데, 이 과정에서 비타민 B6에서 만들어진 조효소 피리독살인산을 필요로 한다. 니코틴산은 체내에서 니코틴산아미드가 되고, 산화환원반응의 조효소인 NAD(nicotinamide adenine dinucleotide)와 NADP(nicotinamide adenine dinucleotide phosphate)의 성분이 된다. 니코틴산의 결핍증으로는 펠라그라(pellagra)가 있다. 우유의 니코틴산 함량은 인유의 약 반이며, 대부분이 니코틴산아미드의 형태로 존재한다. 니코틴산은 살균, 농축 및 건조 등의 조작 및 광선에 안정하다.

(4) 비타민 B_6

비타민 B_6는 피리독신을 가리키지만, 그 외에 피리독살과 피리독사민으로도 존재하므로 이 3종의 유도체의 총칭으로도 사용된다. 이것들은 모두 조효소인 피리독살인산의 전구체이다. 피리독살인산은 아미노기 전이와 탈탄산 반응의 조효소이고 단백질 대사에 중요한 역할을 한다. 결핍증으로는 트립토판에서 니코틴산이 생기는 반응에서는 피리독살인산이 필요하기 때문에 비타민 B6의 결핍시에는 펠라그라가 생긴다.

(5) 판토텐산

우유에 들어 있는 판토텐산은 대부분이 유리형이나, 극히 일부는 단백질과 결합되어 있다. 그 함량은 사료나 계절 등에 영향을 받지 않고 거의 일정하며, 열이나 광선에 대해서 안정성이 크다.

(6) 폴산

우유에는 folacin과 folinic acid로서 들어 있다. 유리형과 단백질 결합형의 두 가지 형태로 존재한다. 일반 살균법으로는 파괴되지 않으나, 자비(boiling)에 의하여 약 97%가 파괴된다.

(7) 비타민 B_{12}

비타민 B_{12}에는 4%의 코발트가 들어 있어 코발라민(cobalamin)이라고도 한다. 우유에는 유리형과 단백질 결합형의 두 가지 형태로 존재하나, 그 함량은 적다. 광선에 대해 안정하고 일반 살균법으로는 파괴되지 않으나, 병장멸균에 의해서는 대부분이 파괴된다.

(8) 비타민 C

비타민 C에는 산화형과 환원형이 있으며, 착유직후에는 환원형의 L-ascobic acid로 존재하나, 점차 산화되어 산화형의 dehydro-L-ascobic acid로 전환되고, 나중에는 비타민 C의 효력이 없는 diketo-L-ascobic acid로 되며, Cu가 이 작용을 촉매한다. 비타민 C는 광선과 산소에 의하여 쉽게 산화되고, 가열에 의하여 쉽게 파괴된다.

(9) 비오틴

비오틴(biotin)은 젖소의 반추위와 소장내의 미생물에 의하여 합성되며, 우유에는 비교적 많이 들어 있다. 열이나 광선에 대해서도 안정하다.

7. 우유의 효소

일반적으로 우유속에 존재하는 효소(酵素, enzyme)는 유선세포와 백혈구(白血球)가 우유 분비시에 파괴되어 우유에 함유된 것이거나, 유선에서 생산 분비되는 것 또는 우유 중에 존재하는 미생물에 의해서 생산되는 것 등이 있다. 이것은 현재 약 20여종 이상이 알려지고 있으며, 그 구성성분은 단백질이다. 우유 속에 함유되어 있 는 효소의 함량은 극히 미량이지만, 각종 유제품의 풍미, 색 및 조직의 형성에 중요한 역할을 한다.

1) Peroxidase

이 효소는 과산화수소(H_2O_2)의 존재하에 물질의 산화를 촉매하는 효소로서 우유 중에서도 특히 이상유에 많이 존재한다. 또한 이 효소의 최적 pH는 6.8이며, 75℃에서 5분 또는 85℃ 에서25초 동안 가열하면 완전히 파괴되어 불활성화되기 때문에 이 성질을 이용하여 우유의 고온가열의 판정에 이용된다.

$$H_2O_2 + AH_2 \xrightarrow{peroxidase} 2H_2O + A$$

우유 중의 peroxidase는 일부의 젖산균의 발육을 억제하는 작용이 있으므로 lactenin L_2라고도 하며, 이러한 점에서 식물성 peroxidase와 성질이 다르므로 lactoperoxidase 라고 부르고 있다.

2) Xanthin oxidase

이 효소는 Avis(1955) 등에 의해서 처음 생유에서 분리 · 결정화(結晶化)되었으며, 1902년에 Schardinger가 발견한 포르말린의 존재하에 메틸렌 블루를 환원하는 Schardinger 효소와 동일 물질이란 것이 확인되었다.

이 xanthin oxidase는 등전점(等電點)이 pH 5.3 ~ 5.4이고, 활성기 중 FDA(flavin adenine dinucleotide)를 함유하고 있으며, 그 중요한 구성성분으로 몰리브덴(Mo), 철(Fe)을 들 수 있다.

이 효소는 80℃에서 10분 또는 78.5℃에서 60분 가열에 의해서 완전히 파괴되지만, 65℃의 가열에 의해서 활성화 된다고 알려져 있다. 특히 모유에는 존재하지 않으므로 모유와 우유의 식별에 이용되기도 한다. 우유 중에는 phosphatase와 함께 지방구막에 함유되어 있고, 크림을 분리할 경우 크림층으로 이행된다.

3) Catalase

Catalase는 Spindler(1911)에 의하여 우유 속에 존재한다는 것이 발견되었으며, 과산화수소를 물과 분자상태의 산소로 분해한다.

$$2H_2O_2 \xrightarrow{catalase} 2H_2O + O_2$$

초유와 유방염유(mastitis milk)에 많이 들어 있고, 그 함량은 백혈구수와 비례하는 경향이 있으므로 이를 이용하여 유방염유의 검출에 이용된다. 이 catalase는 우유 응고시에 casein과 같이 침전하며, 62℃에서 30분간의 가열에 의하여 약 84%가 불활성화되고 75℃에서 20분간 가열하게 되면 완전히 불활성화된다.

4) Phosphatase

Phosphatase는 인산의 monoester, diester 및 pyrophpsphate의 결합을 분해하는 효소로서 우유 중의 phosphatase는 주로 알칼리성 phosphatase이고, 대부분이 phosphomonoesterase로 알려져 있으며, 그 반응식을 보면 다음과 같다. 이 알카리성 phosphatase의 최적 pH는 7 부근이고, 유지방구막에 결합되어 있으며, Mg2+에 의해 활성화된다.

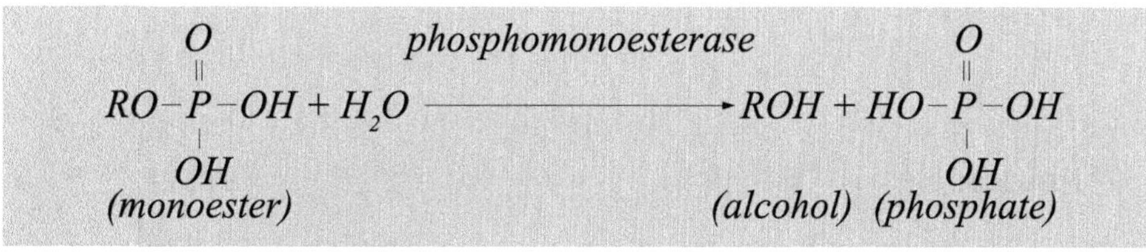

Phosphatase는 62.8℃에서 30분 또는 71 ~ 75℃에서 15 ~ 30초의 가열에 의하여 파괴되므로 이 성질을 이용하여 62 ~ 65℃에서 30분간 살균하는 저온살균유의 완전 살균 여부를 검사하는데 이용하며, 이를 phosphatase test라고 한다.

5) Lipase

Lipase는 지방을 분해하여 glycerol과 지방산으로 가수분해하는 효소를 말한다. 이 효소에는 2종류가 있으며, 하나는 착유직후의 신선한 우유를 냉각시킬 경우 불가역적으로 지방구막에 흡착되는 natural active lipase로서 membrane lipase라고도 한다. 다른 하나는 정상유에 존재하는 것으로 탈지유 부분에 함유되어 있으며, 대부분이 카세인과 함께 결합되어 있다. 이 lipase를 plasma lipase라고 부른다. 그러나 일반적으로 우유의 lipase라 하면 후자를 의미한다.

Lipase는 pH 5.5 ~ 9.0에서 작용하며, 보통은 활성화되지 않은 상태에 있으나, 진탕, 가온, 냉각 및 균질화 등 물리적 처리에 의해서 활성화 된다. 또한 이 효소는 가열에 대해 민감하여 63℃에서 30분, 80℃에서 20초의 가열에 의해서 정상유의 lipase는 모두 파괴된다. 특히 우유에 lipase가 작용하면 지방이 분해되어 우유에 지방산패취를 생성하며, 다른 한편으로는 치즈의 숙성에 관여하여 좋은 풍미를 내게 한다.

6) Protease

Protease는 단백질의 peptide결합을 가수분해하여 보다 작은 단백질 fragment인 peptone, proteose, peptide 또는 amino acid 등을 생산한다.

이 효소의 최적 pH는 8.5이며, 우유를 63℃에서 30분 동안 살균해도 활성이 감소되지 않는 비교적 내열성이 강한 효소이지만, 80℃에서 10분 동안 가열하게 되면 완전히 불활성화된다.

7) Amylase

Amylase는 전분을 가수분해하는 효소로 α -amylase와 β -amylase의 두 종류가 있으며 우유 중의 amylase는 대부분 α -amylase이. 이 효소는 정상유보다 초유 및 유방염유에 많이 함유되어 있다. 가열에 대하여 불안정하며, 50℃에서 30분간, 60℃에서 6분간의 가열처리에 의하여 파괴된다. 이 효소의 최적 pH는 7.4, 최적온도는 30 ~ 34℃로서 대부분 카세인과 결합하고 있다.

8) Lysozyme

이 효소는 소, 사람, 말, 돼지, 개 등의 젖에는 함유되어 있지만 산양, 면양에는 전혀 함유되어 있지 않은 것으로 알려져 있다. 즉 우유에는 lysozyme이 100㎖당 13㎍이 들어 있으나, 모유에는 약 3,000배 정도인 100㎖당 39㎎정도 함유하고 있다.

따라서 모유를 먹는 유아의 배설물에는 lysozyme이 존재하지만, 우유를 먹는 유아의 경우에는 배설물에는 이 효소가 존재하지 않는다.

또한 이 효소는 항균성을 갖고 있고, 조직내의 감염을 방지하는 작용이 있는 것으로 알려져 있다.

Ⅱ. 우유의 이화학적 성질

1. 우유의 물리적 성질

1) 비중(specific gravity)

우유의 비중은 15℃에서 1.027 ~ 1.034로 평균 1.032이다. 탈지유의 비중은 1.032 ~ 1.036으로 평균 1.034이다. 또 유지방의 비중은 0.930으로 물보다 낮고, 무지고형분은 1.601 ~ 1638로 평균 1.616으로 높다. 우유에 가수하면 비중이 낮아지므로 이러한 성질을 이용하여 가수우유를 판정한다. 우유의 비중은 15℃에서의 비중을 표시하므로 비중을 15℃에서 측정하거나, 그렇지 않을 경우에는 15℃의 비중으로 보정하여 표시한다.

2) 우유의 pH와 산도

신선한 우유의 pH는 6.5 ~ 6.8로서 보통 6.6이며, 정상유의 적정산도는 0.14 ~ 0.18%로서 평균 0.16%이다. 우유 중의 산도에 관여하는 성분으로는 카세인, 알부민, 구연산, 이산화탄소 및 인산염 등이며, 이러한 우유 본래의 산도를 자연산도라 하는데, 그 단백질의 농도나 무기질의 함량에 따라 변화한다. 또 신선한 우유를 방치하였을 때 생성되는 산도를 발생산도라 하며, 이는 젖산발효에 의하여 유당으로부터 생성되는 젖산에 의한 것이다. 이 자연산도와 발생산도를 합친 것을 총산도라 하는데, 우유의 산도는 총산도로서 젖산의 농도로 표시하며, 이것을 적정산도라 한다.

한편 초유는 정상유보다 pH가 낮고, 유방염유는 높으며, 증상에 따라 pH 7.3에 이르는 것도 있다.

3) 비열(Specific heat)

우유의 온도를 1℃ 올리는데 필요한 열량과 같은 양의 물의 온도를 1℃ 올리는데 필요한 열량과의 비를 우유의 비열(比熱)이라고 한다. 즉 우유 1g을 1기압하에서 14.5℃

로부터 1℃ 상승시키는데에 필요하는 열량(calorie)으로 나타낸다.

일반적으로 15℃에서 우유의 비열은 0.938이고, 탈지유는 0.943, 유청은 0.976으로 지방함량이 적을수록 높은 비열을 나타내며, 크림에 있어서는 지방함량이 많을수록 높은 비열을 나타낸다. 우유 중 각 성분별로 보면 지방 및 단백질은 0.5, 유당은 0.3, 무기질은 0.7이다.

이와 같은 비열은 우유의 처리와 제조에 있어서 가열, 농축, 건조 또는 냉각 등에 필요한 열량과 경비의 산출 등에 기초자료로 이용된다.

4) 빙점(Freezing point)

우유의 빙점은 -0.53 ~ -0.57℃로서 평균 -0.54℃이며, 물보다 낮다. 우유 중에는 여러 종류의 염류와 당류가 용해되어 있어서 빙점을 낮추는 작용을 하며, 산도에 의해서도 다소 영향을 받으나 일반적으로 물의 첨가에 의해서 빙점이 쉽게 변하므로 원유의 가수여부를 판정하는 기초가 되고 있다.

5) 비등점(Boiling point)

우유의 비등점도 빙점과 같이 용해되어 있는 용질의 양에 좌우된다. 우유의 비등점은 1기압(760 ㎜Hg)하에서 100.55℃로서 물보다 약간 높으며, 우유의 수분이 증발되어가는 과정에서 비등점이 높아진다.

우유를 1/2로 농축하면 0.5℃가 높아져서 끓는점은 101.05℃가 된다. 즉 우유의 비중을 높여주는 용질의 농도가 증가함에 따라 용액의 비등점이 상승하게 되는 것이다.

6) 점도(Viscosity)

우유의 점도는 우유의 교반성 또는 유동성에 대한 저항성을 말하며, 그 단위는 centipoise(cp)로 표시된다. 우유의 점도는 물보다 커서 물이 20℃에서 1.005cp(cm poise)인데 비하여, 이보다 높은 1.5 ~ 2.0cp(cm poise, 1 poise = 1 dyne · sec/㎠) 이다. 우유의 점도는 우유 성분과 온도에 영향을 받는다. 우유 성분 중 카세인과 지방구는 점도에 크게 영향을 미치는데, 우유의 균질화에 의하여 지방구가 세분화되고, 이에 따라 표면적이 증대되므로 이 표면에 부착되는 단백질량이 증가되어 우유의 점도가 증가한다. 또 온도가 상승하면 점도가 낮아지고, 온도가 낮아지면 점도가 증가하는 특성이 있다.

7) 표면장력(Surface tension)

표면장력은 단위 길이에 작용하는 힘(dyne/cm)으로 표시된다. 신선한 우유의 표면장력(表面張力)은 20℃에서 40 ~ 60 dyne/cm으로서 물의 표면장력 72.75 dyne에 비하여 훨씬 낮으나 우유 중의 지방성분 등에 의하여 표면장력이 유지되는데, 열, 산 및 염류 등에 의하여 표면장력은 차츰 변형되면서 쉽게 거품을 일으킨다.

우유나 크림이 물보다 거품이 잘 생기는 것은 표면장력이 낮기 때문이다. 우유의 지방이 변패가 되어 유리지방산이 생성되면 표면장력이 낮게 되며, 버터제조 중에 교동에 의하여 인지질이 유리되어도 표면장력이 낮게 된다.

8) 크림층 형성(Creaming)

원유를 그대로 정치해 두면 물보다 비중이 낮은 지방분이 표면으로 떠올라서 크림층을 형성하는데 이러한 현상을 creaming이라 한다. 지방구의 크기는 원유에서는 0.1 ~ 10㎛이며, 균질유에서는 0.1 ~ 2 ㎛ 정도인데, 무균질 상태의 원유는 쉽게 지방분이 분리되어 크림층을 형성한다. 그러므로 원유의 크림층 형성은 지방구의 크기와 밀도에 비례하며, 점도에는 반비례한다고 볼 수 있다.

또한 온도가 높으면 크림층 형성이 빨라지고, 온도가 낮으면 점도가 커지므로 크림층의 형성이 늦어진다.

2. 우유의 이화학적 성질의 변화

1) 가열에 의한 성분변화

살균, 농축 및 건조 등 우유의 가공에 있어서 가열은 필수적이다. 가열을 함으로써 제품의 품질향상, 안정화 및 저장성 향상 등 여러 가지 효과를 얻을 수 있으나, 이에 따라 우유에는 많은 변화가 일어난다.

(1) 액상 우유의 변화

① 피막의 형성

우유를 약 40℃이상의 온도에서 가열하면 표면에 엷은 피막을 형성하는데, 이러한 현상을 Ramsden 현상이라 한다. Ramsden 현상은 우유와 공기의 계면에 우유성분의 불가역적 침전이 일어나기 문에 나타난다. 이러한 피막의 형성은 가열에 의하여 수분이 증발됨에 따라 촉진된다. 이 피막의 고형분은 62℃에서 30분간 가열할 경우 단백질 15.5%, 지질 77.4%, 85℃에서 15분 가열할 경우 단백질 7.7%, 지질 90.5%로 대부분이 지질이며, 단백질은 주로 락토알부민이다. 이러한 현상은 우유를 교반하면서 가열함으로써 방지할 수 있다.

② 갈변화

우유를 100℃ 이상의 고온으로 장시간 가열하거나 연유 또는 분유를 장기간 저장할 때에는 갈변화가 일어나는 경우가 있다. 유제품의 갈변화는 카라멜화에 의한 경우, Maillard 반응에 의한 경우, 그리고 아스코르빈산의 산화에 의한 경우 등 세가지 유형이 있는데, 우유의 갈변화는 주로 우유의 단백질인 카세인의 아미노기와 당의 카르보닐기 간에 아미노-카르보닐 반응(Maillard reaction)에 의하여 일어나는 것으로 알려져 있다. 가열에 의한 갈변 반응의 주요인은 우유의 카세인과 유당이며, 포도당이 들어있으면 그 반응이 더욱 촉진된다. 갈변화가 일어나는 임계온도는 100 ~ 120℃, 임계 pH는 6.0 ~ 7.6으로 알려져 있다.

③ 가열취

우유를 80℃ 부근에서 가열하면 특유의 가열취가 나타나는데, 이러한 가열취는 β-락토글로불린 또는 지방구막단백질의 열변성에 의해서 함황아미노산으로부터 유리된 -SH 기로부터 생성되는 것으로 휘발성 황화물과 황화수소로 구성되어 있다.

(2) 우유 성분의 변화

① 카세인의 변화

비교적 열에 안정한 카세인은 100℃까지의 가열에서는 비가열유와 거의 차이가 없으나, 125℃의 가열에서는 변성이 일어나 카세인 입자가 응집해서 거대입자를 형성한다고 알려져 있다. 이와 같이 고온가열에 의해서 카세인이 불안정하게 되는 것은 카세인으로부터 인산에스테르가 분해되고, 유당의 분해에 의해서 산이 생성되어 산도가 증가하기 때문이다.

또 우유를 100℃ 이하에서 가열했을 때에는 화학적으로는 거의 변화가 일어나지 않지만, 물리적 성질은 약간 달라진다. 대체로 가열하지 않은 우유를 기준으로 하여 70℃에서 30분 가열하면 2배, 80℃에서 30분 가열하면 4배, 그리고 90℃에서 30분 가열하면 6배의 응고시간을 필요로 하여 응고성이 떨어지는 동시에 커드가 작고 연성 커드가 된다. 이와 같은 응고시간과 경도 차이는 80℃ 이하에서는 가용성 칼슘의 감소에 의한 간접적인 영향으로 일종의 가역적인 변화라고 알려져 있다. 그러므로 가용성 칼슘을 첨가하면 응고시간을 회복시킬 수 있다. 그러나 90℃ 이상에서 가열된 것은 응고시간은 회복되어도 커드의 경도는 회복되지 않는다.

② 유청단백질의 변화

유청단백질의 함량은 약 0.6%인데, 그 중에 β -락토글로불린이 약 56%를 차지하며, 우유의 가열에 의한 변화에 중요한 역할을 한다. 유청단백질이 열변성을 일으키게 되면 가열취의 생성, 농축후의 열안정성 증가, 동결시의 콜로이드 안정성의 감소, 레닛 작용에 의한 응고지연, 커드의 장력 저하 등 여러 가지 변화가 일어난다.

③ 지방의 변화

우유를 약 100℃에서 가열하면 유지방의 화학적 변화는 거의 일어나지 않으나, 크림층의 형성이 다소 저지된다. 이것은 변성된 글로빈이 부상하는 지방구 사이에 응집체의 형성을 촉진하여 크림층에 변화를 가져오기 때문이다.

④ 유당의 변화

유당수화물은 100℃까지의 가열에 의해서는 변화하지 않으나, 110 ~ 130℃에서 모든 결정수가 상실되며, 약간 갈변화되어 소량의 이산화탄소를 발생한다. 150 ~ 160℃에서는 갈변화가 뚜렷해지며, 170℃에서는 갈변화가 더욱 현저해져서 당 특유의 카라멜취를 발생한다.

⑤ 무기질의 변화

가열에 의하여 가용성 칼슘과 인산염의 감소가 일어나는데, 칼슘과 인이 불용화되면 수소이온이 유리되어 pH가 저하된다. 그러나 가열에 의하여 이산화탄소가 제거되어 우유의 pH가 상승하게 되므로 실질적으로는 우유를 가열해도 우유의 pH의 변화는 일어나지 않는다.

2) 산에 의한 우유의 변화

우유 중의 주요 단백질인 카세인은 카세인 미셀의 복합체로 칼슘과 인이 결합되어 있는데, 산에 의하여 칼슘과 일부의 인이 전하를 잃고 가용성이 되어 유청으로 유리되면 카세인은 염류를 함유하지 않은 순수한 상태로 침전된다. 이것은 카세인 미셀이 pH 4.6의 등전점에서 칼슘이온이 유리되면서 수화성을 잃고 침전하게 되기 때문이다.

3) 효소에 의한 우유의 변화

우유의 효소적 변화로는 protease에 의한 단백질의 분해, lipase에 의한 지방의 분해 및 lactase에 의한 유당의 분해를 들 수 있다. 즉 단백질 응유효소로 알려진 레닛에 의한 Ca-caseinate와 glyco-macropeptide의 생성, 키모트립신에 의한 단백질의 peptide화, 그리고 β -galactosidase에 의한 oligosaccharides의 생성 등은 효소에 의한 화학적 변화를 이용한 가공기술의 한 분야라 할 수 있다.

제 3 장 우유 및 유가공품의 미생물

Ⅰ. 우유와 미생물

우유와 유가공품은 원료유의 생산에서부터 가공, 유통 및 소비에 이르기까지 미생물과 밀접한 관계를 가지고 있다. 특히 병원성 미생물은 우유와 유제품을 통하여 우리의 건강과 생명을 위협하고, 부패성 미생물은 우유와 유제품을 부패시켜서 우리에게 경제적으로 큰 손실을 준다. 반면에 어떤 종류의 미생물은 유제품의 생산과 우리의 건강유지에 중요한 역할을 하으로 우리에게 반드시 필요한 유용 미생물들도 있다. 따라서 우리는 우유 및 유제품을 효과적으로 생산, 가공, 유통 및 이용하기 위해 이들 미생물의 종류와 성질을 잘 이해하여 유해 미생물을 효율적으로 억제하거나 사멸시키고, 유용 미생물을 효과적으로 이용할 수 있는 방법을 강구하여야 한다.

1. 우유 미생물의 분류

우유는 영양소가 풍부하기 때문에 미생물에게 좋은 배지로서 작용을 하는데, 자연계의 많은 미생물들은 우체, 우사, 사료, 유가공장 등의 환경을 매체로 하여 우유를 오염시키고, 유제품에 많은 결함을 일으킨다. 또한 우유는 좋은 배지로서의 특성을 이용하여 미생물의 증식배지, 스타터의 조제, 대사생산물의 제조 등에 이용되고 있다. 이러한 미생물군은 낙농에 널리 관계하는 미생물로서 가축기생성 또는 병원성미생물군도 포함되어 있지만 여기에서는 특히 우유 및 유제품에 번식하는 미생물군을 주체로 하여 살펴보고자 한다.

1) 우유 및 유가공품 관련 세균

세균은 종래의 분류법에 의하면 10 목(目)으로 분류되지만, 우유 및 유가공품과 관련되는 세균은 대부분 Pseudomonadales 목, Eubacteriales 목 및 Actinomycetales 목의 3목에 한정되어 있다. Pseudomonadales 목의 세균은 직상(直狀) 또는 곡상(曲狀)의 그람음성간균으로 주로 극성편모로 운동하고 혐기적이다. 우유 및 유제품에 유해하고, 많은 결함을 일으키며, 호냉성 세균이 많다.

Eubacteriales 목은 세균 중의 주요 부분을 차지하고, 구상 또는 간상이다. Achromobacteriaceae, Enterobacteriaceae 및 Brucellaceae의 3 과(科)는 일반적으로 그람음성, Microbacteriaceae 등 나머지의 과는 그람양성이다. 또 Bacillaceae 과는 전형적인 내생아포를 만드는 유포자간균이다. 또한 구균은 Micrococcaceae 과와 Streptococcaceae 족(族)의 세균에 대체로 한정되어 있다. 이 목의 세균은 자연계에 널리 분포하고, 우유 및 유제품의 변패나 전염병의 원인이 되는 유해균이 많지만, Lactobacillaceae 과, Propionibacteriaceae 과, Brevibacteriaceae 과의 일부의 균종은 유가공산업에 있어서 중요한 유용균이다.

Actinomycetales 목은 긴 분지상 균사세포를 만들고, 분열, 포자, 분열포자 또는 분생자(conidia)에 의하여 증식하는 균군이다. 우유 및 유제품에는 유해하고, 병원성인 것도 있다.

2) 우유 및 유가공품 관련 효모

효모는 Endomycetaceae(유자낭포자균), Sporobolomycetaceae(담자포자균) 및 Cryptococcaceae(무자낭포자균)의 3과로 대별된다.

유자낭포자균은 5개의 아과(亞科)로 대별되지만, 우유 및 유제품에 관계하는 효모는 Saccharomycetoideae 아과이다. 일반적으로 담자포자를 만들고, 알코올 발효성이 높은 것이 많다. 유주(乳酒)의 스타터로서 이용되는 균종도 있지만, 유제품을 변패시키는 유해균이나 유방염원인균도 많이 알려져 있다.

담자포자균은 담자균류와 유사한 담자기(擔子器, basidium)를 만들고, 포자를 강력하게 사출시키는 특징이 있다. 우유에는 그다지 검출되지 않지만, 적색 또는 황색색소를 만들기 때문에 유해하다.

무자낭포자균은 불완전균에 속하고, 3개의 아과로 분류되지만, Cryptococcoideae 아과와 Rhodotoruloideae 아과가 특히 우유 및 유제품에 관계가 깊다. 알코올 발효성이 있는 *Candida* 속의 일부는 유주 스타터로 이용되지만, 기타 많은 균종은 우유에 효모취, 가스발효 및 변색 등의 결함을 일으킨다.

3) 우유 및 유가공품 관련 곰팡이

우유 및 유가공품에 관계있는 곰팡이는 진균 중에서 조균류(藻菌類), 자낭균류 및 불완전균류인데, 그 중에 Mucorales, Plectascales 및 Hyphomycetales의 3 목에 대부분 한정되어 있다.

Mucorales 목은 접합균아강(接合菌亞綱)에 속하고, 자낭균 중에 자낭이 산재(散在)하여 불규칙적으로 배열하는 균군이다. 발효공업에 있어서 중요한 곰팡이가 많고, Aspergillaceae 과의 *Aspergillus* 속과 *Penicillium* 속은 특히 치즈제조에 관계가 깊다.

Hyphomycetales 목은 불완전균에 속하는 3 목중의 하나로 무성생식을 한다. 분생자병이 균사체로부터 임의로 생기는 특징이 있다. 관계되는 균속(菌屬)에는 *Geotrichum*,

Catenularia, *Monilia*, *Cladosporium* 및 *Alternaria*가 있고, 많은 유제품을 변패시키는 유해균이다.

Ⅱ. 주요 우유 미생물

1. 주요 세균

유제품을 포함한 우유 미생물로서 특히 중요한 세균의 균종은 다음과 같다.

1) 젖산균

젖산균은 당을 발효하여 다량의 유산을 생성하는 세균의 총칭으로, 우유 및 유제품에 있어서 매우 중요하며 검출률이 높은 균군이다.

젖산균은 일반적으로 그람양성, 무포자의 구균 또는 간균으로 주로 비운동성이고, 색소를 생산하지 않으며, 산소가 적은 환경에서 잘 발육한다. 질산염을 환원시키지 않고, catalase 음성균이 대부분을 차지하지만 catalase를 생성하는 젖산균도 있다. 젖산균에는 당의 발효형식에 따라 젖산만을 생성하는 homo 젖산발효형 젖산균과 젖산과 그 외에 초산, 알코올 및 탄산가스 등을 생산하는 hetero 젖산발효형 젖산균이 있다.

(1) 젖산구균

젖산구균은 분류학상 Streptococcaceae 과에 속하며, 우유 세균으로서 중요한 균속은 *Streptococcus* 속, *Pediococcus* 속 및 *Leuconostoc* 속이 있다. 이들은 모두 통성혐기성 또는 미호기성이다.

① *Streptococcus* 속 : 쌍 · 연쇄상 구균으로서 유가공 산업에 중요한 균종이 많다. 당을 발효시켜 유산만을 생성하는 homo 젖산발효형 젖산균으로 최근에 Schleifer 등(1987)은 전통적인 *Streptococcus* 속을 *Streptococcus* 속, *Enterococcus* 속 및 *Lactococcus* 속으로 분류할 것을 제안하여 국제적으로 널리 인정을 받고 있으

며, 젖산구균(lactic group)은 *Lactococcus* 속으로 분류하고 있다. *S. lactis*와 *S. cremoris* 등의 균종이 있다.

② *Pediococcus* 속 : 4연구균으로서 당으로부터 라세미 젖산을 생성하는 특징이 있고, homo 젖산발효형 젖산균이다. *P. cerevisiae*나 *P. acidilactici* 등의 균종이 있는데, 특히 전자는 디아세틸을 생성하고, 버터나 체다치즈로부터 분리된다.

③ *Leuconostoc* 속 : 통성혐기성 내지 미호기성의 hetero 젖산발효형 젖산구균으로서 당으로부터 유산 이외에 초산, 에탄올 및 탄산가스를 생성하는 특징이 있다. *L. mesenteroides*, *L. dextranicum*, *L. cremoris* 등의 균종이 있는데, *L. mesenteroides*, *L. dextranicum*은 설탕으로부터 데스트란을 생성하는 특징이 있고, *L. cremoris*는 우유에 자주 출현하며, 구연산을 이용하여 디아세틸과 아세토인을 생성하는 특징이 있다.

(2) 젖산간균과 비피더스균

젖산간균은 젖산을 생성하는 간상균의 총칭으로 Lactobacillaceae 과의 *Lactobacillus* 속에 속하며, Orla-Jensen(1919, 1943)에 의해 homo 발효형의 *Thermobacterium*과 *Streptobacterium*, hetero 발효형의 *Betabacterium*으로 대별되었다. 또 비피더스균은 전에는 젖산간균에 속해 있었지만, 현재는 별도로 분류되어 있다.

① *Lactobacillus* 속 : homo 발효형과 hetero 발효형 젖산간균으로 대별되는데, 우유 및 유제품에 관계되는 균은 주로 homo 발효형이다. *L. helveticus*, *L. acidophilus*, *L. bulgaricus*, *L. casei*, *L. plantarum* 및 *L. lactis* 등의 균종이 있는데, 특히 *L. acidophilus*균는 유아나 성인의 분변으로부터 분리되며, 스타터로 자주 이용된다. 애시도필러스밀크는 이 균을 이용하여 만든 발효유의 일종으로 그 정장작용이 중요하다.

② 비피더스균(*Bifidobacterium* 속) : 아포를 형성하지 않고 비운동성의 그람양성 간균으로 젖산균군 중에서 유일한 편성혐기성균이다. Hetero젖산발효형균이지만, Bifidum pathway에 의하여 2몰의 포도당으로부터 2몰의 젖산과 3몰의 초산을 생성하고, 가스를 생성하지 않는다. 당분해능으로부터 25종으로 분류되어 있는데, 기준 종은 *Bifidobacterium bifidum*으로 종전에는 *L. bifidus*라고 부르던 편성혐기성의 간균이다.

2) 프로피온산균

프로피온산균(propionic acid bacteria)은 프로피온산 발효를 하는 균군으로 불규칙한 형을 한 단간균이고, 구상으로 보이는 것도 있으며, 비운동성, 그람양성이다. 색소를 생성하지 않는 것과 적갈색의 색소를 생성하는 것이 있고, 당을 분해하여 유산, 프로피온산, 낙산, 초산 및 알코올 등을 생성하는 특징이 있다. 일반적으로 catalase 양성이고, 동물의 장내나 식품에 널리 존재하며, 일부의 균종은 치즈의 스타터로 이용되고 있다. *Propionibacterium freudenreichii*는 대표적인 균종으로 우유 및 유제품에서 종종 분리되는데, 스위스치즈의 스타터로 주로 이용되며, 이 치즈 특유의 치즈눈(cheese eye)과 특이 풍미를 생성시킨다. 그러나 *P. rubrum*은 적갈색의 색소를 생성하는 특징이 있고, 스위스치즈에 청상반점을 생성시키는 유해균으로 알려져 있다.

3) Mictrococci와 포도상구균

일반적으로 호기적이고, 색소를 생성하는 그람양성의 구균으로 분류학상 Micrococcaceae 과에 속하며, 유가공 산업에 있어서 중요하다. Mictrococci와 포도상구균은 우유 및 유제품에서 검출률이 높고, 일부의 균종을 제외하고는 유해하다.

(1) *Micrococcus* 속

불규칙한 연쇄상의 구균으로, 백, 황, 적색의 색소를 생성하고, 수로 catalase 양성이며, 일반적으로 호기적으로만 glucose를 이용하여 산을 생성한다. 대표적인 균종은 *M. luteus*와 *M. varians*의 2종이 있는데, 이들은 우유나 유용기구에서 종종 검출되고, 유제품을 오염시킨다. 기타 *M. freudenreichii*, *M. flavus*, *M. caseolyticus* 등이 있으며, 특히 *M. caseolyticus*는 강력한 단백분해력이 있고, 브릭치즈의 표면에 피막을 만들기도 하며, 유유로부터 분리된 예가 있다.

(2) *Staphylococcus* 속

포도상구균으로 알려져 있고, 유방염, 식중독, 피부염의 원인이 되는 병원균이다. 통성혐기성으로 catalase를 강력하게 생산하고, 백색 또는 황색색소를 생성한다. 대표적인 균종은 mannitol을 발효시키는 coagulase 양성의 *S. aureus*와 이것과 역의 성질을 갖는 *S. epidermidis*의 두 균종이 있다. 전자는 외독소를 만들고, 리트머스우유를 응고시키며, 10% 식염에 대하여 내성이 있는데, 암황색 집락의 것을 진정 *S. aureus*, 백색의 것을 *S. albus*, 황백색의 것을 *S. citreus*라 부른다. 유방염유나 동물의 화농부위에 널리 생육하여 외독소를 만들고, 식중독의 원인이 되기 때문에 위험하다. *S. epidermidis*은 mannitol을 발효시키지 못하고, 주로 백색 집락을 형성한다.

4) 슈도모나스균

슈도모나스균은 분류학상 Pseudomonadaceae 과에 속하고, 직상(直狀) 또는 곡상(曲狀)의 그람음성간균으로 주로 극성편모로 운동하며 호기적이다. 유업에 관계가 깊은 균속으로는 *Pseudomonas*와 *Acetobactor*가 있다.

(1) *Pseudomonas* 속

형광성 색소를 생성하고, 우유 및 유제품을 변패시키는 유해균이 많으며, 최적온도가 20℃ 부근의 호냉세균이다. *P. synxantha*는 우유나 크림을 황갈색으로 하여 苦味를 생성시키고, *P. syncyanea*와 *P. cyanogenes*는 청색유의 원인이 된다. *P. iodinum*은 우유를 알카리화하여 이상취를 발생시키고, *P. fluorescens*, *P. mephitica*, *P. fragi*는 우유를 분해시키는 한편, 지방을 분해시켜 크림이나 버터에 이상취를 발생시킨다.

(2) *Acetobactor* 속

초산균으로 알려져 있고, 유기물 특히 알코올을 산화시켜 유기산이나 여러 가지 산화물을 생성시키는 산화세균이다. 양조상 중요한 세균으로 우유에는 그다지 출현되지 않지만, 우유 및 유제품이 산패 또는 알코올 발효되었을 경우, 그 발효산물을 산화시켜 변패시킨다. 대표적인 균종으로는 *A. aceti*, *A. rancens* 등이 있다.

5) 저온세균

우유 및 유제품의 장기보존을 위하여 냉장보존 및 저온유통이 일반화됨에 따라 저온세균에 의한 결함이 대두되기 시작하였다.

Thomas(1958)에 의하면 호냉균이란 5℃ 이하에서 생육가능하고, 우유에 있어서 63℃, 30분의 가열에 의하여 사멸하는 균이라 정의하고 있고, 최적온도가 10 ~ 20℃, 최저 −5 ~ 0℃, 최고 25 ~ 35℃의 생육한계에 들어가는 균이라 하였다. 또 Ingraham(1959)은 0℃에서 48시간 이내의 세대시간을 갖는 세균을 호냉세균이라 정의하고 있고, Eddy(1960)와 Thomas(1966)에 의하여 저온세균이란 용어를 사용하게 되었다.

우유 및 유가공품에서 검출도가 비교적 높은 저온세균의 특성과 분리원은 표 3-1에서 보는 바와 같다. 저온세균에 속하는 균속에는 특히 그람음성간균이 많이 포함되며, *Pseudomonas, Achrombacter, Flavobacterium, Alcaligenes* 및 일부의 대장균군을 들 수 있다. 또 유산균에도 일부의 저온균이 있다.

표 3-1 주요 저온세균의 특성과 분리원

균종명	발육온도범위	우유의 변화	분리원
Pseudomonas 속 *P. synxantha* *P. fluorescens* *P. mephitica* *P. fragi* *P. putrefaciens*	최적 20℃ 전후 최적 20 ~ 25℃ 5 ~ 30℃ 10 ~ 30℃ 최적 20℃ 전후	응고후 분해 알카리화 이상취발생후 알카리화, 점질화 지연응고, 일부분해, 이상취발생 이상취발생, 분해	표면황갈색크림, 苦味乳 변패유, 변패크림 이상취버터, 점질유 변패유, 산패크림, 버터 펩톤화유, 변패버터
Alcaligenes 속 *A. lipolyticus* *A. metalcaligenes*	최적 20℃ 전후 최적 22℃ 전후	점질화, 일부분해 알카리화	점질유, 변패크림 변패유, 카티지치즈
Achrombacter 속 *A. lipidis*	0 ~ 25℃	지방분해취발생	변패크림
Leuconostoc 속 *L. mesenteroides* *L. dextranicum*	최적 21 ~ 25℃ 최적 21 ~ 25℃	응고 또는 미응고 응고 또는 미응고	발효야채 우유

6) 단백분해균

단백실분해효소를 생산하여 기질 또는 배지의 단백질을 분해하는 균군을 단백분해균이라 한다. 치즈의 숙성에 관여하는 유용한 단백분해균을 포함하여 우유 및 유제품에 관계하는 주요 단백분해성 균종의 특성은 표 3-2에서 보는 바와 같다. 효소계의 작용기구에 따라 단백질의 분해정도가 다르지만, 그 분해정도에 따라 작용균의 유용성이 결정된다. 즉 단백질을 저분자의 펩티드 또는 아미노산 정도로 분해하는 proteinase 또는 peptidase 생성균이나 저분자의 질소화합물까지 분해하는 균군의 일부는 치즈의 숙성에 유용한 균이 된다. 그러나 암모니아나 유해한 질소화합물을 다량으로 생성하는 부패성의 단백분해균, 알카리화균, 펩톤화균 등은 우유 및 유제품에 있어서 유해균으로 보게 된다. 단백분해균의 일부는 우유를 점질화시키기도 하고, 착색이나 쓴맛을 내는 경우도 있다.

표 3-2 주요 단백분해성 균종의 특성

균종명	젤라틴 액화	리트머스우유의 변화					유용균	유해균
		환원	응고	알칼리화	펩톤화	점질화		
Pseudomonas								
P. fluorescens	+	−	−	+	±	−		○
P. putrefaciens	+	+	−	+	+	−		○
P. nigrifaciens	±	+	−	+	+	−		○
P. aeruginosa	+	+	±	+	+	−		○
P. fragi	+	−	+	+	±	−		○
Micrococcus								
M. flavus,	±	±	±	−	±	−		○
M. freudenreichii	+	−	+	−	+	−	○	○
M. caseolyticus	+	−	+	−	+	−	○	○
Streptococcus								
S. lactis	−	+	+	−	−	−	○	
S. pyogenes	−	±	±	−	−	−		○
Lactobacillus								
L. casei	−	+	+	−	−	+	○	
L. bulgaricus	−	+	+	−	−	+	○	
Bacillus								
B. subtilis	+	±	−	+	+	+		○
B. cereus	+	±	±	−	+	−		○

7) 지방분해균

지질의 glyceride를 분해시켜 저급 휘발성지방산을 생성하는 효소계를 갖는 균을 지방분해균이라 하고, 지방분해균의 lipase의 특이성에 따라 그 균의 유용성이 결정된다. 지방분해에 의한 휘발성지방산의 생성은 치즈의 숙성에 중요한 역할을 하지만, 다른 유제품에는 산패취를 생성하여 품질을 저하시키므로 유해하다.

일반적으로 지방분해력이 강한 균종은 단백분해력도 강한 경향이 있어서 치즈의 숙성에 이용되는 경우도 있다. 그러나 대부분의 유제품, 특히 크림이나 버터에 산패취를 생성하므로 유해하다.

8) 색소생성균

세균은 그 종류에 따라 여러 가지 색소를 생산하여 집락에 특이한 색조를 나타낸다. 우유와 관계되는 주요 색소생산균(진균포함)은 표 3-3에서 보는 바와 같다. 우유에 증식할 경우 그 특이한 색조에 의하여 우유를 변색시키기도 하고, 특수한 색조의 피막을 만들기도 한다. 이와 같이 집락의 색이나 오염된 착색유의 색의 감정에 의하여 어느 정도 그 원인균을 추정할 수 있다.

표 3-3 주요 색소생산균과 우유의 변화 및 분리원

균종명	리트머스우유의 변화					분리원
	환원	응고	알칼리화	펩톤화	점질화	
Pseudomonas synxantha	황적	+	+	±	-	고미유, 황색유, 크림
Pseudomonas syncyanea	청	-	-	-	-	청색유
Pseudomonas cyanogenes	청	-	+	-	-	청색유
Flavobacterium lactis	황	-	-	-	-	황색유
Brevibacterium erythrogenes	적	±	+	-	-	적색유, 에멘탈치즈
Propionibacterium rubrum	적갈	+	-	-	-	우유, 유가공품
Sporobolomyces roseus	적(피막)	-	-	-	-	유가공장의 공기중
Rhodotorula mucilaginosa	적(피막)	-	-	-	±	고산도 발효유

9) 가스발효균

가스발효에 관여하는 세균에는 여러 종류가 있지만, 당의 발효에 의한 가스생성은 물론 넓은 의미로는 단백질분해에 따른 암모니아의 발생이나 황화수소의 생성도 포함된다. 그러나 특히 유업에 있어서 중요한 가스발효균은 대장균군, 일부의 유산균과 프로피온산균, 또 유당발효성 효모 등이다. 주요 가스발효균의 발효성상은 표 3-4에서 보는 바와 같다. 대부분이 유제품에 결함을 주는 유해균이지만, 프로피온산균의 일부는 스위스치즈의 스타터로 이용되고 있다.

표 3-4 주요 가스발효균의 발효성상(진균포함)

균종명	발효생성물	우유의 변화	유가공품의 변화
Escherichia 속			
E. coli	발효성당류로부터 젖산, 에탄올, 개미산, 초산, CO_2, H_2	응고, 기포생성, 유청분리	크림포말화, 치즈의 팽창
E. aurescens	(CO_2와 H_2는 glucose로부터 등량생성)	응고, 가스생성	요구르트의 기포형성
Aerobacter 속			
A. aerogenes	상 동	응고, 가스생성	크림포말화, 치즈의 팽창
A. cloacae	(glucose로부터 CO_2 생성은 H_2의 2배 이상)	응고후 펩톤화	요구르트의 기포형성
Lactobacillus 속			
L. brevis	aldohexose로부터 불활성 젖산, 초산, 에탄올, CO_2	불변	치즈의 팽화
L. fermenti		불변	치즈의 팽화
Propionibacterium 속			
P. freudenreichii	젖산, 탄수화물, 다가알코올로부터 프로피온산, 초산, 호박산, CO_2 생성	불변	산성 크림의 변패
P. shermanii		응고, 가스생성	가스팽화
P. rubrum		응고, 가스생성	치즈눈 형성
P. thoenii		응고, 가스생성	발효유의 가스발효
P. zeae		응고, 가스생성	
Bacillus 속			
B. macerans	유당으로부터	약하게 응고	치즈의 초기 가스생성
B. mesentericus	CO_2, H_2, 휘발물질 생성	약하게 응고	치즈의 초기 가스생성
Clostridium 속			
Cl. butyricum	탄수화물로부터 낙산, 초산, CO_2, H_2 생성	응고, 가스, 균열	스위스치즈 후기이상
Cl. perfringenes		응고, 기포에 의한 커드파괴	가스공형성
Cl. acetobutylicum		응고, 가스, 균열	
Saccharomyces 속			
S. fragilis	유당으로부터 에탄올, CO_2, H_2O 생성	응고, 기포생성, 유청분리	치즈의 가스공생성
S. lactis		응고, 기포생성, 유청분리	치즈의 가스공생성
Torulopsis 속			
T. holmii	sucrose 및 glucose로부터 CO_2, H_2O 생성	응고, 효모취 발생	버터의 변패
T. lactis-condensi		응고, 점질화	가당연유관 팽화
T. globosa		응고, 점질화	가당연유관 팽화
Candida 속			
C. pseudotropicalis	젖산으로부터 에탄올, CO_2, H_2O 생성	포말화, 효모취 발생	크림의 포말화
C. krusei		포말화, 효모취 발생	효모취 발생
Geotrichum 속			
G. candidum	젖산으로부터 CO_2, H_2O 생성	백색피상 피막형성	산성크림, 치즈, 버터의 점질성 피막형성

10) 점질화균

우유나 크림을 점질상(ropy 또는 slimy)으로 하는 원인균을 점질화균이라 한다. 주요 점질화균과 그 성상은 표 3-5에서 보는 바와 같다. 점질화의 원인은 일반적으로 그 균의 집락이 형성하는 점질물에 의한 것이다. 일부의 균은 단백질 또는 지방분해를 수반하고, 또 *Leuconostoc* 속의 일부에서 볼 수 있는 덱스트란의 생성 등도 점질화의 한 요인이라 생각된다.

표 3-5 주요 점질화균과 그 성상

균 종	균종의 특수성질	유가공품의 변화
Pseudomonas mephitica *Pseudomonas viscosa*	알카리화 황갈색피막형성	우유점질화후 분해 코티지치즈 점질화
Acetobacter aceti *Acetobacter rancens*	초산발효강력	알코올발효유의 산화발효 점질피막형성
Alcaligenes viscolactis *Alcaligenes lysolyticus* *Alcaligenes marshallii*	알카리화	점질유 생성 점질크림 생성 코티지치즈 점질화
Flavobacterium harrisonii	황색색소생성	우유의 점질화
Escherichia coli *Aerobacter aerogenes*	가스발효	우유이상응고, 점질화 우유응고, 점질화 코티지치즈 점질화
Micrococcus pituitoparus	단백질분해성	우유분해, 점질화
Micrococcus candidus *Micrococcus varians* *Micrococcus conglomeratus*	호기성구균	치즈표면의 점질화
Staphylococcus cremoris-viscosi	펩톤화	우유분해, 점질화
Brevibacterium linens *Brevibacterium healii*	황색색소생성	치즈포면점질하
Streptococcus lactis var. hollandicus	젖산발효	스타터의 산발효전의 점질화
Lactobacillus casei *Lactobacillus bulgaricus*	젖산발효강력	스타터의 산발효전의 점질화
Leuconostoc mesenteroides *Leuconostoc dextramicum*	덱스트란 생성	우유 불변 가당제품의 점질화
Propionibacterium zeae *Propionibacterium pentosaceum*	프로피온산발효	산패우유의 가스발효 치즈눈 형성
Bacillus subtilis	호기성포자형성	우유의 펩톤화, 점질화

2. 주요 효모

우유 및 유제품에 주로 관여하는 효모는 Endomycetaceae(유자낭포자균) 과(科)의 Saccharomycetoideae 아과(亞科)에 속하는 *Saccharomyces*, *Pichia* 및 *Debaryomyces* 속이다.

1) *Saccharomyces* 속

발효공업에있어서 중요한 효모는 대부분 이 속에 속한다. 당류의 발효성, 포자 및 세포의 형태에 따라 30여종으로 분류되어 있다. 양조용 균종의 대부분은 즈로 포도당과 맥아당을 발효시키지만 유당을 발효시키지 못한다. 반면에 유업에 관계되는 균종은 유당을 발효시키는 것이 많으며, *Saccharomyces fragilis*가 대표적인 균종이다. 유당으로부터 알코올과 가스를 생성하고, 우유를 응고시켜 기포를 만든다. 최적 pH가 4.8 ~ 5.2로서 유산균보다도 산성측에 있다. 케피어, 쿠미스, 이탈리아치즈로부터 분리되고, 유주의 스타터로서 중요하며, 유청으로부터 알코올의 제조에 이용된다.

2) *Pichia* 속

산막효모로 알려져 있고, 저농도 알코올 음료의 표면에 건조피막을 만든다. 우유 및 유제품에 관여하는 균종으로는 요구르트나 발효버터로부터 분리된 *P. membranefaciens*, 버터밀크나 이탈리아치즈로부터 분리되는 *P. fermentans*가 있다. 또 유방염유로부터 분리된 *P. farinosa*가 있다.

3) *Debaryomyces* 속

세포가 접합 후 자낭포자를 만드는 성질이 있다. 치즈로부터 분리된 *D. hansenii*나 *D. subglobosus*가 알려져 있다. 또 *D. neoformans*는 유방염유로부터 분리된다.

3. 주요 곰팡이

우유 및 유제품에 주로 관여하는 주요 곰팡이는 자낭균류인 Plectascales 목(目),

Aspergillaceae 과의 *Aspergillus*와 *Penicillium* 속이다.

1) *Aspergillus* 속

발효공업에 중요한 균종이 많고, 주정(酒精)음료나 구연산의 제조에 이용되지만, 우유 및 유제품에는 유해한 것이 많다. *A. niger*는 치즈의 숙성중에 오염될 기회가 주어지면 치즈의 표면을 흑변시키고, 버터도 변색시킨다. *A. repens*는 가당연유의 대형과립, 즉 버튼을 형성시키는데, 이 버튼은 *A. repens*의 균사체와 응고 카세인으로부터 만들어지며, 백색 또는 갈색을 나타낸다. 이와 유사한 버튼을 생성하는 균으로는 *A. glaucus*가 알려져 있다. *A. fumigatus*는 유방염유로부터 검출되고, 또 아스퍼질러스증의 원인균이기 때문에 유해하다.

2) *Penicillium* 속

Aspergillaceae 과에 속하며, 집락이 주로 청록색을 나타내기 때문에 푸른 곰팡이라 한다. 유업에 이용되는 대표적인 균종으로 *P. roqueforti*와 *P. camemberti*가 있다. *P. roqueforti*와 Roquefort 치즈의 제조에 이용되는 유용곰팡이로 단백질과 지방분해력이 강하다. 치즈의 제조시에는 빵에 번식시킨 곰팡이의 포자를 커드에 산포시키면서 moulding하기도 하고, 가염시에 혼합산포하기도 하는데, 이와 같이 산포 후 커드에 구멍을 뚫어 숙성시킨다. 곰팡이는 발아후 구멍을 통하여 내부로 증식하여 카세인이나 유지방을 분해함과 동시에 지방산의 산화 및 메틸케톤을 생성시킨다. *P. oxalicum*은 *P. roqueforti*와 유사한 균으로 푸른 곰팡이 치즈에 이용되고 있다. P. camemberti는 Camembert 치즈의 곰팡이 스타터로 이용되는 주요 균종이다. 집락은 백색 또는 회록색으로 커드의 moulding때 내부에 침입하여 단백질을 분해한다. 숙성이 진행되면 수용성 N와 NH_3의 생성을 증가시켜 특이한 풍미를 부여한다. *P. caseicolum*는 *P. camemberti*와 유사한 균종으로 같은 Camembert 유형의 치즈 제조에 이용된다.

4. Bacteriophage

세균을 침해하는 바이러스의 총칭으로 세균 바이러스라고도 한다. 현재 대장균, 유산균, 적리균(赤痢菌), 살모넬라, 콜레라균, 포도상구균, 디프테리아균, 결핵균 및 방선균 등 많은 세균을 침해하는 phage가 알려져 있다. 일반적으로 phage는 50 ~ 80 ㎛ 정도의 크기로, 그림 3-1과 같이 두부와 미부가 있고, 외각은 단백질, 두부의 내부는 DNA를 함유하여 phage의 유전형질을 지배한다. Phage는 그림 3-2에서 보는 바와 같이 우선 숙주세균에 흡착후 침입하여 증식하고, 성숙하여 새로운 phage가 축적되면 방출하는데, 그 사이에 용균을 일으킨다. 이 경우 세균의 염색체에 들어가서 증식하지 않는 phage를 prophage라 하고 이러한 현상을 용원화(lysogenization)라 한다.

우유 및 유제품의 미생물학적 견지에서 특히 중요한 phage는 유산균 phage이다. 치즈나 요구르트의 스타터로 이용되는 유산균의 phage에 의한 침해와 그에 따르는 기업적 손실은 매우 크다. 대표적인 유산균 phage는 다음과 같다.

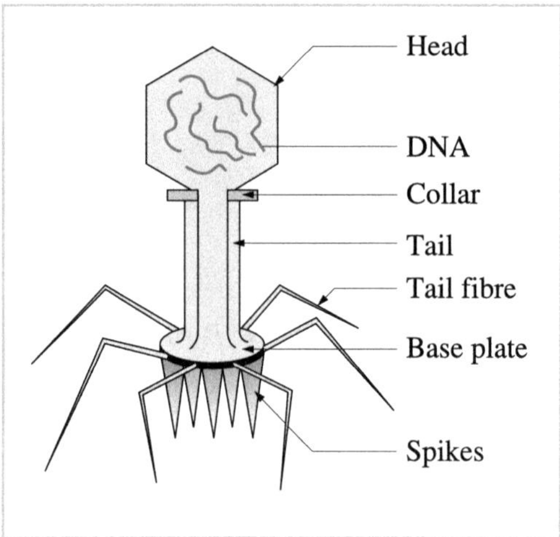

그림 3-1 파지(phage)의 모식도

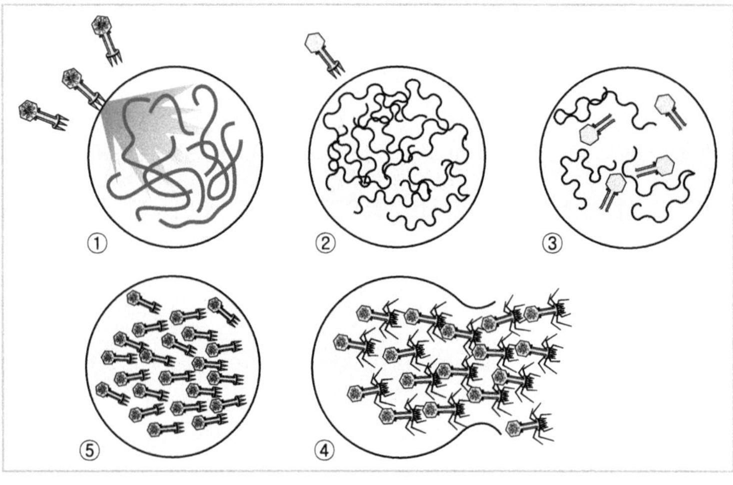

그림 3-2 파지의 흡착, DNA주입, 신생, 증식 및 방출 과정을 나타내는 모식도

1) *Streptococcus lactis* phage

두부의 직경은 약 70㎛, 미부의 길이 150 ~ 160㎛, 폭 7㎛이고, 전 길이가 220 ~ 230㎛이다. *S. lactis*에 침투하면 60 ~ 80분만에 용균이 일어나고, 50 ~ 150개로 증식하여 방출된다. 일반적으로 500ppm의 차아염소산염 용액 또는 63 ~ 88℃에서 30분 가열에 이하여 사멸되지만, pH3 ~ 11에서는 불활성화되지 않는다. *S. lactis*의 phage는 치즈 제조시의 스타터 접종 후나 요구르트 제조시의 배양중에 오염되어 산도 상승이나 커드응고가 일어나지 않는 중대한 손실을 가져 오게 한다.

2) *Streptococcus cremoris* phage

S. cremoris phage는 그 형태나 성질이 *S. lactis* phage와 유사하다. 또 *S. lactis* phage가 *S. cremoris*를 용균시키기도 하고, 역으로 *S. cremoris* phage가 *S. lactis*를 용균시키기도 한다. 일반적으로 치즈 스타터나 치즈 배트로부터 분리된다.

3) *Streptococcus thermophilus* phage

스위스 치즈 제조시의 유청이나 요구르트로부터 분리되는 phage로 *S. lactis*나 *S. cremoris*에는 작용하지 않는다.

4) *Lactobacillus* phage

Lactobacillus phage는 많이 알려져 있지 않지만, 최근에 스위스치즈의 스타터로부터 분리된 *L. helveticus*와 *L. lactis* phage 등이 보고된 바 있다. 또 유산균음료로부터 *L. acidophilus* phage가 검출되어 발효유제조에 중요한 문제로 대두되고 있다.

Ⅲ. 스타터 미생물

1. 스타터 미생물과 유가공품

스타터(starter)란 치즈, 버터 및 발효유제품의 제조에 사용되는 특정 미생물의 배양물로서, 그 배양물은 액상 또는 고형분말의 형태로 사용되며, 스타터의 제조 단계를 모식적으로 나타내면 그림 3-3에서 보는 바와 같다. 일반적으로 실제 제품의 제조를 목적으로 직접 사용되는 스타터를 본배양(bulk starter)이라 하고, 본배양을 조제하기 위하여 미리 배양하여 만든 스타터를 모배양(mother starter)이라 하며, 본배양에 필요한 충분한 양의 스타터를 조제하기 위하여 모배양과 본배양 사이에 중간배양(intermediate starter)을 두는 경우가 있다. 또 모배양을 조제하기 위하여 시험관에 배양한 균배양액을 보존균주(stock culture)라 한다. 본배양은 사용목적에 따라 치즈 스타터, 버터 스타터 및 발효유 스타터 등으로 부른다. 그림 3-4에서 보는 바와 같이 스타터 미생물(종균)로부터 보존균주를 조제하고, 보존균주로부터 모배양, 모배양으로부터 중간배양을 거쳐 최종적으로 본배양을 조제한 후 본배양을 치즈, 버터 및 발효유 제조용 원료유에 접종하게 된다.

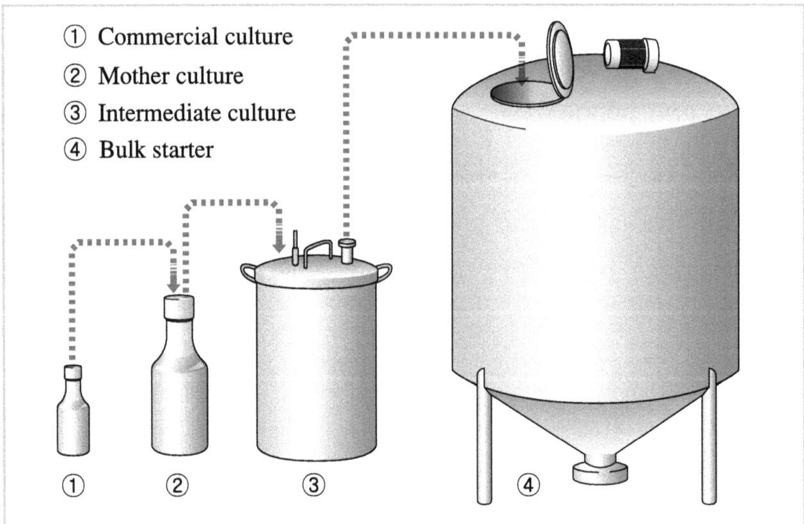

그림 3-3 스타터의 제조단계 모식도

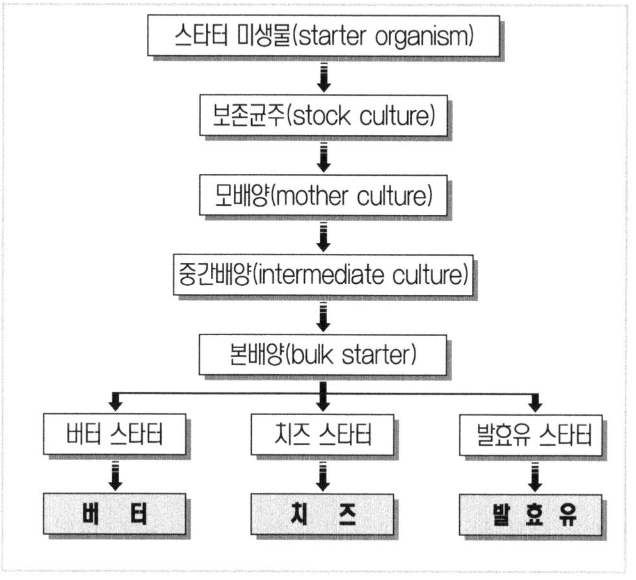

그림 3-4 스타터와 유가공품과의 관계

2. 스타터의 종류와 사용균종

스타터로 사용되고 있는 주요 균종과 그 성질 및 사용제품은 표 3-6과 같다. 스타터는 대상 제품에 따라 치즈 스타터, 버터 스타터, 발효유 스타터 등으로 분류되고, 기업적인 사용형태에 따라 액상 스타터와 분말 스타터로 분류된다.

액상 스타터는 전유, 탈지유, 버터밀크 및 유청 등을 배지로 하는 액상의 스타터이고, 분말 스타터는 액상 스타터를 분무건조 또는 동결건조시켜 얻은 분말상의 스타터이다.

스타터용 균종을 단독 이용 또는 2종 이상 혼용 여하에 따라 단일스타터 또는 혼합스타터라 하고, 유산균 혼합스타터의 경우 *S. lactis* 또는 *S. thermophilus*와 *L. casei* 또는 *L. bulgaricus*가 혼용되는 경우가 많다. 이러한 조합은 목적으로 하는 제품의 종류에 따라 다르지만, 균종간의 공생작용을 이용하여 상호 보완하고, phage의 오염으로부터 하나의 균종을 보호하는 효과가 있다.

3. 스타터의 조제와 보존

1) 스타터 조제를 위한 필요조건

양질의 스타터를 조제하기 위해서는 많은 조건이 필요하다. 특히 유산균 액상 스타터와 곰팡이 분말 스타터를 조제하는데에 필요한 사항은 다음과 같다.

(1) 배지의 선택

스타터의 조제에 이용되는 배지의 종류는 원칙적으로 목적으로 하는 제품의 원료와 동일하든지 아니면 유사한 것을 선택해야 한다. 치즈나 발효유에는 주로 유산균 스타터가 이용되는데, 그 배지로는 전유, 탈지유, 환원탈지유가 많이 사용된다.

배지로 가장 많이 사용되는 것은 탈지유와 환원탈지유인데, 환원탈지유의 경우에는 분유 제조 당시의 건조온도가 높은 쪽이 배지로서 더 적당하다고 알려져 있다. 또 배지의 유고형분 함량이 많을수록 커드형성이 적당하고, 산생성과 균수도 증가하여 스타터의 활성을 높인다.

곰팡이 치즈에 이용되는 분말 스타터의 제조에는 빵 분말을 이용하는데, 적당한 수분을 함유하고, 미생물에 오염되지 않는 신선한 빵을 이용하지 않으면 안된다.

(2) 배지의 전처리

유산균 스타터용 배지는 반드시 살균하여 유산균의 발육저해물질을 파괴하고, 오염균을 사멸시켜야 한다. 모배양용 배지는 고압멸균 또는 간헐멸균에 의하여 완전히 무균으로 하는 것이 바람직하지만, 본배양용 배지는 적어도 90℃에서 60분 또는 100℃에서 30 ~ 60분의 살균이 필요하다. 본배양용 배지의 고압멸균은 우유에 가열취와 갈색화를 일으키기 때문에 바람직하지 않다. 또 저온살균은 내열성 세균이 잔존하여 제품에 악영향을 미친다.

곰팡이 스타터용의 빵은 적당한 수분을 함유시킨 상태로 고압멸균하여 완전히 무균으로 하여야 한다.

(3) 균주의 선정

스타터용 균주의 선택은 스타터의 양부를 결정하는 중요한 사항이다. 선정에 있어서는 균주의 최적온도, 내열성, 점질화의 유무 및 산생성력 등을 고려해야 한다. 특히 표 3-53에 나타낸 사용목적에 적합한 성질을 고려하여 균종을 선택해야 한다.

(4) 스타터 균종의 접종량

스타터에 이용되는 균주배양액의 접종량은 배지의 양, 균의 종류와 활성도, 배양시간 및 온도 등에 따라 다르다. 유산균의 경우 탈지유에 대하여 0.5 ~ 1.0%의 접종량이 적당하다.

곰팡이 스타터 제조의 경우에는 빵에 곰팡이 부유액을 주입하는데, 빵 전체를 균일하게 적실 정도면 알맞다. 그 양은 배양온도와 습도 조건에 따라 다르다.

(5) 배양시간과 온도

배양시간과 배양온도의 조건은 스타터 미생물의 활성, 산생성력, 풍미생성력 및 커드형성 상태를 결정한다. 치즈 및 버터 스타터의 배양에는 20 ~ 30℃, 발효유와 일부 치즈 스타터의 배양에는 35 ~ 38℃의 온도가 적용된다.

배양시간은 온도나 접종량에 의하여 결정되는데, 기업적으로는 다른 제조공정과의 중복을 고려하여 접종량을 조절하고, 보통 1%의 접종량의 경우 25℃에서 14 ~ 16시간의 배양조건이 많이 이용된다.

곰팡이 스타터의 배양은 유산균의 경우와는 달리 온도 33 ~ 34℃, 습도 85% 이상에서 5 ~ 7일의 배양이 적당하다.

(6) 배양후의 냉각과 보존

적절한 배양에 의하여 원하는 발육상태에 달한 스타터는 급속히 냉가하여 냉장고에 보존한다. 배양후 즉시 사용하지 않는 유산균 스타터는 적정산도가 약 0.7%에 달했을 때 배양을 멈추고 냉각하는 것이 좋다.

곰팡이 스타터는 배양후 30℃에서 건조분말로 하여 무균용기에 넣어 보존한다.

2) 스타터 조제법

주요 스타터의 조제법을 보면 다음과 같다.

1) 유산균 액상 스타터의 조제법

① 보존균주(stock culture)의 조제 : 모배양을 조제하기 위하여 시험관에 배양한 균 배양액을 말하며, 양질의 10 ~ 20% 환원탈지유를 시험관에 넣고 120℃, 15분간 고압멸균한 후 젖산균 스타터 미생물(종균)을 접종 · 배양하여 보존균주로 한다.

균의 활력을 유지하기 위하여 정기적으로 계대배양하고, 배양이 끝난 배양액은 0 ~ 5℃의 냉장고에 보존한다.

② 모배양(mother starter)의 조제 : 신선한 탈지유 또는 환원탈지유 100 ~ 300 ㎖를 모배양용 멸균용기에 넣어 120℃에서 15 ~ 20분 고압멸균 또는 100℃에서 30분씩 3일간 간헐멸균하고, 25 ~ 30℃로 급속히 냉각한다. 보존균주를 3일간 매일 탈지유배지에 계대배양하여 균의 활성을 회복시키고, 이것을 앞의 멸균냉각한 탈지유에 멸균 피펫으로 약 1% 접종한 후 25 ~ 30℃에서 12 ~ 24시간 배양한다. 가능하면 이 조작을 2 ~ 3회 반복하여 스타터의 활성을 일정하게 유지한다. 응고된 스타터는 0 ~ 5℃의 냉장고에 보존하고, 정기적으로 계대하여 본배양을 준비한다. 혼합스타터의 조제의 경우에는 균주별로 스타터를 조제하지만, 버터 스타터의 경우에는 미리 혼합균주로부터 조제하기도 한다.

③ 본배양의 조제(bulk starter) : 목적으로 하는 제품의 필요량에 따라 탈지유를 본배양용 용기에 넣어 90℃에서 30 ~ 60분간 가열살균한 후 약 25℃로 냉각하고, 잘 분쇄한 모배양을 약 1% 접종하여 그 커드를 균일하게 분산시킨 후 20 ~ 25℃에서 12 ~ 16시간 배양한다. 고온성의 균주를 스타터로 사용하는 경우에는 배양온도를 35 ~ 40℃로 한다. 제조에 사용하기까지 냉장하고, 사용할 때에는 다음 공정의 본배양용에 일부를 남겨 놓는다. 그러나 안전을 위해서는 제조할 때마다 모배양으로부터 조제하는 것이 바람직하다.

(2) 동결건조분말 스타터의 조제법

동결수는 4mmHg 이하의 진공도에서 승화현상을 일으키기 때문에 이 승화 수증기를 흡인시키면 빙결상태에서 바로 건조시킬 수 있다. 이것을 동결건조(freeze drying 또는 lyophilization)법이라 한다.

(3) 곰팡이 스타터의 조제법

Roquefort 치즈와 Camembert 치즈 등에는 곰팡이 스타터가 이용되는데, 그 조제법은 사용균주에 따라 다소 다르지만, Roquefort 치즈의 곰팡이 스타터의 조제법을 보면 다음과 같다. 우선 소맥분이나 대맥분 등으로 만든 신선한 빵을 작은 입방체로 절단하여 삼각 플라스크에 넣고 수분을 적당하게 함유시킨 상태로 고압멸균한다. 이때 소량의 유산을 가하여 산성으로 한다. 다음에 보존용 사면배양 곰팡이를 무균수에 부유시켜 빵의 표면에 뿌린다. 온도 21 ~ 25℃에서 8 ~ 12시간 배양하여 곰팡이가 빵의 표면을 덮어 포자를 형성하게 되면 항온기에서 꺼내어 30℃ 전후에서 10일 정도 건조시키든지 실온에서 진공건조시켜 수분을 제거한다. 다음에 무균적으로 분쇄한 후 사별하여 적당한 용기에 넣어 보존한다.

표 3-6 스타터 미생물과 그 성질 및 사용제품

균 종	사용목적으로부터 본 균의 성질*										사용 제품
	젖산발효	디아세틸생성	가스생성	단백분해	지방분해	프로피온산발효	알코올발효	항생물질생산	젖산의산화분해	항산화작용	
Streptococcus 속	○										
S. thermophilus	○	◇									각종 치즈, 요구르트
S. faecalis	○			○							체다 치즈
S. liquefaciens	○										로마노 치즈
S. zimogenes	○										로마노 치즈
S. durans	○	◇		○	◇			◇			체다 치즈
S. lactis	○	◇						◇			각종 치즈, 버터, 발효유
S. cremoris	○	○									각종 치즈, 버터, 발효유
S. diacetilactis											버터
Leuconostoc 속		○	○								
L. citrovorum		○	○								버터, 버터밀크
L. dextranicum											버터, 버터밀크
Lactobacillus 속	○										
L. lactis	○							◇			스위스 치즈
L. acidophilus	○	◇		◇							애시도필러스 밀크
L. bulgaricus	○										요구르트, 불가리안, 치즈
L. thermophilus	○	◇		○	◇						치즈
L. casei	○							◇			각종 치즈
L. plantarum											체다 치즈
Propionibacterium 속			○			○					
P. freudenreichii			○			○					스위스 치즈
P. shermanii			○			○					스위스 치즈
P. petersonii											스위스 치즈
Micrococcus 속					◇						
M. freudenreichii				○							브릭 치즈, 체다 치즈
M. caceolyticus											브릭 치즈
Brevibacterium 속				○							
B. linens											브릭 치즈, 림버거 치즈
Saccharomyces 속			○				○				
S. fragilis			○				○				케피어, 쿠미스
S. lactis											케피어, 쿠미스
Candida 속			○				○		○		
C. pseudotropicalis			○		○				○		케피어, 쿠미스, 에탄올
C. lypolytica			○						○		푸른 곰팡이 치즈
C. krusei											스위스 치즈
Cryptococcus 속										○	
C. minor										○	버터
C. flavescens											버터
Penicillium 속				○	○						
P. roqueforti				○	◇						로크포르 치즈
P. camemberti				○	◇						카망베르 치즈
P. caseicolum											카망베르 치즈
Geotrichum 속			○		○				○		
G. candidum											스위스 치즈

* ○ : 균종의 공통적 성질, ◇ : 일부 균주의 성질

제 4 장 유가공품의 제조이론

Ⅰ. 시 유

시유(market milk)는 우유성분을 될 수 있는 대로 손상시키지 않고, 식품위생상 안전하게 처리하여 시장(market)에 시판되는 우유류를 말하며, 살균방식에 따라 살균우유와 멸균우유, 첨가되는 원료에 따라 가공유, 유음료 및 강화우유, 가공방법에 따라 환원유와 유당분해우유, 그리고 성분조성에 따라 저지방우유, 고지방우유 및 조제유 등이 있다.

우유는 젖소로부터 착유된 원유를 원료로 하여 다른 유제품이나 영양소를 가하지 않고 그대로 균질화와 살균 또는 멸균처리하여 판매되는 것으로 대표적인 시유이다. 우유에는 원료로서 다른 성분을 혼합해서는 안 된다고 규정하고 있으나, 원유는 산지나 젖소의 능력 등에 따라 성분 함량이 다르므로 이것을 조정하여 일정한 성분 규격에 맞도록 원료유끼리의 혼합이나 과잉의 유지방 제거 등 표준화 과정을 거친다.

1. 시유의 분류

우리나라 축산물의 가공기준 및 성분규격에 의하면 시유를 크게 우유류, 저지방우유류, 유당분해우유 및 가공유류 등으로 분류하고 있고, 그 정의와 유형을 보면 다음과 같다.

1) 우유류

우유류란 원유 또는 원유에 비타민이나 무기질을 강화하여 살균 또는 멸균처리한 것이거나, 살균 또는 멸균 후 유산균, 비타민, 무기질을 무균적으로 첨가한 것 또는 유가공품으로 원유성분과 유사하게 환원한 것을 살균 또는 멸균처리한 것이라고 정의하고 있고, 그 유형은 다음과 같다.

① 우유 : 원유를 살균 또는 멸균처리한 것을 말한다(원유 100%).

② 강화우유 : 우유에 비타민 또는 무기질을 강화한 것을 말한다(원유 100%, 단, 강화제 제외).

③ 환원유 : 유가공품으로 원유성분과 유사하게 환원하여 살균 또는 멸균처리한 것으로 유고형분(전지분유와 성분규격이 같은 것) 11% 이상의 것을 말한다.

④ 유산균첨가우유 : 우유에 유산균을 첨가한 것을 말한다(원유 100%, 단, 유산균 제외).

2) 저지방우유류

저지방우유류란 원유의 유지방분을 부분 제거한 것, 이에 비타민이나 무기질을 강화한 것을 살균 또는 멸균처리한 것, 살균 또는 멸균 후 유산균, 비타민, 무기질을 무균적으로 첨가한 것, 또는 유가공품을 저지방상태로 환원하여 각각 살균 또는 멸균 처리한 것이라고 정의하고 있고, 그 유형은 다음과 같다.

① 저지방우유 : 원유의 유지방분을 2%이하로 조정하여 살균 또는 멸균한 것을 말한다(원유 100%).

② 환원저지방우유 : 유가공품으로 저지방우유와 유사하게 환원한 것으로 무지유고형분(탈지분유와 성분규격이 같은 것) 8% 이상의 것을 말한다.

③ 강화저지방우유 : 저지방우유에 비타민 또는 무기질을 강화한 것을 말한다(원유 100%, 단, 강화제 제외).

④ 환원강화저지방우유 : 유가공품으로 저지방우유와 유사하게 환원한 것에 비타민, 무기질을 강화한 것으로 무지유고형분(탈지분유와 성분규격이 같은 것) 8% 이상의 것을 말한다.

⑤ 유산균첨가저지방우유 : 저지방우유에 유산균을 첨가한 것을 말한다(원유 100%, 단, 첨가유산균 제외).

3) 유당분해우유

유당분해우유란 원유, 우유 또는 저지방우유를 유당분해효소로 처리하여 유당을 분해 또는 유당을 물리적으로 제거한 것이나, 이에 비타민, 무기질을 강화한 것으로 살균 또는 멸균처리한 것(원유, 우유 또는 저지방 우유 100%)이라고 정의하고 있고, 그 유형은 다음과 같다.

① 유당분해우유 : 원유의 유당을 분해 또는 제거한 것이나, 이에 비타민, 무기질을 강화한 것으로 살균 또는 멸균처리한 것이다.

② 저지방유당분해우유 : 원유의 유당을 분해 또는 제거하여 유지방분을 2%이하로 조정한 것이나, 이에 비타민, 무기질을 강화한 것으로 살균 또는 멸균처리한 것이다.

4) 가공유류

가공유류란 원유 또는 유가공품을 원료로 하여 이에 다른 식품 또는 식품첨가물 등을 가한 후 살균 또는 멸균 처리한 것을 가한 것이거나, 살균 또는 멸균처리 후 식품 또는 식품첨가물 등을 무균적으로 첨가한 것으로 무지유고형분(탈지분유와 성분규격이 같은 것) 4% 이상의 것이라고 정의하고 있고, 그 유형은 다음과 같다.

① 가공유 : 원유 또는 유가공품을 원료로 하여 이에 다른 식품 또는 식품첨가물 등을 가한 후 살균 또는 멸균 처리한 것이거나 살균 또는 멸균처리 후 식품 또는 식품첨가물 등을 무균적으로 첨가한 것이다.

② 저지방가공유 : 원유 또는 유가공품을 원료로 하여 이에 다른 식품 또는 식품첨가물 등을 가한 후 살균 또는 멸균 처리한 것이거나, 살균 또는 멸균처리 후 식품 또는 식품첨가물 등을 무균적으로 첨가한 것으로 조지방 2.0 %이하의 것이다.

③ 유음료 : 무지유고형분이 4%이상 함유된 음료로서 다른 유가공품에 해당되지 아니하는 것이다.

2. 시유의 처리

시유의 처리공정은 제품의 종류, 살균방법, 기계장치 및 용기 등에 따라 차이가 있으나, 일반적인 처리공정을 보면 그림 4-1과 같다.

1) 집유

원유수집은 보냉탱크 집유차량을 이용하여 정기적으로 각 목장의 원유를 수집하여야 하는데, 원유수집 시에는 수유 전에 원유 위생검사를 실시하도록 되어 있다. 다만 수유시에 검사실시가 불가능한 시험검사 항목에 대해서는 검사시료를 채취하여 검사실에서 검사를 실시한다. 수집된 원유에 대해서는 신속히 집유장으로 운송하여 여과, 냉각 또는 저장 등 필요한 조치를 취하여야 한다. 목장 집유 시의 원유의 냉각온도는 5℃ 이하여야 한다.

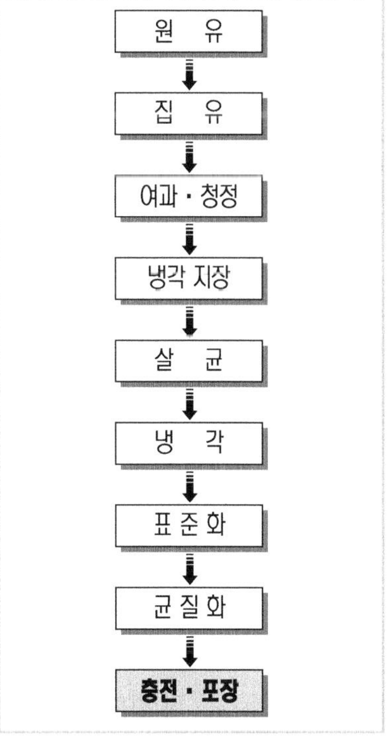

그림 4-1 시유의 처리공정

(1) 원유검사

축산물위생관리법 및 낙농진흥법 상 원유검사는 원유위생검사, 시설위생검사 및 위생관리검사로 구분 실시하는데, 시설위생검사는 집유 전후 각 1회 이상 실시하도록 되어 있고, 위생관리검사는 종업원에 대하여 위생적인 복장 착용여부, 정기 건강진단 여부 및 작업 전에 개인위생을 점검하도록 되어 있다. 원유위생검사에는 목장에서 수유 전에 실시하는 수유검사(platform test)와 수유검사가 불가능한 검사항목에 대하여 검사실에서 검사하는 실험실검사(laboratory test)로 구분된다.

■ 일반적 원유의 합격기준

- 세균수(SPC법) 및 체세포수: 50만이하/1ml
- 비중: 15℃에서 1.028~1.034
- 산도: 홀스타인종우유 0.18%이하, 기타 품종우유 0.20% 이하
- 알콜검사: 적합(70%알콜)
- 진애검사: 2.0mg이하
- 관능검사: 적합
- 가수검사 및 가염검사: 적합(빙점, 굴절율, 색소환원시험 등)

① 수유검사(platform test)

수유검사에는 관능검사, 비중검사, 알코올검사(또는 pH 검사) 및 진애검사 등이 있으며, 검사기준에 따라 수유 전에 실시하도록 되어 있다. 다만 진애검사는 필요에 따라 실시할 수 있다.

- 비중검사: 원유는 비중계를 이용하여 원유 비중검사를 통하여 정상유, 가수유, 탈지유를 구분할 수 있다. 우유비중계 lactometer로 15℃를 기준으로 측정한다.
- 알코올검사: 70% 에틸알코올에 같은 양의 우유를 혼합하여 응고정도를 측정하는 검사로써 산폐가 진행되어 우유무기물 평형이 좋지 못한 우유, 초유, 말기유, 응유효소가 존재하는 우유, 유방염유 등은 양성의 응고반응을 보인다.
- 진애검사: Sediment disc를 이용하여 표준 sediment disc와 대조하여 AOAC법

으로 측정한다.

② 실험실검사(laboratory test)

실험실검사에는 적정산도검사, 세균수검사, 잔류항생물질검사 및 성분검사 등이 있으며, 시험항목별로 필요한 기간을 정하여 정기적으로 실시하되, 세균수시험과 체세포수시험은 각각 목장별로 15일에 1회 이상 실시하도록 되어 있다. 다만 착유검사 결과 부적합하다고 인정된 목장, 새로 원유를 납유하는 목장, 기타 부적합한 원유를 납유한 목장의 원유에 대해서는 필요에 따라 검사를 실시한다.

- 적정산도검사: 유산의 함량을 가성소다(NaOH)용액으로 적정하여 산도를 측정한다.
- 세균수 검사: 원유의 위생등급과 유가산정기준으로 직검법, SPC(standard plate count)법, 총세균자동검사(bacto-scan, bactometer)방법 등으로 판정한다.
- 잔류항생물질검사: 산생성시험, 색소환원시험(TTC법)등의 화학적 방법과 penicillin을 주로 검출하는 paper disc방법으로 잔류항생물질을 검사한다.

* TTC방법: 원유에 TTC(2, 3, 5-triphenyltetrazolium chloride) 지시약을 넣고 인위적으로 세균을 증식시켜 항생물질 존재 여부를 지시약의 색소환원 정도로 잔류정도를 확인하는 방법

2) 여과 및 청정 (filtration and clarification)

여과 및 청정은 우유 중에 혼입된 먼지와 기타 이물을 제거하는 조작으로 여과기(filter) 또는 원심청정기(centrifugal clarifier)를 사용한다. 여과기는 보통 송유 파이프의 도중에 우유여과기가 장착되어 있어서 먼지를 포집하도록 되어 있다. 이 방법으로는 우유의 미세한 협잡물을 제거할 수 있지만, 세균이나 백혈구는 제거되지 않는다. 또한 이것은 작업중에 막힐 때에는 가끔 교체를 요하기 때문에 연속작업에는 작당하지 않다. 능률면에서 보면 우유를 가온하고 나서 여과하는 것이 효과적이지만, 가온후 여과하는 것은 세균의 번식을 촉진하고, 일부의 이물질을 용해시킬 위험이 있다.

원심청정기는 원심력을 이용하여 우유로부터 먼지와 기타 이물을 제거하는데 이용되고, 여과기에 비하여 매우 효과적이며, 연속작업에 적합하다. 또 이 원심청정기에 의하여 세균, 백혈구 및 기타 세포의 일부도 제거된다.

보통의 원심청정기는 유온 4 ~ 10℃에서 2 ~ 8시간 운전하면 일단 멈추어서 내벽

에 부착된 찌꺼기(slime)를 제거할 필요가 있지만, 최근에는 운전중에 부착된 찌꺼기(slime)를 자동적으로 배출할 수 있는 자동청정기(self cleaning clarifier)와 청정, 지방분리 및 지방표준화의 세가지 기능을 갖고 있는 삼원분리기(tri-purpose centrifuge), 그리고 원심력을 상승시켜 대부분의 세균을 제거하는 원심제균장치(bactofuge)가 개발되었다..

3) 냉각과 저장 (cooling and storage)

여과 및 청정이 끝난 우유는 다음 공정으로 넘어가기 전에 냉각기를 통하여 4℃로 냉각되어 저유탱크에 저장된다. 냉각기로서는 종래에는 표면냉각기가 사용되었지만, 현재는 평판식 열교환에 의한 냉각기가 이용되고 있다. 저유탱크에는 충분한 크기의 교반기와 냉각용 자켓이 설비되어 있다. 그러나 근래에는 냉각설비를 갖추지 않은 대형의 저유탱크가 많이 이용되는데, 이것을 사일로형 저유탱크라고 한다. 이 경우에는 탱크가 밀폐식으로 플레이트식 냉각기를 통하여 냉각된 우유를 넣을 수 있도록 되어 있다. 여기에 우유가 일정량씩 다음 조작에 이동되기까지 저장해 놓는다. 공장에 있어서의 우유의 냉각온도는 4℃가 표준이다.

4) 표준화 (standardization)

제품의 조성분 함량이 항상 일정하려면 우유의 조성이 균일해야 하므로 생산하려는 제품의 성분규격에 알맞게 우유의 지방, 무지고형분 및 강화성분의 함량을 정확히 조절해야 하는데, 이 공정을 표준화라 한다.

우유에 유지방이 많을 때는 표준화 청정기 또는 삼원분리기로 청정과 함께 유지방의 일부를 분리하고, 냉각저장함으로써 연속적으로 자동표준화가 되므로 표준화 작업은 매우 간편하게 이루어진다. 이 보다 더 신속하고 정확한 방법으로 Milko-tester와 같이 표준화기의 앞과 뒤에 각각 유지방 자동분석기를 연결하고 표준화 우유의 지방함량을 계속 감시하면서 기계의 작동을 지시하는 표준화 방법도 있다.

자동표준화 시설이 없을 경우에는 탈지유와 크림을 사용하여 표준화하는데, 표준화에 필요한 탈지유의 양과 크림의 양을 계산할 때에는 다음과 같이 피어슨 공식(Pearson square method)을 이용한다.

① 우유의 지방률이 높을 때의 탈지유의 첨가량

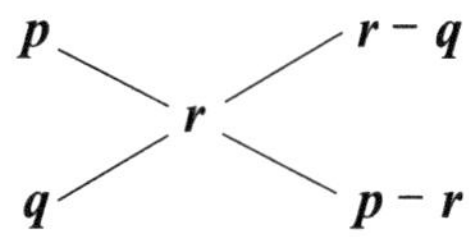

$$y = \frac{x(p - r)}{(r - q)}$$

② 우유의 지방률이 낮을 때의 크림 첨가량

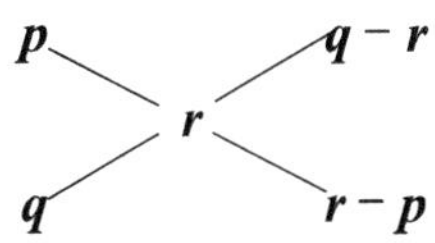

$$y = \frac{x(r - p)}{(q - r)}$$

y = 탈지유 또는 크림의 소요량(kg)
p = 우유의 지방률(%)
q = 탈지유 또는 크림의 지방률(%)
r = 표준화 우유의 지방률(%)

예 1) 지방률이 3.5%인 원유 5,000kg을 지방률이 0.1%인 탈지유를 사용하여 지방률이 3.1%인 우유로 표준화하고자 할 때 탈지유의 소요량을 계산하면 다음과 같다.

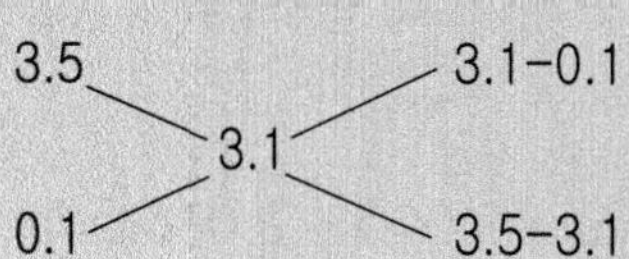

$$\text{탈지유(kg)} = \frac{5{,}000 \times (3.5-3.1)}{3.1-0.1} = 667$$

예 2) 지방률이 3.1%인 원유 5,000kg을 지방률이 35%인 크림을 사용하여 지방률이 3.5%인 우유로 표준화하고자 할 때 크림의 소요량을 계산하면 다음과 같다.

3.1 ＼ ／ 35.0-3.5
3.5
35 ／ ＼ 3.5-3.1

$$크림(kg) = \frac{5,000 \times (3.5-3.1)}{35.0-3.5} = 63.5$$

5) 균질화 (homogenization)

우유의 지방은 직경이 0.1 ~ 10.0㎛의 구형으로 우유 중에 분산되어 있다. 이러한 우유를 일정시간 동안 정치해 두면 지방구가 큰 것일수록 상층으로 빨리 떠올라 크림층을 형성하므로 기계적으로 그림 4-2과 같이 지방구를 2㎛이하로 균일하게 미세화시켜 크림이 분리되지 않도록 하는데, 이를 균질화라 한다.

균질기에 의한 균질원리는 우유가 고압으로 좁은 공간을 통과할 때 받는 힘으로 지방구가 미세화되는데, 이때 전단(shearing), 폭렬(爆裂, explosion), 충격(impact) 및 공동(空洞, cavitation) 등의 작용으로 균질된다는 설이 있으나, 네 가지가 모두 복합되어 균질된다는 것이 일반적이다.

우유의 균질목적은 주로 지방구를 미세화시켜 지방의 분리를 방지하는데 있지만, 그 외에도 지방구의 세분에 의하여 비교적 유연한 커드를 생성시키고, 단백질의 소화율을 다소 향상시키는 효과가 있다.

균질할 때의 유온은 50 ~ 60℃, 압력은 140 ~ 210kg/㎠(2,000 ~ 3,000lbs/in2)가 적당하다. HTST살균에 있어서는 플레이트 열교환기의 중간에 있는 균질기로 유입되어 균질화된다.

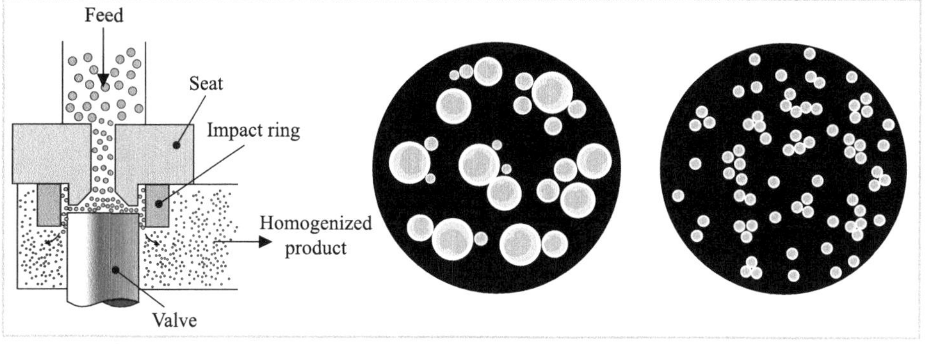

a) b) c)

그림 4-2 균질기 밸브 구조 및 유지방구의 균질화 과정 (a)과 균질전(b)과 후(c)의 유지방구의 변화

6) 살균 또는 멸균 (pasteurization or sterilization)

살균은 시유의 처리법에 있어서 가장 중요한 공정으로 우유 중의 각종 미생물을 사멸시키고, 효소를 파괴하여 위생적으로 안전하게 하며, 저장성이 높은 우유를 생산하기 위한 처리공정이다.

(1) 저온장시간 살균 (LTLT; Low Temperature Long Time pasteurization)

저온살균에 대한 규정은 나라마다 제품의 성분함량에 따라 조금씩 다르지만, 63 ~ 65℃에서 30분간 가열하는 것이 일반적이다. 저온살균기는 살균조의 살균벽을 사이에 둔 자켓 속에 증기를 분사하거나 열수를 통과시켜 우유를 교반기로 교반하면서 목적 온도까지 가열하고 일정시간을 유지하였다가 증기나 열수 대신에 냉수로 바꾸어서 냉각하는 장치이다.

소규모에서는 살균기만을 이용하여 우유를 살균하지만 보통은 살균기 앞에 평판식 또는 튜브식 예열기를 설치하여 여기에서 소정의 살균온도까지 예열하고, 살균기에서 소정의 살균온도와 시간 동안 유지한 다음 냉각기를 통하여 급속냉각시키는 방법이 이용되고 있다. 이렇게 함으로써 일정 용량의 살균기를 사용하는 시간이 단축되어 반복 사용회수를 증가시킬 수 있으므로 처리능력을 증가시킬 수 있고, 예열과 냉각의 신속한 처리에 의하여 우유 성분의 변화나 세균의 오염 등을 효과적으로 방지할 수 있다.

(2) 고온단시간 살균 (HTLT; High Temperature Short Time pasteurization)

고온단시간 살균은 평판식 열교환기나 튜브식 열교환기를 이용하여 가열과 냉각을 단시간에 연속적으로 처리하는 방법으로서 72 ~ 75℃에서 15 ~ 20초간 살균하는 것이 표준으로 되어 있으나, 원료유의 오염정도나 우유의 성분함량에 따라 75 ~ 85℃에서 15 ~ 25초간 처리하는 경우도 있다.

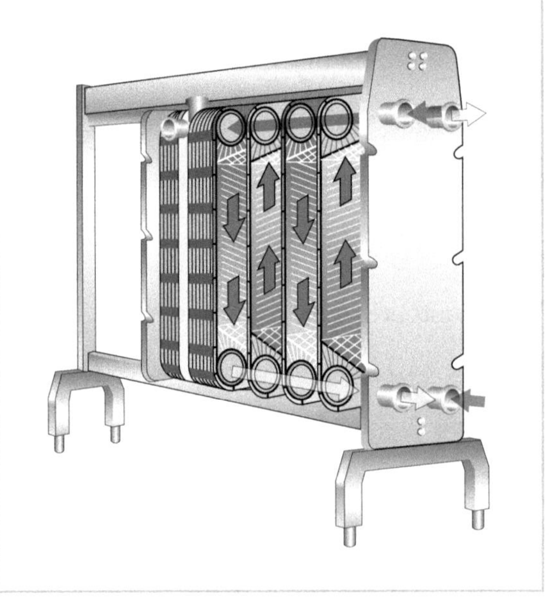

그림 4-3 평판식 열교환기의 구조

평판식 열교환기의 구조(그림 4-3)는 0.5 ~ 1.25mm 두께의 은 스테인레스 강철판을 파형으로 가공하여 강도를 높이고, 여러 장의 평판을 약 4 ~ 7mm의 간격을 두고 겹쳐 조립한 상태이다. 우유와 가열매체 또는 냉각매체가 한 장의 평판을 사이에 두고 반대방향으로 흐르면서 평판을 통하여 열을 교환하는데, 그림 4-4와 같이 예열부, 가열부, 유지부 및 냉각부의 4개 부분으로 구분되어 있다.

① 예열부 : 4℃로 저장되어 있던 원유는 유량조절탱크에서 예열부로 들어가 72 ~ 75℃로 살균된 우유에 의하여 58 ~ 61℃까지 예열되고, 살균된 우유는 18 ~ 19℃로 냉가되기 때문에 열재생부라고도 한다.

② 가열부 : 가열매체로서 가열증기, 열수 또는 진공가열증기를 사용하여 살균온도(72 ~ 75℃)까지 가열한다. 가열부에서 살균온도에 도달하지 못한 우유는 역류벨브에 의하여 자동으로 유량조절탱크에 되돌아가게 된다.

③ 유지부 : 살균온도(72 ~ 75℃)에서 15초간 유지시키는 곳으로서 이 유지부를 통과하는 시간이 살균온도에서의 유지시간이 된다.

④ 냉각부 : 예열부에서의 열의 재생으로 18 ~ 19℃까지 냉각된 살균우유는 0℃에 가까운 냉수에 의하여 5℃ 이하로 냉각되는 곳이다.

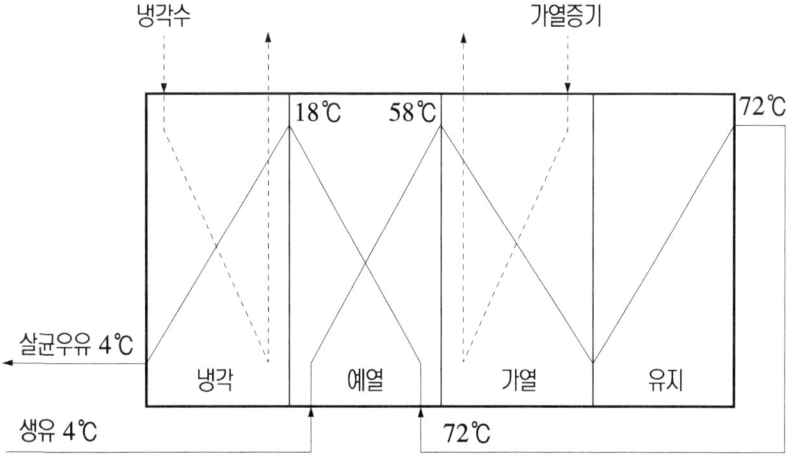

그림 4-4 평판열관기에 의한 HTST살균 시의 우유의 온도변화 과정

고온단시간살균은 저온장시간살균방법에 비해 처리노력이 적고 열의 효율적 사용으로 경제적이다. 기계의 설치면적이 적고 처리용량을 증가시키기 쉽다. 살균 처리하는 동안 우유가 외기에 노출되지 않으므로 세균오염의 기회가 적어 위생적 효과가 좋다. 세척할 때 CIP (Cleaning in place) 세척이 가능하여 기계화 또는 자동화 할 수 있다.

(3) 초고온 살균 (UHT; Ultra High Temperature pasteurization)

우유에 있는 모든 미생물을 사멸시키기 위해서는 110 ~ 120℃에서 10 ~ 45분간 가압가열해야 하는데, 우유의 색, 풍미 및 영양소의 변화가 심하여 신선한 우유와는 큰 차이가 있게 된다.

초고온 살균은 최근 시유 수요의 급속한 증가에 따른 처리능력의 대형화와 처리시간의 단축을 위하여 개발된 것으로 137.8℃에서 1 ~ 3초간 가열살균하는 방법이다. 이러한 UHT살균에 의하여 거의 무균에 가까운 시유가 얻어지는데, 고온에 의한 우유성분의 변화에 많은 우려가 있지만, 실제로 온도의 상승에 따른 미생물의 사멸속도는 화학반응속도보다 훨씬 빠르다. 즉 가열온도를 10℃ 증가시킬 때 우유의 갈색화는 약 2 ~ 3배 증가하지만, 미생물 포자의 사멸속도는 약 10배씩 증가한다. 이러한 증가속도의 큰 차이점을 이용하여 우유의 이화학적인 성질의 변화를 최소화하면서 미생물을 거의 사멸시킬 수 있는 방법이다.

(4) 초고온 멸균 (UHT; Ultra High Temperature sterilization)

초고온멸균법은 135 ~ 150℃에서 0.5 ~ 15초간 멸균처리하는 방법으로서 멸균후의 우유를 병 또는 종이 용기에 무균적으로 충전하게 되어 있다. 따라서 이런 제품은 엄밀히 말하면 UHT멸균무균충전우유라 한다. UHT멸균 방식에는 가열방법에 따라 직접가열법과 간접가열법으로 대별된다. 직접가열법에는 우유에 증기를 분사하여 가열하는 방법(steam injection method)과 증기 중에 우유를 분무하여 가열하는 방법(atomizing milk in steam method or steam infusion)이 있다. 또 간접가열법에는 플레이트식 열교환기를 이용하는 방법과 튜브식 열교환기를 이용하는 방법이 있다.

UHT멸균의 공정을 스웨덴의 Alfa-Laval사가 개발한 VTIS의 예를 들어 직접가열법에 관하여 살펴보면 다음과 같다.

원료우유를 플레이트식 열교환기에 보내어 제1예열기에서 60℃, 제2예열기에서 75℃로 가열된다. 다음에 우유는 고압펌프에 의하여 증기분사헤드(steam injection head)로 보내어 지고, 여기에서 고압증기의 분사에 의하여 순간적으로 140℃까지 가열되어 홀더를 통과하는 사이(4초)에 그 온도에서 멸균된다. 이어서 진공실에서 순간적으로 온도를 75℃로 하강시킴과 동시에 증기의 응축수로서 우유에 가해진 수분이 증발, 탈기 및 탈취시키게 된다. 이어서 진공실로부터 무균펌프에 의하여 무균 균질기로 보내어 균질화되고, 무균 플레이트식 냉각기에서 20℃로 냉각되어 무균충전실로 들어가서 무균충전된다.

다음 간접가열법의 예로서 영국의 APV 방식에 의한 멸균공정을 살펴보면 다음과 같다.

원료우유는 제1열교환부와 저압증기가열부를 통하여 85℃로 가열되고, 이어서 유지(維持)용기(retarder vessel)에서 약 6분간 유지된다. 그 목적은 유단백질을 안정화시켜 최종 고온가열부에서 과잉의 유석(乳石)이 부착되는 것을 방지하는데 있다. 다음에 우유는 균질기를 통하여 균질화되고, 제2열교환부를 거쳐 최종 가열부에서 135℃, 2초간 순간가열에 의하여 멸균된다. 다음에 우유는 두 개의 열교환부와 냉각부를 통하여 10 ~ 15℃로 냉각된 후 무균충전기에서 무균충전된다.

7) 충전 및 포장

살균후 냉각된 우유는 청결한 용기에 위생적으로 충전(filling)되어야 한다. 충전 용기에는 유리, 금속, 종이 및 플라스틱 등이 이용되며, 충전, 포장방법과 포장목적에 따라 다양하게 이용된다.

(1) 병장

냉각된 우유는 일반적으로 자동병장기에 의하여 자동적으로 우유병에 일정량씩 충전 되고, 이어서 紙栓(paper cap)으로 打栓(capping)되며, 여기에 오염을 막기 위해 폴리에틸렌필름 등으로 다시 밀봉한다. 소비자로부터 회수된 병은 자동세병기에 의하여 온수를 이용한 예비세정, 세정액 세정, 온수 세정 및 염소수 세정 등의 공정에 의하여 세정 및 살균되며, 검사 후 우유를 충전하게 된다.

(2) 종이용기 충전

우유용기로서 최근에는 유리병 대신에 종이용기의 사용이 크게 증가하고 있다. 종이용기는 가벼워서 다루기 좋고, 회수나 세병 등의 경비가 절약되는 이점이 있다. 이러한 종이용기에는 여러 가지가 있지만, 위생적인 양질의 종이에 파라핀을 피복하거나 또는 폴리에틸렌을 접착한 것이 많다. 주요 종이용기로서는 미국에서 개발된 박공지붕(gable)형의 직방체인 Pure Pak과 스웨덴에서 개발된 사면체의 Tetra Pak 및 직방체의 Tetra Brick 등이 있다.

(3) 무균충전

초고온으로 멸균처리된 우유는 무균충전(aseptic filling)에 의하여 초고온멸균무균충전우유가 된다. 무균충전포장장치에는 스웨덴에서 개발된 Tetra Pak 방식이 널리 이용되어 왔다. 이 장치는 원단종이(rolled paper)가 과산화수소조를 통과하는 사이에 멸균되고, 약 200℃의 열풍으로 가열함으로써 과산화수소가 분해되어 증발함과 동시에 내부 충전부 공간도 무균상태로 유지되며, 열봉합에 의한 사면체의 형성과 멸균유의 완전한 무균충전이 이루어지도록 되어 있다. 그러나 최근에는 Tetra Pak 대신에 Tetra Brick이 널리 이용되고 있다.

3. 시유의 품질

일반적으로 시유는 식품위생상 가열살균법이 적용된다. 이때 영향을 받는 것은 비타민류의 일부이고, 일반 화학적 조성은 원료우유와 다름이 없다. 저온살균유는 열에 의한 영향이 비교적 적고, 지금까지의 영양학적 시험에 있어서도 원유와 거의 같은 영양가를 가지고 있다는 것이 확인되었다. 또 HTST 살균유는 열에 의한 영향이 더욱 더 적다.

우유류와 원유의 주요 비타민 및 무기질의 함량을 비교해 보면 표 4-1과 같다. 비타민 A는 가열에 대해 안정하여 살균에 의한 손실은 없지만, 산화에 대하여 비교적 불안정하기 때문에 시유의 처리 중에 약간의 손실이 있는 것으로 보인다. 또 비타민 B1의 손실은 주로 가열살균에 의하여 일부 파괴되는 것이다. 비타민 C는 살균처리만으로는 거의 손실이 없지만, 그 전후의 취급여하에 따라 공기나 광선 등의 영향을 크게 받게 되어 소비자에 이르게 되면 거의 없게 된다. 또한 칼슘, 인 및 철 등의 무기질은 보통 우유와 원유 사이에 차이가 없음을 보이고 있다.

표 4-1 우유류와 원유의 주요 비타민 및 무기질 함량

종 류	칼슘 (mg%)	인 (mg%)	철 (mg%)	비타민A (IU/100g)	비타민B_1 (μg%)	비타민B_2 (μg%)	니코틴산 (μg%)	비타민C (mg%)
보통시유	100	90	0.1	110	30	150	100	0에 가깝다
보통가공유	100	95	0.1	120	30	160	100	0에 가깝다
농후우유	110	100	0.1	140	30	170	100	0에 가깝다
탈지유	100	95	0.1	0에 가깝다	40	150	100	2(미살균)
커피우유	60	55	0.1	17	20	90	100	0에 가깝다
과즙우유	40	36	0에 가깝다	0	10	60	100	0에 가깝다
원유	100	90	0.1	120	40	150	100	2

Ⅱ. 크 림

크림(cream)은 우유에서 분리한 지방분을 말한다. 우유에는 지방분이 3 ~ 4% 함유되어 있으나, 막 짠 우유를 그대로 놓아두면 비중이 가벼운 지방분이 점차 위로 뜨게 된다. 이것이 크림층인데, 맛이 좋으므로 목축사회에서는 옛날부터 귀중하게 취급해 왔다. 크림은 단백질의 피막에 쌓인 유지방구의 형태로 우유 속에 미세하게 분산된 에

멀젼이다. 오늘날에는 원심분리법에 의하여 지방분 80% 정도의 것까지 만들 수 있다. 식품위생법에서는 유지방분이 18% 이상이며, 유성분 외의 성분을 함유하지 않는 것을 크림이라고 정의하고 있으나, 일반적으로는 18 ~ 50% 정도의 것을 많이 이용한다.

크림의 일반조성은 분리하는 방법과 분리할 때의 조건에 따라 다르게 되며, 특히 분리하는 우유의 지방함량은 크림의 조성에 크게 영향을 미친다. 유지방함량이 30%인 크림의 비중은 약 1.000이며, 유지방함량에 따라 0.917 ~ 1.017의 범위에 있다.

1. 크림의 종류와 이용

크림은 우유에서 분리한 것을 그대로 살균, 냉각한 이른바 생크림(fresh cream)과 그것을 유산균으로 발효시킨 발효 크림(sour cream)으로 나뉜다. 둘 다 탈지유의 이용이 철저한 목축사회에서 상용하고 있으나 후자는 특히 소련이나 북유럽과 동유럽에서 선호하고 있다. 또 이들 중에 생크림은 유지방 함량에 따라 라이트 크림(light cream, 유지방 18% 이상), 헤비 크림(heavy cream, 유지방 36% 이상) 및 플라스틱 크림(plastic cream, 유지방 70% 이상), 가공처리 상태에 따라 싱글 크림(single cream), 더블 크림(double cream), 분말 크림(dried cream), 동결 크림(frozen cream) 그리고 용도에 따라 커피용, 휘핑용, 조리용 및 식품원료용 크림 등으로 분류되기도 한다. 특히 조리용 크림의 경우에는 그 사용목적에 따라 지방함량이 달라지나 일반적으로는 40 ~ 50% 정도의 것을 많이 사용하며, 스프를 비롯하여 생선 · 고기 · 채소요리 등의 소스, 디저트 등에 매끈한 미각, 풍미 및 점도 등을 내기 위한 목적으로 널리 사용하고 있다. 최근에는 유지방을 식물유지로 대용한 모조크림이나 커피 첨가용으로 분말화한 것 등을 시판하고 있으나, 그러한 것은 모두 크림이라는 명칭으로 부를 수 없는 것 들이다.

한편, 축산물가공기준 및 성분규격에 의하면 유크림류란 원유 또는 우유에서 분리한 유지방분 또는 이에 식품이나 식품첨가물 등을 가한 것을 각각 살균 또는 멸균 처리한 것이나 이를 분말화한 것이라고 정의하고 있고 그 유형은 다음과 같다.

① 유크림 : 원유 또는 우유에서 분리한 유지방분으로 유지방분 30%이상의 것이다.

② 가공유크림 : 유크림에 다른 식품 또는 식품첨가물 등을 가하여 가공한 것으로 유지방분 18%이상의 것이다.

③ 분말유크림 : 유크림에 다른 식품 또는 식품첨가물 등을 가하여 분말화 한 것으로 유지방분 50% 이상의 것이다.

2. 크림의 제조

1) 크림의 분리

(1) 크림의 분리 방법

우유로부터 크림을 분리하는 방법으로는 원심력에 의하여 유지방과 무지고형분의 중력차를 기계적으로 확대시켜 분리속도를 빠르게 하는 원심분리법과 우유를 오랫동안 정치하여 비중이 가벼운 유지방구가 자연히 부상하여 형성된 크림층을 분리하는 방법이 있다. 우유를 정치하여 분리하는 방법은 오랜 시간이 걸리고 분리된 크림의 질이 좋지 않으며 탈지유에 많은 양의 유지방이 남아 있다. 그러므로 산업적으로는 원심분리법을 이용한다. 원심분리법에 의한 크림분리기에는 원통형(tubular bowl type)과 원추판형(disk plate type) 분리기가 있는데, 보통 그림 4-5와 같은 평판식 열교환기의 구조 분리기를 사용하고 있으며, 이것은 우유에 원심력을 가하고 지방구와 무지고형분과의 중력차를 수천배로 증가시키면서 연속적으로 크림을 분리한다.

이러한 원추판형 크림분리기의 분리 능력은 디스크의 크기, 보울의 회전속도, 우유의 유입량 및 우유의 온도 등에 따라 다르게 되며, 다음 조건에 의하여 결정된다.

- 보울의 회전속도가 빠를수록 크림의 지방함량은 높아진다.
- 우유의 유입량을 증가시키면 크림의 지방함량은 낮아지므로 지방함량이 20 ~ 30%인 크림을 생산하려면 크림으로 분리되어 나오는 양을 우유 유입량의 약 10%가 되도록 조절한다.
- 우유의 온도가 낮을수록 크림의 점도가 높아 분리능력이 떨어지므로 크림의 양은 적고 탈지유의 지방함량은 높게 된다.
- 우유 중의 유지방구가 클수록 쉽게 분리되고, 2㎛ 이하의 지방구는 분리하기 어렵다.

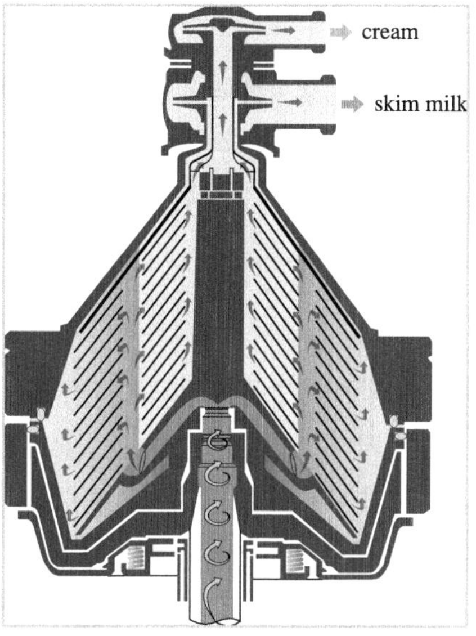

그림 4-5 원추판형 크림분리기

(2) 거품 형성에 영향을 미치는 요인

크림의 거품 형성에 영향을 미치는 요인은 다음 몇 가지를 들 수 있다.

- 단백질: 거품의 단백질막을 만드는 단백질이 있어야 안정된 거품이 형성된다.
- 지방입자의 크기: 지방입자가 클수록 거품이 잘 일어나 단단하고 안정된 거품체가 만들어진다.
- 지방의 양: 지방의 함량이 35%이하이면 거품이 잘 일지 않는다. 지방이 많으면 거품의 지속성이 좋고 거품형성 시간도 짧다.
- 점성: 지방의 양이 많을수록 점성과 융점이 높아지며, 거품이 잘 일어나 단단한 거품체가 된다. 균질하면 점도가 감소하게 되는 것은 지방구가 파괴되고 카제인 마이셀이나 서브마이셀(sub-micelles) 등의 단백질이 흡착되므로 다량의 작은 지방구가 형성되기 때문이다.
- 산도: 산도가 낮을 수록 거품이 잘 일어나고, 0.3%이상이 되면 산이 단백질을 변성시켜 거품형성을 막는다.

- 당도: 첨가한 설탕의 양이 많을수록 거품체가 부드러워진다.
- 온도: 7-8℃가 되면 지방이 응집하므로 거품내기가 쉽다. 온도가 높으면 거품형성 시간은 짧고, 휘핑 크림의 점성은 적으며 거품은 부드러워진다. 반면 온도가 낮으면 형성 시간이 더 걸리지만, 교반횟수가 그만큼 많아지므로 결이 곱고 단단한 거품체가 된다.

(3) 크림의 안정성

거품을 낸 생크림의 골격이 되는 지방구는 온도 변화에 민감하여 작은 온도 변화에도 쉽게 불안정해 지는 성질을 가지고 있다. 이것은 지방속에 들어 있는 액상유와 고체지의 비율이 온도에 따라 변하기 때문이다. 유지방은 보다 낮은 온도에서 고체지가 액상유로 바뀐다. 그렇기 때문에 생크림을 거품낼 때에는 온도가 너무 높으면 지방구가 지나치게 부드러워져 단단한 골격을 만들 수 없다. 일반적으로 생크림은 5℃에서 보관하고, 5-7℃에서 휘핑하기 시작하여 15℃를 넘지 않는 온도에서 끝맺으면 결이 곱고 매끄러우며 윤기가 좋은 거품체가 만들어진다. 오버런은 100정도이고 생크림의 2배 용량이 되면 이상적이라 할 수 있다. 한편 온도가 15℃를 넘으면 기포가 크고 조직이 성근 거품이 된다. 또 너무 오래 거품 내어도 같은 결과를 낳아 심하면 지방구가 버터처럼 분리되기도 한다.

* 오버런: 100cc의생크림을거품내어200cc가되었을때오버런100%(200-100/100×100=100%)라고 한다.

2) 크림의 살균

크림의 지방함량이 높을수록 살균효과는 감소하며, 크림의 살균은 일반 시유처리보다 강한 처리를 하는 것이 일반적이다. 크림의 살균 또는 멸균공정은 저온장시간살균법(63 ~ 65℃에서 30분간), 고온단시간살균법(72 ~ 75℃에서 15 ~ 20초간), 초고온순간처리법(130 ~ 150℃에서 0.5 ~ 5초간) 또는 이와 동등 이상의 효력을 가지는 방법으로 실시하여야 한다. 또한 살균제품은 미생물의 이차오염이 방지되도록 자동포장공정으로 충전하여야하며, 멸균제품은 멸균한 용기 또는 포장지에 무균공정으로 충전 · 포장하여야 한다.

3. 크림제품

1) 커피 크림(coffee cream)

일반적으로 커피크림은 유지방분이 18 ~ 20% 전후의 것으로 식용크림(table cream) 또는 라이트크림(light cream) 이라고도 하는데 커피의 풍미를 온화하게 하고 커피의 쓴맛을 없애며 색을 희게 하기 위하여 첨가된다. 또 미국에서는 크림과 우유를 섞어서 유지방이 10 ~ 12%가 되도록 만든 크림을 half and half 크림이라고 부른다. 커피크림의 제조는 신선한 크림을 균질하여 시유의 살균방법과 동일하게 처리하며, 멸균 크림을 생산할 때에는 크림의 산도가 0.14 ~ 0.15% 이상일 경우 멸균하는 동안에 응고하므로 중화시킨 후 0.1 ~ 0.3%의 알긴산소다(sodium alginate)를 넣어 안정화시켜야 한다.

커피크림을 커피에 첨가할 때 크림 덩어리(塊)가 생성하거나 지방이 분리되는 일이 있는데, 이는 크림이 교반되어서 부분적으로 지방이 응집하여 점성이 있는 층이 되거나 덩어리가 되기 때문에 커피에 넣으면 풀리지 않고 떠있게 되는 것이고, 커피의 온도가 높을 때에는 지방이 용해되어 기름방울(脂肪滴)로 떠오르므로 충분히 균질하여 방지해야 한다. 또한 크림을 커피에 넣었을 때 매우 작은 깃털모양으로 응고해 있는 것을 우모현상(羽毛現狀, feathering)이라 하는데, 이러한 현상은 크림의 산도가 높거나 크림의 지방함량이 높고, 커피를 용해시킨 물의 경도가 높아서 염류평형에 이상이 있을 때에 나타나며, 케이신이 뜨거운 산성 커피액에서 응고하는 현상으로 인산염과 같은 완충제를 첨가하면 방지할 수 있다.

2) 휘핑 크림(whipping cream)

휘핑 크림은 유지방분이 30 ~ 50%의 것으로 더블 크림 또는 헤비 크림이라고 하며, 유지방이 30 ~ 36%인 라이트 휘핑 크림(light whipping cream)과 36% 이상인 헤비 휘핑 크림(heavy whipping cream)으로 나누기도 하며, 5 ~ 10℃의 낮은 온도에서 강한 교반으로 미세한 기포를 생성시킨 것이다.

크림은 소정의 유지방 외에 단백질 2 ~ 3%, 젖당 3 ~ 3.5%, 회분 0.5%를 함유하고 있고 나머지는 수분인데, 식품위생상 우유와 마찬가지로 10℃ 이하로 보관하여야 하며, 또 크림을 휘핑할 때도 10℃ 이하를 유지할 필요가 있다. 즉 크림을 휘핑할 경우 기포가 크림 속에 들어가면 즉시 단백질의 피막에 쌓여 있는 유지방구가 파괴되고 유리된 고체지방이 나와 기포의 주위를 둘러싸서 점차 단단한 휘핑크림이 된다. 따라서 지방의 함유량이 30% 이하에서는 휘핑하기 어렵고, 또 크림이 10℃ 이상이 되면 지방의 일부가 액화되므로 잘 휘핑되지 않는다. 그러므로 실온에 의해서 온도가 올라간 크림은 다시 10℃ 이하로 24시간 이상 놓아두어 지방을 재결정화해야 한다. 또 너무 심하게 교반하면 기포가 터져 지방입자와 수분으로 분리되어 버린다. 이러한 것을 방지하기 위해 보통 시판하고 있는 것에는 유화제나 안정제를 첨가한 것이 많다. 휘핑크림의 품질은 기포의 안정성으로 나타나기 때문에 28 ~ 30℃에서 기포상태의 지속시간과 유청의 분리 정도에 의하여 결정되며, 휘핑크림은 생과자의 장식용과 과실과 함께 디저트로 이용할 때도 쓰인다.

3) 플라스틱 크림(plastic cream)

크림을 다시 원심분리하여 유지방분이 70 ~ 80% 이상이 되도록 만든 크림으로 실온에서도 고체상태가 되어서 플라스틱 크림이라 부르고, 주로 아이스크림의 원료로 사용되며, 연속 버터 제조시의 버터원료가 되기도 하나, 제과원료로서는 극히 제한된 것에만 사용한다. 유지방 함량이 버터와 비슷하나, 지방이 물에 분산된 유화상태(o/w)로 있어서 버터의 조직(w/o)과는 차이가 있다.

4) 건조크림(dried cream)

고체크림을 분무건조 한 제품 건조 전 지방함량은 40 ~ 70% 범위이고 수분은 2% 이하이다. 건조크림분말은 산화되기 쉽고 지방분해효소를 불활성화를 위해 충분한 가열 처리해야 하며 저장 전 항산화제의 첨가가 필요하다. 천연제품에의 복원화를 위해 특별한 유화와 균질과정이 필요하다.

5) 동결 크림(frozen cream)

동결 크림이란 -10 ~ -20℃에서 동결시킨 크림을 말하며, 크림의 수급 조절을 위하여 살균 후 동결저장되는 것이다. 동결저장할 때는 크림을 pH 7.0 ~ 7.3으로 중화하고, 지방의 산화를 촉진하는 구리나 철 이온을 제거하면 풍미의 변화 없이 장기저장이 가능하다.

6) 발효 크림(sour cream, cultured cream)

유지방분이 18% 이상인 크림을 젖산균 스타터 균주(*Streptococcus lactis* sp. *Lactococcus lactis* ssp. *lactis, Lactococcus lactis* ssp. *cremoris, Lactococcus lactis* ssp. *diacetyllactis*)로 발효시켜 산도가 0.6% 되도록 만든 크림을 발효크림(sour cream, cultured cream, cultured sour cream) 이라고 한다. 렌넷과 안정제를 소량 첨가하여 제품을 단단하면서도 부드럽게 할 수 있으며, 조직을 보다 더 굳게 하려면 가능한 한 교반을 억제하고 판매용 용기에서 직접 발효시켜야 한다.

7) 대용크림(substitute cream)

크림의 수요가 늘면서 저렴한 가격의 대용크림의 생산이 증가하고 있다. 저칼로리, 저지방의 대용크림이 인기가 증가하고 있나 천연크림과 달리 설탕이 많이 사용된다. 일반적으로 지방 15%, 설탕 약 7%, 무지유고형분 약 3%, 유화제 0.4%를 함유하는 제품이 많이 생산되고 있다. 대용크림의 물리적 특성은 천연크림의 특성과 매우 비슷하나 지방구의 형태는 전혀 다르다. 모조 산성크림은 glucono-delta-lactone과 같은 산을 사용하여 만들며, 최근에는 party dip으로서 인기가 높다.

대용크림은 휘핑에 적당하며, 여러 가지 종류의 휘핑용 토핑이 생산되고 있다. 안정제 및 유화제가 첨가되고 24~35%의 지방, 6~15%의 설탕, 그리고 1~6%의 식물성 단백질을 함유하는 제품들이 많이 생산되고 있으며, 쉽게 환원하여 사용할 수 있게 조제한 분말이나 냉동상태의 주석 휘핑용 토핑들이 널리 이용되고 있다. 커피크림용으로는 소매용 냉동 액상제품 또는 분말제품이 생산되고 있으며, 지방은 주로 비유제품류를 사용한다.

저칼로리 크림 대용품은 일반적으로 설탕대신 아스팔탐과 같은 감미료를 사용하기도 하며, 지방의 일부 또는 전량이 대체로 제품의 수요가 증가되고 있다. 카르복실메틸셀룰로오스(caboxylmethylcellulose), 펙틴(pectin), 폴리덱스트린(polydextrin)과 같은 증량제가 이요되며, 지방은 변형된 옥수수 전분이나 유청단백질 농축물 등의 지방 대체제를 이용하기도 한다.

Ⅲ. 버 터

버터는 우유에서 분리한 크림을 서서히 교동하면 유지방구가 파괴되고, 지방만이 유출되어 뭉쳐서 좁쌀과 같은 크기로 엉긴다. 이것을 모아 짓이겨서 남아있는 물(20%이하)이 유지방(80%이상)에 분산되도록 유화시킨 w/o 타입의 에멀젼이다.

버터의 기원은 B.C. 3000년경의 바빌로니아로 추정하는 설이 있고, B.C. 2000 ~ 1000년에는 인도에서 버터가 제조되었다는 기록이 있다. 또한 구약성서에서도 버터에 대한 기록이 발견되고, 고대 로마에서는 약용연고(藥用軟膏), 정발료(整髮料) 및 당시에 군용으로 되어 있던 코끼리의 상처에 바르는 약으로 이용되었다. 스코틀랜드와 영국에서는 양모의 보호제로서 양에 발랐고, 램프의 등유로서 이용하였다. 이처럼 버터는 고대에는 약용과 그 밖의 진중(珍重)한 것으로 여겼으며, 식용으로서의 이용은 일부 사람들에서 한해서였다. 원시적인 가죽주머니로 우유를 흔들거나 쳐서 만드는 방법은 지금도 히말라야나 아프리카의 일부 지방에서 볼 수 있는 제조법으로, 이러한 버터의 이용은 중세까지만 해도 매우 귀중한 식품이었는데, 그 후 1848년에 통 모양의 교동기(churn)가 발명되었고, 1878년 크림분리기의 출현으로 공업화에 힘입어 대량생산이 가능하게 되어 급속히 보급되기 시작하였다. 버터라는 말은 그리스어의 보우티론(βούτυρον)이라는 말에서 유래한 라틴어의 부티럼(butyrum)이라는 말이 게르만어를 거쳐 유래 한 것으로 보이며, 버터는 대부분 소의 젖, 즉 우유에서 만들어지지만, 양, 염소, 버팔로, 야크 같은 다른 포유류의 젖으로도 버터를 만들 수 있다.

우리나라에서는 1964년에 서울우유협동조합에서 최초로 생산하기 시작하였으나, 아직까지 그 생산량은 적은 편이다. 그러나 오늘날 국민소득의 향상과 식생활패턴의 변화에 따라 그 소비량이 서서히 증가될 것으로 판단된다.

한편, 요즈음 유지방이 아닌 다른 식물성 또는 동물성 지방을 원료로 하여 만들어지고 있는 인조버터인 마가린이 등장하여 값이 싸다는 잇점으로 버터의 소비를 위협하고 있으나, 버터의 주요 성분인 유지방의 특징이 다른 지방과 달리 탄소수가 적은 저급 지방산이 많은 우수한 고급지방으로서 소화율이 높고 과잉섭취시에도 장애가 극히 적은 점이 특징이며, 유지방 특유의 풍미를 가지고 있다는 점이 마가린을 앞서고 있다는 점을 인식해야 한다.

1. 버터의 분류

버터는 가염 또는 발효 유무에 따라 일반적으로 나누어지는데, 버터 제조 시에 식염을 1 ~ 2% 첨가하는 가염버터(salted butter)와 첨가하지 않는 무염버터(unsalted or sweet butter)가 있고, 원료 크림에 젖산균을 접종하여 발효시킨 산성발효크림버터(sour cream butter or ripened cream butter, cultured cream butter)와 발효를 시키지 않는 감성(신선)크림버터(sweet cream butter)가 있다. 구미에서는 주로 발효버터가 제조되고 있지만, 우리나라에서는 소비자의 기호성 때문에 대부분 감성버터가 제조되어 왔다. 또 가염버터는 가정용으로서 사용되고, 무염버터는 제과나 아이스크림 및 환원우유 등의 제조원료로 이용되고 있다. 최근에는 제품에 향신료나 견과류 등을 첨가하여 만든 것이 있고, 지방함량을 낮게 하여 조성분의 함량을 변화시켜 만든 버터도 있다.

한편, 축산물가공기준 및 성분규격에 의하면 버터류란 원유에서 유지방분을 분리한 것이나 발효시킨 것을 그대로 또는 이에 다른 식품이나 식품첨가물 등을 가하여 각각 교반, 연압한 것을 말한다고 정의하고 있고, 그 유형은 다음과 같다.

① 버터 : 원유의 유지방분을 분리하여 교반, 연압한 것으로 유지방분 80% 이상의 것이다.

② 가공버터 : 원유의 유지방분을 분리하여 이에 식품이나 식품첨가물을 가한 후, 교반, 연압한 것으로 유지방분 30%이상(단, 유지방분의 함량이 제품의 지방함량에 대한 중량비율로서 50% 이상일 것)의 것이다.

③ 버터오일 : 버터 또는 크림에서 유지방 이외의 거의 모든 수분과 무지유고형분을 제거한 것이다.

2. 버터의 제조

버터의 일반적인 제조공정은 그림 4-6과 같다. 버터의 제조에는 금속제 교동기(metal churn)를 사용하는 배치식(batch type) 버터제조법과 연속식 버터제조법(continuous butter making)이 있는데, 연속식은 배치식에 비하여 교동, 연압 등 버터 제조의 주요 공정을 단시간에 종료할 수 있도록 구성되어 있다.

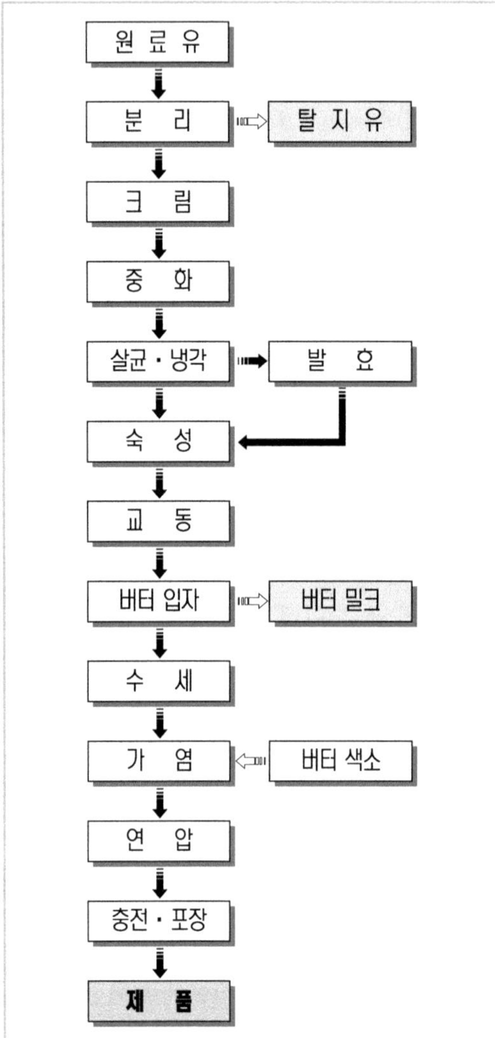

그림 4-6 버터의 제조공정

가. 배치식(batch type) 버터 제조법

1) 크림분리(skimming)

원료 크림 검사에 합격한 원료유는 교동(churning) 작업이 용이하도록 원심분리기로 크림을 분리하여 지방함량이 30 ~ 40%의 범위가 되도록 조절하며, 이때 분리온도를

50 ~ 55C 범위로하면 lipase의 활성을 억제 시킬 수 있다.

2) 크림의 처리

분리된 크림은 교동전에 중화 · 살균 · 냉각 · (발효) · 숙성 등의 처리를 거치게 된다.

(1) 중화(neutralization)

신선한 크림의 산도는 0.10 ~ 0.14%이다. 산도가 높은 크림을 살균하면 카세인이 응고하여 버터의 품질을 저하시키고, 응고된 카세인은 유지방과 함께 버터밀크에 섞여서 나오므로 버터의 생산량을 감소시키는 원인이 된다. 크림의 산도는 0.2% 이하의 것을 사용하고, 산도가 0.2 ~ 0.3%인 경우에는 중화제로 중화시켜 사용한다. 산도가 0.30% 이상인 크림을 중화하면 중화취가 강한 비누와 같은 버터가 된다.

중화제로는 중탄산나트륨, 탄산나트륨, 수산화나트륨, 생석회 및 소석회 등이 있는데, 일반적으로 크림의 중화에는 중탄산나트륨을 사용하며, 첨가방법은 10% 중탄산나트륨 용액을 크림분리 직후 35℃ 전후의 크림에 서서히 교반하면서 균일하게 혼화한다. 첨가량은 젖산과 중탄산나트륨의 몰(mole)비가 90/84로 되도록 젖산을 중화시키는데 필요한 중화제의 양을 산출한다. 예를 들면 다음과 같다.

> 예) 산도가 0.3%인 크림 100kg을 0.2%의 산도가 되도록 중화하고자 할 때, 중화해야 할 젖산의 양과 그 젖산을 중화하는데 필요한 중화제(중탄산나트륨)의 양을 계산하라.

① 중화해야 할 젖산의 양

$$= 100\text{kg} \times \frac{0.3 - 0.2}{100} = 100\text{g}$$

② 중화제(중탄산나트륨)의 양

$$= 100\text{g} \times \frac{84}{90} = 93.3\text{g}$$

(2) 살균 및 냉각

크림의 살균은 크림 중의 병원성 유해균의 살균 및 지방분해효소의 실활 등 버터의 보존성 향상을 목적으로 한다. 또 발효시에 젖산균의 발육을 저해하는 물질을 파괴하는 목적도 갖고 있다. 크림 중의 휘발성 이취 물질은 가열에 의해 어느 정도 제거되기 때문에 살균에 의해 풍미가 개선되며, 온도처리 방법에 따라 버터의 전연성(展延性, spreadability)이 개량되기도 한다. 크림의 살균법에는 저온장시간법과 고온단시간법이 있는데, 버터원료용 크림은 버터 저장시에 산패를 일으킬 수 있는 지방분해효소를 완전히 파괴하고, 크림 발효시 젖산균의 성장을 저해할 수 있는 물질을 파괴하기 위하여 시유보다 높은 온도로 처리한다. 보통 75 ~ 85℃에서 5 ~ 10분간 살균하는 저온장시간법과 90 ~ 98℃에서 15초 살균하는 고온단시간법이 있으며, 105 ~ 115℃의 초고온살균법이 사용되기도 한다. 살균후에는 다음 공정인 숙성 또는 발효과정에 맞는 온도인 4 ~ 22℃ 범위로 냉각시킨다.

(3) 발효

발효는 발효버터에만 적용되는 공정으로서 젖산균을 순수배양한 버터용 스타터를 살균된 크림에 첨가하여 발효시키면 생성된 젖산에 의해 크림의 점도가 낮아지고 이로 인하여 지방분리가 빠르게 되어 교동작업이 쉬워진다. 또 방향성 물질이 생성되어 버터의 풍미를 좋게 한다. 버터의 스타터로서 이용되고 있는 젖산균으로는 주로 *Streptococcus lactis, S. cremoris*를 혼합해서 사용하며, *Leuconostoc citrovorum, Leu. dextranicum, S. diacetylactis* 등의 방향생성균을 혼합배양하여 이용한다. 이때 생성되는 방향성 물질로는 초산, 알코올, 지방산, 이아세틸 등이 있으며, 이는 버터 특유의 풍미를 지니게 한다. 크림의 발효에는 크림량의 3 ~ 6%의 스타터를 넣고 크림의 산도가 0.3%가 될 때까지 20 ~ 22℃에서 4 ~ 6시간 발효시킨다. 크림의 산도는 크림 속에 있는 탈지유, 즉 버터밀크의 양과 산도에 따라 차이가 있다. 산도가 같은 크림이라도 유지방함량이 많은 크림의 탈지유 산도는 다음의 예와 같이 높아지므로 크림의 지방함량은 35%를 표준으로 하여 발효후의 크림의 산도가 0.3%가 되도록 발효시간으로 조절한다.

(4) 숙성(aging)

크림의 숙성이란 감성버터에서는 크림의 살균후에, 발효버터에서는 발효후에 크림을 비교적 낮은 온도에서 교동하기까지 냉각 저장하는 과정을 말하며, 이 과정에서 그림 4-7과 같이 액상 유지방이 결정화되어 교동작업이 쉽고, 교동시간이 일정하게 되며, 교동후 버터밀크로의 지방손실이 감소된다. 또 유지방의 지방산 조성은 계절에 따라 다르기 때문에 버터의 경도가 다르게 되므로 유지방의 결정화를 조절하여 버터의 경도와 전연성을 항시 일정하게 하는 효과가 있다.

일반적으로 겨울철에 생산된 우유의 지방은 요오드값이 낮고 융점이 높은 지방산이 많아서 침상의 지방결정이 많이 형성되어 버터의 결정이 높아지므로 낮은 온도(8℃)에서 유지방을 서서히 결정화하면 작은 결정이 형성되어 결정의 표면적이 증가하며, 여기에 비결정 지방이 많이 결합하여 연성조직의 버터가 생산된다. 반대로 여름철에 생산된 우유의 지방은 불포화지방산이 많고 요오드값이 높기 때문에 크림의 살균후 20℃로 냉각하여 발효시키고 12 ~ 14℃에서 숙성하면 지방의 결정화가 촉진되며 융점이 낮은 지방까지 결정화되어 경도가 좋은 버터가 생산된다. 숙성시간은 여름철에는 7시간, 겨울철에는 2시간 정도가 적당하다.

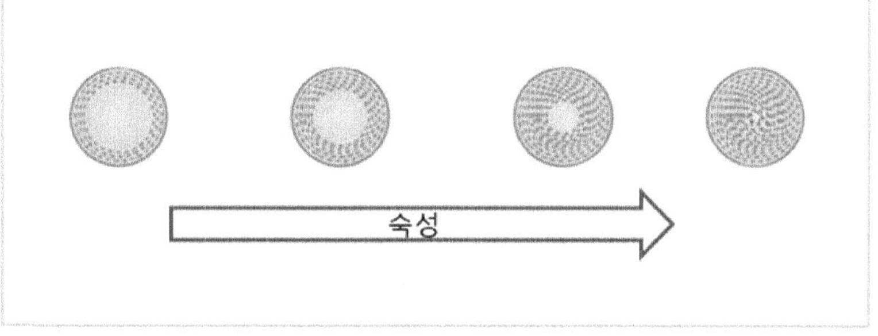

그림 4-7 숙성에 따른 크림 내 지방의 결정화 모습

3) 교동(churning)

크림의 교동이란 크림에 기계적인 충격을 주어 일정한 속도로 크림을 운동시켜 지방구끼리 뭉쳐서 입자가 형성되고 버터밀크와 분리되도록 하는 작업을 말하며, 이때 사용되는 장치를 버터 교동기(그림 4-8)라 한다. 교동기에는 여러 종류가 있지만, 스텐레스 스틸제의 교동기가 대부분이고, 입방체형과 원추형 및 이들을 조합시킨 탑형이 있다. 제조능력은 1,000 ~ 15,000ℓ /batch 정도이고, 감압장치가 연결되어 있어서 진공 연압이 가능하다.

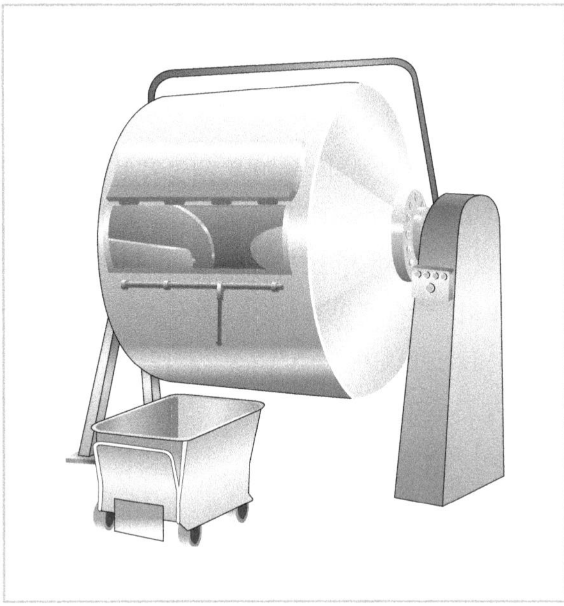

그림 4-8 버터 교동기(butter churn)

(1) 교동의 원리

교동 현상에 대한 학설은 많지만, Fisher와 Hooker의 상전환설과 Rahn이 제창한 포말설이 대표적인 것으로 알려져 있다. 전자는 크림 중의 지방구가 교동시의 교반작용에 의해 그 지방구피막을 손상시켜 유리된 지방이 뭉쳐서 유지방이 물에 유화된 상태(o/w)에서 유지방에 물이 유화된 상태(w/o)로 상전환(phase inversion)되어 버터입자를 형성한다는 이론이고, 후자는 상전환설의 기구에 관하여 좀더 자세히 언급한 것으로, 지방구가 단백질 이외에도 여러 가지 분산상(分散相)을 흡착하여 평형상태를 유지하고 있기 때문에 물속에서 유지방의 유화상태가 유지되고 있으나, 그림 4-9와 같이 교동에 의하여 기포가 생성되면 이러한 평형상태가 깨지기 때문에 지방구들의 융합이 쉽고, 기포로 변성된 지방구의 피막단백질은 충격이 있을 때 쉽게 파괴되어 지방이 뭉쳐서 버터입자가 형성된다는 이론이다.

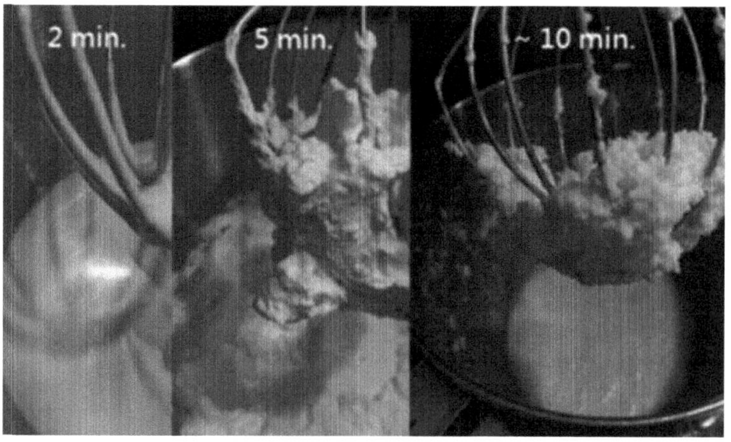

그림 4-9 교동에 따른 버터입자의 형성과정
사진출처:http://foodretro.com/the-science-of-whipped-cream-and-butter/

(2) 교동의 조건

가장 중요한 조건은 크림 및 교동 온도의 설정이다. 크림의 온도가 낮으면 점도가 높아서 교동이 잘 되지 않아 버터입자가 생성되기까지 장시간이 필요하고, 온도가 높으면 버터입자가 연성이 되며, 버터밀크로의 지방의 유출량이 많게 되어 버터생산량이 적게 된다.

① 교동온도 : 여름철에는 8 ~ 10℃, 겨울철에는 12 ~ 14℃를 표준으로 한다. 교동과정에서 크림의 운동으로 운동에너지가 발생하여 크림의 온도가 1 ~ 2℃ 정도 상승하면 교동장치 밖에서 냉수를 살포하여 냉각시킨다.

② 크림의 지방 함량 : 통상 30 ~ 40%의 것이 사용되고, 교동 효율을 올리기 위하여 고지방률의 크림을 사용하는 경우가 많다.

③ 크림의 양 : 교동기 내의 크림 용량은 1/3 ~ 1/2 정도이고 1/3 정도가 가장 적당하다. 이때 크림의 양이 많으면 크림의 운동량이 감소하고, 너무 적으면 크림의 중량 부족으로 버터입자의 형성이 늦어진다.

④ 교동기의 회전수 : 교동기의 형식이나 크기에 따라 다르지만, 일반적으로 대형일수록 회전수를 적게 하는데, 20 ~ 45 rpm으로 50 ~ 60분을 기준으로 하여 버터입자가 생성될 때까지 교동을 계속한다. 이때 교동기를 회전시키기 시작하여 10회 정도 쯤에 가스를 제거하고, 그 후 1 ~ 2회 더 가스를 제거한다.

4) 버터밀크의 배제

교동의 종료는 교동기의 투시창을 통하여 버터입자의 크기가 좁쌀 크기 정도 되었을 때로 한다. 교동작업이 끝나면 교동기의 회전을 멈추고 버터입자가 떠올라 버터밀크와 분리되도록 약 5분 정도 기다렸다가 교동기의 밑에서 버터밀크를 배제시킨다. 버터밀크와 함께 빠져나가는 버터입자는 여과하여 회수하고 버터밀크 중에 함유된 유지방은 원심분리기로 회수하여 버터크림으로 이용한다. 이때 버터입자의 크기가 클수록 입자내에 버터밀크가 많게 되어 버터밀크의 배제가 곤란하므로 연질의 버터가 되어 보존성이 저하된다. 또 버터입자가 적을수록 입자의 유출이 많게 되고, 수분빼기가 나빠서 수분과다가 되기 쉽다.

5) 수세(rinsing, washing)

버터입자를 수세함으로써 버터입자에 부착해 있는 버터밀크를 거의 완전히 제거하여 버터의 경도를 증가시키고 수용액의 특이취를 제거하며 보존성을 높인다. 사용하는 물은 위생상 양호해야 하고, 물의 온도는 버터밀크보다 1 ~ 2℃ 낮게 한다. 1회의 수세에 사용되는 물의 양은 버터밀크의 양과 동일하게 하여 버터의 전면에 뿌리고 수회 교동기를 회전시킨 다음 배수한다. 이러한 작업을 2회 반복한다.

6) 가염(salting)

가염은 가염버터에만 적용되는 공정으로 버터의 풍미를 좋게 하고 보존성을 향상시킨다. 버터용 식염은 특급 정제염으로서 순도가 높고(99.5% 이상), Mg, Ca, SO4와 같은 불순물이 적어야 한다.

가염법으로서는 건조염을 그대로 산포하는 건염법, 식염을 용해시켜 사용하는 습염법이 있는데, 건염법은 버터에 식염의 결정을 남게 하여 유리 수분을 분리하게 되고, 저장하는 동안 버터의 조직에 식염 반점을 나타나게 하므로, 식염을 물에 녹여서 첨가하는 습염법이 일반적으로 이용되고 있다.

7) 연압(working)

연압은 교동에 이어 중요한 공정으로서 버터입자가 덩어리로 뭉쳐있는 것을 모아서 짓이기는 작업을 말하며, 그 목적은 버터에 알맞는 점조성을 부여하고, 첨가된 식염의 용해를 촉진시켜 버터 전체에 식염을 균일하게 분포시키며, 버터입자 중에 수분을 분산(water/oil) 시킴과 동시에 제품의 수분함량을 조절하는데 있다. 수분의 조정은 초기에 버터를 채취하여 수분함량을 측정하고 부족분을 보충한다.

금속제 교동기에 의한 연압은 처음에는 저속에서 시작하여 서서히 가속시킨다. 최적온도는 여름철에는 14 ~ 16℃, 겨울철에는 15 ~ 18℃이고, 시간은 조건에 따라 다르지만, 약 60 ~ 80분 정도이며, 그 사이에 수분의 보정을 2회 정도 한다. 버터입자가 잘 밀착하여 조직으로부터 수분이 유리되지 않으면 작업을 종료한다.

8) 포장

포장은 황산지, 파라핀피복지, 비닐, 은박지 등으로 내포장하고, 다시 두꺼운 종이상자로 외포장한다. 용량이 큰 포장단위는 영업용, 제과용 또는 저장용이며, 적은 포장단위는 가정용이다. 소규모의 생산시설에서는 일정 크기와 모양을 갖추기 위하여 수동식 프린터를 사용하고, 대규모의 시설에서는 자동식 printerwrapper로 포장한다.

포장할 때의 버터의 온도는 10℃ 전후가 적당하고, 버터온도 또는 포장실의 온도가 높으면 포장되어도 일정한 모양을 유지하기 어렵고, 버터가 포장지 밖으로 새어 나온다. 반대로 온도가 낮으면 버터의 조직이 단단하여 printing될 때 구멍이 생겨 비중의 차이가 있고, 균일한 상품이 되지 못한다. 포장된 버터는 단기간 저장시에는 -5 ~ 0℃에서 보존하고, 장기간 저장시에는 -15℃ 이하에서 동결 보존시켜야 한다.

나. 연속식버터 제조법 (continuous butter making)

크림의 교반과 버터의 연압작업이 최소 1.5시간 이상 필요하며, 제조공정이 연속되지 못하고 인력이 많이 요구되는 것을 개선한 방법이며, 현재 구미의 큰 공장에서는 대부부 이러한 방법을 채용하고 있다. 연속 버터제조방법은 일반적으로 다음과 같이 3가지방법으로 구분된다.

① Fritz or Westfalia process는 한대의 기계 내에서 연속교반, 가온 연압작업을 구

분하지 않고 연속적으로 생산하는 방법이다.

② Alfa process는 특수 분리기로 지방율 80%의 고농도 크림을 만들어 상(Phase) 전환기로 냉각 하면서 강한교반으로 버터를 제조하는 법이다.

③ Creamary Package or Cherrry Burrell process는 25 ~ 30%의 크림을 가열 교반 후 재 분리하여 버터의 조성과 똑같이 조정한 믹스를 급 냉장치로 냉각, 고화시키는 방법이다.

4. 버터의 품질

버터의 품질을 결정하는 가장 중요한 것은 풍미이지만, 조직과 색도 그 품질에 크게 영향을 준다.

신선한 크림을 원료로 하여 제조된 버터는 독특한 방향과 맛을 지니며, 상한 냄새나 불쾌취 또는 쓴맛 등이 없다. 또 지방산화취나 지방분해취 등은 저장중의 변화에 의한 것이며, 식염이 너무 많이 사용되었거나 불균일하게 분포되어 있으면 짠맛을 내게 된다. 또한 크림 살균시의 과열은 가열취의 원인이 되기도 한다.

버터의 조직은 특히 연압에 의하여 결정되며, 온도도 크게 영향을 준다. 지나친 연압은 점조성이 높고 유지상의 버터가 되기 쉽고, 고온에서 교동을 하면 너무 유연한 버터가 된다. 또 버터는 전체가 공극(空隙)이나 수적(水滴)이 없는 균일한 조직을 가져야 하며, 식염이 완전히 용해되지 않으면 사상(砂狀)조직의 원인이 된다.

버터의 색은 계절에 관계없이 같은 농도로 균일해야 한다. 일반적으로 초지급여가 많은 여름에 생산되는 우유의 지방은 카로틴이 많아서 겨울철보다 진한 황색을 띠게 된다. 따라서 겨울철에는 열대지방에서 재배되는 Annato 열매에서 추출한 carotenoid 게의 bixin색소 (일명 annato 색소)를 버터 1kg당 0.1 ~ 0.5ml 첨가하여 연중 균일한 색의 버터를 생산하기 쉽다. 그러나 버터색소를 넣는 경우 연압이 부족하면 파문상(波紋狀)이나 반문상(斑紋狀) 등의 균일하지 못한 색을 나타낸다.

한편, 버터의 평균 조성은 지방 80%, 수분 16% 내외, 무기질 2%, 식염 1.5% 정도이고, 나머지는 단백질을 주체로 하는 커드분(curd 분)으로 되어 있다. 지방 중에는 부티르산, 카프로산 처럼 탄소수가 적은 지방산이 있으며, 콜레스테롤 등이 함유되어 있다. 버터 100g 중의 열량은 745kcal 정도이다. 버터는 지방이 많은 식품이므로 장시간 방치하면 지방이 산화되면 산패를 일으키고 색깔도 변화한다. 또한 냉장하지 않은 경우는 곰팡이가 발생하거나 녹아서 버터 특유의 텍스처가 사라지고 풍미가 저하하게 된다. 그러므로 단기간 저장시에는 -5 ~ 0℃에서 보존하고, 장기간 저장시에는 -15℃ 이하에서 동결보존시켜야 한다. 또한 냄새를 잘 흡수하므로 냄새가 강한 물질과 같이 보관해서는 안된다. 최근 들어 버터는 콜레스테롤 함량이 많고 불포화지방산이 결핍되어 있으므로 이것의 다량섭취는 바람직하지 않다는 견해가 제시되고 있어서 버터의 대체식품으로 발달한 마가린은 버터와 유사한 풍미와 텍스처를 가진 식품으로 개발되긴 하였지만 아직까지 서구인들은 버터에 대한 기호도가 훨씬 높다. 또한 이들 두가지를 혼합한 콤파운드 버터(compound butter)도 일반에게 보급되고 있다.

Ⅳ. 아이스크림

아이스크림(ice cream)은 우유 또는 유제품을 주원료로 하여 설탕, 향료, 색소, 유화제 및 안정제 등을 가하여 교반하면서 동결시킨 것을 말하는데, 영양가가 높으며, 고지방의 것은 100g당 150 ~ 180kcal나 되어 간식, 디저트, 병인식 및 유아식으로 우수한 식품이다. 1967년의 국제적 성분규격에 의하면 유지방분이 8% 이상이 것을 아이스크림, 유지방분 3% 이상 8% 미만의 것을 밀크아이스라고 하며, 우리나라에서는 식품위생법에 유지방분의 중량 백분율을 제품에 표시하도록 명시하고 있다. 미국의 FDA에서는 아이스크림은 최소한 10%의 유지방과 20%의 유고형분을 함유하여야 하며, 그밖에 부재료에 있어서는 0.5% 이상의 안정제와 0.3% 이상의 유화제를 포함해서는 안된다고 규정하고 있다. 아이스크림은 1550년경 이탈리아에서 고안되어 유럽 각국에 전해졌다고 하나 그때는 얼음결정이 크고 오늘날의 아이스캔디와 같은 것이었다. 실제로 크림에 달걀노른자와 감미료를 섞어서 교반하여 냉동하고, 현재와 같이 얼음의 결정이 차고 부드러운 제품이 만들어 지기 시작한 것은 1774년 프랑스 루이왕가의 것이 시초인 것으로 알려져 있다. 그 후 크림 외에 우유의 수분을 줄인 농축유, 연유, 연유 등이 결정을 방지하기 위해 쓰였고, 냉동제조기계의 진보로 공업적인 대량생산이 가능하게 되었다.

국내 아이스크림 시장은 1980년대에 식생활의 변화로 급격한 신장을 하게 되며 외국업체의 국내진출도 함께 활발히 이루어지게 된다. 2000년대에 들어서면서 각 제조사 마다 고품질 아이스크림 제품을 출시하게 되면서 소비자들은 다양한 아이스크림을 접하게 되었다. 앞으로도 다양한 소비자의 요구에 부응하는 고품질 아이스크림 시장이 확대될 것으로 보인다.

1. 아이스크림의 종류와 성분

1) 종류

아이스크림은 판매형태에 따라 경화시켜 판매하는 하드아이스크림과 경화시키지 않고 반동결의 상태로 판매하는 소프트아이스크림으로 크게 분류된다. 또한 성분함량, 향료 및 제품의 형태 등에 따라 여러 종류가 있는데, 우선 성분의 차이에 따라 아이스크림, 아이스밀크, 락토아이스, 셔벳 등이 있고, 향료에 따라 플레인 아이스크림, 후르츠 아이스크림, 너츠 아이스크림 등이 있다. 플레인 아이스크림은 첨가되는 향료가 믹스 용량에 대하여 5% 미만의 아이스크림으로 바닐라, 커피, 초콜릿 등의 향료가 섞인 보통 아이스크림을 말한다. 후르츠 아이스크림은 10 ~ 15%의 과실을 첨가한 아이스크림으로 딸기, 파인애플, 살구 등 각종 과실이 사용되며, 신선한 과실, 냉동과실, 가공과실 등의 형태로 사용된다. 너츠 아이스크림은 밤, 땅콩, 호두 등의 견과류를 섞어 만든 아이스크림이다. 또 포장용기의 형태에 따라 벌크, 카턴, 컵, 콘, 스틱 등의 종류가 있으며, 최근에는 여러 종류의 아이스크림을 혼합하여 만들기도 한다. 일반적으로 질이 좋은 아이스크림은 12%의 유지방, 11%의 무지고형분을 함유하고, 설탕 15%, 안정제와 유화제를 0.3% 함유하고 있으며, 총고형분은 38% 정도 함유하는 것을 말한다.

한편, 축산물가공기준 및 성분규격에 의하면 아이스크림류란 원유, 유가공품을 원료로 하여 이에 다른 식품 또는 식품첨가물 등을 가한 후 냉동, 경화한 것을 말하며, 유산균함유제품은 유산균(유산간균, 유산구균, 비피더스균 포함) 또는 발효유를 함유한 제품으로 표시한 아이스크림류를 말한다고 정의하고 있고 그 유형은 다음과 같다.

① 아이스크림(Ice cream) : 아이스크림류이면서 유지방분(우유로부터 얻은 지방분) 10% 이상, 무지고형분 11% 이상의 것이다.

② 아이스밀크(Ice milk) : 아이스크림류이면서 유지방분 4% 이상, 무지고형분 12% 이상의 것이다.

③ 셔벳(Sherbet) : 아이스크림류이면서 유지방분 2% 이상, 무지유고형분 4%이상의 것이다.

④ 저지방아이스크림 : 아이스크림류이면서 조지방 2%이하, 무지유고형분 10% 이상의 것이다.

⑤ 비유지방아이스크림 : 아이스크림류이면서 조지방 5%이상, 무지유고형분 5%이상의 것이다.

2) 구성성분

아이스크림은 농후한 풍미, 혀에 닿는 좋은 촉감, 적당한 차가움 등의 특징을 갖고 있어서 기호식품으로서 일반적으로 식용되고 있다. 또 우유 및 유제품을 주요 원료로 하고 있기 때문에 영양가가 높은 것도 특징의 하나이다.

아이스크림의 구성성분은 유제품 그룹과 비유제품 그룹으로 나눌 수 있다. 유제품 그룹은 유지방과 무지고형분을 제공하기 때문에 중요하며, 비유제품그룹에는 감미료, 안정제, 유화제, 달걀, 착색제, 향료 및 물 등이 포함된다. 이러한 성분이 아이스크림 특징에 부여하는 효과는 다음과 같다.

(1) 유지방

지방은 아이스크림의 가격과 품질을 결정하는 가장 중요한 성분으로 크림이나 식물성지방이 사용되며 아이스밀크에서는 크게 중요하나 셔벳(Sherbet)에서는 영향이 적다. 유지방은 특유의 농후한 풍미를 부여하고, 조직을 유연하게 하며, 높은 영양가를 제공한다. 개인차가 있지만, 일반적으로 10% 전후의 함유량이 바람직하며, 많을수록 청량감을 잃고, 조직을 부드럽게하고 향취를 진하게 하며, 위핑(whipping)으로 부피를 형성하는 특성이 있으나 가격이 비싸고 열량이 높아 최근 소비억제 요인이 되고 있다. 유지방의 주공급원은 크림이며, 때로는 전지연유, 전지분유, 버터, 버터기름 등도 유지방의 원료로 공급된다.

(2) 무지고형분(MSNF; milk solid non fat)

무지고형분은 제품의 풍미를 좋게 하고, 조직을 개량하며, 식품의 가치를 증진시켜 주는 성분이다. 또한 작고 안정된 기포를 형성하고 유지하는데 중요한 역할을 한다. 무지고형분은 크고 작은 기포(air cell)을 형성시키고 기포의 벽은 작아져서 빙결정의 크기를 감소시키는 효과가 있다. 공기를 흡수하여 부분적으로 안정제의 역할도 하고 유당과 광물질 때문에 빙점을 강하시키는 효과도 있다. 그러나 다량 첨가 시 모래조직(sandy texture) 및 가열취등의 발생 가능성도 있다. 무지고형분을 공급하는 주원료는 탈지유, 탈지분유, 버터밀크, 연유, 유당 등이며, 가장 좋은 무지고형분의 원료는 탈지분유이다.

(3) 감미료(sweetener)

감미료는 감미 이외에도 아이스크림 믹스의 점성과 총고형분을 함량을 높여, 빙점을 저하시키고 거품방지와 부드러운 조직을 형성시켜 전체적인 기호성을 증가시켜준다. 감미료는 통상 13 ~ 17% 첨가된다. 일반적으로 감미료로서 설탕이 주로 사용되고 그 외 , 옥수수물엿, 전화당, 포도당, 과당 등이 사용되고 있다. 아이스크림에 설탕이 가장 많이 사용되고 있지만, 셔벳, Fruit ice 및 빙과에 과다 사용 시 표면에 결정이 생기게 되기도 한다. 포도당은 빙점을 내리는 성질이 있는데 아이스크림의 조직을 부드럽게 하기 때문에 빙과류 제조 시 설탕 결정을 방지하기 위하여 첨가되며 일반적으로 90%의 고형분을 갖는다. 옥수수물엿은 설탕 다음으로 많이 쓰이는 감미료로서 설탕의 1/3~1/4 분량을 대체할 때 좋은 결과를 얻는다. 포도당 시럽(glucose syrup) 및 특별한 시럽류들은 섬유소에 산이나 효소를 첨가하여 제조하는데 여러 가지 다당류를 함유하여 다양한 조직의 제품생산에 이용된다.

(4) 안정제(stabilizers)

안정제는 다량의 물과 결합함으로써 수분과 함께 겔을 형성하여 빙결정(crystal)의 형성을 억제 또는 감소시키고, 부드러운 조직의 유지에 도움을 주며, 제품이 녹는 것을 지연시키는데 효과가 있다. 또 각 성분을 균일하게 분산시켜 안정상태로 유지시키는 기능이 있다. 일반적으로 사용되는 양은 0.2 ~ 0.3% 정도이다. 안정제는 크게 단백질과 식물에서의 추출물성분(탄수화물)으로 나누어진다. 안정제의 단백질 group으로는 gelatin과 유단백질이 있으며 식물에서의 추출물로는 해초에서 추출한 sodium alginate, carrageenan, locust bean gum, guar gum (=Neutral hydrocolloids), 섬유소 추출물인 sodium carboxymethylcellulose(CMC), 그리고 식물의 자연추출물인 karaya gum 및 pectin 등이 있다.

(5) 유화제(emulsifiers)

유화제는 분자내에 친수성기와 소수성기를 함께 가지고 있으므로 물과 지방이 혼합되지 않는 물질을 혼합 및 유화시켜 주거나, 지방과 단백질의 혼합을 향상시켜주고 지방의 분산을 돕는 역할은 한다. 하지만, 아이크림에서 유화제는 오히려 유지방과 카제인의 견고한 유화를 약화시켜 짧은 시간 휘핑(whipping)에서도 공기의 흡입을 증가시키는 역할을 한다. 상대적으로 견고한 조직의 형성과 부드러움도 아울러 증가시킨다. 일반적으로 아이스크림에 사용되는 유화제에는 monoglycerides와 polyoxyethylene 유도체 등 두가지가 있는데, monoglycerides는 지방의 분산과 거품성을 개선하고, polyoxyethylene유도체는 아이스크림의 녹는 시간을 길게 하고 아이스크림을 더욱 부드럽게 하는 성질이 있다.

(6) 풍미물질(flavors)

풍미물질은 제품에 향과 맛을 부여하는 것으로서, 그 사용량은 적지만 아이스크림이 기호식품이라는 관점에서 보아 매우 중요한 첨가제이다. 풍미물질의 종류에는 천연향료와 인공합성향료가 있는데, 천연향료에는 바닐라(vanilla), 과실류(fruit), 초콜릿(chocolate), 커피(coffee) 등이 있고, 합성향료에는 방향족 화합물, 알코올 음료 및 과실주 등이 있다.

(7) 착색료(coloring)

착색료는 제품의 외관을 좋게 하기 위하여 첨가되는 것으로 합성착색료와 천연착색료가 있다. 합성착색료는 식품첨가물로서 규제되고 있는데, 주로 식용 타르계 색소인 적색 또는 황색 착색료가 사용되고 있다. 또 천연착색료로는 β −carotene과 annato 색소 등이 사용되고 있다.

(8) 난 및 난제품

아이스크림 제조에는 신선란은 거의 이용되지 않고, 냉동난황이나 난분 등이 주로 이용되며, 난분은 대개 0.5% 정도 사용된다.난황고형분은 거품이는 속도를 빠르게 해주고, 조직을 좀더 단단하게 해주며, 증량률의 변이를 줄여 준다. 또한 아이스크림이 녹을 때 좋은 모양으로 녹게 해주고, 조직과 식품가치를 개선해 주는 효과가 있다.

2. 아이스크림의 일반적인 제조법

아이스크림의 일반적인 제조공정을 보면 그림 4-8과 같다. 즉 원료를 검사하여 규격에 합격한 원료를 배합표에 따라 배합한다. 혼합 탱크에서 각 원료를 가온용해한 후 믹스를 여과하여 균질화한다. 균질화된 믹스는 살균하여 풍미물질을 첨가한 후 0 ~ 5℃에서 일정시간 노화(aging)시킨 다음 동결기(freezer)로 보낸다. 믹스는 동결기에 의해 공기를 혼입하면서 반동결된다. 그 후 용기에 충전포장 후 경화시키는 방법과 충전경화 후 포장하는 두 가지 방법이 있다. 또 풍미물질의 첨가시기도 살균 후 첨가, 노화 후 첨가 및 동결후 첨가 등 일정하지 않다. 제조법에는 자가제조하는 유럽식과 미국의 공업적 제법이 있는데, 전자는 난황과 생크림 등을 사용해서 동결될 때까지 충분히 이겨 화사한 맛을 특징으로 하고, 후자는 유제품 및 영양적인 면을 중시하며, 쉽게 먹을 수 있는 제품의 형태로 만드는 것을 특징으로 하고 있다.

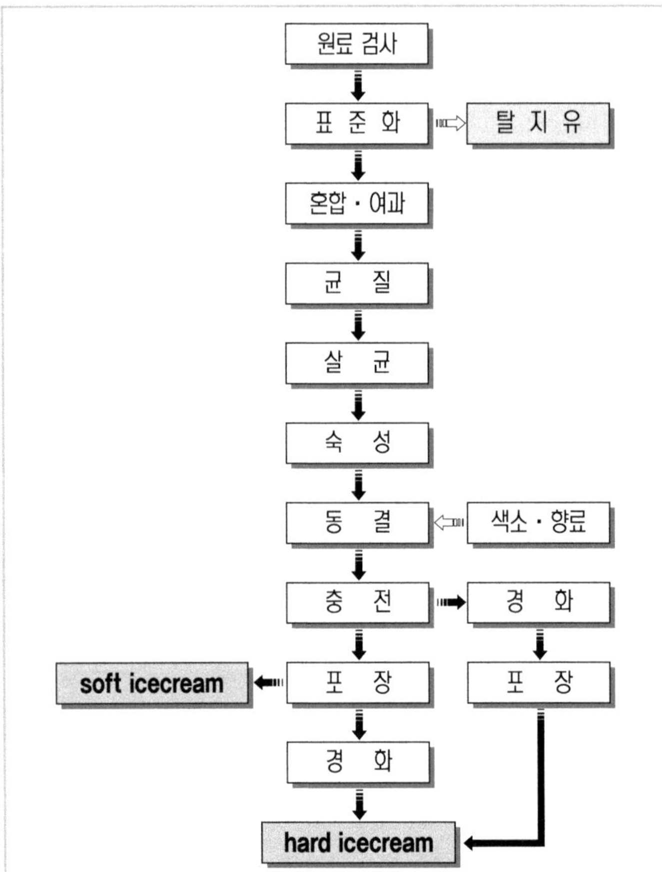

그림 4-8 아이스크림의 제조공정

1) 원료검사

양질의 아이스크림은 양질의 원료로부터 만들어진다. 검사는 엄격히 해야 하며, 규격에의 일치여부를 조사한다. 유 및 유제품은 다른 원료나 자재의 이취를 흡수하기 쉽기 때문에 보관장소 및 온도관리에 충분한 주의가 필요하다.

2) 표준화

아이스크림 제조에 있어서 동결에 의하여 아이스크림이 될 수 있도록 각종 원료를 혼합하고, 살균 및 균질화 등의 필요한 처리를 마친 것을 아이스크림 믹스 또는 믹스라고 한다. 이러한 믹스의 제조에 있어서는 먼저 표준조성을 결정하고, 이 조성에 맞도록 원료를 배합하게 된다. 즉, 지방, 무지고형분, 총고형분 등의 조성을 나타낸 조성표에 따라 각 원료의 배합량을 계산하여 결정하는 것을 표준화라고 한다.

예를 들어 크림(유지방 35%), 탈지분유, 설탕 및 젤라틴을 원료로 하여 유지방 10.5%, 무지고형분 12.0%, 설탕 15.0%, 젤라틴 0.35%의 조성을 갖는 믹스 100kg을 만들고자 할 경우 다음과 같이 계산한다.

① 먼저 설탕은 15%, 젤라틴은 0.35%이므로 각각 15kg 및 0.35kg이 된다.

② 지방은 10.5%, 즉 10.5kg이 필요한데, 이것은 유지방 35%의 크림으로부터 오며, 그 필요량은 다음과 같이 30.0kg이다.

$$100 : 35 = \chi : 10.5 \qquad \chi = \frac{100 \times 10.5}{35} = 30.0(\text{kg})$$

③ 다음 100kg의 믹스에 요구되는 무지고형분량은 12.0kg이다.

$$100 \times \frac{12.0}{100} = 12.0(\text{kg})$$

크림에 의해 이미 공급된 무지고형분량은 [30kg(크림량) - 10.5kg(크림내의 지방량)]×8.8/100 = 1.72kg이므로 탈지분유로 공급하여야 할 무지고형분량은 12.0 -

1.72 = 10.28kg이며, 10.28 × 100/96(탈지분유의 고형분량) = 10.71kg의 탈지분유를 첨가해야 한다.

④ 첨가해야할 물의 양은 100 – (30.0 + 10.71 + 15.0 + 0.35) = 43.94kg이다.

이 믹스의 조성은 표 4–2과 같다.

표 4-2 믹스의 배합 예

원　료	첨가량(kg)	지방(kg)	SNF(kg)	설탕(kg)	안정제(kg)	총고형분(kg)
크림, 35% 유지방	30.00	10.50	1.72	–	–	12.22
탈 지 분 유	10.71	–	10.28	–	–	10.28
설　탕	15.00	–	–	15.00	–	15.00
안 정 제	0.35	–	–	–	0.35	0.35
물	43.94	–	–	–	–	–
합　계 (%)	100.00	10.50	12.00	15.00	0.35	37.85

3) 혼합 및 여과

사용할 원료 중 액체원료를 먼저 혼합탱크에 넣어 교반하면서 가열하고, 분유, 건조란, 코코아, 설탕 및 안정제(gelatin, CMC)등 건조상태가 다른 원료는 액체원료가 교반되는 동안 50℃가 되기 전에 혼합한다. 또 분말원료가 덩어리지는 것을 방지하기 위하여 분말원료를 설탕과 혼합하여 서서히 액체원료에 진탕하면서 첨가하거나, 체로 치면서 서서히 찬 액체원료에 첨가할 수도 있다. 버터, 플라스틱크림, 냉동크림 및 기타 냉동제품은 작은 덩어리로 미리 잘라 넣어서 믹스가 살균온도에 달하기 전에 완전히 녹여야 하며, 색소나 풍미물질 등은 극히 일부를 제외하고는 믹스를 동결하기 직전에 첨가하는 것이 일반적이다. 각 원료가 잘 용해되면 금속망, 합성수지망 또는 바스켓형 필터를 통과시켜 이물질의 혼합이나 큰 원료 덩어리를 제거한다.

4) 균질화

믹스의 균질화는 믹스 중의 지방구를 2㎛ 이하로 미세화시켜 크림층의 형성을 방지하고 균일한 유화상태를 유지하는데에 목적이 있다. 균질화에 의해 조직을 부드럽게 하여 동결중에 지방의 응집을 방지하고, 증용률(over run)을 향상시키는 효과가 있다. 또 숙성기간을 단축시키고, 안정제의 소요량이 감소되는 이점이 있다. 균질기에는 고압형, 원심형 및 초음파형 등이 있지만, 보통 고압균질기가 이용되고 있다. 균질압력은 믹스의 성분이나 온도, 균질기의 구조에 따라 가감할 수 있지만, 보통 1단 압축인 경우에는 100 ~ 180kg/㎠의 압력이 이용되고, 2단 압축의 경우에는 제1 벨브에서 약 100kg/㎠, 제2 벨브에서 약 40 ~ 70kg/㎠의 압력이 이용된다. 일반적으로 지방함량이 지방함량이 많을수록 압력을 낮게 하고, 적을수록 압력을 높게하는 것이 효과적이다. 균질온도는 50 ~ 70℃가 일반적이고, 균질온도가 낮으면 믹스의 점도증가의 원인이 된다.

5) 살균

믹스의 살균은 믹스 중에 존재하는 유해균을 사멸시키는 것이 목적이지만, 그 외에 믹스의 보존성 및 조직을 개선시키고, 지방분해효소의 실활에 의해 산화취 발생을 방지하게 된다. 살균법에는 소량생산에 적합한 batch식과 대량생산에 이용되는 연속식이 있다. Batch식 살균기는 원료를 혼합 · 용해하는 용해탱크와 거의 다를 바 없고, 교반기가 달린 자켓식 원통형살균기가 일반적이다. 이 Batch식 살균기에서는 저온장시간 살균법으로 68℃에서 30분 정도 살균된다. 이때 믹스에 필요 이상의 열을 가하면 가열취가 발생하기 때문에 품질의 저하를 초래한다. 연속식은 평판식 열교환기를 사용하는 고온단시간살균법(HTST법)과 초고온살균법(UHT법)이 있다. HTST법은 80 ~ 85℃에서 20초 전후, UHT법은 130℃ 전후에서 2 ~ 3초간 살균하는 것이 일반적이다.

6) 숙성

살균후의 믹스를 냉각하여 0 ~ 5℃에 일시적으로 보존하는 공정을 숙성(aging)이라고 한다. 숙성에는 지방의 고화, 안정제의 젤화, 믹스의 점성의 증가 등에 의해 믹스를 안정시키고, 조직을 부드럽게 하며, 알맞은 보형성(保型性)과 거품성을 갖게 하는 효과가 있다. 숙성시간은 3 ~ 24시간 정도인데, 안정제나 유화제의 품질향상과 제조장치의 진보 등으로 인하여 숙성시간이 단축되었지만, 단시간이라도 동결에 앞서 숙성을 하는 것이 좋다. 또 숙성중에 일어나는 세균의 2차오염에 주의할 필요가 있다.

7) 동결

동결(freezing)은 아이스크림의 제조공정 중에서 가장 중요한 공정으로 이이스크림 특유의 공정이다. 아이스크림의 품질 및 최종제품의 수율에 직접적인 영향을 주는 공정이므로 같은 성분조성의 믹스를 사용하더라도 동결여하에 따라 품질이 좋고 부드러운 조직의 아이스크림이 될 수도 있고, 조직이 거칠고 상품가치가 떨어지는 아이스크림이 될 수도 있다.

동결이란 아이스크림믹스를 동결기(freezer)에 의해 급속히 냉각시켜 수분을 동결시키면서적당량의 공기를 혼입하여 강하게 교반하므로써 믹스 중에 미세한 공기의 기포와 얼음입자 및 지방 등을 균일하게 분산시켜 반유동체의 소프트크림상으로 만드는 것이다. 동결에 의해 조직이 부드럽게 되고, 혀의 감촉을 좋게 한다. 또 공기의 혼입에 의해 부피를 증가시켜 최종제품의 수율을 높인다. 공기의 혼입비율은 제품의 조직 및 생산비와 관계된다. 공기의 혼입에 의해 믹스의 용적이 증가하는데, 이 용적의 증가를 증용률(over run)이라 한다. 일반적으로 증용률은 아이스크림의 용적과 그 믹스 용적의 차(증량한 분의 용적)를 그 믹스의 용적에 대한 백분율로서 나타낸다. 보통 증용률은 80 ~ 100%가 적당하다.

동결기에는 다음과 같이 배치식과 연속식의 두 종류가 있는데, 증용률 90%에 달하기까지의 동결시간은 믹스의 품온 −2 ~ −4℃에서 배치식은 7분, 연속식은 24초 정도이다.

(1) 배치식 동결기 : 용량이 20 ~ 120ℓ 로 소량의 아이스크림의 제조에 적합하다. 냉매로는 냉각염수(brine)와 암모니아가 이용되고 있고, 상압하에서 믹스가 동결된다. 증용률의 조절이 곤란하고, 동일한 조성의 믹스를 사용하더라도 균일한 제품을 만들기 어렵다.

(2) 연속식 동결기 : 처리능력이 400 ~ 2,000ℓ /h로 공업용의 대량생산에 적합하다. 냉각은 냉매로서 암모니아나 프레온(freon) 등을 이용하는 직접팽창식이다. 실린더 내의 가압 하에서 동결되기 때문에 열전도율이 좋고, 낮은 온도(−5 ~ −9℃)에서도 공기와 믹스의 혼화가 가능하여 단시간에 동결이 완료된다.

8) 충전 및 포장

동결기에서 나온 반동결상태의 아이스크림을 충전기로 소정의 용기에 충전하는 공정이다. 충전→경화→포장과 충전→포장→경화의 두 가지 방법이 있는데, 전자는 컵류와 벌크류 등에, 후자는 모나가류와 콘류 등에 행해진다. 아이스크림에 사용되는 용기의 재질은 크게 나누어서 컵용으로 사용되는 종이, 플라스틱 용기 및 이들의 복합용기와 스틱이나 모나가류의 포장지로 사용되는 플라스틱필름으로 분류된다. 충전시에는 이차적 오염이나 이물의 혼입 등에 충분히 주의하고, 알맞는 포장재료를 선택하여 사용해야 한다.

9) 경화

경화란 동결후 용기에 충전된 반유동체의 아이스크림을 -20 ~ -30℃에서 급속히 냉각시켜 일정한 형태를 유지하기까지 동결시키는 공정을 말하며, 이 공정에 의하여 soft ice cream으로부터 안정된 조직의 hard ice cream제품이 만들어진다. 경화는 경화실 또는 경화터널에서 이루어지며, 경화의 조건은 수분동결률과 시간이다. 수분동결률은 믹스의 종류에 따라 다르지만 약 90% 정도가 바람직하고, 시간은 가능한 한 짧게 한다. 시간을 짧게 함으로써 빙결정의 성장이 방지되고, 조직이 부드럽게 된다. 경화실의 온도는 30℃를 기준으로 하고, 경화시간은 여러 가지 조건에 따라 다르지만, 컵류의 경우에는 20 ~ 30분, 벌크류의 경우에는 수시간내지 십수시간이다.

3. 아이스크림의 품질

아이스크림의 품질에 관여하는 중요한 요인은 풍미, 조직, 용해성, 색택, 포장상태, 미생물 오염도 및 성분 등이 있으며, 풍미와 조직이 가장 중요하다.

1) 풍미의 결함

풍미의 결함으로는 사용한 유제품 원료에 기인하는 산화취, 가열취, 산패취 및 이취 등이 나는 경우, 과도한 단맛 또는 단맛이 부족한 경우, 풍미가 특색이 없거나 유쾌한 풍미를 주지 못하는 경우, 풍미가 너무 강하거나 너무 약한 경우가 있는 데 다음과 같이 정리될 수 있다.

- 산패취(rancid) : 살균과정에서 lipase의 불활성화가 이루어지지 않은 상태에서 균

질을 할 경우 믹스의 원료나 유지방의 가수분해가 일어나 악취가 발생한다.

- 우지냄새, 산화취(tallow & oxidized) : 믹스원료 중 날 것 이 산화되면 발생하는데 약한 살균처리와 원료의 보존기간이 오래될 경우 발생한다.
- 이취(off-flavours) : 향미의 결점은 대부분 원료의 오염에서 비롯된다.
- 가열취(cooked) : 너무 심하게 살균처리를 하거나 과다 가열처리된 농축유의 사용 시 발생한다.
- 감미취(sweetened) : 과다한 감미제 사용 시 발생한다.

2) 조직의 결함

아이스크림 조직의 결함은 냉동상태가 좋지 못하여 너무 단단하거나 무른 경우 도 있지만, 주로 조직의 결함은 제품내의 빙결정의 크기, 기포의 크기와 분포, 동결되지 않은 물질의 양과 분포 등에 의하여 발생하며, 이들은 믹스 조성의 조절, 제조방법의 개선 및 저장상태의 등에 의하여 교정될 수 있는데 그 각 결함의 특징은 다음과 같이 정리 될 수 있다.

- 빙결정(icy) : 낮은 지방율, 낮은 무지 고형분, 설탕, 안정제를 사용하면 큰 빙결정이 형성된다. 짧은 숙성과 동결작업의 지연, 저장 중 온도 변화 등이 원인이 된다.
- 끈적거림(rubbery) : 안정제의 과다 사용 시 발생한다.
- 조직의 부숴짐(crumbly) : 건물함량이나 유화제량이 지나치게 낮게 함유될 때 발생한다. 또한 overrun이 지나치거나 균질이 약하게 실시될 때도 발생한다.
- 모래알상(mealy, sandy) : 너무 많은 유당의 함유로 인해 큰 유당결정이 형성되어 발생된다.
- 수분이 많은 조직(soggy) : overrun 이 지나치게 낮은 경우 발생한다.

3) 융해상태의 결함

아이스크림의 융해상태의 결함으로 다음과 같은 결점이 발생할 수 있다.

- 너무 빠른 융해성 : 안정제 함량이 너무 낮을 때 발생한다.

- 느린 융해성 : 건물량이나 안정제 함량이 너무 많을 때 발생한다.
- 유청의 유출 : 부적합한 안정제 사용 시 발생한다.
- 거품조직의 용해 : overrun이 지나칠 때 발생한다.

V. 발효유

발효유는 일반적으로 우유, 산양유, 마유 등과 같은 포유동물의 젖을 원료로 하여 유산균이나 효모 또는 이 두 종류의 미생물을 종균으로 하여 발효시킨 유가공품을 말하며, 여기에 향료, 과즙 등을 첨가하여 음용하기에 적합하게 만든 것을 의미한다. 발효유는 동지중해 지역에서 페니시아(Phoenicia)시대(B.C. 3,000년경) 이전에 유래되어, 그 후에 중동부 유럽지역으로 전파되었던 것으로 알려져 있다. 발효유는 사막의 유목민들이 신선한 우유를 가죽부대로 만든 용기에 넣어 사막을 횡단하면서부터 유래된 것으로 알려져 있다. 그 당시에는 소, 양, 염소, 낙타, 말 등에서 짠 생유가 더운 기후 조건하에서 세균에 의해 자연발효되어 반고형 상태의 응고물(curd)이 형성되었는데, 이것이 자연발효유의 탄생이었으며, 생유에 오염되어 발효유를 만들어 준 세균은 유산균이었을 것으로 추정하고 있다. 요구르트의 어원은 터키어인 yogurt에서 유래되었는데, 섞는다는 뜻을 가진 동사형의 yogurtmak로부터 생겨난 말이다. 어원에서 보듯이 요구르트라는 말은 식품의 형태보다는 요구르트를 제조하는 방법에 더 의미를 부여했던 것이다. 발효유는 구약성서 창세기 19장에도 기록이 있는 것으로 보아 그 역사가 오래 되었음을 알 수 있으며, 고대 중앙아시아인이나 유럽인들이 동물의 젖을 그대로 먹는 것보다는 유산균으로 발효시켜 먹는 것이 소화가 잘 되고 영양적으로도 우수하다는 것을 알고 있었다.

그러나 발효유의 과학적 효능은 19세기에 들어오면서 파스테르 등에 의한 미생물학의 발달로 서서히 알려지게 되었으며, 러시아 태생의 생물학자 메치니코프(Elie Metchnikoff, 1845 ~ 1916)는 불가리아 지방에 장수자가 많고, 그곳에서는 특히 발효유를 많이 먹고 있음에 주목하여 발효유를 섭취함으로써 유산균이 장내에 이식되어 장내 부패균을 제거하고, 그 결과 장내유해균의 독소로 인한 노화를 방지한다고 하여, 이른바 발효유에 의한 불노장수설을 입증함으로써 전 세계적으로 프로바이오틱스 기능성식품시장의 성장과 더불어 소비가 급속하게 증가되었다.

1. 발효유의 분류

오늘날 제조되고 있는 발효유는 그 형태, 원료, 고형분의 함량, 미생물의 종류, 생산 지역 등에 따라 매우 다양하나, 발효의 근본이 되는 최종 발효산물의 종류에 따라 분류하면 크게 두 가지로 나눌 수 있다. 즉 순수하게 유산균에 의해서만 발효되어 만들어지는 유산 발효유와 유산균과 효모에 의해 부분적으로 알코올 발효를 일으켜 만들어지는 유산-알코올 발효유로 구분할 수 있다. 이들 중 유산-알코올 발효유는 동유럽 지역에서 아직도 고전적인 형태로 소비되고 있으나, 유산 발효유는 전 세계적으로 소비가 증가되면서 액상 발효유, 과일 요구르트, 냉동 과일 요구르트, 드링크 요구르트, 저지방 요구르트, 무균 요구르트 등 제품이 다양하게 생산 판매되고 있으며, 최근 건강지향 다이어트 붐으로 무첨가 타입의 플레인 요구르트의 판매가 증가하고 있다. 또 이들 유산 발효유는 제조공정이나 성분 및 성상에 따라서 분류해 보면, 유지방 함량에 따라 고지방 요구르트(유지방 3.0% 이상), 저지방 요구르트(유지방 1.5% 이상) 및 탈지 요구르트(유지방 0.5% 이하), 제조방법에 따라 세트타입 요구르트(set type yoghurt), 스터드타입 요구르트(stirred type yoghurt) 및 드링크타입 요구르트(drink type yoghurt), 과일의 첨가 여부에 따라 일반 요구르트(plain yoghurt), 과일 요구르트(fruit yoghurt) 및 풍미 요구르트(flavor yoghurt), 가공방법에 따라 살균 요구르트(pasteurized yoghurt), 동결 요구르트(frozen yoghurt), 건조 요구르트(dry yoghurt) 및 농축 요구르트(concentrated yoghurt), 제품의 물리적 성상에 따라 액상 요구르트(liquid yoghurt)와 호상 요구르트(viscous yoghurt) 등으로 분류되기도 한다. 이들 중에 가장 대표적인 것은 스터드타입 요구르트로서 우리나라의 호상요구르트와 비슷한 제품이다. 우리나라의 발효유의 종류는 무지고형분의 함량에 따라 액상 발효유와 농후 발효유로 대별되고, 또 농후 발효유는 과일을 넣어서 떠먹도록 만든 호상 요구르트와 과즙을 넣어서 마실 수 있도록 만든 드링크 요구르트로 세분하고 있다.

한편, 우리나라 축산물가공기준 및 성분규격에 의하면 발효유류란 원유 또는 유가공품을 유산균, 효모로 발효시킨 것이라고 정의하고 있고 그 유형은 다음과 같다.

① 발효유 : 원유 또는 유가공품을 발효시킨 것으로 무지유고형분 3% 이상의 것이다.

② 농후발효유 : 원유 또는 유가공품을 발효시켜 호상 또는 액상으로 한 것으로 무지

유고형분 8% 이상의 것이다.

③ 크림발효유 : 원유 또는 유가공품을 발효시킨 것으로 무지유고형분 3% 이상, 유지방 8%이상의 것이다.

④ 농후크림발효유 : 원유 또는 유가공품을 발효시킨 것으로 무지유고형분 8%이상, 유지방 8%이상의 것이다.

⑤ 발효버터유 : 버터유를 발효시킨 것으로 무지유고형분 8%이상의 것이다.

⑥ 발효유분말 : 원유 또는 유가공품을 발효시켜 분말화한 것으로 유고형분 85%이상의 것이다.

2. 발효유의 제조

발효유의 일반적인 제조공정은 그림 4-10과 같고, 각 공정별로 그 조작방법을 서술하면 다음과 같다.

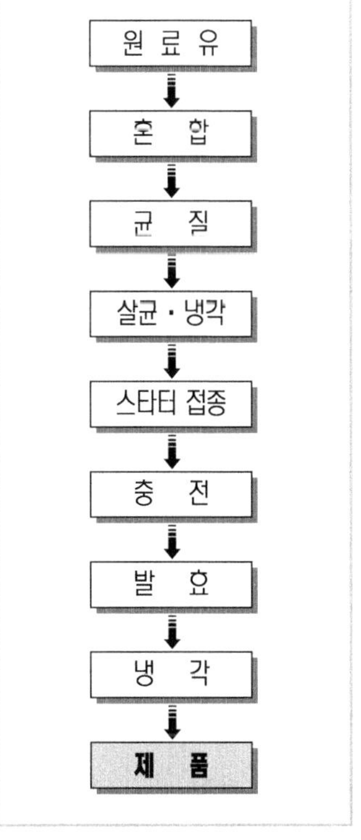

그림 4-10 발효유의 제조공정

1) 원료 배합 및 균질

양질의 원료유와 유가공품을 사용하여 지방함량 0.5 ~ 3.5%, 무지고형분 함량 8.5 ~ 12.5%가 되도록 표준화하고 나서 50 ~ 60℃의 온도에서 150 ~ 200kg/cm2의 압력으로 균질하며, 최근 국내에서 생산되는 발효유의 원료배합성분은 다음과 같다.

(1) 원료유

발효유 제조용 원료유로는 전유와 탈지유를 사용하고 있고, 유고형분을 강화하기 위하여 연유와 탈지분유 등을 첨가하고 있는데, 이들 성분은 발효유의 조직에 큰 영향을 미치게 된다. 고형분이 많을수록 요구르트의 조직이 단단하게 되고, 고형분이 적으면 조직이 약하게 된다.

액상요구르트의 경우 원료유로 주로 탈지유(또는 환원탈지유)를 사용하고 있고, 유고형분을 강화하기 위하여 탈지분유나 혼합탈지분유 등을 사용한다. 호상요구르트의 경우에는 원료유가 원유이고, 유고형분을 강화하기 위하여 탈지분유, 혼합탈지분유(유단백질 혼합 탈지분유) 등의 유성분을 첨가한다. 드링크 요구르트의 경우에는 원유 또는 탈지유를 기본으로 하여 여기에 혼합탈지분유, 탈지분유, 유단백질농축물, 유청분말 등으로 무지고형분을 강화시키고 있다.

(2) 감미료

액상요구르트의 경우 감미료로는 고과당, 정백당, 포도당, 올리고당 등이 사용되고, 일부 제품에 아스파탐이 사용되기도 한다. 호상요구르트의 경우에는 감미료로 설탕, 포도당, 결정과당, 올리고당 등이 사용된다. 또한 드링크 요구르트의 경우에는 감미료로 농축과즙의 당류를 주로 이용하고, 나머지 감미 부족분은 포도당, 올리고당, 액상과당, 아스파탐 등이 사용된다.

(3) 과즙 또는 잼

호상요구르트에는 감미를 부여하고 식감을 증진시키기 위하여 잼을 혼합하는데, 잼의 형태로 첨가되는 주요 과일은 딸기, 사과, 복숭아, 포도 등이다. 드링크요구르트의 경우에는 과즙의 형태로 첨가하는데, 그 종류로는 사과, 복숭아, 딸기, 살구, 파인애플 및 배 등이 있다.

(4) 안정제 및 기능성 첨가물

호상요구르트에는 천연안정제로서 펙틴, 젤라틴, 전분 등이 함유된 복합안정제가 사용되고 있고, 기능성 첨가물로서 식이섬유인 파인파이버와 폴리덱스트로스가 사용되고 있으며, 충치억제물질인 차 추출물과 두뇌 발육촉진 효과가 있는 것으로 알려진 DHA가 첨가되기도 한다. 또한 드링크요구르트에는 기능성 첨가물 중에 당류로서 비피더스 증식 인자로 알려진 올리고당의 사용이 일반화되었고, 식이섬유로서 파인파이버와 폴리덱스트로스 및 이눌린 등이 사용되고 있다. 그러나 액상요구르트에는 호상요구르트나 드링크요구르트와 같이 과일이나 안정제는 사용하고 있지 않고, 일부의 제품에 대해서 올리고당, 칼슘, 철, 비타민, 타우린 및 DHA 등의 기능성 첨가물이 사용되고 있다.

2) 살균

표준화 및 균질이 끝나면 살균을 하는데, 일반적으로 살균은 80 ~ 90℃에서 20 ~ 30분 동안 하고 있다. 이러한 열처리는 원료의 살균 외에도 유청분리을 좌우하고 유리아미노산을 증가시켜 젖산균의 증식을 촉진시키므로 발효유의 제조에 있어서 매우 중요하다. 즉 열처리에 의하여 유리아미노산의 증가로 *Lactobacillus.. bulgaricus*의 성장이 촉진되고, *Lactobacillus.. bulgaricus*에 의한 단백질 분해가 촉진되며, 이에 따라 *Streptococcus. thermophilus*의 성장이 촉진되어 알맞게 열처리된 우유를 사용하면 응고시간이 짧아진다. 특히 85℃에서 30분간 열처리된 우유로 발효유를 만들었을 때에 다른 경우보다 유청분리가 가장 적었다고 한다.

3) 스타터의 접종 및 발효

스타터를 접종하여 배양시키는 방식은 제품의 종류에 따라 다르다. 특히 농후발효유인 호상요구르트의 경우 배양방법에 따라 세트타입과 스터드타입으로 구분되는데, 세트타입 요구르트는 원료유를 살균하고 나서 스타터를 접종한 후 포장용기에 충전 · 포장한 다음, 포장상태로 배양하여 제조되는 방식이고, 스터드타입의 경우에는 원료유를 살균 후 배양탱크에서 접종하여 배양한 다음 냉각시켜 용기에 충전 · 포장하는 방식이다.

스타터로 사용되는 종균, 스타터의 조제방법, 접종 및 배양방법은 다음과 같다.

(1) 종균

발효유의 제조에 사용되는 젖산균은 액상요구르트의 경우 대체로 유산간균인 *Lactobacillus. casei, L. acidophilus, L. bulgaricus, L. helveticus* 등의 단일균주가 종균으로 이용되고 있으나, 최근에는 *Bifidobacterium spp.*와 함께 혼합균주의 사용이 늘고 있다. 호상요구르트나 드링크요구르트의 경우에는 *Streptococcus. thermophilus, Lactobacillus spp.* 외에도 최근에는 혐기성 젖산균인 *Bifidobacterium spp.*를 포함한 3 ~ 4 종의 젖산균이 혼합배양되어 상품화되고 있다. 혼합배양은 단독배양보다 균주간의 상호보완적인 상승작용이 있어서 배양시간의 단축과 유용한 대사산물의 생성에도 유리하게 작용한다. 따라서 최근에는 단일균의 이용보다는 혼합배양이 점차 증가하는 추세이다. 혼합배양시에 종균으로 선택되어 주로 많이 이용되는 균주로는 *L. casei, L. acidophilus* 및 *Bifidobacterium spp.*로서 이들은 쉽게 사멸되지 않고, 사람의 위를 통과하여 장내에 도달할 수 있고, 또 장내에서 정착할 수 있기 때문에 이들 젖산균이 보편적으로 이용되고 있다. 외국의 호상요구르트에는 일반적으로 젖산간균으로는 *L. bulgaricus*, 젖산구균으로는 *S. thermophilus*가 혼합 배양 시에 많이 이용된다.

(2) Starter culture의 조제

Starter culture의 조제는 제3장을 참조한다.

(3) 접종 및 배양

원료의 살균이 끝난 후에는 배양온도인 40 ~ 43℃로 냉각하여 약 2%의 벌크스타터를 접종한 다음 2 ~ 3시간 배양하게 되면 pH 4.9 ~ 5.0이 되며, 커드의 굳기가 알맞게 된다. 이때 즉시 냉각시켜 산생성을 정지시키고 유청분리가 일어나지 않도록 해야 한다. 요구르트 용기의 온도가 약 29℃로 되기 전까지는 용기를 움직이지 말아야 하고 찬물에 넣어 15℃까지 냉각시킨 다음 4℃ 정도의 냉장실에 보관하여야 하며, 최종산도는 0.9 정도가 되도록 한다.

5) 냉각, 포장 및 보관

발효 후에는 열교환판을 통과시켜 20 ~ 25℃로 냉각시켜 저장탱크에 보관하면서 포장에 들어가는데, 만일 이때에 냉각온도가 너무 낮거나 높으면 최종제품에서 조직이 약하고 점도가 낮은 요구르트가 되므로 냉각온도가 매우 중요하다.

호상 요구르트를 포장할 때에는 인라인 믹서(in line mixer)를 설치하여 멸균된 과일잼이나 과즙을 인라인 믹서를 통하여 발효된 요구르트와 함께 혼합시켜 포장하고 포장후에는 신속하게 냉장고에 옮겨서 서서히 냉각을 시켜 최종제품의 온도가 5℃가 되도록 한다. 이때 너무 급속히 냉각시키면 유청분리 현상이 일어나므로 주의해야 한다.

3. 주요 발효유제품

1) 액상발효유

액상발효유는 무지고형분 3.0% 이상, 유산균수 1천만 이상/㎖으로 주로 탈지유와 탈지분유를 원료로 하여 제조된다. 액상이면서 무지고형분 3.0% 이하, 유산균수 106 이상/ml인 유산균음료와 구분하고 있다. 액상발효유는 한국, 일본, 대만, 필리핀 등 동남아시아 지역에서 많이 소비되고 있으며, 국내에서는 발효유 중에서 소비가 가장 많은 품목이다.

2) 농후발효유

(1) 호상요구르트

농후발효유인 호상요구르트는 서양의 요구르트에 해당하는 것으로 무지고형분이 8.0% 이상이고, 유산균수가 1억 이상/㎖ 존재하며, 과육이나 과일잼을 첨가하여 떠먹을 수 있도록 만든 요구르트이다. 사용되는 과일의 종류는 매우 다양하지만, 딸기, 오렌지, 파인애플, 포도, 복숭아 등이 많이 이용되고 있다.

호상요구르트는 일반적으로 제조방법에 따라서 스터드타입과 세트타입 요구르트로 구분되며, 그 제조공정은 그림 4-11과 같다. 그림에서 보는 바와 같이 스터드타입은 원료유를 살균 후 배양탱크에서 접종, 배양한 후 냉각시켜 용기에 충전, 포장하는 방식이나 세트타입은 원료유를 살균하고 종균을 접종한 후 포장용기에 충전 및 포장하여 포장상태로 배양하여 냉각시키는 제조방식을 말한다. 국내의 호상요구르트의 생산방식은 스터드타입이다.

① 동결요구르트

1960년대부터 북미 지역에서 개발되어 최근에 와서 선호도가 높은 제품이며, 아이스크림과 발효유의 두가지 장점을 살려서 만든 제품으로서 플레인요구르트에 과즙, 안정제 및 향료 등을 혼합하여 −15 ~ −20℃에서 동결하여 출하한다.

② 살균요구르트

살균요구르트는 독일을 비롯한 서부유럽에서 일부 판매되는 제품으로, 일단 배양하여 제조된 요구르트를 열교환기 또는 가열충격법으로 살균 혹은 멸균처리하여 요구르트 내의 유산균은 물론 효모, 곰팡이 등 오염균을 사멸시켜, 요구르트의 저장수명을 증가시킨 제품이다. 가열처리는 일반적으로 스터드요구르트의 경우 열교환기에서 72 ~ 75℃로 수초간, 세트요구르트는 용기에서 72 ~ 75℃로 5 ~ 10분간 열처리하며, 저장수명은 4 ~ 8주이고, 멸균시킨 제품의 저장성은 더 길다.

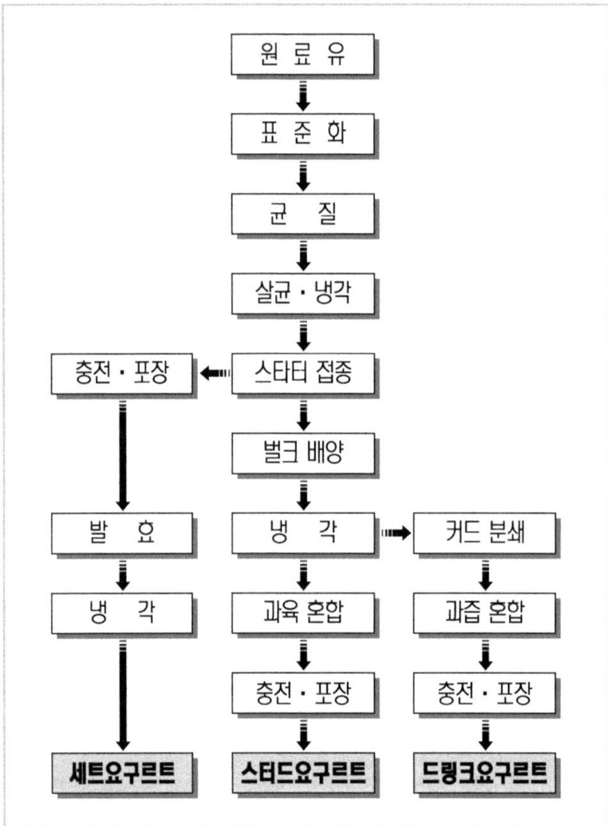

그림 4-11 농후발효유의 제조공정

(2) 드링크요구르트

드링크요구르트는 호상요구르트와 유사한 성분을 가지고 있으며, 배양후에 커드를 완전히 분쇄하여 점도가 낮은 제품으로, 여기에 과즙, 향료 및 감미료 등 각종 첨가물을 첨가하여 용해시킨 후 균질하여 마실 수 있도록 제조한 농후발효유 제품이다. 제조방법은 스터드요구르트와 유사하지만, 배양후 커드의 분쇄, 균질공정, 첨가되는 첨가물이 다르다.

3) 발효버터유

발효버터유는 버터유 또는 탈지유를 무지고형분으로서 8.0% 이상 성분배합하여 발효시킨 것으로, 이상취와 저장성 등의 문제점을 극복하기 위하여 제조되고 있다. 발효버터유는 원래 버터 제조시에 부산물로 얻어지는 버터밀크를 산생성 유산균과 풍미생성 유산균을 스터터로 하여 21 ~ 24℃에서 발효시킨 후 응고된 커드를 분쇄하여 액상화한 것이다. 이들 제품은 풍미물질의 생성으로 기호성이 좋고, 영양가가 높아 각종 요리에 사용된다.

4) 애시도필러스유

애시도필러스유는 우유에 유산간균 애시도필러스(*Lactobacillus acidophilus*) 균을 접종한 후 발효시켜 생산되며 유럽 지역에서 널리 판매되고 있다. 애시도필러스 균은 정상 장내 균총을 형성할 뿐만 아니라 사람과 동물의 장내에서도 생존할 수 있다. 애시도필러스 균을 함유하는 발효유는 애시도필러스 균에 의하여 장내 균총의 불균형을 조절하는데 효과가 있으며, 부패균의 생육과 증식을 억제하는데에도 효과가 있다.

5) 유산-알코올발효유

케피어(kefir)와 쿠미스(kumiss)는 유산-알코올발효유의 대표적인 제품으로서 유산 이외에 알코올과 일부의 탄산가스가 포함되어 있는 것이 특징이다. 이들 제품은 동유럽 지역에서 우유, 산양유, 마유 등으로 만들어 지며, 현재는 주로 우유를 원료로 하여 생산되고 있다.

(1) 케피어(kefir)

케피어는 코카시아(Caucasia) 산악지대에서 유래된 가장 오래된 발효유 중의 하나로서 염소, 양 및 소의 젖을 원료유로 하며, 구소련을 중심으로 동유럽에서 크게 인기가 있는 것으로 알려져 있다.

케피어는 0.9 ~ 1.1%의 유산, 0.5 ~ 1.0%의 알코올 및 다량의 탄산가스를 함유하고 있어 독특한 풍미를 갖는다. 특이한 것은 다른 발효유와 같이 유산균 스타터를 사용하지 않고, 스타터로서 직경 2 ~ 15mm의 백색 조직을 갖는 케피어 입자(粒子)(kefir grain)를 사용하여 발효시킨다는 점이다(그림 4-12). 케피어 입자는 대개 불규칙한 형상을 하고 있으며, 입자의 표면에는 주로 효모, 내부에는 유산균이 분포하고 있다. 전체 미생물 균총의 분포를 보면 유산간균(Lactobacilli)이 70%, 유산구균(Leuconostoc, Lactic Streptococci)이 20%, 효모(yeast)가 5 ~ 10% 점유하고 있다. 케피어 입자는 여러 미생물이 공생으로 자라면서 생성시키는 점질물질과 카세인, 그리고 점질 다당류로 구성되어 있다.

그림 4-12 케피어 입자(粒子)(kefir grain)의 모습
사진출처http://authoritynutrition.com/9-health-benefits-of-kefir

(2) 쿠미스(kumiss)

쿠미스는 중앙아시아 지역에서 마유의 알콜발효에 의하여 제조되는 전통 발효유로서, 최근에는 우유에 설탕이 첨가되어 제조되고 있다. 마유는 카세인의 등전점에서 응고하지 않는 특징이 있다. 스타터 미생물은 유산간균과 효모(*Saccharomyces* 및 *Torula spp.*)가 주종을 이룬다. 쿠미스는 젖산발효보다 알콜발효 쪽이 강한 편이다. 쿠미스의 최종제품은 젖산 0.6 ~ 1.0%, 알코올 0.7 ~ 2.5% 및 탄산가스 0.5 ~ 0.9% 함유한다.

4. 발효유와 건강

발효유제품은 영양생리적으로 우수한 식품으로 간주되고 있으며, 요구르트의 정기적인 이용은 장수 및 건강에 좋다고 알려져 있다.

발효유의 건강증진 효과는 유산균과 유산균 배양중에 형성된 대사산물이 장내 부패균의 성장저해작용을 일으키는데 근거를 두고 있다. 유산균 발효유의 건강증진 효과에 대해서는 메치니코프의 불로장수설에서 시작하여 많은 연구자에 의하여 장운동 조절, 병원성 세균의 억제, 소화흡수의 촉진, 변비와 설사의 예방 등의 효과 외에 영양생리적인 건강증진작용 또는 질병억제작용에 대한 과학적인 연구에 기초를 두고 있으며, 최근에는 혈중의 콜레스테롤 저하효과와 항암작용에 대해서도 보고되고 있다.

젖산균의 장내 건강증진 효과를 살펴보면 다음과 같다. 첫째로 살아있는 젖산균의 건강증진효과로는 젖산균이 생균으로서 장내에 도달하여 그곳에서 증식할 수 있는 능력을 가진 젖산균의 경우는 외래병원균에 대하여 젖산균이 영양소를 경쟁적으로 이용하여 장내 pH를 저하시킴으로써 증식을 저지하고, 장내의 유해물질을 분해하거나 유해물질의 합성을 저지하며, 숙주의 면역력을 높이는 작용을 들 수 있다. 둘째로 젖산균이 위산이나 담즙에서 사멸되었을 때는 죽은 젖산균으로부터 유리된 균체 성분이 장으로부터 흡수되어 면역기능을 자극하여 감염이나 암에 대하여 저항력을 높여주고, 간기능을 촉진하며, 장내 유해물질의 무독화에 기여하는 것으로 알려져 있다. 셋째로 유산균의 작용에 의하여 만들어진 유효물질인 젖산, 펩톤, 펩타이드 또는 미량 활성물질의 효과이다. 이들에 의하여 장운동이 자극되어 장내 부패가 억제되고, 칼슘의 흡수가 개선되며, 간기능의 항진이나 장분비가 촉진될 수 있다. 최근 이러한 기능성을 증대시켜 특정 기능증진 발효유제품의 시장이 크게 성장하고 있다. 대표적으로 간기능개선과 헬리코박터 피로리(Helicobactor pylori)를 억제하는 위건강개선 발효유제품 등이 있다.

1) 장내 유해미생물의 생육 억제

사람의 장내에는 400여종 이상의 각종 세균들이 존재하는데, 이들 장내세균을 집단을 장내균총이라 한다. 분변 1그램당 대략 1,000억 마리의 세균이 존재한다. 일반적으로 태아는 무균상태이나 세상에 태어나면서부터 각종 미생물이 신생아의 장기에 들어가서 자리 집게 된다.

출생후 1 ~ 2일이 지나서 인체에 유해한 대장균, 장구균, 클로스트리듐균 등의 부패균 등이 먼저 자리 잡게 된다. 그 후에 인체에 유익한 유산간균과 비피더스균이 출현하면서 처음에 왕성한 활동력을 보이던 유해균들은 비피더스균이 우세하여 감에 따라 점차 감소되어 간다. 생후 약 1주일 이후에는 안정된 유아의 장내균총이 형성되는데, 비피더스균이 장재균총의 90% 이상을 차지하는 것으로 알려져 있다. 약 7세 이후부터는 성인의 장내균총과 거의 비슷하게 되며 박테로이드, 유박테리아, 혐기성 연쇄상구균 등이 최우세균총을 형성하게 되고, 비피더스균, 장구균 등의 순으로 존재한다. 주목할 만한 것은 노년기에 가면서 비피더스균이 더욱 감소하고 장내의 유해균은 증가하는데, 이는 노화와 관련이 깊은 것으로 생각되고 있다. 장내균총을 구성하고 있는 균 중에서 비피더스균을 포함한 유산균은 숙주에 대하여 유해한 대사산물을 생성하지 않고, 유해균의 증식을 억제하여 장내균총을 유리하게 개선하며, 소화기 계통의 각종 질병의 예방에도 기여하는 것으로 알려져 있다. 특히 유산균은 장내에서 길항물질과 유산, 초산 등과 같은 유기산 등을 생성하여 인체에 해로운 부패균, 병원성 세균 등의 성장을 억제하는 역할을 하며, 이들이 생성한 독소를 무독화시키는 것으로 알려져 있다.

2) 설사 및 변비의 개선

유산균에 의하여 생성되는 유산은 장내의 산도를 증가시켜 소장에서의 장의 연동운동을 원할하게 하여 소화흡수를 촉진시키며, 대장에서는 장의 운동을 조절하여 변비와 설사를 예방하는 것으로 알려져 있다.

건강한 사람의 분변의 수분함량은 70 ~ 80% 정도인데, 만일 수분함량이 70%이하로 떨어지면 자연히 변비현상이 오고, 반대로 80% 이상으로 높아지면 설사를 일으킨다. 설사한 사람의 분변을 보면 특히 비피더스균과 박태로이드 등의 혐기성 세균이 감소하고 대장균, 장구균 등의 유해균이 오히려 증가하는 경향을 보인다. 이러한 사실로부터 유산균이 설사에 효과가 있음을 알 수 있다.

변비의 개선기작에 관해서는 분명하게 밝혀져 있지 않으나, 유산균의 투여에 의한 장내균총의 개선과 장관내에서 생성되는 각종 유기산이 인체의 장내 연동운동을 조절하여 정상적인 배변을 도와 대장 관련 질병을 예방하고 변비예방을 나타내는 것으로 보여진다.

3) 콜레스테롤의 저하 작용

인체내의 콜레스테롤은 적절한 수준으로 유지되어야 하며, 지나칠 경우 각종 순환기계통의 질병을 유발하여 성인병의 원인이 된다. 최근의 연구에 의하여 정기적인 발효유의 섭취는 혈중 콜레스테롤을 감소시키는 효과가 있는 것으로 밝혀졌다. 또한 유산균은 장내에서 스테롤 물질을 성장에 이용함으로써 장으로부터의 콜레스테롤 흡수를 감소시켜 순환기계통의 건강유지에 도움을 주는 것으로 알려져 있다. Hepner 등은 건강한 성인 53명을 대상으로 하여 요구르트를 240ml씩 매일 3회 음용시킨 결과, 콜레스테롤치가 저하된다고 보고하였고, 그 효과는 우유섭취시 보다 강하다고 하였다. Mann 등도 발효유를 항상 음용하고 있는 동아프리카 마사이족이 콜레스테롤 함량이 많은 음식을 섭취함에도 불구하고 혈중 콜레스테롤이 저하됨을 입증하였다.

4) 항암효과

일상생활에서 우리가 섭취하는 음식물에는 암을 유발시킬 만큼의 발암물질을 함유하고 있는 것은 아니지만 장내에서 음식물이 소화되는 과정에서 장내 유해세균이 작용하여 많은 종류의 독소와 발암물질을 생성하여 암을 유발시키는 것으로 알려져 있다.

발효유의 항암성은 장관내에서 발암성물질의 생성억제 및 불활성화, 숙주의 면역증진효과 및 발암물질전구체(procarcinogen)를 전환하여 활성화시키는 장내 미생물효소의 활력감소 등에 의한다고 알려져 있다. 또한 락토페린(lactoferrin)은 랏트(rat)와 마우스(mouse) 실험에서 젖소 락토페린의 경구투여에 의해 화학발암 물질에 의해서 유도되는 대장암, 방광암의 발생률이 감소하는 것으로 알려져 있다. 또한 마우스의 락토페린 경구투여 실험에서 위암을 일으키는 헬리코박터 피로리(*Helicobactor pylori*)가 억제되어 위암억제효과가 있다고 보고되고 있다. 그 외 실험동물에서도 식도, 혀, 간장, 폐 등에서 종양을 억제하였다는 보고도 있다.

5) 면역력 강화 및 알레르기 예방효과

유산균은 그 외 면역력 강화 및 알레르기 예방에 효과가 있는 것으로 보고되고 있다. 유산균은 면역기능의 중추적인 역할을 하는 T세포를 활성화시켜 주며, 면역물질인 사이토킨의 생산을 증가시켜 주기도 한다. 장내 Bifidobacterium 수준이 적고 아토피 피부염을 가진 유아에게 1개월 동안 Bifidobacterium 을 투여한 결과 알레르기 증상이 상당히 개선되었는 보고가 있다. 또한 Lactobacillus가 포함된 요구르트를 12개월 이상 섭취한 노인을 대상으로 한 실험에서 요구르트를 섭취하지 않은 군에 비하여 알레르기 증상이 더 낮은 빈도로 나타난다는 보고가 있다.

이와 같이 최근 식이, 스트레스, 연령 등에 따른 장내 환경의 변화로 야기되는 장내세균 분포의 변화가 여러 가지 질병과도 밀접한 상관관계가 있는 것으로 밝혀지고 있어, 장내세균의 밸런스유지는 매우 중요하다고 볼 수 있다. 최근 유산균을 활용한 프로바이오틱스(probiotics)관련 건강기능성 식품시장이 급속히 성장하고 있는 것은 이러한 이유에서 인 것으로 보인다.

Ⅵ. 치 즈

치즈(cheese)란 전유, 탈지유, 부분탈지유, 크림, 버터밀크 또는 이들의 혼합물을 젖산균에 의하여 발효시키고 레닛(renin/rennent) 등의 응유효소를 가하여 응고시킨 후 유청을 제거한 다음 가온 · 가압 등의 처리에 의하여 얻어지는 신선한 응고물 또는 숙성시킨 식품을 말한다.

치즈는 크게 자연치즈와 가공치즈로 나누어지는데, 자연치즈는 커드가 신선한 상태 그대로 식용에 이용되는 것과 장기간 숙성을 요하는 것 등 종류가 다양하며, 제조공정에서는 일반적으로 가열처리를 하지 않아 치즈 속의 젖산균이나 효소가 그대로 남아 있다. 가공치즈는 자연치즈의 종류나 숙성도가 다른 것을 배합하여 가열 · 용해시켜서 성형한 것으로 보존성이 높고 품질이 균일하며 공업적 생산이 가능하기 때문에 특히 미국과 일본 등지에서 발달하였다.

치즈라고 하는 말은 라틴어 카세우스(caseus)에서 유래하였으며, 독일어의 케제(Kase), 이탈리아어의 카초(cacio)도 같은 어원의 것이다. 또 프랑스어의 프로마주(fromage)도 라틴어의 포르마(forma, 형을 만들다)에 의한 것이라고 한다. 이러한 치즈의 원산지는 서남아시아라고 생각되며, 레닛효소의 발견 이후 젖산발효와 레닛을 병용하는 제법이 유럽에서 전해져, 예전부터 전수되었던 산응고형의 것에 가산되어 많은 품종이 생겨났다.

한편, 짜낸 우유를 그대로 방치해 두면 자연적으로 지방이 위층으로 떠오르고, 그 밑에는 젖산발효에 의하여 단백질이 젖산으로 응고된 커드와 유청의 세 층으로 나누어진다. 따라서 인류는 가축의 젖을 이용했던 초기 단계부터 크림이나 커드를 쉽게 얻을 수 있었다고 생각되며, 그 보존을 위해서 단순한 가열이나 건조 · 가염 등의 방법이 취해졌음을 쉽게 짐작할 수 있다. 현재도 대륙 일대의 유목민의 치즈는 탈지산유를 가열하여 얻은 커드에 소금을 가해서 손으로 주물러 천일의 바람에 건조시킨 것이 많다. B.C. 3,000년경의 메소포타미아의 점토판 문서에 있는 기록을 비롯하여 같은 시대의 오리엔트 일대의 유적에서는 작은 구멍이 많이 나 있는 치즈제조용 기구로 보이는 토기가 출토되고 있으며, 스위스의 호상주거(湖上住居) 문화유적에서도 이와 같은 목제품이 출토되고 있는 것으로 보아 산응고형의 치즈는 옛날부터 여러 지역에서 제조되고 있었던 것으로 보인다. 레닛을 이용한 제법은 발칸반도, 에게해를 지나 유럽으로 전파되었고, 로마제국의 발전과 함께 남쪽에서 게르만 민족에게로 차츰 전파된 것으로 보여진다. 치즈는 원료유(소, 양, 염소, 말 및 낙타 등의 젖)나 풍토 및 제법 등의 차이에 따라 세계 각지에서 많은 품종이 생산되는데, 그 종류는 600 ~ 800종에 이른다고 한다. 공업적 생산은 1851년에 윌리엄스가 미국의 뉴욕주에서 소규모 체다치즈 공장을 만든 것에서부터 였고, 70년경 덴마크의 한샘이 정제 레닛을 시판하면서부터 공장생산이 보급되었다. 가공치즈는 1904년 미국의 크라프트가 제조를 개시하였고, 16년에는 치즈를 가열 · 용해하여 성형하는 제법이 특허를 얻었다.

우리나라에 치즈가 보급된 것은 1969년 전북 임실에서 벨기에 출신 신부인 디디에 세르스테벤(한국명 지정환)씨가 산양유를 이용하여 치즈를 생산하기 시작하면서부터였다. 한국 농촌의 식생활 개선 방안으로 치즈를 생산할 것을 결심하여 두 차례의 본국 귀국중에 치즈 제조 기술을 익히고 전북 임실로 돌아왔다. 처음에는 젖짜는 산양을 농가에 보급하여 산양유로 치즈를 제조하다가 이 지역에 젖소가 보급되면서 우유로 치즈를 제조하게 되었다.

농림축산식품부에 따르면 국내 치즈 소비량은 2000년 4만4897t에서 2014년 11만8067t으로 3배가량 급증했다. 같은 기간 치즈 수입량은 3만537t에서 9만7216t으로 늘었다. 이 기간 국산 원유의 생산량 매년 증가하여 가용원유는 증가하였으나 치즈생산으로 연결되지 못하고 있는데, 이는 국산 원유로 생산한 치즈의 경쟁력이 약해 저렴한 수입 원료나 완제품 수입을 선호할 수밖에 없는 상황이 계속되었기 때문이다. 2014년 현재, 우리나라 전체 치즈 소비량의 78%이상을 수입으로 충당하고 있는데, 주요 수입 대상국은 미국, 뉴질랜드, 호주, 독일 등이며, 최대 수입국은 미국으로 총 수입국가

중 60.6%를 차지하고 있다. 저가의 가공치즈의 수입은 2005년 14,875톤에서 2012년 6,000톤줄고, 고가의 자연치즈의 수입은 2005년 29,045톤에서 2012년 71,500톤량으로 지속적으로 증가하고 있다.

1. 치즈의 분류

미국 농무부의 보고에 의하면 세계 각국 치즈의 종류는 800여종이 된다고 하며, 각종 분류방법이 제시되고 있다. 제법이나 성분상의 분류기준은 응유방법(효소법, 산응고, 가열응고), 원료유의 종류(우유, 산양유), 원료 지방률(크림, 전지유, 탈지유), 숙성방법(비숙성, 세균숙성, 곰팡이 숙성 등), 치즈의 경도(연질, 경질) 등이 이용되며, 일반적으로 치즈의 풍미, 조직 및 외관상의 특징에 기준을 두고 있다. 치즈의 경도와 숙성방법에 따라 분류하면 표 4-3에서 보는 바와 같다. 치즈는 또한 종류에 따라 고유 명칭을 갖고 있는데, 나라 이름을 붙인 것으로는 스위스, 소비에트스키(구 소련)가 있고, 지방 이름을 붙인 것으로는 Emmental(스위스), Munster(프랑스), Camembert(프랑스), Gouda(네델란드), Parmesan(이탈리아), Cheddar(영국) 등이 있다. 원료의 이름에서 비롯된 것으로는 Romano(양젖, 이탈리아), 외관에서 비롯된 것으로는 Blue(색조, 여러 나라 공통), Brick(벽돌모양, 미국) 등의 이름이 있고, Trappist(폴란드)나 Port du Salut(프랑스)와 같은 수도원 이름을 가진 것도 있다.

한편, 축산물가공기준 및 성분규격에 의하면 치즈를 자연치즈와 가공치즈로 크게 분류하고 있고, 다음과 같이 정의하고 있다.

① 자연치즈 : 원유 또는 유가공품에 유산균, 단백질 응유효소, 유기산 등을 가하여 응고시킨 후 유청을 제거하여 제조한 것이다.

② 가공치즈라 함은 자연치즈를 원료로 하여 이에 다른 식품 또는 식품첨가물 등을 가한 후 유화시켜 가공한 것이거나 자연치즈에 속하지 아니하는 치즈로 총 유고형분 중 자연치즈에서 유래한 유고형분이 50% 이상인 것이다.

표 4-3 치즈의 분류

치즈의 분류	특 징
연질치즈 (soft cheese, 수분 55 ~ 80%)	· 비숙성 - Cottage(UK), Mozzarella(I), York(UK), Cream(UK), Cambridge(UK) · 젖산균에 의한 숙성 - Belpaese(I), Colwich(UK), Lactic(UK), Quarg(G) · 흰 곰팡이에 의한 숙성 - Camembert(F), Brie(F), Neufchatel(F) · 유청치즈(whey cheese) - Ricotta(I), Mysost(Nor), Primost(Nor)
반경질 치즈 (semi-hard cheese, 수분 45 ~ 55%)	· 젖산균에 의한 숙성 - Brick(USA), Münster(F), Limburger(Bel), Port du Salut(F) · 푸른 곰팡이에 의한 숙성 - Roquefort(F), Gorgonzola(I), Blue(UK), Stilton(UK)
경질 치즈 (hard cheese, 수분 34 ~ 45%)	· 젖산균에 의한 숙성 - Cheddar(UK), Gouda(N), Edam(N) · 프로피온산균에 의한 숙성(가스 구멍 있음) - Emmental(Sw), Gruyere(Sw), Asiago(Sw)
초경질 치즈 (very hard cheese, 수분 13 ~ 34%)	· 세균에 의한 숙성 - Parmesan(I), Romano(I), Sapsago(Sw)
가공치즈 (processed cheese)	· Process cheese food, process cheese spread

2. 치즈의 응고원리 및 치즈의 일반적인 제조방법

1) 치즈의 응고원리

치즈(자연치즈)제조는 산(acid)과 효소를 이용하여 우유를 고형의 커드와 액상의 유청으로 분리하는 것이다. 우유에 인위적 산의 첨가 또는 젖산발효와 레닛(renin/rennet) 효소의 첨가는 우유 단백질인 카제인(casein)에 작용한다. 스타터와 응유효소인 레닛을 사용하여 우유를 응고 시킬 때 형성된 커드는 유청의 배출을 위하여 치즈의 종류에 따라 다른 방식을 취한다. 유청은 대부분의 수분과 유당을 함유하고 있는 반면에 커드는 대부분의 단백질, 지방, 비타민 및 무기질을 함유하고 있다. 대부분의 치즈는 커드로부터 제조하지만 스칸디나비아 훼이치즈(Mysost)와 리코타(Ricotta)와 같은 일부 치즈는 유청을 이용하여 만든다. 우유 고형분중 단백질 부분은 효소적 응고 반응에 포함되는데, 좀더 엄밀히 말하면 유단백질의 카제인만이 해당된다. 케이신에는 알파-카제인(α -casein), 베타-카제인(β -casein), 그리고 카파-카제인(κ -casein)의 3가지 형태가 존재하며, 알파-케이신, 베타-카제인, calcium-phosphate가 미셀

(micelle)의 내부에 위치하고 있다. 169개의 아미노산 잔기로 구성된 카파-카제인은 구상의 미셀 최외각에 위치한다 (그림 4-13).

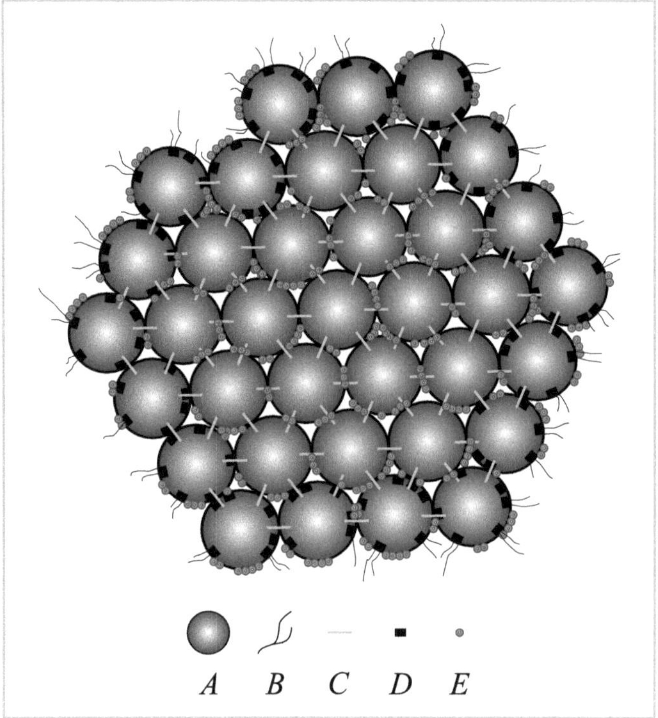

A: a submicelle; B: protruding chain; C: Calcium phosphate; D: κ -casein; E: phosphate groups

그림 4-13 카제인 미셀(casein micelle)의 구조

레닛 첨가 후 치즈 배트에서 약 30분간의 우유 응고 과정은 효소적 반응공정에 해당되는데, 효소 렌닛이 카파-케이신의 아미노산 105번과 106번 사이의 연결부위를 절단하게 된다. 아미노산 잔기 1 ~ 105번 부위는 커드로 이행되고, 나머지 106 ~ 169번 부위와 유당은 유청(whey)으로 소실이 된다. 즉, 레닛에 의하여 가용성 casein micelle(α s, β , γ)이 불용성 casein인 ca++-paracaseine(α , β), κ -paracasein(casein macropeptide)으로 응유 되고, 이때 단백질 주변의 유지방분이 함께 응고 됨으로써 치즈가 형성되며, 응고 되지 않은 가용성 유청 단백질과 유당 및 무기질 등은 잔유물질용액으로 배출된다. 이온 칼슘의 존재 하에 촉진되는 비효소적 반응공정은 각각의 미셀이 긴 사슬 구조를 이루기 위해 서로 부착하기 시작하고, 결

국에는 3차원적인 섬유상 기재인 거드 조직이 형성되이 배트 내에서 하나의 균일한 응고물(rennet gel)을 형성하게 된다(그림 4-14). 그리고 지방구는 섬유상 카제인 조직내부에 포함이 된다. 이처럼 우유응고에 소요되는 총 반응 시간은 25 ~ 30분 정도이며, 반응의 최적조건은 pH 6.5, 온도는 30℃에서이다.

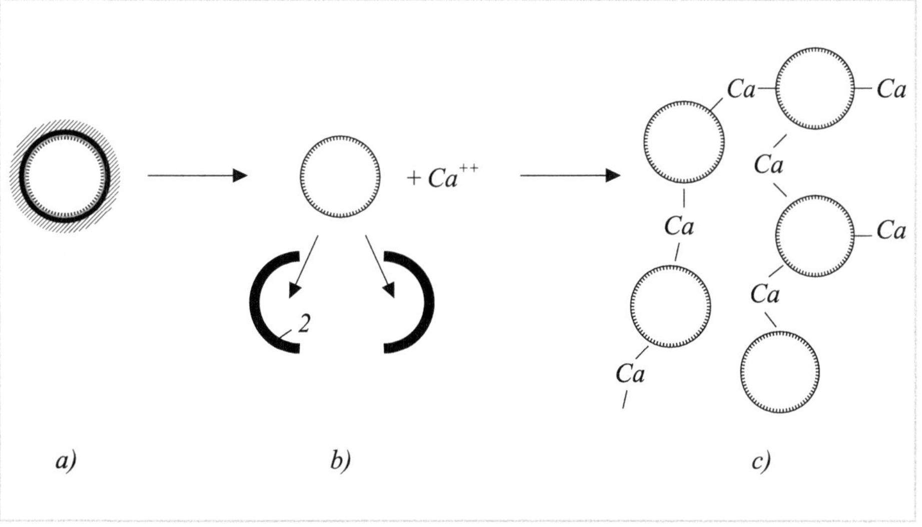

a) Intact casein micelle b) Casein micelle without protective function c) Rennet gel

그림 4-14 레닛에 의한 casein micelle 의 변화

자연치즈의 제조과정은 원료유의 처리, 응고와 발효, 커드의 처리, 치즈의 숙성 등 4단계로 나눌 수 있으며, 이들 각 단계가 최종 제품의 질을 크게 좌우하는 중요한 과정들이다. 수백종이나 되는 치즈는 그 제법도 다양하지만, 일반적인 제조공정은 그림 4-15와 같다.

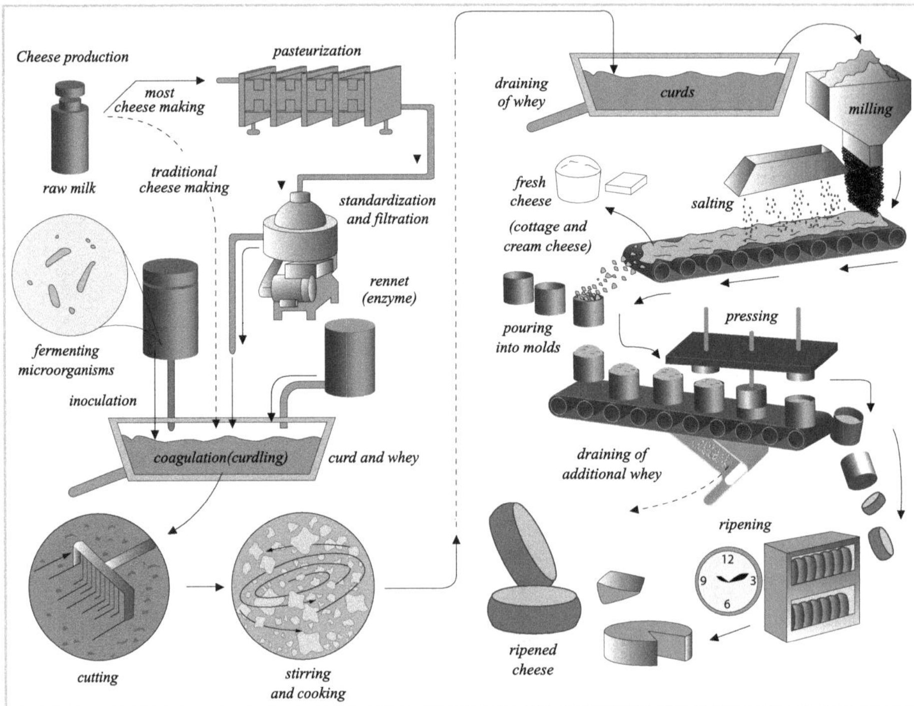

그림 4-15 자연치즈의 일반적인 제조공정

2) 원료유의 처리

치즈제조에 사용되는 원료유의 이화학적 및 미생물학적 성질은 치즈의 품질과 밀접한 관계가 있으므로 신선한 양질의 우유를 선별해야 한다. 그러므로 원료유는 위생적인 사양관리를 하고 유방염 등의 질병에 걸리지 않은 소로부터 착유한 정상유여야 한다. 특히 유방염의 치료에 흔히 사용되고 있는 항생물질이 우유에 존재할 때에는 치즈제조에 중대한 영향을 미친다. 따라서 치즈제조용 원료유는 알코올시험, 산도검사, 레닛 응고시험, 항생물질 검출시험 등을 통하여 양질의 우유를 선별해야 한다.

이와 같이 유질검사를 한 다음 원유의 성분 중 지방과 단백질을 표준화하고 여과 · 청정한 후 살균하여 치즈 제조에 사용해야 한다.

(1) 표준화

우유의 카제인과 지방의 함량은 치즈의 품질 및 생산량과 밀접한 관계가 있다. 그런데 카제인은 지방에 비하여 큰 변동이 없으나, 대체로 카제인 함량(C)은 지방 함량(F)

으로부터 다음과 같이 계산할 수 있다.

$$\text{카제인 함량(\%)} = 0.4F + 0.9$$

이 식에 의하여 지방과 카제인 함량의 관계를 나타내면 표 4-4와 같다.

표 4-4 우유의 지방과 카제인 함량의 관계

지방%(F)	카제인%(C)	C/F	지방%(F)	카제인%(C)	C/F
3.0	2.10	0.700	4.2	2.58	0.614
3.2	2.18	0.681	4.4	2.66	0.605
3.4	2.26	0.665	4.6	2.74	0.596
3.6	2.34	0.650	4.8	2.82	0.588
3.8	2.42	0.637	5.0	2.90	0.580
4.0	2.50	0.625	5.2	2.98	0.573

원료유의 지방 함량이 낮을수록 C/F가 크고, 이에 따라 지방 함량에 대한 치즈의 생산량이 크므로 유리하다고 할 수 있으나, C/F = 0.7이 표준이다. 즉 제품의 지방률을 성분 규격에 맞게 하는 동시에 단위수량을 올리고 균일한 제품을 생산하기 위하여 C/F가 0.7이 되도록 표준화를 해야 한다.

계산 예) 지방 함량이 4.0%, 카제인 함량이 2.5%인 우유 10,000kg을 C/F = 0.7이 되도록 하는데, 카제인 함량이 2.6%, 지방 함량이 0.01%인 탈지유의 필요량은 다음과 같이 계산한다.

① 우유 중에 들어 있는 지방과 카제인량은 각각 400kg 및 250kg이다.

지 방 량 : 10,000 × 4/100 = 400 (kg)

카제인량 : 10,000 × 2.5/100 = 250 (kg)

② 지방 400kg에 대해 C/F = 0.7이 되도록 하는데 필요한 카제인량은 280kg이 된다.

C/F = 0.7

C/400 = 0.7

C = 400 × 0.7 = 280 (kg)

③ 부족한 카제인량은 280 − 250 = 30 (kg)이다.

④ 카제인 30kg을 얻기 위한 탈지유량은 1,154kg이 된다.

$100 : x = 2.6 : 30$

$x = 1,154$ (kg)

즉 우유 10,000kg에 탈지유 1,154kg을 섞으면 C/F = 280/400 = 0.7이 된다.

(2) 살균

품질이 좋은 치즈는 원래 신선하고 위생적인 양질의 생유로 만들어 졌으나, 지금은 제품의 안전성을 위하여 대부분 살균한 우유로 제조되고 있다. 일반적으로 살균온도는 75℃에서 15초간 살균하는 고온단시간살균법에 의해서 처리하는 것이 표준이며, 63℃에서 30분간 살균하는 저온장시간살균법도 이용되고 있다. 그러나 불안정한 계절이나 미생물의 오염이 많은 원료유에 대해서는 70 ~ 80℃의 범위에서 유질에 적합한 살균온도를 선정할 필요가 있다.

3) 발효 및 응고

원료유의 살균이 끝나면 치즈배트에 젖산균 스타터를 첨가하여 우유를 발효시킨다. 발효에 의하여 적당한 산이 생성되면 레닛을 첨가하여 우유를 응고시키므로써 커드가 형성된다. 이때 젖산균 스타터를 첨가하여 우유를 발효시키는 것은 불필요한 다른 미생물의 번식을 억제하고 레닛에 의한 우유의 응고를 촉진시키기 위함이다.

(1) 스타터의 첨가

치즈 스타터는 우유를 응고시키기 전에 적당한 산을 생성시키기 위하여 첨가되는 것이며, 치즈 제조에 많이 사용되는 스타터 유산균으로는 *Streptococcus lactis, S. cremoris, S.thermophilus, S. diacetilactis, Lactobacillus bulgalicus, Leuconostoc. citrourum* 등이다. 살균이 끝난 원료유를 치즈배트에서 21 ~ 32℃로 냉각시킨 다음 스타터를 첨가한다. 첨가량은 치즈의 종류와 제조방법, 스타터의 종류와 활력 등에 따라 다르지만, 보통 0.5 ~ 2.0%이다. 스타터를 넣은 후 레닛을 넣을 때까지의 젖산발효시간은 치즈의 종류, 유질 및 스타터의 활력에 따라서 다르지만 20분 ~ 2시간이 소요되며, 이때의 적정산도는 0.18 ~ 0.22%이다. 만일 적정산도가 이 보다 낮을 경우에는 발효시간을 다소 연장시켜 산의 생성을 높여야 한다.

한편 살균에 의하여 우유 중의 가용성 칼슘이 불용성으로 되어 레닛의 응고를 지연시키고, 커드의 탄력이 저하되므로 이를 개선하기 위하여 0.01 ~ 0.02%의 염화칼슘을 첨가한다. 또한 치즈를 일정하게 착색시키기 위하여 식물성 색소인 annatto 추출액을 0.003 ~ 0.012% 정도 첨가하기도 한다.

(2) 레닛의 첨가

스타터에 의하여 산의 생성이 적당하게 되면 레닛을 첨가하여 우유를 응고시킨다. 우유의 응고는 치즈를 만드는 기본으로써 젖산발효에 의한 응고도 있으나, 대부분의 치즈는 레닛에 의하여 응고된다. 레닛의 최적 온도는 41℃이고, 작용온도는 30 ~ 48℃이며, 최적 pH는 5.35이다.

레닛 첨가시의 우유의 온도는 22 ~ 35℃이며, 레닛의 첨가량은 우유의 온도, 치즈의 종류 및 레닛의 역가 등을 고려하여 결정하여야 하나, 레닛 분말인 경우 원료유의 0.002 ~ 0.004%가 적당하다. 첨가방법은 레닛을 2%의 식염수에 용해하여 우유를 저으면서 균일하게 첨가한다. 첨가 후 신속히 저어서 고르게 분산시킨 다음 치즈배트의 뚜껑을 덮고 정치해서 응고되기를 기다린다. 이 과정을 세팅(setting)이라고 한다.

* 레닛 (rennet)의 발견

유산균을 통해 자연스럽게 만들어지던 치즈의 역사에서 레닛 (rennet)의 사용은 획기적인 사건으로 기록된다. 치즈에 레닛을 첨가함으로써 군고(molding), 압축(pressing)되는 과정을 동일하게 전수할 수 있었기 때문이다. 이를 통해 유럽에서는 다양한 종류의 치즈가 만들어졌다. 레닛의 발견 또한 정확하게 알려진 것은 없으나, 4천년 전 아라비아 행상인 카나나(Kanana)가 사막을 횡단하면서 양의 위로 만든 주머니에 염소의 젖을 넣어두었는데, 하루가 지나 다음날 열어보니 염소젖이 끈적이는 흰 덩어리로 변화되어 있는 것을 발견한 데서 그 기원을 찾는다. 레닛은 보통 양이나 송아지의 4번째 위에서 얻을 수 있는 레닌(rennine)과 펩신(pepsin)을 함유한 것으로, 치즈 제조 시 치즈를 응고시키는 가장 중요한 역할을 한다. 카나나가 염소의 젖을 담아 두었던 주머니에는 레닌이 남아있어 염소젖이 응고되었던 것이다.

4) 커드의 처리

치즈의 주요 제조공정인 커드의 처리과정은 그림 4-16에서 보는 바와 같다. 즉, 생성된 커드는 절단, 유청 배제 및 압착 등의 과정을 거쳐 일정한 모양을 형성시킨 다음 가염을 하여 생치즈가 만들어지게 된다.

(1) 커드의 절단(cutting the curd)

커드가 적당하게 굳으면 커드 절단기(curd knife)로 절단하여 커드 내부의 유청을 배출시킨다. 절단시기의 판단은 많은 경험이 필요하지만, 보통 커드 속에 집게손가락 또는 온도계를 넣어서 살며시 윗쪽으로 올렸을 때 커드가 깨끗이 절단되어 투명한 유청이 스며나오는 상태일 때나, 치즈배트의 벽에 붙어 있는 커드를 손으로 눌렀을 때 깨끗이 떨어질 때가 좋다.

커드를 자르는 칼은 치즈배트의 종류, 치즈배트의 모양과 크기, 절단 방식 등에 따라 여러 종류가 있으나, 보통 수평 철선칼(horizontal wire knife)과 수직 철선칼(vertical wire knife)의 한쌍으로 되어 있어서 커드를 입방체로 절단하도록 되어 있으며, 칼의 칼날간격은 0.5 ~ 2cm이다.

절단방법은 처음에 수평칼의 손잡이 쪽을 배트 면에 붙이고 칼 밑을 살며시 커드 속으로 넣어 앞으로 당겨서 칼을 배트 벽에 붙인다. 이때 칼 밑은 배트 밑에 닿아 있어야 한다. 다음에 칼을 똑바로 수직으로 세운 채 배트 한쪽 벽을 따라 커드를 절단한다. 한번 절단한 곳은 다시 절단하지 않도록 주의해야 한다. 다음에 같은 요령으로 수직칼로 절단하면 커드는 입방체로 된다. 일반적으로 수분함량이 높은 연질치즈는 크게 절단하고, 결질일수록 커드를 작게 절단한다. 절단이 끝나면 유청분리가 시작되고, 커드입자가 수축되어 얇은 막을 형성하므로써 내부로부터 지방의 유출을 막는다.

(2) 커드의 가온(cooking the curd)

절단된 커드는 그대로 두면 밑으로 가라앉아 커드입자 간에 다시 엉기게 되므로 커드레이크(curd rake) 또는 교반기(agitator)로 저으면서 가온한다. 가온 온도는 치즈의 종류에 따라서 다른데, 연질치즈는 31℃ 전후이고, 경질치즈는 38℃ 전후이다. 가온시에는 온도를 1℃ 상승시키는데에 4 ~ 5분 걸리도록 서서히 올린다. 이때 커드가 서로 엉기지 않고 균일하게 수축하도록 계속 교반하여야 한다. 커드를 가온함에 따라 커드가 수축되면서 내부의 유청이 배출되어 더욱 굳게 된다.

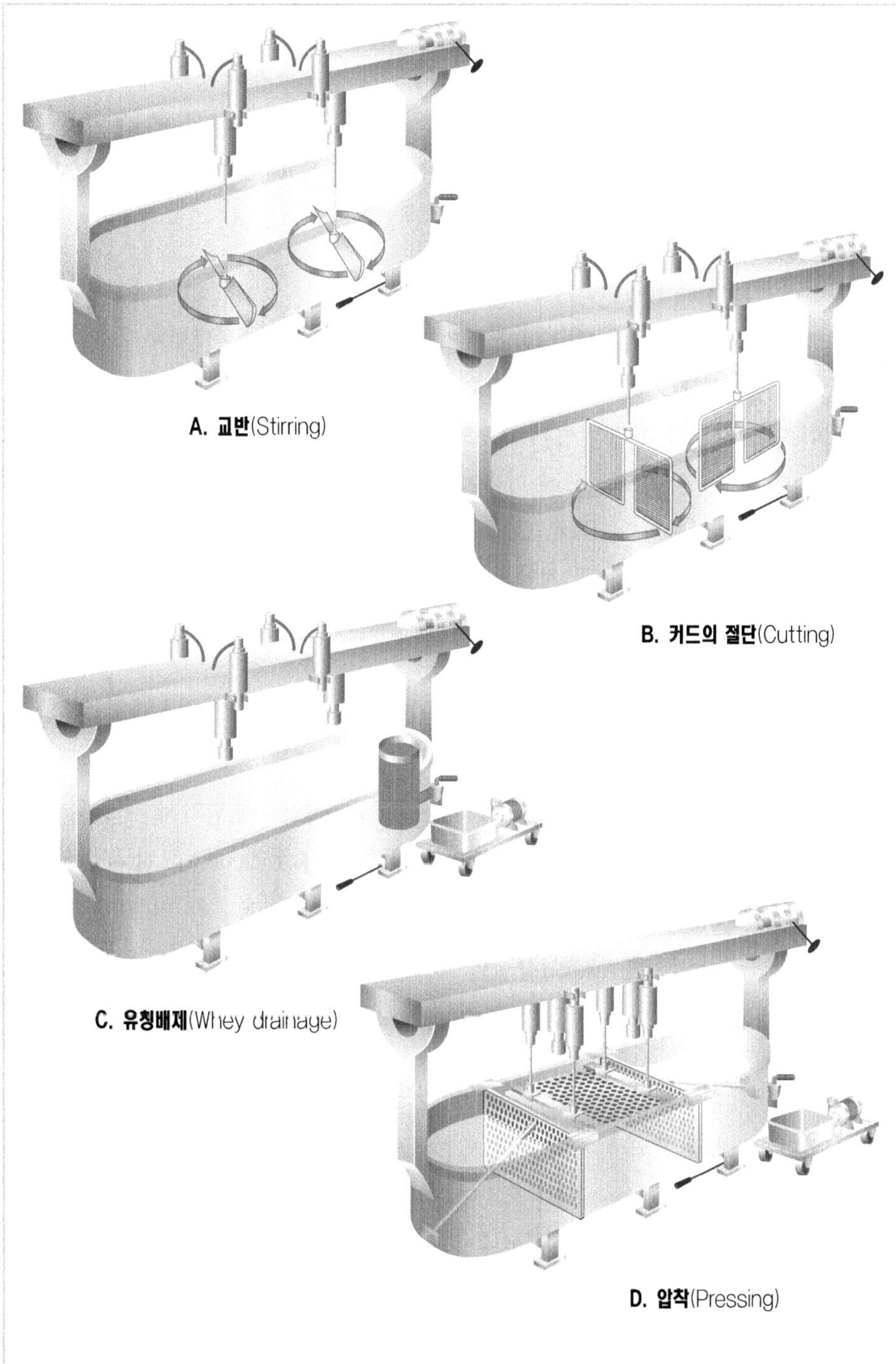

그림 4-16 치즈의 주요제조공정

(3) 유청 배제(draining whey, whey off, dippong curd)

커드가 알맞게 수축되고 유청의 산도가 적당하게 상승하면 유청을 배출한다. 유청의 적당한 산도는 치즈의 종류에 따라 다른데, 산도가 부족하면 나중에 숙성이 잘 안되고, 너무 높으면 산미가 강하며 건조되기 쉽다. 유청을 배제한 다음 커드가 냉각되기 전에 다음 작업을 한다.

(4) 압착(moulding)

유청의 배제가 끝나면 커드를 일정한 치즈틀에 넣고 압착기로 압착하여 유청을 배제하는 동시에 일정한 크기와 모양을 갖게 한다. 이때 치즈 특유의 모양이 형성되고 치밀한 조직이 만들어 진다. 압착방법은 지방의 유출을 막기 위하여 천천히 가압하여 예비압착을 한 다음 밀착된 치즈 커드를 꺼내어 반전하여 천으로 싸고, 다시 틀에 넣어서 본압착을 하는 것이 보통이다. Blue, Camembert, Roquefort와 같은 연질 치즈는 가압을 하지 않고 반전시키면서 치즈 자체의 무게로 커드의 밀착과 유청배출을 촉진시킨다.

(5) 가염(salting)

가염을 하는 것은 치즈의 풍미를 좋게 하고 수분 함량을 조절하며, 과도한 젖산발효와 잡균에 의한 이상발효를 억제하는데에 목적이 있다.

가염방법은 틀에 넣어서 압착이 끝난 치즈를 20%의 식염수에 담가서 가염하는 습염법(Gouda, Edam 등)과 커드를 틀에 넣기 전에 또는 압착 후에 식염을 커드에 직접 뿌리거나 치즈 표면에 문질러서 가염하는 건염법(Cheddar, Blue, Cammembert 등)이 있다. 또 습염법과 건염법의 두 가지를 겸해서 가염하는 경우(Swiss, Brick 등)도 있다.

5) 치즈의 숙성(ripening, curing, maturing)

일부의 연질치즈를 제외한 거의 모든 치즈는 일정한 기간 동안 숙성된다. 압착과 가염을 마친 생치즈(green cheese)는 조직이 단단하고 풍미가 없으나, 이 생치즈를 일정기간 숙성시키면 특유의 풍미와 부드러운 조직을 갖게 되어 식품으로서의 가치가 향상된다. 치즈의 숙성은 미생물학적 및 생화학적 반응의 과정을 거쳐서 이루어지며, 품질이 좋은 치즈를 생산하기 위해서는 이러한 과정들이 순조롭게 진행되도록 알맞는 조건을 만들어 줄 필요가 있다.

치즈의 숙성에는 원래 그 지방의 기후에 맞추거나 동굴 등의 천연적인 숙성실이 이용되어 왔지만, 근래에는 일정한 온도와 습도를 유지할 수 있는 숙성실이 이용되고 있다. 숙성실의 온도와 습도 조건은 치즈의 품질 및 감량과 밀접한 관계가 있으므로 철저한 관리가 필요하며, 이러한 숙성 조건은 치즈의 종류에 따라 다르나, 대체로 다음 표 4-5와 같다.

한편 최근에는 숙성기간 동안의 수분증발에 의한 감량을 적게 하고, 치즈 표면의 곰팡이 오염을 방지하기 위하여 paraffin, wax, plastic film 등을 입히기도 한다.

표 4-5 치즈의 숙성 조건

치즈명	온도(℃)	상대습도(%)	기간
Camembert cheese	12 ~ 13	85 ~ 90	14개월 이상
Limburg cheese	15 ~ 20	90 ~ 95	2개월
Gouda cheese	10 ~ 13	80 ~ 85	3 ~ 5 개월
Cheddar cheese	10 ~ 15	80	5 ~ 6개월
Emmental cheese	7 ~ 11	80 ~ 85	8 ~ 9개월
Blue cheese	10	90 ~ 95	2개월

(1) 치즈의 숙성중의 변화

치즈의 숙성중에 일어나는 주요 변화는 수분증발에 의한 중량감소와 단백질, 지방, 유당 등의 화학적 변화 및 이러한 변화에 따른 풍미의 생성과 조직의 변화 등 물리적 변화이다.

① 치즈의 감량

치즈의 감량은 수분의 증발에 의한 것인데, 이에 관련되는 요인으로는 치즈의 종류와 크기, 치즈의 숙성도, 숙성실의 온도와 습도 등이 있으며, 주요 치즈의 숙성에 따른 감량은 표 4-6과 같다.

표 4-6 주요 치즈의 숙성에 따른 감량

치즈의 종류	원유 100kg으로 부터의 생치즈 생산량(kg)	숙성치즈의 생산량		숙성기간 (개월)	숙성중 감량(%)
		범위(kg)	평균(kg)		
Swiss cheese	8.5 ~ 11	7 ~ 10	8.4	5 ~ 6	9 ~ 13
Gouda cheese	9.0 ~ 11	7 ~ 9.5	8.5	4 ~ 8	14 ~ 24
Edam cheese	9.5 ~ 11	7.7 ~ 9.0	8.3	4 ~ 8	10 ~ 22
Limburger cheese	12.5 ~ 16	9 ~ 13	11.4	1.5 ~ 2.5	15 ~ 33
Camembert cheese	15 ~ 22	11.5 ~ 15	13.1	1.5 ~ 2.0	17 ~ 35
Swiss cheese(탈지)	7.7 ~ 9.0	6.5 ~ 8.5	7.5	4 ~ 6	7 ~ 15

② 치즈 숙성중 이화학적 변화

생치즈의 주성분 단백질, 지방 및 유당이며, 치즈의 숙성은 이들 성분이 유산균과 효소에 의하여 펩타이드, 아미노산, 지방산 및 젖산으로 변화되는 1차 숙성과 이 단계에서 생성된 생성물이 2차 생성물로 변화되는 2차 숙성으로 구분되며, 주요 성분의 숙성중의 변화를 보면 다음과 같다.

㉮ 유단백질의 변화

치즈의 숙성중에 일어나는 유단백질의 분해는 제품의 품질과 밀접한 관계가 있으며, 이와 관련되는 단백질분해효소는 우유 자체에 존재하는 것과 레닛에 함유되어 있는 것 그리고 미생물에 의한 것 등이 알려져 있다. 일반적으로 우유의 주요 단백질인 카제인은 칼슘카제인(Ca-caseinate)의 형태로 존재하는데, 레닛에 의하여 불용성인 파라칼슘카제인(para-calcium-caseinate)으로 분해되나, 치즈의 숙성이 진행됨에 따라 수용성으로 변화되며, 그 비율이 점차 증가되므로 수용성 질소화합물의 양은 치즈의 숙성도를 나타낼 수 있다. 그래서 숙성초기에는 수용성 단백질이 총 단백질의 약 4%에 불과하나 숙성이 끝나면 경질치즈의 경우에는 약 1/3을 차지하고, 연질치즈의 경우에는 2/3 또는 그 이상을 차지한다.

치즈의 단백질은 숙성중에 프로테오스, 펩톤, 펩티드 및 아미노산의 순서로 분해되는데, 프로테오스까지는 레닛의 단백질 분해효소에 의하여 분해되고, 다음에 젖산균의 효소에 의하여 아미노산까지 분해된다고 한다. 생성된 아미노산은 다시 탈아미노화 또는 탈카르복실화되어 아민, 알데히드, 지방산, 암모니아, 황화수소 및 탄산가스 등으로 분해되어 치즈의 독특한 풍미를 형성하게 된다.

㉯ 유지방의 변화

치즈의 숙성중에 지방은 우유 자체에 존재하거나 또는 미생물에 의한 지방분해효소의 작용에 의하여 가수분해되어 유리지방산으로 분해된 다음 아세톤과 여러 종류의 메틸케톤으로 변화되며, 이와 같이 생성된 물질들은 치즈의 풍미에 주요 성분으로 작용한다.

일반적으로 체다치즈에는 초산과 낙산이 많고, 에멘탈치즈에는 프로피온산이 많은 것이 특징이다. 또 블루치즈의 경우에는 곰팡이의 작용에 의하여 중쇄 이상의 지용성 지방산이 많이 생성되며, 메틸케톤도 많이 생성되는 것으로 알려져 있다.

㉰ 유당의 변화

유당은 젖산균 스타터에 의하여 먼저 젖산으로 분해된다. 그래서 생치즈에는 1 ~ 2%의 유당이 존재하며, 숙성 48시간에는 대부분이 분해되며, 2주일 후에는 완전히 없어진다. 유당으로부터 생성된 젖산은 pH를 낮게 하고, 레닛의 작용을 촉진시키며, 잡균의 오염과 증식을 억제하여 정상적인 발효를 시킨다. 생성된 젖산의 일부는 초산, 낙산 또는 프로피온산 등의 저급지방산과 알데히드 등으로 변화되는 것으로 알려져 있다.

㉱ 풍미의 생성

치즈의 풍미는 숙성에 의하여 생기는 여러 가지 분해산물과 이들의 상호작용에 의하여 생성되는 것이다. 특히 유단백질의 분해로 생성된 유리아미노산은 치즈의 맛을 내는 정미성분(呈味成分)으로 알려져 있다.

휘발성 산에 속하는 초산, 프로피온산, 낙산, 카프론산(caproic acid), 카프릴산(caprylic acid), 카프린산(capric acid) 등도 풍미성분으로서 중요하다. 이들은 숙성기간에 따라 보면 숙성초기에는 초산, 프로피온산 및 낙산 등이 많이 생성되고, 숙성후기에는 지방의 분해작용으로 카프론산, 카프릴산 및 카프린산 등이 생성된다. 특히 곰팡이로 숙성되는 치즈에는 카프릴산과 카프린산이 많이 생성되어 강한 풍미를 낸다.

㉲ 조직의 변화

숙성전의 생치즈는 단단하고 탄력성이 높은 조직을 가지고 있으나, 숙성된 치즈는 연하고 독특한 조직을 갖게 된다. 에멘탈 치즈 등은 숙성중에 탄산가스가 발생되어 가스구멍이 생기게 되며, 이에 따라 특징있는 유공조직을 갖게 된다.

3. 치즈제조의 실제

1) 고우다 치즈(Gouda cheese)

네델란드 원산의 반경질치즈로 숙성 치즈 중에서는 대표적인 것이다. 원료유는 제품의 지방률을 건물로서 48%로 조정하기 위하여 그 지방률을 2.7 ~ 3.0%로 조정한 후 살균한다. 냉각 후에 혼합 스타터를 원료유의 0.5 ~ 1.5% 첨가하며, 이때 스타터를 구성하는 균주는 *Streptococcus cremoris, Str. lactis, Str. diasetilactis* 및 *Leuconostoc citrourum* 등 이다. 스타터를 일정하게 확산시킨 후 29 ~ 32℃에서 30 ~ 50분 정치하여 산도가 0.17 ~ 0.18%에 달했을 때 원료유에 대하여 염화칼슘(10% 용액)을 0.01 ~ 0.02%, 레닛(2% 식염수용액)을 0.002 ~ 0.004% 첨가한다. 30 ~ 40분간 정치하여 커드가 적당하게 굳었을 때 세절한다. 세절후 10 ~ 15분간 교반하며, 이때 유청의 산도는 0.10 ~ 0.12%이다. 우선 유청 전량의 약 1/3을 배출한다. 다음에 교반하면서 80℃ 이상의 열탕을 서서히 가하여 유청의 온도가 35℃에 달할 때까지 0.5℃/분의 속도로 가온한다. 남은 유청의 약 1/3을 배출하고, 다시 가온을 계속하여 유청의 온도가 38 ~ 39℃에 달할 때까지 약 50분간 교반한다. 커드가 가온에 의하여 다시 수축하여 손으로 눌렀을 때 원상으로 돌아올 정도로 탄력성이 증가하고, 유청의 산도가 0.12 ~ 0.13%에 달하면 커드층의 상면까지 유청을 배출한다. 배트 내의 커드는 양측에 퇴적시켜 냉각을 방지하고 유공판 등으로 눌러서 약 30분간 압착하여 커드의 결착을 촉진시킨다. 커드를 절단하고 천을 넣은 스테인레스제의 틀(mould)에 충전하여 0.5 ~ 0.7 kg/㎠의 압력으로 20 ~ 30분간 예비압착하고, 다음에 치즈를 틀로부터 꺼내어 뒤집어서 재충전한 다음 0.7 ~ 1.2kg/㎠의 압력으로 2 ~ 3시간 동안 본압착한다. 틀채로 커드를 약 10℃의 수중에서 10시간 이상 침지시켜 치즈 덩어리를 냉각시키고, 틀로부터 꺼내어 식염수(Be 18 ~ 22° , 10 ~ 12℃)에서 2 ~ 3일간 침지시켜 가염한다. 가염 후 1일간 표면을 건조시킨 다음 플라스틱 필름으로 진공포장하여 온도 10 ~ 13℃, 습도 80 ~ 85℃에서 3 ~ 5개월 숙성한다.

2) 체다치즈(Cheddar cheese)

체다치즈는 전반적으로 고우다치즈의 제조법과 공통점이 많지만, 산미를 강하게 하기 위한 스타터의 선택이나 치밀한 조직을 만드는 체다링 공정 등 특징있는 제조공정을 갖고 있고, 현재 세계 각지에서 가장 대량으로 제조되고 있는 치즈이다.

원료유는 지방률 2.7 ~ 3.5%의 것을 사용하고, 72 ~ 75℃, 15초의 HTST 살균 후 약 30℃로 냉각시켜 1.0 ~ 1.5%의 스타터가 첨가된다. 스타터로는 *Streptococcus cremoris*의 단용 또는 *Str. lactis*와의 혼합 스타터가 이용된다. 30 ~ 31℃에서 1.0 ~ 1.5 시간 발효시켜 산도가 0.20 ~ 0.21에 달하면 염화칼슘(10% 용액)을 0.01 ~ 0.02%, 레닛(2% 식염수용액)을 0.002 ~ 0.004% 첨가한다. 약 25분간 방치하여 세절하고 그후 5분간에 1℃의 속도로 가온하면서 교반하여 유청의 산도가 0.15 ~ 0.17%로 되어 커드가 적당하게 굳었을 때 유청을 전량 배출한다.

커드는 배트의 양측에 퇴적시키고, 다시 유청을 배출시켜 매트상으로 융착시킨다. 15×25㎝ 정도로 커드를 절단하여 내측으로부터 외측으로 다시 반전하여 여러 겹으로 쌓고, 절단과 반전을 반복하여 유청을 배출시키고 탄력성이 있는 조직을 갖게 한다. 그 사이에 커드가 30℃ 이하로 냉각되지 않도록 배트 자켓에 35 ~ 40℃의 온수를 가하여 보온한다. 유청의 산도가 0.5%에 달할 때까지 2 ~ 3시간 동안 이러한 체다링 조작을 계속한다. 매트상으로 된 커드를 커드분쇄기(curd mill)로 분쇄(milling)한다. 분쇄된 커드의 재결착을 방지하면서 2 ~ 3%의 식염을 가하여 교반한다. 천을 넣은 틀에 28 ~ 30℃로 유지된 커드를 충전하여 0.5 ~ 1.0kg/㎠의 압력으로 약 1시간 예비압착하고, 커드를 틀로부터 꺼내어 외형을 정형한 다음 린드가 형성되기 쉽도록 하기 위하여 60℃의 온탕에서 1시간 침지한 후, 다시 1.0 ~ 1.2kg/㎠의 압력으로 1 ~ 2일간 압착한다. 압착후 치즈를 온도 10 ~ 15℃, 습도 80%의 숙성실에서 표면을 건조시키고, 파라핀으로 피복하여 5 ~ 6개월 숙성한다.

3) 블루치즈(Blue cheese)

반경질의 곰팡이 숙성 치즈로 산양유를 원료유로 하는 프랑스의 로크포르가 대표적인 것이며, 같은 종류로 이탈리아의 고르곤졸라와 영국의 스틸톤 등이 있다. 블루치즈의 특징은 접종한 곰팡이 스타터인 *Penicillium roqueforti*가 발육하여 치즈 내부에 대리석 모양을 만드는 것과 지방분해에 의한 특유의 자극 풍미이다. 제조공정을 보면 다음과 같다. 우선 원료유에 크림 또는 탈지유를 가하여 지방함량을 3.3 ~ 3.5%로 조정한다. 50 ~ 60℃에서 140kg/㎠의 압력으로 균질화한 후 70 ~ 75℃에서 15초 살균하여 30℃로 냉각한다. 여기에 유산균 스타터 1 ~ 2%, 염화칼슘 0.01 ~ 0.02%를 가하여 산도가 0.16 ~ 0.18%에 달할 때 레닛을 0.004% 가하여 정치한다. 다소 단단해진 커드를 세절하여 10 ~ 15분간 정치한 후 가끔 서서히 교반한다. 33℃로 가온하여 커드가 수축되고, 유청의 산도가 0.20% 정도 되었을 때 대부분의 유청을 배출한다. 다음에 커드를 포대로 현수시키든지 배트 내에서 여분의 유청을 다시 배출시킨다. 여기에 *Penicillium roqueforti*의 곰팡이 스타터(분말)를 0.002 ~ 0.004%, 식염을 0.15% 산포하여 서서히 혼합하고 원주상의 틀에 충전한다. 이 상태에서 15 ~ 20분 마다 수회 반전하여 성형하고 20℃에서 하룻밤 방치한다. 그후 3일간에 걸쳐 제품의 식염농도가 3 ~ 5%가 되도록 식염을 전면에 도포하고 바늘로 커드의 50여 곳에 직경 2 ~ 3 ㎜의 구멍을 내고 나서 숙성실에 넣어 10℃, 습도 90 ~ 95%에서 가끔 치즈를 반전하면서 약 2개월 숙성시킨다.

4) 코티지 치즈(Cottage cheese)

비숙성 연질치즈로 크림치즈와 함께 fresh cheese의 하나이다. 탈지유를 72 ~ 75℃, 15초 살균하고, 냉각한다. 이때 단시간법의 경우에는 30 ~ 32℃에서 스타터를 5 ~ 8% 첨가하여 5 ~ 6시간 발효시킨다. 장시간법의 경우에는 방향생성균의 최적생성온도인 약 22℃에서 스타터를 0.5 ~ 1% 첨가하여 16 ~ 20시간 발효시킨다. 응유의 경도를 높이기 위하여 레닛을 0.00005% 첨가한다. 응유의 pH가 4.5 ~ 4.7, 산도가 0.7 ~ 0.9%, 유청의 산도가 0.5 ~ 0.6%에 달했을 때 세절, 교반하고, 55 ~ 60℃까지 약 1.5 ~ 2시간 걸리게 가온하고 유청을 전량 배출한다. 다음에 20 ~ 30℃의 온수와 냉각수로 커드를 교반하고, 수세, 배수 및 물기제거후 식염 1%를 가하여 혼합한다. 여기에 별도로 살균 냉장한 지방률 35%의 크림을 탱크 내에서 혼합후 용기에 충전 및 냉장시켜 제품으로 한다.

5) 가공치즈 (Processed cheese)

두 종류 이상의 자연치즈를 분쇄 · 혼합하고 유화제를 가하여 가열용융살균시킨 다음 성형한 것으로 우리나라 치즈 소비량의 대부분을 차지하고 있다.

(1) 원료용 치즈

원료가 되는 자연치즈는 체다와 고우다를 주체로 에담, 에멘탈 등이 이용되고 있다. 원료치즈는 위생적이고 가스 팽화 등의 결함이 없으며, 풍미가 좋은 양질의 것을 선택한다. 품질을 균일하게 하기 위해서는 원료치즈의 수분, 지방함량, pH, 산도측정 및 숙성도를 파악해 놓아야 한다.

(2) 제조공정

가공치즈의 일반적인 제조공정을 보면 그림 4-17와 같다.

① 원료치즈의 전처리와 배합 : 원료치즈는 포장재의 제거, 린드의 삭제, 표면 청정 등의 전처리를 한다. 일반적으로 숙성이 진행된 치즈는 풍미가 강하고 유화가 곤란하고, 크림치즈 등의 비숙성치즈는 조직이 부드럽지만 풍미가 없다. 따라서 이들 치즈의 특징을 살려 숙성 7 ~ 8개월의 치즈 20 ~ 30%와 숙성 2 ~ 3개월의 치즈 20 ~ 30%, 또한 이들의 중간 정도의 것을 50 ~ 60% 배합하는 경우가 많다.

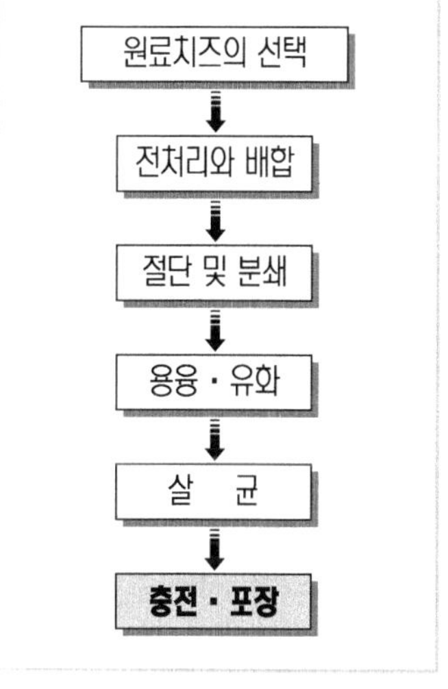

그림 4-17 가공치즈의 일반적인 제조공정

② 절단 및 분쇄 : 배합을 마친 원료치즈는 절단기를 사용하여 적당한 크기로 절단시킨 후 초퍼로 분쇄하여 롤러로 마쇄한다.

③ 유화 : 가열용융공정으로 가공치즈의 품질은 유화공정에서 결정된다고 해도 과언이 아닐 정도로 중요한 공정이며, 이 공정에서 살균역할도 하게 된다. 유화기에는 유화솥을 이용하는 배치방식과 연속처리용의 연속식 제조장치가 있다. 배치식의 경우 원료치즈에 수분조절을 위하여 가수하고 유화제를 1 ~ 3% 첨가하며, 기타 첨가물을 가하여 저속으로 교반하면서 자켓에 증기를 통하여 가열하고 이어서 직접가열방식 병용의 경우에는 증기취입을 개시한다. 60 ~ 70℃에서 20

~ 30분간 교반을 계속하여 완전히 용융유화 후 가열을 멈추고 솥을 감압(250 ~ 300mmHg)으로 하여 탈취 및 탈기한다.

④ 충전 및 포장 : 유화를 마친 치즈는 치즈의 온도가 50℃ 이하로 내려가서 유동성을 잃기 전에 신속하게 충전 포장해야 한다. 이와 같이 고온에서 신속히 포장해야 되기 때문에 충전과 포장에는 치즈의 형상에 맞는 각종 자동 또는 반자동 충전포장기를 사용한다.

(3) 가공치즈의 첨가물

① 유화제 : 원료치즈 중의 불용성 파라카제인 칼슘을 가용성의 파라카제인 나트륨으로 용융화하는 것으로 각종 인산염이 유화제로 이용되고 있다.

② 착색료 : 주로 천연 착색료가 사용되고 있다. 수용성 annato, β -carotene을 사용하여 안정한 색조의 가공치즈를 제조한다.

4. 주요 자연치즈

1) 코티지 치즈(Cottage cheese)

원산지가 네델란드로 숙성시키지 않은 치즈 중 세계에서 가장 널리 제조되고 있으며, 특히 미국에서의 생산량이 많다. 원료유는 처음에는 전유를 사용하였으나, 지금은 대부분 탈지유를 사용하고 있으며 약간의 크림을 섞는다. 또 스타터만으로 만들어지는 특수 치즈였으나, 요즘에는 레닛을 첨가하는 경우도 있다. 이 치즈는 일상식품인 샌드위치나 각종 유리에 많이 이용되고, 유백색이며 산미가 섞인 상쾌한 맛을 지니나 보존성이 거의 없다.

2) 카망베르 치즈(Camembert cheese)

원산지가 프랑스로 표면에 생육한 흰 곰팡이(*Penicillium camemberti*)에 의하여 숙성되는 연질치즈이다. 많은 나라에서 제조되고 있으며, 전유 또는 약간의 크림을 첨가한 우유로 만들어진다. 크기는 직경 약 12cm,두께 약 3cm, 무게 약 300g이 표준이지만 크고 작은 여러 종류가 있다. 13℃ 전후에서 약 3주일간 숙성시키며 흰 곰팡이에 의한 특유의 풍미가 있다.

3) 브릭 치즈(Brick cheese)

원산지가 미국이고 벽돌모양을 하고 있어서 Brick cheese라 부르고 있다. 전유로 제조되며 크기가 25 x 12.5 x 7.5cm의 벽돌모양이고, 무게가 약 2.5kg 정도인 반경질 치즈이다. 숙성은 16℃ 전후의 온도와 높은 습도에서 약 2주일 동안 시키는데 이때 치즈 표면에 특수한 미생물이 생육하여 적갈색을 나타낸다. 이러한 표면을 깨끗이 닦아서 포장을 한 후 5 ~ 10℃에서 2 ~ 3개월간 숙성시킨다.

4) 로크포르 치즈(Roquefort cheese)

프랑스의 동남부에 있는 로크포르(Roquefort)가 원산지이며, 곰팡이(*Penicillium roqueforti*)로 숙성시킨 반경질 치즈의 대표적인 것이다. 로크포르(Roquefort)란 이름은 로크포르(Roquefort) 지방에서 양유로 만들어지는 것에만 붙여지고, 우유를 원료로 하여 유사 푸른 곰팡이를 이용해서 만든 것은 블루치즈(Blue cheese)라고 하여 미국, 캐나다, 덴마크 등지에서 만들어진다. 커드 각층에 곰팡이 분말을 넣고 치즈 내부에 곰팡이의 발육을 잘 시키기 위하여 바늘로 구멍을 뚫어 놓기 때문에 백색 커드 내에 청록색 곰팡이가 맥상(脈上)으로 퍼져서 절단면에 특징있는 무늬가 생긴다. 특유의 강한 냄새를 지니고 있으며, 5 ~ 8℃에서 2 ~ 5개월 동안 숙성시킨다.

5) 체더 치즈(Cheddar cheese)

영국의 체더(Cheddar)가 원산지로 현재 세계각국에서 제조되고 있으며, 미국, 캐나다, 오스트레일리아에서는 그 나라 국명을 Cheddar 앞에 붙여서 원산지의 Cheddar와 구별하고 있다. 체더 치즈는 전유 또는 반 탈지유로 만들어지는 경질 치즈로 온화한 산미가 나고 독특한 단맛과 방향을 지니다. 제조중 Cheddaring 공정을 거치는 것이 특징이다. 10 ~ 15℃에서 보통 5 ~ 6개월, 길게는 1년 이상 숙성시킨다.

6) 고우다 치즈(Gouda cheese)

네델란드의 고우다가 원산지인데 미국, 영국, 독일, 덴마아크 및 일본 등지에서도 많이 만든다. 전유 또는 반 탈지유를 사용해서 직경 30cm, 두께 8 ~ 12cm의 원판으로 만든다. 담황색 또는 버터 빛깔을 띠며, 온화한 풍미가 특징이다. 10 ~ 13℃에서 3 ~ 5개월간 숙성시킨다.

7) 에멘탈 치즈(Emmental cheese)

스위스의 대표적인 치즈로 스위스 치즈라고도 한다. 경질의 탄력있는 조직으로 호두와 같은 특유한 맛과 감미로운 풍미가 있으며, 숙성하면 내부에 가스 구멍인 치즈눈(cheese eye)이 형성된다. 52 ~ 54℃의 고온에서 가온하므로 스타터는 내열성의 *Streptococcus thermophilus, Lactobacillus bulgalicus, Lactobacillus helbeticus* 등이 사용되며, 치즈 눈을 형성시켜 특유의 풍미를 생성시키기 위하여 *Propionibacterium shermanii*의 배양액을 첨가한다. 숙성은 2단계로 하며 처음에는 21 ~ 23℃에서 5 ~ 8주간 숙성시키면서 에멘탈 특유의 치즈 눈을 형성시킨 다음, 7 ~ 11℃에서 8 ~ 9개월 동안 숙성시킨다.

8) 파르메잔 치즈(Parmesan cheese)

이탈리아 북부의 밀라노 근처에 있는 파르마시(市)에서 유래한 명칭인데, 분말치즈의 형태로 마카로니와 함께 이탈리아의 대표적인 식품이다. 조직이 입상(粒狀)으로 강한 향기를 내고 조직이 극히 단단하고 보존성이 높다. 숙성기간은 길어서 12 ~ 15℃에서 약 1년간 둔 후 다시 저장고에 넣어 2 ~ 3년간 더 숙성시킨다.

5. 치즈의 영양 및 기능적 가치

전 세계적으로 치즈는 1,000종 이상 다양한 형태로 만들어져 소비되고 있지만, 종류에 상관없이 일반적으로 치즈는 발효와 숙성을 거치면서 특유의 향미를 가지며 우유성분이 10배로 농축된 영양 농축물이다. 또 치즈는 모든 영양소가 소화되는 완전소화식품이라고도 불리기도 한다. 예전과 다르게, 최근 치즈는 식품의 단순한 1차적 기능인 영양원으로서 보다, 기호성과 건강 기능성 등 식품의 2차와 3차적 기능 때문에 소비되는 것으로 보인다. 치즈 제조기술의 비약적 진보로 치즈의 조직감과 풍미가 다양해져 그 어느 때보다 소비자들이 다양한 종류의 치즈를 경험할 수 있게 되었다. 지금까지는 생산자들이 치즈의 품질향상에 관심을 기울였으나, 최근 소비자들의 다양한 니즈에 적극적으로 따라가려는 움직임을 보이고 있다. 기업체들은 고품질의 치즈 생산을 위한 개발에서 점차 건강 기능성식품으로써 치즈의 활용에 중점을 두고 있는 것으로 보인다. 치즈에 특정 기능성을 부여하기 위해서는 원하는 영양분을 축적하고 유지하거나 원치 않는 화합물을 제거하는 등의 유연한 제조공정의 변화가 요구된다. 최근 점점 더 많은 사람들이 맞춤형 식품을 통해서 자신의 건강을 지키고자 하고 있어, 치즈도 기능성식품의로의 개발과 더불어 관련시장이 빠르게 성장할 것으로 보인다.

인간의 식이에서 오랫동안 함께한 치즈는 많은 중요한 영양소, 특히 단백질, 생체활성 펩타이드, 아미노산, 지방, 지방산, 비타민과 미네랄 등이 함유되어 있다. 최근의 치즈관련 연구를 보면 이러한 영양물질들이 인체의 건강에 미치는 효과에 대한 것에 집중되어 있는 것으로 보인다. 치즈에 다량 함유되어 있는 칼슘은 고혈압, 골다공증, 비만 및 충치 등 각종 질환에 효과가 있는 것으로 밝혀지고 있으며, 칼슘 외에도 다양한 성분들이 건강에 효과가 있는 것으로 밝혀지고 있다. 예를 들면 혈압강하에 효과가 있는 생체활성 펩타이드가 바로 그 것이다. 또한 인체에 대한 확인은 이루어지지 않았으나, CLA와 스핑고리피드 등의 특정 지질이 암의 성장을 억제하는 효과가 있다는 것이 동물실험을 통해 확인 되었다. 치즈는 아직도 소비자들로 부터 고지방 고칼로리의 식품이라는 부정적인 이미지가 남아 있으나, 상기와 같은 다양한 기능성이 알려지면서 건강식품으로의 이미지를 얻어가고 있다고 볼 수 있다

Ⅶ. 농 축 유 제 품

농축유제품제품(concentrated dariry products)이란 우유의 성분 중에서 수분을 증발시켜 고형분함량을 많게 농축한 유가공품을 말하며 대표적인 것은 연유이다. 연유(condensed milk)의 제조는 1796년에 프랑스의 Nicholas Appert에 의하여 처음으로 시도되었고, 1856년에 미국의 Gail Borden에 의하여 우유를 진공상태에서 농축하는 공업적 생산방법이 특허를 받게 되었다. 그러나 19세기 후반에 와서야 구미 각국에서 연유의 본격적인 생산이 시작되었다. 우리나라에서는 1962년에 서울우유협동조합에서 처음으로 가당연유를 생산하기 시작하였다.

1. 농축유제품제품의 분류

연유는 설탕의 첨가여부에 따라 가당연유(sweetened condensed milk)와 무당연유(evaporated milk)로 나누고, 또 원료유에 따라 전지유를 원료로 한 전지연유와 탈지유를 원료로 한 탈지연유로 분류된다. 가당연유와 무당연유의 차이점을 보면 가당연유는 설탕을 첨가하여 저장성을 증가시키는 반면, 무당연유는 농축 후에 포장하여 멸균처리를 함으로써 장기간 저장할 수 있다는 점이다.

연유와 비슷한 농축유제품으로는 농축유청, 농축버터밀크, 농축조제우유, 가당농축유청, 가당농축버터밀크 등이 있는데, 이들은 수분을 증발시켜서 생산되는 제품이고, 한외여과법으로 유청 중에서 분자량이 적은 수분, 회분 및 유당을 제거한 고농도 유청단백질도 농축유제품의 일종이라 할 수 있다.

한편, 축산물가공기준 및 성분규격에 의하면 농축유제품이란 원유 또는 저지방우유를 그대로 농축한 것이거나 식품 또는 식품첨가물을 가하여 농축한 것(원유 또는 탈지유 100%, 식품 또는 식품첨가물은 제외)이라고 정의하고 있고 그 유형은 다음과 같다.

① 농축우유 : 원유를 그대로 농축한 것이다.

② 탈지농축우유 : 원유의 유지방분을 0.5%이하로 조정하여 농축한 것이다.

③ 가당연유 : 원유에 당류를 가하여 농축한 것이다

④ 가당탈지연유 : 원유의 유지방분을 0.5%이하로 조정한 후 당류를 가하여 농축한 것이다

⑤ 가공연유 : 원유에 식품 또는 식품첨가물을 가하여 농축한 것으로 유고형분 22.0% 이상의 것이다.

2. 가당연유의 제조 및 품질

가당연유는 공업적으로 만들어진 최초의 유제품으로 고농도의 설탕에 의한 방부성으로 실온에서 장기간 보존할 수 있고, 개봉 후에도 비교적 오래 보관할 수 있어서 유아용으로 널리 이용되어 왔으나, 영양학이 발달함에 따라 당분이 너무 많은 것이 문제가 되어 현재는 유아용으로는 이용되지 않고, 제과나 아이스크림 원료로 쓰인다.

가당연유(sweetened condensed milk)는 보통 전지가당연유를 의미하며, 무당연유(evaporated milk)나 안정제를 첨가하지 않는 신선농축유제품(fresh condensed milk)와 구분되고 있다.

1) 가당연유의 제조

가당연유는 제품의 성분규격에 맞도록 원료우유의 성분을 조정한 다음 살균하고 여기에 40 ~ 50%의 설탕을 가하여 진공솥에서 원액의 1/2.5 ~ 1/3까지 농축한 것으로 제품 중에는 62.5 ~ 64.5%이 설탕이 함유되어 있어 그 방부력에 의하여 보존성을 갖게 한 유제품이다.

가당연유의 주요 제조공정은 그림 4-18 같다.

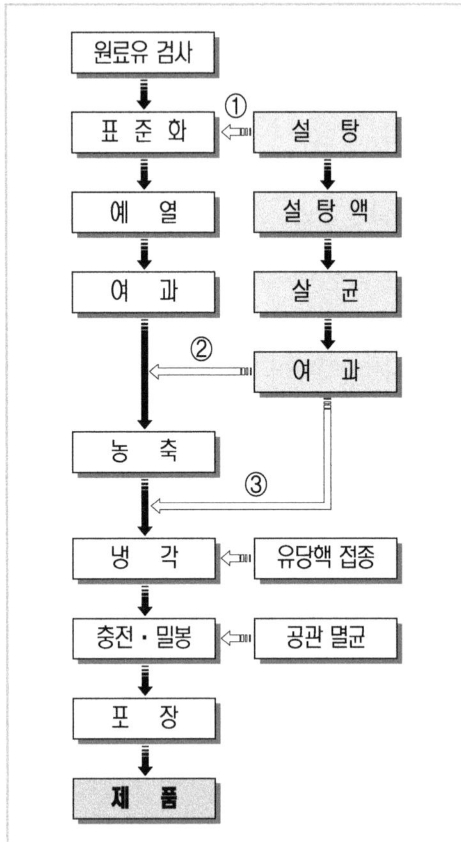

그림 4-18 가당연유의 제조공정

(1) 원료유의 검사 및 표준화(standardization)

양질의 가당연유를 제조하기 위해서는 좋은 원료를 사용해야 한다. 원료유로는 풍미, 알콜반응, 산도측정 및 지방률 등의 유질검사를 하여 풍미가 좋고 열안정성이 높은 신선한 우유를 선택하여 여과 및 청정을 거쳐 5℃의 저유탱크에서 냉각한다.

우유가 일정량이 되면 혼합시료를 취하여 지방과 전고형분 함량을 측정한 다음 제품의 규격에 따라 표준화한다. 성분의 표준화는 주로 지방률에 의하여 지방이 부족한 경우에는 크림을 첨가하여 지방률을 높이고, 지방이 과다한 경우에는 탈지유를 첨가하거나 크림을 일부 제거하여 지방률을 낮춘다.

(2) 예열(preheating, forewarming)

원료유를 농축하기에 앞서 가열처리하는 것을 예열이라 하며, 그 목적은 다음과 같다.

① 미생물과 효소 등을 파괴하여 위생상의 안전성과 제품의 저장성을 높인다.

② 진공농축장치에서 수분의 증발을 빠르게 하고 눌러붙는 것을 방지한다.

③ 농축처리 전에 우유단백질을 변성시켜서 농축중의 열안정성을 높이고 제품의 점도를 높인다.

④ 첨가한 당을 완전히 용해시킨다.

예열처리의 방법에는 일정하지 않지만, batch식으로 80℃ 내외에서 5 ~ 10분간 처리하는 방식과 연속식으로 110 ~ 120℃에서 2초간 처리하는 UHT법이 있다. 일반적으로 예열온도가 60℃ 이하일 때에는 점도가 낮고 지방분리와 당의 침전이 쉽게 되며, 100℃ 내외의 온도에서는 갈색화와 농후화가 쉽게 일어나기 때문에 80℃ 내외나, 110 ~ 120℃ 정도가 안전한 것으로 알려져 있다.

(3) 가당

설탕을 첨가하면 삼투압의 작용에 의해 미생물의 발육이 억제되고 연유 특유의 단맛을 부여한다. 가당연유에 첨가되는 설탕은 순도가 높아야 하고 습도가 높은 곳에서 오래 보관된 설탕은 덩어리가 발생하고 곰팡이나 효모로 오염되어 연유의 품질을 떨어뜨리므로 설탕의 보관에 주의해야 한다. 물엿이나 포도당은 설탕에 비하여 값이 싸고 감미가 부드러우며 결정을 형성하지 않으므로 설탕 대신에 사용할 수 있으나, 첨가량이 많으면 갈색화하고 제품의 점도가 증가하게 된다. 특히 포도당은 용해도가 낮기 때문에 설탕의 1/4 이하를 사용하는 것이 좋다.

설탕의 첨가량은 미생물의 발육을 억제할 수 있을 만큼 충분해야 한다. 가당연유에서 미생물의 발육이 억제되는 최저수준의 설탕농도를 설탕률(또는 설탕농축도)이라 하고, 연유의 수분 함량에 대한 설탕량의 백분율로서 다음과 같이 나타낸다.

$$\text{설탕률}(\%) = \frac{\text{설탕함량}(\%)}{\text{연유 중의 수분함량}(\%) + \text{설탕함량}(\%)} \times 100$$

$$= \frac{\text{설탕함량}(\%)}{100 - \text{전유고형분함량}(\%)} \times 100$$

설탕률은 가당연유가 함유하여야 할 당의 농도와 원료유에 첨가해야 할 가당량을 결정하는 기준으로서 보통 62.5 ~ 64.5%의 범위이다.

설탕의 첨가방법은 설탕의 첨가시기에 따라 다음 세 가지가 있다.

① 생유에 설탕을 직접 첨가하여 녹여서 예열하는 방법

② 설탕용액을 별도로 살균하여 농축하기 직전에 생유와 혼합하는 방법

③ 생유만을 농축하고 농축말기에 65%의 설탕액을 혼합하는 방법

우유 중의 미생물은 가당에 의하여 열저항성이 증가하고 유단백질은 당의 존재에 의하여 농후화나 갈색화되기 쉬우므로 위의 세 가지 방법 중에서 생유와 설탕을 별도로 살균, 농축하는 ③의 방법이 가장 효과적이라 할 수 있다. 그러나 일반적으로 증발시킬 수 있는 수분이 적고 조작이 간단하므로 ①의 방법을 쓰는 경우가 많다. 또 100℃ 이상의 고온으로 예열하는 경우 점도가 떨어져 지방이 분리되기 쉬우므로 처음에 가당해서 증점(增粘)효과를 올려 지방분리를 방지할 목적으로 ①의 방법을 쓰기도 한다.

(4) 농축

우유의 농축시에는 가열온도가 높을수록 열변성하기 쉬우므로 진공상태에서 낮은 온도로 가열하여 수분의 증발속도를 빠르게 하면서 우유의 품질이 크게 변하지 않도록 하는 진공농축법이 많이 이용되고 있다. 이외에도 농축법에는 동결농축, 원심식 농축 및 한외여과법 등이 있으나, 경제성, 제품의 품질과 기호성 및 미생물 오염 등의 문제로 진공농축장치를 이용한 진공농축법이 많이 이용된다.

① 진공농축장치

진공농축장치는 진공솥(vacuum pan, evaporator), 응축기(condenser) 및 진공펌프(vacuum pump)의 세 부분으로 구성되어 있다. 진공솥은 자켓식이며, 내부에는 증기코일이 있어 자켓과 코일에 증기를 통하여 가열하게 되어 있다. 또 맨홀, 조명창, 진공계 및 온도계 등이 있고, 응축기에 연결되어 있다. 응축기는 증발된 증기를 냉각하고 액화시켜 빼내는 것으로 표면식과 분출식의 두가지가 있다. 즉 표면식은 증기를 통하는 관의 표면에 냉각수가 흐르는 방식이고 분출식은 증기에 냉수를 분출시켜 응축된 물과 같이 흘려보내는 방식이다. 진공펌프는 진공솥 내의 진공을 유지하기 위한 피스톤식의 펌프이다. 진공농축장치에는 진공 효율을 높이기 위하여 2 ~ 3개의 진공솥을 연결시킨 2중 또는 3중효용증발관(double or triple effect vacuum pan)도 있다.

② 농축방법

먼저 증기를 통과시켜 진공솥을 살균한 다음 모든 개구부(開口部)를 막고 응축기에 물을 통과시키며, 진공펌프를 가동시켜 진공도가 635mmHg 이상으로 되면 우유를 서서히 흡입시킨다. 우유의 양은 증기코일관이 우유로 덮일 정도로 유지하면서 돌비(突沸)에 주의하며 610 ~ 686mmHg, 38 ~ 53℃에서 20 ~ 30분간 농축한다.

이중효용진공솥을 사용할 경우에는 제1 진공솥은 460 ~ 510mmHg의 진공도에서 65 ~ 70℃로, 제2 진공솥은 660 ~ 710mmHg의 진공도에서 38 ~ 42℃로 농축한다. 이때 응축기로부터 배출되는 물은 약 40℃이며 약 10 ~ 15배 정도의 냉각수가 필요하다.

우유에는 상당량의 공기가 들어 있어서 거품이 생기는데, 거품이 심하게 발생하면 응축기에 흡입되거나 눌어 붙을 우려가 있으므로 처음에는 재킷과 코일에 증기를 적게 보내어 공기를 제거하고 공기가 제거되어 고르게 끓게 되면 증기를 서서히 증가시켜 최고사용량에 이르게 한다. 이어서 가열면에 우유가 완전히 덮이면 우유의 흡입량과 증발량을 일치하게 조절한다. 이때 우유의 양은 가장 위에 있는 코일을 완전히 덮을 정도로 낮게 유지해야 하며, 너무 많으면 원활한 작업이 곤란하고 증발 속도가 떨어진다. 농축됨에 따라 우유의 비중이 증가하고 점조해져 증발이 지연된다. 또한 60℃ 이상의 고온으로 오래 유지하면 제품의 풍미와 색이 떨어진다.

농축의 완성점에 가까워지면 우유는 점조해져 약하게 비등하고 그 운농이 눈해지므로 재킷이나 코일의 증기압을 내려 가열면에 눌어 붙는 것과 제품의 과열을 방지한다. 또한 관측창을 통하여 끓는 상태와 거품이 나는 정도를 관찰하여 거의 농축이 되었으면 테스트콕(test cock)으로부터 시료를 채취하여 비중을 측정함으로써 농축의 완성점을 결정한다. 이러한 조작을 striking이라 한다.

비중의 측정에는 일반적으로 보메(Baume) 비중계(Be 30 ~ 40°)나 일반 비중계(1.250 ~ 1.350)를 이용하지만, 가당연유에서는 보메 비중계가 많이 이용되며, 약 50℃에서 31 ~ 32 Be(비중 1.274 ~ 1.285)이면 농축을 완료한다.

농축이 끝나면 바로 증기벨브를 닫아 증기의 도입을 중단시키고, 진공펌프의 가동을 정지시킨다. 그리고 나서 냉각기로 옮긴다.

(5) 냉각

가당연유의 냉각은 농축된 연유를 단순히 냉각시키는 것이 아니라 과포화 상태로 들어 있는 유당이 냉각에 의하여 결정화가 되는데, 이 결정이 적어도 10㎛ 이하의 미세결정으로 되도록 하여 사상조직이 되거나 저장중에 당침이 생기지 않도록 하는데 그 목적이 있다.

유당의 용해도는 비교적 낮아서 표 4-7에서 보는 바와 같이 20℃의 순수에서는 18.1%이고, 62% 설탕액에서는 13.7%에 불과하다. 그런데 가당연유의 유당은 그 함량이 약 11%이므로 가당연유의 수분함량(27%)에 대한 유당량은 28.9%여서 농축중의 온도인 50 ~ 55℃에서는 포화상태로 있게 된다. 그러므로 농축이 끝나고 냉각되면 유당은 포화도가 증가하고 이에 따라 결정화하여 사상조직이 되거나 당침전을 일으킨다.

표 4-7 유당의 용해도

온도(℃)	유당용해도			
	순수		62% 당액	
	최종(%)	과용해도(%)	최종(%)	과용해도(%)
0	10.6	19.9		
10	13.1	24.6	11.1	20.9
20	16.1	30.4	13.7	25.8
25	17.8	33.4	15.1	28.6
30	19.9	37.0	16.9	31.4
40	24.6	43.9	20.9	37.3
50	30.4	51.0	25.8	43.4
60	30.7	59.0	31.4	50.2

따라서 과포화 상태의 유당을 수많은 미세한 결정이 되도록 강제적으로 유도하여 연유 중에 균일하게 분산시키면서 냉각하면 점도가 증가하기 때문에 미세 유당결정은 자유로운 이동이 억제되어 큰 결정을 형성하지 못하게 되고 연유의 조직은 부드럽게 된다. 일반적으로 유당결정은 28 ~ 30℃에서 가장 신속히 생성되기 때문에 먼저 연유를 28 ~ 30℃로 냉각시키고 여기에 유당핵을 연유의 양에 대하여 0.04 ~ 0.1% 접종하여 다량의 집단 소결정을 만들어야 한다. 이를 유당핵 접종(seeding)이라 하며, 유당핵은 시판 분말유당(α -함수유당)을 분쇄하여 200메시 이하의 미분말로 한 다음 살균한 것을 말한다.

(6) 충전

냉각이 끝난 다음 기포를 없애기 위해 10 ~ 12시간 방치한 후, 미리 멸균하여 건조시킨 관에 충전 및 밀봉한다. 이때 밀봉된 제품은 더 이상 멸균을 하지 않기 때문에 공관의 멸균은 철저히 해야 하며, 또 팽창관이나 갈색화의 원인이 되는 효모나 곰팡이 등의 미생물이 오염되지 않도록 주의해야 한다.

(7) 보존시험

밀봉된 제품은 내용물의 누설검사(漏泄檢査) 후 일부의 시료에 대하여 35 ~ 40℃에서 1 ~ 4주간 보존시험을 하여 팽창관, 갈색화, 농후화, 지방분리, 지방분해취 및 세균증식 여부 등을 검사한다.

2) 가당연유의 품질

(1) 발효에 의한 팽창

팽창의 원인이 되는 가스발효는 연유의 가장 큰 결함이다. 가스발효한 것은 돼지사료 외에는 상품가치가 없다. 이러한 연유는 생성된 가스의 압력에 의하여 양단이 팽창하고 극단적인 경우 밀봉부가 파열한다. 가당연유의 팽창에 관계되는 미생물은 많은 연구자들에 의하여 농용액 중의 설탕을 발효시켜 주로 알코올과 탄산가스를 생산하는 효모라는 것을 발견하였다. 또 효모 외에 팽창의 원인이 되는 미생물로는 내열성 호기성 아포형성세균인 *Bacillus cereus, B. coagulans* 등이 분리되고 있다. 가스발효의 기구를 보면 설탕은 효모에 의하여 분비되는 효소에 의하여 전화되고, 2분자의 *momosaccharide*로 분해된 다음, 이들은 효모에 의하여 발효된다. 효모는 대사와 생상을 위하여 산소를 필요로 하는데, 연유 중의 공기를 다른 미생물에 의하여 소비하기 전에 효모가 먼저 이용하는 것이다. 이러한 팽창을 방지하기 위해서는 설탕을 첨가직전까지 밀봉상태로 보관하고, 습기나 곤충을 피해야 하며, 농후시럽으로 살균하여 첨가하는 것이 좋다. 또 예열에서 충전시까지 위생적으로 처리해야 한다.

(2) 농후화

가당연유를 실온이나 그 이상의 온도에 장기간 저장할 경우 점도가 높아지고 유동성이 없어져서 젤리상으로 응고하거나 극단적인 경우에는 불용성이 되어 물에 재분산되지 않는 것을 농후화라 하며, 가당연유의 가장 흔한 결함이다. 그 원인에는 미생물학적인 원인과 이화학적인 원인이 있다. 미생물학적인 원인으로서 연쇄상구균, 포도상구균, 유산간균 등이 증식할 때 생성되는 유산, 개미산, 초산 등의 유기산과 응유효소에 의해 농후화하며, 이미, 이취가 나고 산도가 증가하게 된다. 이화학적인 원인으로서는 칼슘, 마그네슘, 인산염, 구연산염 간의 염류 평형이 깨지면 연유 중의 단백질이 불안정하게 되어 농후화하게 되고, 원료유의 산도가 높으면 카세인이 불안정하게 되어 저장 중에 농후화가 촉진된다. 또 농축온도가 높을수록 제품의 점도가 높아져 농후화의 경향이 높아진다.

(3) 과립형성

황색 또는 적색을 띤 덩어리 모양의 응고물을 과립이라 하며, 그 크기는 일정하지 않다. 과립이 형성된 가당연유는 금속취와 고취(古臭)가 발생하는데, 주로 곰팡이에서 기인한다. 따라서 이를 방지하려면 원료유나 시설의 살균을 철저히 하고 냉각이나 충전시에 공기가 혼입되지 않도록 해야 한다.

(4) 사상결정과 당침

유당결정의 크기가 10㎛ 이하이면 좋은 품질의 제품이고, 15 ~ 20㎛는 약간의 사상이 나타나고, 30㎛ 이상일 때에는 모래알 같이 거칠게 느껴지는 사상조직을 확실하게 느낄 수 있으며, 상품가치가 떨어진다. 또 사상조직은 유당 뿐만 아니라 설탕농축도가 64.5% 이상인 제품을 저온으로 보존하면 설탕이 석출하여 사상을 나타내기도 한다. 이러한 사상조직을 방지하려면 냉각시 주의하여 유당결정이 평균 10㎛ 이하가 되도록 조절하여야 한다. 표 4-8에서 보는 바와 같이 연유 1ml 당 유당결정의 수가 30만개 이상 되어야 좋은 품질의 제품으로 평가된다. 또 가당연유의 용기 바닥에 유당의 침전이 생기는 것으로 유당결정의 크기가 클수록 또 점도가 낮을수록 당침이 생기기 쉽다. 유당결정의 크기가 10㎛ 이하이고 정상적인 점도이면 당침이 생기지 않는다.

표 4-8 가당연유의 조직과 유당결정의 크기와의 관계

1mL 중의 유당결정수	결정 1개의 평균용적	가장 큰 유당결정의 길이(μ m)	제품의 조직
400,000	0.177 × 10^{-6}	9.3	우 수
300,000	0.236 × 10^{-6}	10.3	양 호
200,000	0.363 × 10^{-6}	11.7	약간 호상
100,000	0.707 × 10^{-6}	14.8	미 분 상
50,000	1.414 × 10^{-6}	18.6	분 상
25,000	2.838 × 10^{-6}	23.4	약간 사상
12,500	5.660 × 10^{-6}	29.4	사 상
7,500	9.430 × 10^{-6}	34.9	완전히 사상

(5) 지방분리

점도가 매우 낮을 때 정치하면 지방의 일부가 떠올라 선명한 황색을 띤 상당히 두꺼운 지방층을 형성한다. 이것은 수송 중에 흔들려서 부분적인 재혼합이 일어나 반점상이 된다. 점도를 증가시키거나 균질화에 의하여 이러한 현상을 방지할 수 있다.

3. 무당연유의 제조 및 품질

무당연유는 우유를 원액의 1/2.5가량 농축하여 멸균한 것으로 주로 커피크림 대용으로 쓰이며, 유아용과 제과용으로도 이용된다. 제조공정은 대체로 가당연유와 같으나, 설탕을 가하지 않기 때문에 삼투압에 의한 방부력이 없으므로 가열멸균하여 보존한다.

원래의 무당연유는 전유를 농축하여 만든 전지무당연유를 말하지만, 탈지유를 원료로 한무당탈지연유도 있는데 별로 제조되지 않고 있다. 또 육아용으로 만들어지는 조제무당연유도 있다.

근래에는 우유, 탈지유, 유청 등을 농축하여 멸균처리를 하지 않는 여러 종류의 농축유제품도 제조되며, 주로 제과용, 아이스크림용 및 기타 식품제조의 원료로 쓰이고 있다.

1) 무당연유의 제조

무당연유는 우유를 농축하여 균질화한 다음 냉각하여 관에 충전 · 밀봉한 후 가열멸균한 것으로 그 제조공정은 그림 4-19과 같다.

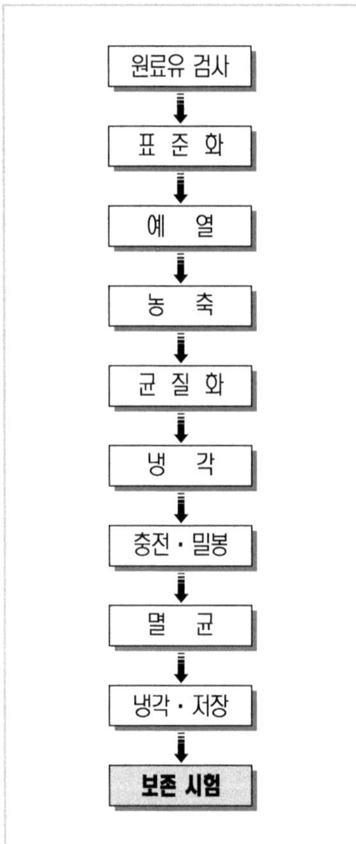

그림 4-19 무당연유의 제조공정

(1) 원료유의 검사

무당연유의 제조시에는 100℃ 이상의 고온처리를 하게 되므로 그 원료유는 내열성이 가장 커야 한다. 따라서 신선하면서 열응고성인 유청단백질을 많이 함유하지 않고 무기염류의 균형이 잘 잡힌 우유를 선택해야 한다.

이러한 원료유의 선별은 풍미검사, 알코올시험, 산도측정 및 세균시험 등을 실시해야 하지만 연유의 최고가열온도까지 가열해보는 가열응고검사(pilot test)를 하는 것이 실용적인 검사방법이며, 간단한 방법으로는 자비시험법(boiling test)이 있다.

(2) 표준화

무당연유에 있어서도 원료유의 자방량과 무지고형분량의 비가 성분규격에 맞도록 표준화를 해야 한다. 또 제조공정중의 열안정성과 제품의 저장중의 안정성을 높이기 위하여 안정제가 첨가되는데, 제2인산소다(Na_2HPO_4), 구연산소다($Na_3C_6H_5O_7 \cdot 2H_2O$), 중탄산소다($NaHCO_3$) 등을 원유 100kg에 대해 1 ~ 20g 첨가한다.

(3) 예열(preheating, forewarming)

원료유의 살균과 동시에 멸균시의 고온처리에 대한 열안정성을 높이기 위하여 예열을 한다. 즉 가열에 의해서 알부민을 미리 응고시켜 버리고 또 칼슘의 일부를 불용성으로 하여 염류의 평형을 갖도록 하는 것이다. 예열은 가당연유보다 고온에서 실시하며, 보통 93 ~ 98℃에서 5 ~ 15분 가열한다. 이보다 온도를 낮춰 시간을 짧게 하면 점도가 증가하고 열안정성이 떨어진다. 반면에 100℃ 이상으로 가열하면 열안정성은 높아지나 점도가 떨어진다. 따라서 열안정성이 낮은 계절에 생산된 것이나 농도가 높은 연유는 120 ~ 140℃에서 20 ~ 30초의 고온예열을 실시한다. 그러나 열안정성만을 높이기 위하여 필요이상으로 예열하면 점도가 낮아지고 지방의 분리, 가열취의 발생, 갈색화, 염류의 침전이 일어나 제품의 품질이 떨어지는 위험이 따른다.

(4) 농축

예열이 끝난우유는 여과기를 통하여 진공농축장치로 유입된다. 무당연유는 가당되어 있지 않고 예열온도가 높기 때문에 거품이 많이 나고 심하게 끓으며 눌어 붙기 쉬우므로 증기를 주의하여 적용한다. 농축장치의 종류와 조작은 가당연유와 같다. 다만 batch식 예열기에서 저온으로 예열하였을 경우에는 농축완료 직전에 고온처리를 할 때가 있다. 그 이유는 멸균할 때의 높은 온도에서 안정성을 주고 제품의 점도를 증가시켜서 지방의 분리를 방지하는데 있으며, 고온단시간의 예열을 하였을 경우에는 별도의 고온처리가 필요 없다.

유공형분 25.5% 이상, 지방 7%이상으로 농축하려면 유고형분 11.4%, 지방 3.2%인 표준우유는 2.2대 1 이상으로 농축한다. 보통 유온 48℃ 전후에서 보메도 7.10 ~ 8.37(비중 1.051 ~ 1.061)일 때 농축을 안료한다.

(5) 균질화

무당연유를 그대로 저장하면 보존 중에 지방분리를 일으키므로 이러한 현상을 방지하기 위해 농축후에 균질화 한다. 즉 가당연유인 경우에는 고농도의 설탕에 의한 점성으로 지방의 분리를 막을 수 있으나, 예열, 멸균 등의 조작을 거친 농축유제품에서는 장기간 보존할 경우 지방이 부상하고 운반 시에는 흔들려 교동이 되므로 버터입자가 생겨서 상품가치가 떨어진다. 따라서 이를 방지하려면 균질기로 지방구를 물리적으로 파괴하여 미세하게 함으로써 표면으로 부상하려는 부력이 없어져 지방분리가 일어나지 않을 뿐만 아니라 지방구에 흡착되는 카제인량이 증가하여 점도가 알맞게 되고 제품의 소화성도 향상된다. 지방의 분리를 방지하기 위하여 가능한 한 미세하게 분쇄하는 것이 좋으나, 너무 고압에 의할 경우 카세인의 성상에 변화가 일어나 열안정성이 떨어지므로 보통 50 ~ 60℃에서 140 ~ 210kg/㎠ 정도로 균질화하나, 2단 균질을 할 경우 1단에서 140 ~ 210kg/㎠ 정도, 2단에서 35kg/㎠ 정도로 한다. 또 균질전후에 현미경으로 지방구의 크기를 조사하여 균질효과를 확인한다.

(6) 충전 및 밀봉

균질 후에는 즉시 냉각해야 하는데, 당일 충전시에는 8℃, 다음 날로 넘길 경우에는 4℃로 냉각하여야 한다. 관은 170g, 411g 및 4.5kg 용량이 일반적으로 쓰이나 밀봉 후 고압멸균하므로 상부공간을 남겨 놓고 밀봉하여야 한다. 밀봉 후 멸균까지 장시간이 소요되는 경우에는 냉장고 안에 보관하여 변질을 방지해야 한다.

(7) 멸균

무당연유는 가당연유와 달리 그대로는 보존성이 없으므로 고온으로 미생물이나 효소를 파괴하여 보존성을 높여야 한다. 이 외에도 멸균에 의하여 제품의 점조도를 높이고 저장중의 지방분리를 방지한다. 가열에 의해 제품은 농후한 외관을 나타내나 지나친 가열은 제품의 갈색화와 조직의 손상 및 풍미 저하의 원인이 되므로 주의해야 한다.

멸균은 소규모인 경우에는 batch식, 대규모인 경우에는 연속식으로 한다. Batch식인 경우에는 115 ~ 117℃에서 15 ~ 20분간 멸균하고, 연속식인 경우에는 정수압 연속멸균장치를 사용하므로써 124 ~ 138℃에서 1 ~ 3분간으로 멸균할 수 있으며, 예열, 멸균 및 냉각의 전 공정을 6 ~ 7분에 완료할 수 있기 때문에 종래의 무당연유의 품질에서 문제시 되는 갈색화, 가열취의 발생 및 풍미의 저하 등을 개선할 수 있게 되었다.

(8) 냉각 및 진탕

멸균이 끝나면 15 ~ 20분 내에 관내 온도가 20℃ 또는 실온에 달하도록 냉각시킨다. 가당연유와는 달리 냉각만을 목적으로 될 수 있는 대로 빨리 냉각해야 한다. 또 내열성이 낮은 원료유를 사용하거나 멸균조작의 불량 또는 미숙으로 인하여 제품에 연한 커드가 생기는 경우에는 커드를 곱게 부수어 부드러운 크림상 조직으로 만들기 위해 진탕기로 진탕을 하지만 내열성이 높은 원료유를 사용하여 적절한 처리를 한 경우에는 진탕을 하지 않는다. 진탕기는 편심륜을 회전시켜 전후 왕복운동으로 진탕하게 되어 있고, 운동거리(stroke) 약 6.5㎝이며, 보통 300 ~ 400rpm의 속도로 회전시켜 30 ~ 40초간 진탕시킨다.

(9) 보존시험

멸균후 진탕시킨 다음 상품으로 판매할 수 있으나, 그전에 보존시험을 하여 불량품을 제거해야 한다. 제품 중에 일부의 시료를 취하여 보존실에 옮겨 25 ~ 30℃에서 3 ~ 4주간 보존하면서 산패, 응고, 가스팽창, 지방분리 및 침전 등의 결함이 있는지를 검사한다. 제품의 출하를 빨리 하고자 할 경우에는 온도를 높여 37℃에서 1주간 보존하여 변패관을 조기에 발견할 수 있으나, 갈색화, 구연산칼슘의 침전 및 유피(乳皮)의 생성 위험이 있으므로 보존시험은 비교적 저온에서 장시간 실시하는 것이 좋다.

3) 무당연유의 품질

무당연유는 고온가열처리된 것이기 때문에 연성의 커드가 되어서 단백질의 소화흡수가 용이하다는 점에서 서양에서는 육아용으로 많이 이용되는 제품이다. 그러나 멸균처리로 본래의 신선한 풍미가 적고, 상당량의 수용성 비타민이 파괴되어 있으며, 개관 후에는 저장성이 없다는 결점이 있다.

(1) 지방분리

균질화가 불완전하거나 고온에서 장기간 저장했을 때에는 지방분리가 일어난다. 약간의 지방분리가 있는 것은 흔들면 다시 유화되지만 심하게 분리된 것은 수송중에 교동이 되어 버터입자를 생성하기도 한다. 이를 방지하려면 균질압력을 높이거나, 2단 균질을 함으로써 지방구의 98% 이상을 2㎛ 이하로 하고, 예열과 멸균처리의 조절에 의해 적당한 점도를 유지해야 한다.

(2) 응고

무당연유의 응고현상은 미생물학적 또는 이화학적 원인에 의하여 일어나는데, 미생물학적 원인으로서는 멸균처리가 불완전하거나 내열성 아포형성균이 많이 오염된 원료유를 사용하거나 또는 밀봉불량으로 인하여 산이나 응유효소를 생성하는 미생물이 멸균 후에 2차 오염되는 경우에 응고하기도 한다.

이화학적 원인으로서는 정상적인 우유의 경우 무당연유의 제조에 적용되는 열처리에서 응고되지 않고 136 ~ 150℃가 되어야 응고하나, 두배 이상으로 농축하면 열안정성이 떨어지기 때문에 다음과 같은 조건하에서도 응고될 수 있다.

① 원료유의 산도가 높을 때

② 유청 단백질 함량이 많을 때

③ 염류의 평형이 되지 않을 때

④ 농축도가 높아서 연유의 농도가 진할 때

⑤ 예열온도가 낮고 가열시간이 짧을 때

⑥ 균질압력이 높을 때

⑦ 멸균온도가 높고 처리시간이 길 때

(3) 가스발효

가스발효에 의한 팽창은 무당연유의 가장 두드러진 미생물학적 결함이다. 무당연유에는 가당연유와는 달리 효모 이외에도 각종 세균이 관여하여 쉽게 번식할 수 있으므로 멸균이 불완전하거나 밀봉불량에 의하여 오염될 경우 심하게 가스발효를 일으켜 관이 팽창하거나 심할 경우 파열할 수도 있다. 그러므로 원료유나 제조설비를 위생적으로 취급하고 적절한 예열이나 멸균조건을 선택해야 한다.

(4) 침전

무당연유를 오래 저장하면 백색 사상(絲狀)의 침전이 생긴다. 이것은 주로 구연산 3칼슘[$Ca_3(C_6H_5O_7)_2$]이고, 이외에 소량의 인산 3칼슘[$Ca_3(PO_4)_2$]과 인산 3마그네슘[$Mg_3(PO_4)_2$]을 함유하고 있는 것으로 알려져 있다. 이러한 염류는 온도가 높을수록 용해도가 낮으므로 저장온도가 높을수록 침전이 많이 생성되고, 10℃ 이하에서는 거의 생성되지 않는다. 또 멸균온도와 제품의 농도가 높을수록 침전량이 많아진다.

(5) 갈색화

무당연유는 제조시의 가열처리에 의하여 단백질과 젖당사이에 Maillard 반응을 일으켜 갈변하게 된다. 이러한 갈변을 방지하기 위해서는 다음 사항을 고려하여 처리하는 것이 바람직하다.

① 예열과 멸균은 저온장시간보다 고온단시간으로 처리하는 것이 갈색화를 적게 일으킨다.

② 안정제의 사용은 가능한 한 최소로 하고, 인산염이나 구연산염을 사용하는 것이 바람직하다.

③ 고형분 농도가 높을수록 갈색화하기 쉽다.

④ 저장기간이 길고 저장온도가 높을수록 갈색화가 빠르다.

(6) 풍미의 변화

무당연유는 보존 중에 쓴맛과 신맛을 내는 경우가 있는데, 이것은 주로 멸균처리가 불완전하여 잔존한 내열성 세균이 증식함으로써 산을 생성하거나 단백질을 분해하기 때문이다. 또 멸균우유에서와 같이 -SH기가 유리되어 가열취가 발생하나 저장 중에 점차 감소한다.

Ⅷ. 건 조 유 제 품

건조유제품(dried dairy products)인 분유는 우유 또는 탈지유에서 수분을 제거한 후 분말상으로 만들어 보존성을 높인 것이다. 역사적으로 보면 마르코 폴로의 동방견문록에 몽고인이 태양 볕으로 우유를 건조시켜서 분유를 만들었다고 하는 기록이 가장 오래된 것이나, 공업적으로는 1855년에 유병식으로 제조된 분유가 영국에서 특허를 받아 처음으로 상품화되었고, 1887년 미국에서는 맥아당과 우유를 섞어서 만든 맥아우유를 생산하게 되었다. 우리나라에서는 1965년 서울우유에서 조제분유를 처음으로 생산하기 시작하였다.

1. 분유의 종류

분유의 종류에는 원료유의 종류에 따라 전유를 건조시켜 만든 전분유 또는 전지분유, 탈지유를 건조시켜 만든 탈지분유로 크게 나누고, 설탕을 첨가한 가당분유, 유아에 필요한 영양소를 강화한 강화분유, 그리고 모유의 조성분과 비슷하게 조제한 조제분유 등과 같이 우유에 영양소를 넣거나 일부의 조성을 변경시킨 분유가 있다.

분유와 비슷한 건조유가공품으로는 분말크림, 분말버터밀크, 분말유청, 카세인 및 젖당 등이 있다.

한편, 축산물가공기준 및 성분규격에 의하면 분유류란 원유 또는 탈지우유를 그대로 또는 이에 다른 식품이나 식품첨가물 등을 가하여 처리 · 가공한 분말상의 것이라고 정의하고 있고, 그 유형은 다음과 같다.

① 전지분유 : 원유에서 수분을 제거하여 분말화한 것이다(원유 100%).

② 탈지분유 : 탈지유에서 수분을 제거하여 분말화한 것이다(탈지유 100%).

③ 가당분유 : 원유에 당류(설탕, 과당, 포도당)를 가하여 분말화한 것이다(원유 100%, 가당량은 제외).

④ 혼합분유 : 원유, 전지분유, 탈지유 또는 탈지분유에 곡분, 곡류가공품, 코코아 가공품, 유청, 유청분말 등의 식품 또는 식품첨가물을 가하여 가공한 분말상의 것으로 원유, 전지분유, 탈지유 또는 탈지분유(유고형분으로서) 50% 이상의 것이다.

2. 분유의 제조

분유의 제조법으로서 처음에는 솥에 우유를 넣고 가열 농축하여 얻은 유병(乳餠, milk dough)을 건조한 다음 분쇄하는 유병식 건조법에서 시작하였다. 이 후 관능적 변화를 최소화 하고, 건조시간과 공정의 안정성을 높이기 위하여 원유를 먼저 농축하고 원통식 건조(drum dry), 분무식 건조(spray dry). 그리고 동결건조(freeze dry)법으로 건조하는 방법이 개발되었다. 원통식 건조법은 회전하는 가열원통의 표면에 박막상으로 농축유를 흘려 건조하는 방법이고, 분무 건조법은 농축유를 건조실에 분무하여 건조하는 방법으로 가장 널리 보급되어 분유제조에 이용되고 있다. 동결건조 방법은 다른 건조방법에 비해서 건조비용이 높다는 단점이 있지만, 식품의 이화학적 변화를 최소화하고, 습윤성(wettability)이 뛰어나며, 향미성분이 잘 보존되는 특징이 있기 때문에 열처리에 민감한 생리활성 물질의 건조와 초유중의 면역글로불린의 생산에 응용되고 있다. 농축유 중의 수분은 유리수분(free water)라고 할 수 있다. 유리상태의 수분을 제거하는 방법에는 증발(evaporation)과 기화(vaporization) 2가지가 있다. 증발은 수분을 제거하기 위한 표면의 포화 수증기압이 대기압과 동일한 드럼건조에서 수분을 제거하는 원리이며, 기화는 수분을 제거하기 위한 표면의 포화증기압이 대기압보다 낮은 분무건조에서 수분을 제거하는 원리이다. 동결건조의 기초 이론은 고체에서 기체로 변화하는 현상, 즉 승화(sublimation)현상이다. 여기서는 분무건조방법을 이용한 분유제조에 대하여 자세히 알아보도록 하겠다.

1) 전지분유

전지분유는 전유를 원료유로 하여 예열, 예비농축 및 건조에 의하여 만들어지는 것으로 분무건조법에 의한 전지분유의 제조공정은 그림 4-20과 같다.

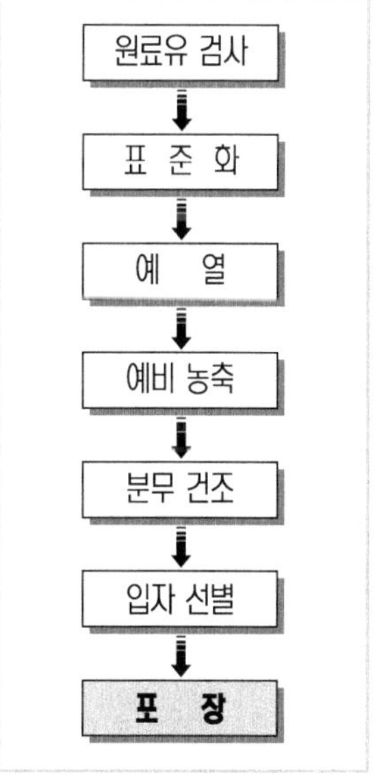

그림 4-20 전지분유의 제조공정

(1) 원료유의 검사와 표준화

원료유의 풍미, 알코올 시험, 온도, 비중, 이물질, 산도, 지방률 및 세균수 등을 검사하여 신선한 우유만을 원료로 사용한다. 검사가 끝난 원료유는 여과 및 청정을 거쳐 저유탱크에서 5℃ 전후로 냉각한다. 원료유가 일정량이 되면 혼합시료를 취하여 지방률을 검사한 후 제품의 규격에 따라 표준화한다. 원료유의 지방률이 낮으면 크림을 가하고, 지방률이 높으면 탈지유나 탈지분유를 가한다.

(2) 예열(preheating, forewarming)

분유 제조시의 예열의 목적은 주로 분유의 보존시에 유해한 lipase, peroxidase 등의 효소를 파괴하고, 대장균, 포도상구균 등의 세균을 사멸시키기는데 있지만, 단백질의 열변성을 최소화하여 분유의 용해성을 향상시키기 위해 장시간의 가열을 피하고 단시간의 가열처리를 하는 것이 일반적이다. 따라서 오늘날에는 보통 관상 가열기나 평판식 열교환기로 70 ~ 85℃에서 15 ~ 30초 살균하는 HTST법이나 초고온순간살균기로 120 ~ 150℃에서 1 ~ 2초 살균하는 UHT 법이 이용되고 있다. 특히 UHT법은 세균을 거의 완전히 제거하면서 영양소의 파괴가 적고 우유단백질을 연화시키므로 근래에 주목되고 있다.

(3) 예비농축

예열이 끝난 우유는 즉시 진공농축기에서 농축된다. 분유의 제조시에 우유를 농축하지 않고 바로 건조시켜 분말화할 수 있지만, 건조기에서는 가열공기로 우유를 건조시키므로 금속보다 열전도도가 나쁜 공기를 가열시키는데에는 많은 열과 시간이 필요하다. 그러나 진공농축기에서는 우유가 직접 금속에 접촉하게 되므로 수분의 증발이 빠르고 열효율이 높다. 그러므로 진공농축기에서 예비농축을 함으로써 건조능력을 높이고 제조시간을 단축하여 열과 동력을 단축할 수 있다. 품질면에서도 우유를 농축시키지 않고 그대로 분무하면 분무입자에 많은 기포가 함유되어 적고 가벼운 입자가 되기 때문에 분산성이 떨어지고 용적이 커서 관에 충전시키기 어려우며, 진공충전을 하는 경우에는 공기가 충분히 제거되지 않아 우유의 성분이 쉽게 산화되어 보존성과 품질이 떨어지게 된다.

따라서 열효율을 높이고, 건조시간을 단축시키며, 분유입자의 분산성과 제품의 보존성 및 품질을 향상시키기 위하여 우유를 건조시키기 전에 약 1/4로 농축한다. 이 보다 더 농축하면 용해도가 떨어지고, 덜 농축하면 입자가 뭉치기 쉽다. 1/4로 농축했을 때의 비중은 50℃에서 보오메도로 12 ~ 16° 이고, 고형분은 40 ~ 50%이다.

(4) 분무건조(SD; spray dry)

분무건조는 분무건조기(그림 4-21)의 건조실 내에 열풍을 불어 넣고, 열풍속으로 농축우유를 분무시키면 우유는 무수한 미세입자가 되어 표면적이 크게 증가함으로써 수분이 순간적으로 증발하여 열풍과 함께 밖으로 배출되고, 유고형분은 분말입자의 형태로 변하여 낙하하게 되는 방식이다. 이때 열풍이 갖는 열의 대부분은 기화열로 빼앗기게 되므로 유적(乳滴)이 받는 온도는 50℃ 내외에 불과하며, 또 건조실내에 쌓인 분유는 연속적으로 밖으로 배출되므로 열풍에 노출되는 시간이 짧다. 따라서 분무건조에 의한 분유는 열에 의한 성분 변화가 거의 없다.

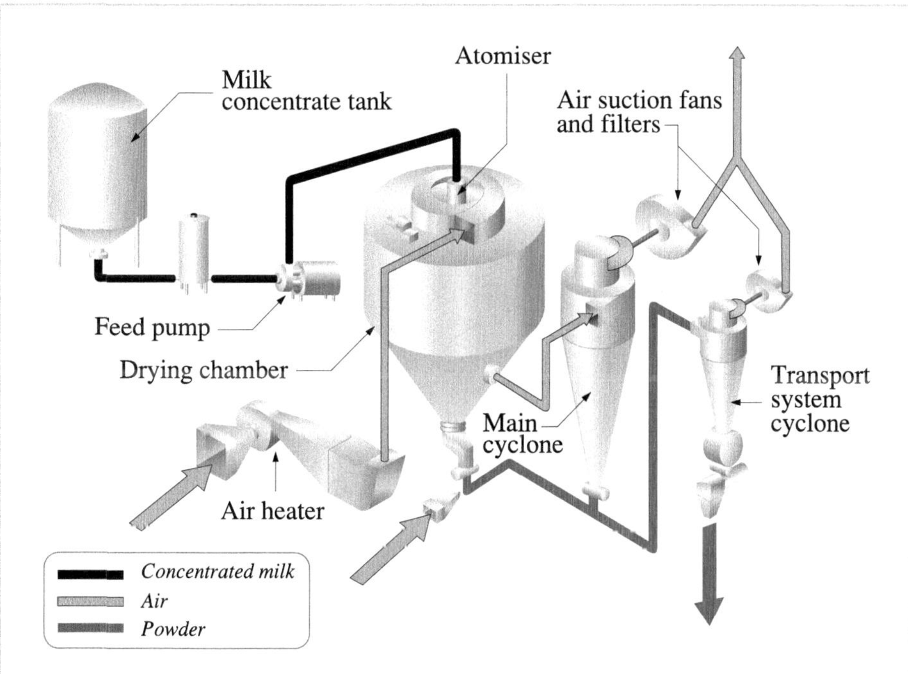

그림 4-21 분무건조기

분무건조법의 개요를 보면 공기 여과기에 의해 청정화된 공기를 가열장치에서 150 ~ 250℃로 가열하여 송풍기에 의하여 건조실로 보낸다. 농축유를 50℃로 가온하여 분무장치(atomizer)에 의하여 건조실내로 분무하여 순간적으로 건조분말로 만든다. 열풍은 배기구에서 증기를 수반하여 실외로 배출되지만, 기류 중에 미분유 입자가 섞여 있기 때문에 도중에 고속 사이클론 콜렉터(cyclone collecter)나 백 필터(bag filter),

습식 집진기(wet scrubber)를 설치하여 분리 회수한다. 건조실 내에 쌓인 분유는 연속적으로 반출되도록 되어 있다.

분무건조장치는 열풍장치, 분무장치, 건조실, 분유의 회수장치 및 분유의 반출냉각장치 등으로 구성되어 있다.

① 건조실

건조실은 분무건조장치의 중심이 되는 중요한 부분으로서 분무된 농축액의 액적으로부터 열풍이 수분을 탈취하여 건조지키는 장소이고, 건조된 분유와 열풍을 분리하며, 건조된 분유를 빨리 반출시키기 위하여 특수한 형태를 갖게 된다. 대표적인 형태로서 원통형, 원추형 및 횡형이 있고, 열풍의 흐름과 분무 방향의 상관관계에 따라 병류형, 향류형 및 혼류형의 세 가지 유형으로 크게 분류된다. 각종 장치의 열풍의 흐름과 분무 방향 및 배풍의 관계를 보면 그림 4-22과 같다.

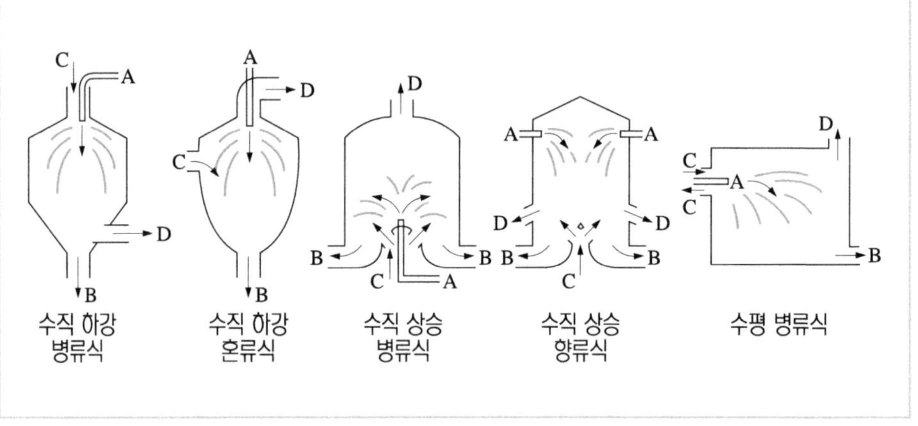

그림 4-22 열풍의 흐름과 분무 방향 및 배풍의 관계

② 분무장치

분무장치(atomizer)는 농축유를 미립화하여 건조 표면적을 증대시키는 장치로서, 압력노즐식분무장치(pressure nozzle atomizer)와 원심력을 이용한 회전원반식분무장치(rotating disk atomizer)가 있다. 압력식(또는 노즐식)은 고압펌프를 이용하여 50 ~ 400kg/㎠의 압력으로 직경 0.5 ~ 1.0㎜의 분무공(orifice)으로부터 건조실내로 분사하는 방식으로서 분무공을 구성하는 장치를 노즐이라고 하며, 그 구조는 그림 4-23

과 같다. 원심식(또는 원반식)은 직경 10 ~ 30㎝의 다익형(多翼型) 또는 다공형(多孔型) 디스크를 이용하여 5,000 ~ 30,000rpm의 원심력으로 디스크 상에 공급된 우유를 원심분무하여 미립화하는 방식이다. 양방식을 비교해 보면 일반적으로 노즐식은 보수 및 관리가 용이하고, 균일한 입자를 얻을 수 있는데 반하여 원반식은 고점도 액체의 미립화가 용이하고, 처리량 및 점도변화에 융통성이 있다.

이 외의 분무장치로서 이류체노즐(two fluid nozzle) 방식이 있지만, 분유의 제조에 있어서는 거의 이용되지 않고 있다.

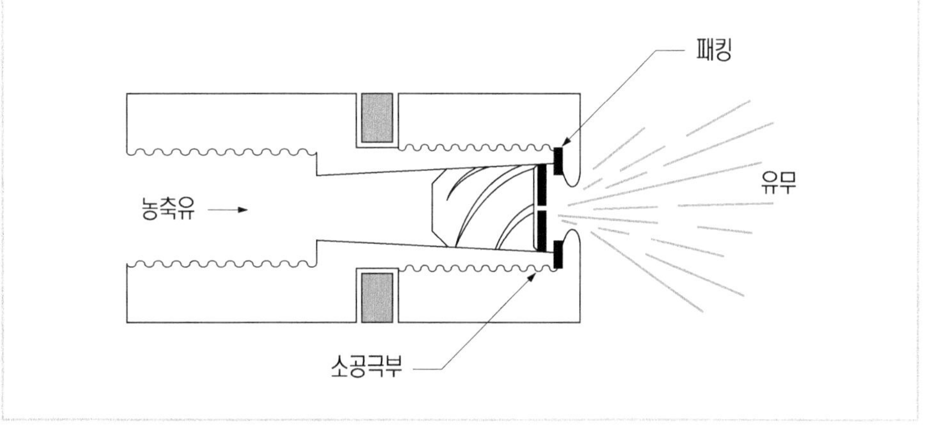

그림 4-23 압력식 스프레이 노즐

(5) 충전 및 포장

분무건조 후의 분유는 냉각공기로 냉각하여 20 ~ 30 mesh의 체를 통하여 거친 입자들을 제거한 다음 계량하여 충전공정으로 보내진다.

분무건조 후의 분유 중에는 상당량의 무수유당(無水乳糖)이 존재하고 흡습성이 강하기 때문에 습도가 높은 조건에서 충전을 하면 분유가 흡습하여 점착성이 있고, 저장중에 고화(固化)되기 쉽다. 또 온도가 높은 상태 그대로 충전하면 덩어리가 생길 수 있다. 따라서 충전시에는 분유를 충분히 냉각시켜야 하며, 건조한 곳에서 취급되어야 한다.

일반적으로 전지분유는 26 ~ 28%의 지방을 함유하고 있어서 산화 등의 화학변화를 받기 쉽기 때문에 소매용의 소포장의 경우 질소가스 충전포장이 행해지고 있다.

2) 탈지분유

탈지분유는 원료유로부터 대부분의 지방분을 분리하고 남은 탈지유를 건조한 것으로 분유공업에서도 큰 비중을 차지하고 있다. 제조는 삼원원심기의 발달에 따라 전지분유와 같은 설비라인을 이용하기 때문에 제조방법도 거의 같다. 주요 차이점은 농축보메도(19 ~ 20도, 50℃)나 농축유의 점조도가 약간 다르기 때문에 가열조건이나 스프레이 노즐의 구경이 다소 다르다는 점이다.

3) 조제분유

유아용 조제분유(modified milk powder, infant formula milk powder)가 생산되기 시작할 당시인 초기의 제품은 분유에 설탕이나 탄수화물을 첨가한 정도에 불과하였으나, 오늘날에는 분유 제조기술의 발전과 유아의 영양생리에 대한 연구가 많이 진전되어서 우유의 성분조성, 영양강화, 무기질의 조성, 커드의 연화, 비피더스균의 성장조건의 개선 등 인공적인 처리에 의하여 모유와 상당히 유사한 제품을 생산할 수 있게 되었다. 그러나 이화학적인 성질에 있어서 많은 차이가 있는 우유로부터 모유와 똑같은 제품을 생산한다는 것은 사실상 어려운 일이며, 모유에 가까운 제품을 생산하기 위하여 각 업체들이 나름대로 연구 개발하여 상품화하고 있기 때문에 물리적인 상태나 성분조성이 비슷하더라도 제조공정이나 첨가물의 종류 등에 있어서 많은 차이점이 있다. 그렇지만 제조공정의 기본은 전지분유의 경우와 거의 같다. 즉 조성의 표준화에 있어서는 지방치환, 열안정성 비타민이나 무기질의 첨가, 단백질의 조정 등이 있다. 열에 안정한 비타민은 비타민 A, D, E이고, 이들은 비타민유(油)나 결정으로서 직접 또는 리놀산 주체의 치환유지(置換油脂)에 미리 혼합 · 용해한 다음 첨가된다. 단백질 조정은 우유 단백질 중의 카세인과 유청단백질과의 비율(약 5 : 1)을 인유 중의 비율인 약 1.6 : 1에 가깝도록 하는 것으로서, 이온교환처리로 탈염한 치즈 유청의 첨가나 효소처리에 의한 카세인의 부분적인 분해 또는 이들을 조합시킨 방법이 이용되고 있다. 표준화 후에는 전지분유와 같이 살균, 농축, 분무건조한 다음 냉각시키고 나서 당류 및 열에 불안정한 수용성 비타민(B1, B2, B6, B12, C)을 첨가하여 자동혼합기에서 균일하게 혼합한다. 수용성 비타민을 농축시에 첨가하여 건조후에는 조합하지 않는 방법도 일부 채용되고 있지만, 이런 경우에는 그 후의 처리에 의한 소모량을 고려하지 않으면 안된다.

4) 인스탄트 분유

소비자가 분유를 음용하기 위하여 환원시킬 때 물에 쉽게 풀리지 않고 덩어리가 되는 불편을 개선하여 즉시 용해되도록 만든 분유를 인스탄트 분유라 한다. 분유의 인스탄트화는 1954년에 미국의 Peebles가 인스탄트 탈지분유를 고안한 것이 효시이다. 일반적으로 분무법에 의한 분유는 100㎛ 이하의 미립자로 물에 투입했을 때 침강속도가 늦고, 표면이 습윤, 용해되어 내부로의 물의 침투를 방해하므로 환원시에 덩어리를 생성하기 쉽다. 따라서 내부에 스폰지 상의 모세관 구조를 가진 집합입자를 만듦으로써 물의 내부로의 침투가 빠르게 되기 때문에 수면 상에서 덩어리를 만드는 일이 없고, 개개의 입자는 침강하면서 용해되는 성질을 갖게 된다. 이와 같은 성질을 갖는 분유를 인스탄트분유라 통칭하고, 그 특질은 다음의 다섯 가지에 의하여 결정된다. 즉, 습윤성(wettability), 침투성(penetrability), 분산성(dispersibility), 침강성(sinkability) 및 용해성(solibility)이다.

(1) 제조방법 및 장치

분무건조공정과 완전히 분리하여 별도로 인스탄트화의 처리를 하는 분리공정방법(2공정법)과 분무건조할 때 분유입자가 큰 과립상이 되도록 하는 공정을 분무공정에 포함시키는 연속공정방법(1공정법)이 있다. 이와 같이 인스탄트 분유의 제조방법에는 원료로서 분유를 재습윤시켜 조립(造粒)하는 2공정법과 원료유로부터 바로 제조하는 1공정법이 있다. 단, 재습윤법인 2공정법은 인스탄트 전지분유의 제조에는 적합하지 않다.

① 습윤식 instantizer : 인스탄트 탈지분유의 제조법으로 이용되는 일반적인 방법이다. 원료분유를 유동식의 instantizer에서 습윤공기 또는 증기에 의하여 10 ~ 20%의 수분을 함유하도록 가습하고, 조립관(造粒管, agglomcration tubc)에서 조립(造粒) 후 재건조, 냉각하여 수개의 입자가 집합된 단립구조(團粒構造)가 되도록 한다. 이 새로운 입자는 다공질로서 용해시에 물이 모세관 현상에 의하여 내부로 흡수되기 때문에 습윤성과 분산성이 높다. 또 유당의 대부분이 1분자의 물을 흡수하여 α -유당결정형으로 변환시킴으로써 입자표면에 습윤층이 형성되지 않기 때문에 용해시에 덩어리가 생기지 않는다. 대표적인 제조장치로서 Cherry-Burrel, Blaw-Knox, Niro 및 Anhydro 등이 있다.

② 직통식 instantizer : 원료유로부터 1공정으로 제조하는 방식으로 instantizer가 분무식 건조기와 직결되어 있다. 현재 이 방식에 의한 대표적인 장치로서 Niro와 Anhydro가 있다. Instantizer는 진동유동식으로 조립(造粒), 열풍건조 및 열풍냉

각 등 3개의 주요 부분으로 구성되어 있고, 수분함량이 약 6% 전후로 분무건조된 분유는 instantizer에서 직접 배출된다.

(3) 인스탄트 전지분유

재습윤 및 재건조 공정에 의한 전지분유의 인스탄트화는 유지방의 산화와 유리지방산의 증가에 의해 풍미가 저하된다. 그래서 인스탄트전지분유의 제조는 직접 조립(造粒)에 의하지 않으면 안된다. 또 외국에서는 재습윤 대신에 레시틴 등의 습윤제를 첨가하는 방법이 개발, 실용화되고 있다. 직접조립법(直接造粒法)으로서 포말식 건조법(foam mat drying)이 있는데, 이 방법은 47 ~ 50%의 농축유를 57℃에서 균질화시킨 후 질소가스를 취입시키고 바로 13℃로 급냉시킨 다음 진공건조시켜 포말상의 건조물을 분쇄하는 방법이다.

3. 분유의 품질

분유는 각종 유제품의 원료가 될 뿐만 아니라 제과, 제빵 및 조리식품의 원료로서도 폭넓게 쓰이는데, 분유제조시의 열처리의 강도에 따라 사용적성(使用適性)이 달라진다. 저열처리분유는 환원우유와 치즈 등의 환원유제품에, 그리고 고열처리 분유는 제빵 이나 초콜릿 등의 제조에 적합하다. 분유는 저수분인 까닭에 미생물의 생육이 어려우므로 상온에서 보관할 수 있으나, 분유 중의 지방이 장기간 보존하는 동안에 산화하여 풍미의 저하를 가져온다. 따라서 탈지분유는 약 3년간 보존할 수 있으나, 전지분유는 6개월에 불과하다. 이 때문에 전지분유나 조제분유는 용기 중의 공기를 질소가스로 치환하여 지방의 산화를 방지함으로써 보존성을 높이는 방법이 쓰이고 있다.

분유의 이화학적 품질 특성 및 저장중의 변화를 보면 다음과 같다.

1) 분유입자

(1) 모양과 크기

분유입자의 모양과 크기는 제조방법에 따라 다르다. 분무식 분유는 농축된 우유를 건조실 안에 아토마이저로 분무하기 때문에 입자는 구상이고 기포가 있다. 이러한 입자는 보통 단구형이지만, 일부 서로 붙어서 포도상을 이루는 수도 있다. 입자의 크기는 원심분무식은 그 직경이 평균 100㎛, 압력분무식은 45㎛이다.

(2) 기포

분무식 분유의 입자에는 보통 기포가 있으나 없는 경우도 있다. 기포의 크기도 입자에 따라 상당히 차이가 있으며, 기포의 상태는 원료의 종류와 제조방법에 따라 다르다. 즉, 전지유로부터 제조되는 전지분유는 탈지유로부터 제조되는 탈지분유보다 기포수가 더 적은데, 이것은 전지유에 있는 유지방의 소포작용에 의한 것으로 알려져 있다. 또 농축이 많이 될수록 기포수가 적어지는데, 그 이유는 농축될수록 점도가 증가하기 때문이다.

(3) 밀도

분유의 밀도는 분유입자의 내부구조와 입자의 크기에 따라 좌우되며 제조조건에 의하여 결정된다. 분무식 분유의 입자는 구형이고 조직이 조밀하므로 밀도가 높다. 분무공이 크거나 원반이 작을수록 분유입자가 크므로 밀도가 높고, 분무압력이 높거나 원반의 회전속도가 빠를수록 입자가 작으므로 밀도가 낮다. 또 농축도가 높을수록 입자에 함유되는 기포의 수가 적으므로 밀도가 높고, 열풍온도가 높을수록 고열에 의하여 입자가 팽창하므로 밀도가 낮다.

2) 분유성분의 상태

(1) 지방

분유입자 중의 지방구의 크기는 원심분무식 분유는 1 ~ 3㎛이고, 압력분무식 분유는 1 ~ 2㎛로서 압력분무식 분유의 경우 가압에 의하여 지방구가 균질화되므로 다소 작다. 분무건조된 분유의 유리지방 함량은 3 ~ 4%에 불과하지만, 저장온도, 습도 및 기간 등의 저장조건에 따라 유리지방 함량의 변화가 심하다. 유리지방이 많으면 분유의 보존성에 나쁜 영향을 미치는데, 건조전의 균질화에 의하여 그 양을 저하시킬 수 있다.

(2) 유당

건조직후의 분유의 유당은 비결정형의 무수유당의 상태로 있으나, 흡습성이 강하므로 공기 중에 오래 노출되면 결정화하여 α -유당수화물로 되며, 유당의 비율이 상대적으로 높은 탈지분유가 흡습성이 높다. 일반적으로 α -형과 β -형 유당의 구성비는 건조온도에 따라 약간 차이가 있으나, 대체로 1 : 1.5의 비율로 평형상태를 이룬다.

(3) 단백질

단백질은 분유입자 중에서 비결정 유리상 유당 안에 카세인 입자가 분산되어 있는 것으로 추정되는데, 이러한 분유 중의 카세인의 이화학적인 상태는 우유로의 환원성을 좌우하므로 단백질이 자연상태로 보존되도록 주의하여 건조해야 한다. 우유로 환원했을 때의 불용성 침전물은 주로 인산 3 석회를 흡수한 변성 칼슘카세인이다. 단백질의 변성에 의한 불용성은 가열에 의한 것이다.

3) 분유의 색

전지분유나 탈지분유의 색은 모두 담황색이지만, 산도가 지나치게 높은 우유를 중화하여 사용하거나 고온으로 오래 가열된 농축유로 생산된 분유는 갈색화된다. 저장중의 갈색화는 분유의 수분 함량이 5% 이상일 때 일어나며, 저장온도 37℃ 이상에서 장기간 저장할 때 일어난다. 갈색화의 원인은 주로 유당의 카라멜화와 유단백질의 유리아미노기와 유당의 카르보닐기와의 사이에 일어나는 maillard 반응에 의한 것이다. 분유는 갈색화에 의하여 풍미의 저하, 용해도 감소, pH 저하 및 가용성 유당의 감소를 초래한다.

4) 분유의 용해도

분유의 용해성은 분유를 이용하는데 있어서 가장 중요한 성질이다. 분무건조된 전지분유의 결점으로서는 덩어리의 형성, 분산불량, 침전 등을 들 수 있다. 분유입자의 분산이 불량한 이유는 과도한 가열과 부적절한 저장에 있으며, 분유의 지방함량이 높을수록 유리지방함량이 증가하여 분산이 어렵게 된다. 또 분유의 산도가 높을 때에도 용해도가 낮아지며, 원유의 산도가 높을 때 농축, 건조 등의 공정에서 열에 의하여 단백질은 더 불안정상태가 되어 심한 변성을 일으키고 분유의 용해도를 낮게 한다.

5) 분유의 보존성

분유의 보존성 중에서 가장 문제가 되는 것은 풍미의 변화이다. 분유의 특유한 풍미는 제조공정중에 유단백질의 변성에 의하여 생기는 것이다. 분유의 보존중에 일어나는 풍미의 변화는 지방과 관계되는 지방분해취와 지방산화취 및 단백질과 관계되는 고취(또는 진부취)의 생성이다.

(1) 지방분해취

지방분해취는 butyric acid의 냄새와 비슷한 산성 자극취로, 우유 중에 함유되어 있는 지방분해효소에 의하여 지방이 가수분해되어 butyric acid를 위주로 하는 휘발성 지방산이 유리되기 때문이다. 이를 방지하려면 가열처리에 의하여 지방분해효소를 파괴해야하고, 또 지방분해효소는 세균에 의해서도 생성되므로 세균수가 적은 양질의 원유를 사용해야 한다.

(2) 지방산화취

지방산화취는 썩은 우유의 냄새와 비슷한 이취로 지방의 산화생성물에 의한 것이다. 즉 불포화지방산과 인지질이 산화되어 알데히드, 케톤, 락톤 등을 생성하고 이들이 불쾌취의 원인이 된다. 그러므로 지방산화취는 유지방을 많이 함유하는 전지분유의 중요한 풍미결함의 하나이다. 지방산화취의 발생은 공기, 광선, 중금속, 원료유의 산도, 산화효소 및 레시틴과 같은 산화촉진물질이나 수분함량이 관계되므로 공기배제 및 질소가스 충전, 빛의 차단 및 냉소보관, 구리 등의 중금속의 혼입 방지, 산도가 낮은 원료유의 사용, 고온단시간의 예열처리에 의한 산화효소의 파괴, 레시틴 등의 산화촉진물질 제거 및 제품의 수분함량의 감소 등을 통하여 방지할 수 있다.

(3) 고취(古臭)

고취는 주로 탈지분유의 저장중에 일어나는 변화이지만, 전지분유의 비지질부분에서도 변화가 일어난다. 일반적으로 분유를 습도나 온도가 높은 곳에 저당할 때 유단백질의 유리아미노기와 유당의 카르보닐기의 사이에 maillard 반응이 일어나 갈색화되고 고취를 발생한다.

제 2 편

식육 및 식육가공품

제 1 장 식육과 육가공산업현황

I. 식육과 육가공산업의 역사

1. 식육산업의 역사

식육산업은 현대의 대부분의 다른 산업계와 달리 선사시대에 그 근거를 둔다고 볼 수 있다. 식육생산은 사냥을 통한 동물획득에서부터 시작하여 가축화를 이룩하면서 축산으로 발전하였다. 원시인들은 불을 사용하기 전부터 고기를 건조시켰고, 훈연과 염지 기술은 호머(B.C.1000년) 시대보다 훨씬 이전에 확립되었다. 소시지 제조도 유럽에서는 시저시대이전에 일반적으로 수행되었고, 아시아에서는 중국에서 남북조시대(A.D. 420~589)에 이미 개발된 것으로 알려진다.

식육산업은 크게 신선육 산업과 가공육산업으로 구분할 수 있다. 서구 유럽에서 유래된 식육산업은 원래 식육소비가 신선육으로부터 시작하였으므로 그들이 신선육으로 소비하기를 좋아하는 부위는 주로 신선육 유통되어 왔다. 그러나 서구 유럽에서는 오래전부터 가공육제품의 수요가 많아 정육점업자가 가공육생산을 같이하게 되어, 신선육뿐만 아니라 가공육 제품까지 매장에서 판매하는 형태(독일의 Metzgerei, 미국의 Butcher's Shop)를 유지 해오면서 식육산업이 발전하여왔다. 따라서 신선육 판매와 연계하여 가공육을 생산 판매하는 상호보완적인 유통을 할 수 있는 구조를 갖추고 있다.

국내 식육산업은 산업이라고 불리게 된 것은 그리 오래전 일이 아니다. 서구유럽과 다르게 국내 식육산업은 도축과 신선육 유통, 식육가공업자가 모두 별개 산업으로 서로 연계가 없이 최근 까지 유지되어 왔다. 그러나 국가 경제가 발전하면서 국내소비자들의 고기 소비량이 증가하기 시작하고(그림 1-1) 1990년대에 들어와서는 신선육은 본격적으로 산업으로 자리를 잡기 시작하였다.

반면에 가공육은 일제 강점기에 일본인들이 시작한 사업에 기초하여 1960년 초 대륙식품, 조일식품공업사, 동양식품과 1960년대 말 크라운공업, 오리온식품, 진주햄소시지 등 중소기업규모의 공장에서 주로 값싼 어육을 원료로 한 소시지 제품을 주로 생산하는 산업구조를 유지하여 오다가 1970년대 이후 한국냉장, 대한종합식품, 한국식품공업, 대림식품, 펭귄, 남부햄, 롯데햄, 제일제당, 대상, 동원산업, 축협중앙회 한성기업, 하림 등 중견 및 대규모 회사들이 참여하면서 축육제품으로 전환되어져 1985년에는 어육제품이 70%를 점하던 것이 1990년대 중반에는 20% 이하로 떨어졌다. 결국 국내 가공육산업은 서양처럼 신선육 산업이나 축산업과 밀접한 관계를 유지하면서 발전하지 못하고 완전히 별개의 산업으로 발전하여 왔다. 이러한 현상에는 신선육 수급을 오로지 축산과 소비자의 신선육 소비에만 국한시켜 정책을 이끌어 온 정부정책의 잘못도 한 몫을 하였다. 이러한 결과는 소비자들의 신선육 소비가 극명하게 선호 부위와 비선호 부위로 구별되면서 부위별 소비 불균형이 심각한 실정이다. 특히 돼지고기의 경우 삼겹살의 선호가 높아 많은 양이 수입되기도 하지만, 그 외 저지방 부위의 소비가 저조하여 부위별 가격편차가 심각한 실정이다. 이러한 문제를 해결하기 위해서 정부에서는 2012년 육가공품 제조 · 유통 활성화 방안을 마련하여 서구 유럽과 같이 일반 정육점에서도 소시지와 같은 식육가공품을 생산 판매할 수 있게 하였다. 또한 장기적으로는 축산업, 도축산업, 육가공산업이 함께 연계된 산업으로 발전하면서 상호보완적인 관계를 유지할 수 있는 구조를 이루어야 할 것이다.

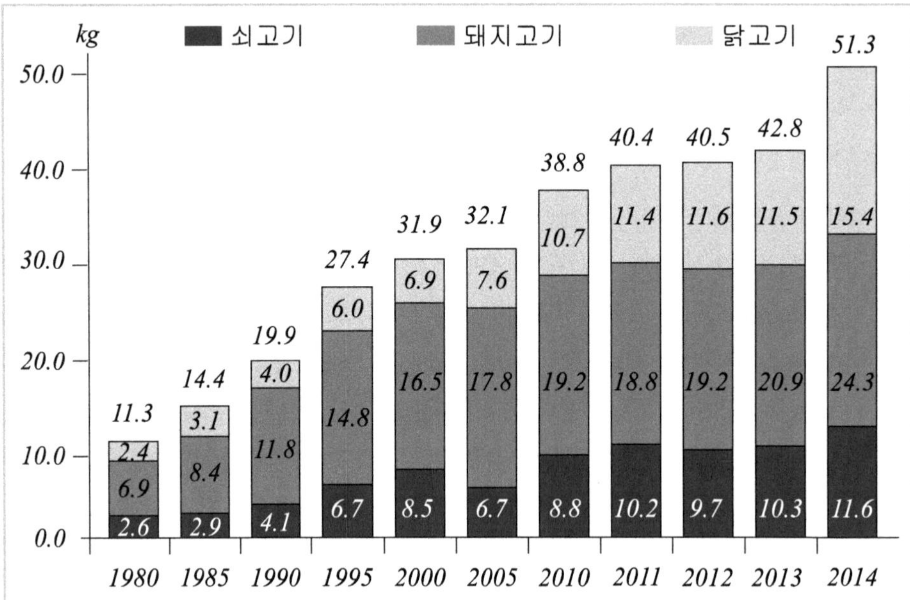

그림 1-1 한국의 연간 육류 소비 증가양상
자료 : 농협중앙회, 각 연도, "축산물 가격 및 수급자료"

2 식육자원

식육이란 식품으로 쓰일 수 있는 동물의 조직으로 근육조직뿐만 아니라 부산물도 식육에 포함된다. 식육은 사육되는 포유동물의 조직인 적육(red meat), 가금의 조직인 가금육(poultry meat), 민물이나 바닷물의 어패류의 조직인 어육(sea food), 야생동물이나 수렵동물의 조직인 수렵동물육(game meat)과 같이 크게 4가지로 구분된다. 그러나 일반적으로 서양에서는 식육이라고 하면 적육만을 의미하고 국내에서는 적육과 가금육을 포함하는 의미로 사용된다.

이러한 식육생산을 목적으로 사육된 동물을 육축(meat animals)이라고 부르며 우리나라의 주요 식육자원으로는 소, 돼지, 닭이 있다. 우리나라 축산물가공처리법에 규정되어 있는 가축으로는 소, 말, 산양, 면양, 돼지, 닭, 토끼, 사슴, 오리, 거위, 칠면조, 메추리, 꿩 등이 있다. 그러나 생산된 가축이 주로 식용으로 쓰일 때에만 일반적으로 육축이라고 부른다.

1) 우육(beef)

국내에서 소비되는 우육은 주로 한우에서 생산되는 국내산 한우육과 미주, 호주 등에서 수입되는 수입육이 대부분이다. 국내산 우육의 일부는 우유생산을 위해 사육되는 젖소인 홀스타인(holstein)의 노폐우 또는 숫송아지에서 얻어진다. 한우는 한국 원산으로 기원전 2000여 년 전부터 사육되어 일소로 주로 이용 되어 오다가 근대화와 더불어 주로 고기생산을 위해 개량되어 왔다. 한우는 온순하고 체구는 성숙한 암컷이 400~500kg 정도로 크지 않은 편이며, 모색은 주로 황갈색이지만 흑색도 있다. 지금까지 한우육의 우수성에 관한 많은 연구가 이루어져 있으며, 그 육질은 세계적으로 우수한 육질로 평가받고 있는 일본의 화우(和牛)에 견주어 뒤지지 않는 것으로 알려져 있다.

소와 관련된 용어를 살펴보면, 생후 3개월 미만의 어린 송아지는 vealer, 3~8개월령 송아지는 calf, 16주령 송아지는 runner 혹은 stirk, 약령 거세우는 steer, 성년 거세우는 stag, 미경산우는 heifer, 암성우는 cow, 그리고 황소는 bull이라고 한다.

2) 돈육(pork)

돼지(swine, hog, pig)는 가축 중 유일하게 주로 고기(pork)만을 생산하기 위하여 사육되는 동물이다. 국내에서는 삼겹부위(베이컨)가 많이 나오는 랜드레이스가 많이 사육되고 있는데, 지금은 듀록, 라지화이트, 햄프셔, 랜드레이스 등을 교배시켜 최종 삼원교잡종 비육돈을 생산하여 사육하고 있다.

돼지에 관련된 용어를 살펴보면, 성숙한 수돼지는 boar, 성숙한 암돼지는 sow, 성숙한 거세돼지는 stag, 약령거세돼지는 barrow, 그리고 미경산 돼지를 gilt라고 한다.

3) 계육(chicken meat)

닭(chicken)은 고기만을 생산하는 육계(broiler)와 계란을 생산하기 위해 사육되는 채란계(layer) 등이 있다. 국내 양계산업은 주로 채란양계가 주축을 이루어 발전해 왔으나 외국에서 도입된 육계의 급속한 보급으로 지금은 육계산업과 채란계 산업이 별도로 발전하고 있다. 채란이 끝난 닭은 노계(spent layer)라고 하여 외국에서는 주로 사료자원으로 이용되나, 국내에서는 한때 육계와 구분 없이 판매되기도 하였으나, 육질이 질기고 풍미가 약해 차츰 가공육으로 이용되어 왔다. 그러나 계란의 생산 증가와 더불어 늘어난 노계의 효과적 활용은 여전히 양계산업의 중요한 과제로 남아 있다.

닭의 나이와 성에 따라 부르는 용어가 다른데, 병아리는 성에 관계없이 chick, 어린 닭은 poussin, 10개월령 미만의 수탉은 stag, 10개월령 미만의 암탉은 pullet, 10개월령 이상의 성숙한 암탉은 hen, 성숙한 수탉은 cock, cockerel 혹은 rooster이라 하고, 13주령 이하의 1.4kg~1.8kg인 것은 broiler 혹은 fryer라 하며, 3~5개월령의 1.8kg~2.7kg인 것은 roaster라 한다. 닭고기는 chicken meat 혹은 poultry meat라고 하는데 poultry는 가금을 총칭하는 의미로 더 많이 쓰인다.

4) 양고기

양(sheep)의 경우 고기 생산을 위해 서포크품종이 주로 사육되나 양모생산을 같이 할 수 있는 코리데일 등이 생산되고 있다. 국내에서는 아직 양고기의 소비가 많지 않아 본격적인 생산은 이루어지고 있지 않다. 양과 관련된 용어를 살펴보면, 암양은 ewe, 숫양은 ram, 혹은 tup, 게서숫양은 wether 혹은 hoggett, 새끼양은 kid라 부른다. 고기는 2~12개월령 양의 것은 lamb, 12~23개월령의 양고기는 yearling mutton, 24개월령 이상의 양의 것은 mutton이라 부른다.

3. 한국 육류소비 패턴의 변화

국내의 식육소비량은 꾸준히 증가하여 2014년 기준 한국의 1인당 연간 육류 소비량은 OECD 회원국 평균(63.5kg)과 유럽연합(EU) 회원국 평균(63.0kg)보다는 낮지만, 일본 중국보다 많은 51.3kg이다 (그림 1-1). 한국인은 돼지고기(24.3kg)를 가장 많이 소비했으며, 닭고기는 15.4kg, 쇠고기는 11.6kg 소비했다. 1인당 연간 육류 소비량이 가장 많은 국가는 미국(89.7kg)이었다. 가장 소비가 적은 나라는 방글라데시로 연간 소비량이 2.1kg 수준이었다. 미국의 소비량은 방글라데시의 43배 수준에 이르렀다. 육류별로 보면 쇠고기 소비는 아르헨티나(41.6kg)가 가장 많았다. 돼지고기를 가장 많이 소비하는 국가는 중국(32.0kg)이었으며 닭고기 소비는 이스라엘(63.0kg), 미국(44.5 kg), 사우디아라비아(43.5kg) 순으로 많았다. 이스라엘은 유대교, 사우디는 이슬람교 율법상 소나 돼지고기를 먹지 못해 닭고기를 주로 소비한다. 1인당 국내총생산(GDP)이 3만달러가 넘는 국가일수록 돼지 · 소고기보다 닭고기의 소비가 많은 경향이 있다. 이스라엘, 미국을 포함해 호주, 캐나다, 뉴질랜드 등이 육류 중 닭고기의 소비 비중이 절반에 육박했다. 이는 소득이 높은 나라에서 건강에 대한 관심 때문에 지방함량이 낮은 백색육을 선호하기 때문으로 분석된다.

표 1-1 주요 OECD국가의 2014년 육류 소비량 단위 : kg

구분	계	쇠고기	돼지고기	닭고기
한국	51.3	11.6	24.3	15.4
미국	89.7	24.5	20.7	44.5
캐나다	68.1	18.0	17.1	33.0
중국	47.1	3.7	32.0	11.4
일본	35.5	7.0	14.9	13.6

자료 : 농림축산식품부, 경제협력개발기구(OECD)

제 2 장 식육의 과학

Ⅰ. 식육의 화학적 조성

축산물 가공처리법에 의하면 식육(meat)이란 식용을 목적으로 하는 가축의 지육, 정육, 내장 및 기타 부분을 말한다. 지육(carcass)은 가축을 실신시켜 즉시 방혈한 후 박피하거나 털을 뽑은 다음 내장을 적출하고(신장 제외), 두부, 사지단 및 꼬리 부분을 제거한 것으로 뼈를 포함하여 근육, 지방조직, 건, 결합조직 및 혈관 등으로 이루어진다. 보통 소, 돼지 및 양의 지육의 무게는 각 생체 무게의 약 55, 75 및 50% 정도이다. 이 지육에 대한 근육조직의 비율을 보면 소는 49 ~ 68%, 돼지는 36 ~ 64%, 그리고 양은 45 ~ 65% 정도이며, 보통 소, 돼지 및 양의 경우 생체 무게의 약 30 ~ 40%를 근육으로 보고 있다.

식육의 화학적 조성은 표 2-1에서 보는 바와 같다. 즉, 수분이 약 72 ~ 76%, 조단백질이 약 20%, 조지방이 약 2 ~ 7%, 그리고 회분이 약 1% 정도의 비율로 조성되어 있다. 식육에 포함되는 일반성분은 수분, 단백질, 지방 및 회분이 주된 것이지만, 이들의 성분비율은 축종, 연령 및 영양상태 등에 따라 다르다. 또한 동일개체에 있어서도 부위에 따라 다르다. 특히 성분비율 중에서도 지방함량이 변동의 요인이 되기 쉬우며, 이에 따라 수분함량이 영향을 받는다. 그러나 이와 같이 단순한 성분조성을 가지고 식육이 갖는 성질이나 변화를 이해할 수는 없다. 식육은 매우 복잡한 생물학적 구조를 가지고 있고, 동시에 수축이라고 하는 기능을 가진 단백질을 주성분으로 한 근육이 도축에 의하여 식육으로 변화되기 때문에 근육 중에 약 20% 정도 함유되어 있는 단백질을 중심으로 하여 다른 구성성분들의 분포 및 함유량을 알아보는 것이 근육에서 식육으로의 변화과정이나 식육의 성질을 이해하는데 무엇보다 중요하다.

표 2-1 식육의 화학적 조성

종류	열량(㎉)	수분(%)	조단백질(%)	조지방(%)	회분(%)
우　육 1)	144.00	72.04	20.78	6.16	1.02
자우육 2)	112.00	75.85	20.20	2.87	1.08
돈　육 3)	143.00	72.01	21.07	5.88	1.04
양　육 4)	134.00	73.40	20.29	5.25	1.06
영계육 5)	119.00	74.57	21.39	3.08	0.96
계　육 6)	111.00	75.90	20.33	2.70	1.07

1-4) lean only　5) broiler, flesh only　6) chicken, flesh only

1. 수분

동물의 근육 중에 들어 있는 수분은 세포구조와 밀접한 관계가 있을 뿐만 아니라 영양소나 대사산물, 호르몬 및 노폐물을 혈관을 통하여 운반하는 역할을 담당하고, 생체 내에서 일어나는 화학반응에서 매질로서의 역할도 매우 중요하다. 이러한 수분은 식육 중에 약 70% 정도 함유되어 있어서 식육의 중량이나 가공의 측면에서 볼 때 매우 중요한 성분이며, 식육의 다즙성, 연도, 색 및 맛 등의 품질과 저장성에도 크게 영향을 미친다.

식육의 수분함량에 영향을 미치는 요인에는 여러 가지가 있지만, 식육의 구성성분만을 토대로 보면, 주로 지방의 축적정도에 따라 수분함량이 달라진다고 할 수 있다. 일반적으로 식육 중의 지방함량이 많을수록 상대적으로 수분함량은 감소한다.

물 분자(H2O)는 극성으로서 산소 원자(O) 쪽으로는 음(-) 전하를 띠며, 상대적으로 두 수소 원자(H) 사이에는 양(+) 전하를 띠고 있어 근육단백질의 전하를 띠고 있는 잔류기들과 전기적 결합을 할 수 있다.

특히 수분은 근육단백질과 아주 밀접한 관계가 있다. 식육 중에 존재하는 수분은 근육단백질과의 결합상태에 따라 결합수, 준결합수(고정수) 및 자유수(유리수)로 구분한다(그림 2-1).

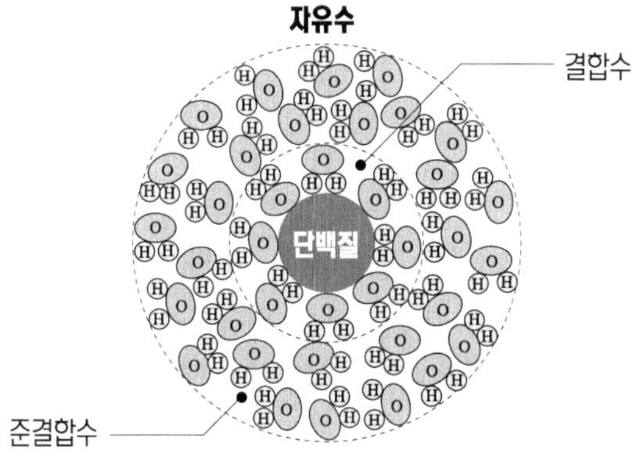

그림 2-1 결합수, 준결합수 및 자유수의 기본 개념도

결합수는 물 분자의 배열이 단백질 전하에 의해 좌우되는 단층수 영역의 수분으로 총 수분 함량의 4 ~ 5% 정도이다. 이 영역의 물 분자는 근육단백질의 친수성기(-NH2, -COOH)와 전기적으로 강하게 결합되어 있어서 ① 용질에 대해서 용매로 작용하지 못하고, ② 대기 중에서 100℃ 이상으로 가열해도 제거되지 않으며, ③ 0℃ 이하의 낮은 온도(-18℃)에서도 얼지 않는다. 또한 ④ 미생물의 생육에 이용되지 못하고, ⑤ 근육조직에 강한 물리적 힘을 가해도 유리되지 않는다.

준결합수는 단층수 영역의 결합수 외부에 여러 층으로 존재하는 물 분자끼리 수소결합으로 결합되어 있는 다층수 영역의 수분으로 이 영역의 물 분자는 결합수에 이끌려서 그 이동이 어느 정도 제한되고, 물 분자에 대한 단백질 전하의 영향력이 결합수에 비해 약화된 수분층이다. 이 준결합수의 경우에는 근육조직에 강한 물리적 힘을 가하면 유리될 수 있다.

자유수는 단백질 분자와 멀리 떨어져 있어서 단백질 전하의 영향력이 전혀 미치지 않는 영역의 수분으로 이 영역의 물 분자는 모세관 현상에 의해 근섬유 사이에 자유로이 존재한다. 이와 같이 자유수는 자유롭게 유리된 상태로 존재하고 있어서 ① 염류, 당류 및 아미노산 등의 수용성 물질에 대해 용매로 작용하거나 단백질, 탄수화물 등의 분산매로 작용하고, ② 100℃ 이상으로 가열하거나 건조에 의해 쉽게 제거되며, ③ 0℃ 이하의 온도에서 잘 언다. 또한 ④ 미생물의 생육에 이용되고, ⑤ 근육조직에 강한 물리적 힘을 가하면 쉽게 유리된다.

1) 보수력

식육의 보수력(water holding capacity)이란 식육에 물리적인 힘을 가할 때 그 식육이 수분을 잃지 않고 보유할 수 있는 능력을 말한다. 여기서 물리적인 힘이란 절단, 분쇄, 압착, 열처리, 냉동, 해동 및 진공포장 등의 외부에서 가해지는 힘을 말한다. 예를 들어 식육을 진공포장하여 오랫동안 냉장상태로 두면 진공포장지 내에 액즙이 많이 빠져나와 있는 것을 볼 수 있는데, 이는 식육이 진공포장에 따른 압력에 의해 단백질과의 결합력이 약한 준결합수나 자유수가 유리되었기 때문에 나타난 결과이다. 이러한 보수력은 여러 가지 물리적 처리 시에 식육이 준결합수와 자유수를 얼마나 잘 보유하느냐에 따라 결정된다고 할 수 있으며, 육가공에 있어서 매우 중요한 의미를 갖는다.

특히 식육은 무게로 판매되기 때문에 보수력이 좋지 않아서 수분이 밖으로 빠져 나오게 되면 빠져 나온 물의 무게만큼 경제적 손실이 발생한다. 이렇게 보수력이 나쁜 식육은 관능적으로 푸석푸석하여 다즙성에 결함이 있고 맛이 좋지 않으며, 식육가공품의 제조 시에도 그 가공적성이 좋지 않다.

일반적으로 식육의 보수력은 도축직후가 최대이고, 그 후 점차 감소되기 시작하여 최대경직기에 최소로 된다. 그 주된 원인은 pH의 저하와 사후경직이다. 도축직후의 우육에 물을 가하여 균질한 다음 pH에 따라 보수력을 측정한 결과는 그림 2-2에서 보는 바와 같다. 즉 우육의 보수력은 pH 5 부근에서 최소를 보이고 있다. 이 pH는 액토미오신(actomyosin)의 등전점에 상당한다. 액토미오신의 등전점에서는 양(+)과 음(−)의 전하량이 같기 때문에 반대의 전하끼리 서로 끌어당기는 힘이 생겨 단백질 분자 간의 거리가 가까워지게 된다. 이로 인해 단백질이 만든 구조체의 간격이 좁아지게 되고 거기에 간직되어 있던 수분이 빠져나와 보수력이 감소된다.

도축직후의 근육은 pH가 7.0 부근이지만, 최대경직기에는 pH가 5.6 이하로 저하된다. 이와 같이 도축직후부터 최대경직기에 이르는 사이에 pH가 저하됨에 따라 보수력이 점차 저하되지만, 그림 2-2의 도축직후(2시간)와 사후경직기(24시간) 우육의 pH 변화에 따른 보수력의 감소량의 변화를 보면, pH의 저하에 의해서 감소되는 양보다 더 많은 양의 보수력의 감소가 일어나고 있음을 볼 수 있다. 이 여분의 보수력의 감소량은 사후경직에 기인하는 것임을 알 수 있다. 즉, 사후 근육 중에 ATP가 감소함에 따라 사후경직이 개시되고, ATP가 완전히 고갈되면 근원섬유단백질인 액틴(actin)과 미오신(myosin) 간에 불가역적인 상호결합에 의하여 액토미오신(actomyosin)이 형성되며, 이에 따라 사후경직기에 이르게 된다. 이 시기에는 굵은 필라멘트와 가는 필라멘트 간의 단단한 상호결합으로 두 필라멘트 사이의 간격이 좁아져서 물 분자가 존재할 수 있는 공간이 없어지게 되어 보수력이 저하되는 것이다.

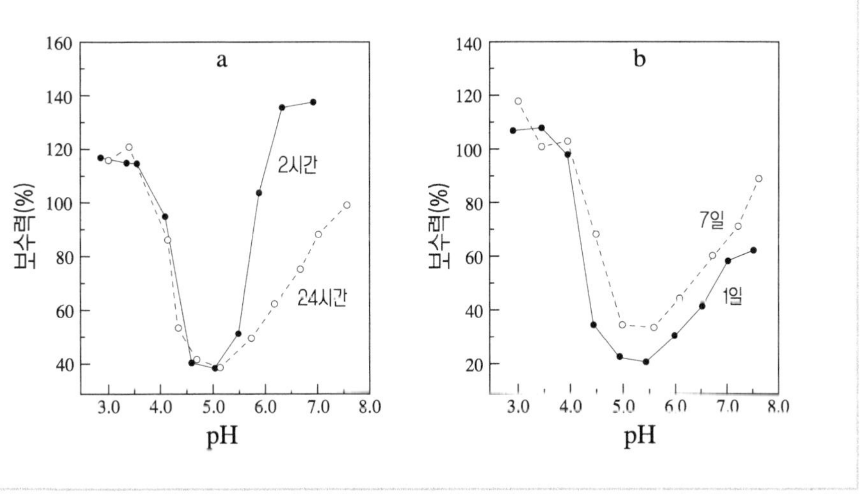

그림 2-2 우육의 pH에 따른 보수력의 변화

숙성에 의하여 보수력의 일부는 회복된다. 숙성 중에는 pH의 변화가 크게 일어나지 않기 때문에 보수력의 회복은 해경에 의한 것이라고 할 수 있다. 즉, 해경에 의해 근원섬유의 구조강도가 감소하여 물 분자를 보유할 수 있는 구조체 간격이 증가하게 되고, 또 굵은 필라멘트와 가는 필라멘트 간의 결합력이 감소함에 따라 물 분자가 존재할 수 있는 공간이 생겨서 보수력이 회복된다고 할 수 있다.

식육을 가열하면 수분이 반드시 분리되는데, 이것은 단백질이 열변성하여 물 분자를 배제한 분자회합체를 형성하기 때문이다. 가열 전 분자 간의 거리가 짧으면 치밀한 회합체를 만들기 쉽기 때문에 정상육이 pH가 높은 DFD 육보다 가열에 의해서 발생하는 분리 수분의 양이 많다.

2) 수분활성도

식육에 함유되어 있는 수분은 식육 내에서 여러 가지 중요한 역할을 하므로 그 함량은 매우 중요한 의미를 갖는다. 또 식육의 저장 시에는 수분함량이 대기 중의 상대습도에 따라 크게 변화되므로 식육의 저장성에 영향을 준다. 즉, 수분함량이 70%인 식육을 상대습도가 55%인 환경에 놓으면 수분의 증발로 식육표면이 건조되어 미생물의 증식이 다소 어렵지만, 반대로 상대습도가 85%인 환경에 놓으면 주변 수분의 흡수로 수분함량이 증가되어 미생물의 증식이 용이하게 된다. 또한 수분함량이 동일하여도 식염 등의 첨가에 의하여 자유수의 양을 줄이면 미생물이 이용할 수 있는 수분의 양이 줄어들어 저장성이 향상된다. 이러한 관점에서 식육의 수분함량과 저장성과의 관계를 놓고 보면, 미생물의 생육에 실제로 영향을 주는 수분의 양은 식육의 총 수분함량이 아니라 대기 중의 상대습도나 미생물이 이용할 수 있는 수분의 양이다. 그래서 이상의 두 가지 측면을 고려하여 나타낸 것이 수분활성도(water activity, Aw)이다.

다시 말해서, 식품 중에서 구속받지 않고 자유로이 이동할 수 있는 수분, 즉 식품 중의 자유수의 양을 나타내는 척도로서 수분활성도의 개념이 도입되어야 함을 알 수 있다.

수분활성도는 어떤 임의의 온도에서 식품 내에 존재하는 수분의 수증기압에 대한 그 온도에 있어서의 순수한 물의 수증기압의 비율로 정의된다. 수분활성도(Aw)는 다음 식으로부터 구할 수 있다.

$$Aw = \frac{P}{Po} = \frac{N_1}{N_1 + N_2}$$

단, 여기서 P : 식품의 수증기압, Po : 순수한 물의 증기압, N_1 : 용매의 mole수, N_2 : 수용성 용질의 mole수이다.

위의 식에 의해 수분함량 100%(순수)일 때, P = Po이므로 Aw는 1, 무수물일 때 P =

0이므로 Aw는 0, 따라서 일반 식품 중의 수분의 양은 무수물과 순수의 사이에 있으므로 일반 식품의 수분활성도는 0 〈 Aw 〈 1의 범위이다.

수분활성도는 미생물의 생육과 깊은 관계가 있다. 일반적으로 미생물이 생육 가능한 최저 수분활성도는 세균이 0.9, 효모가 0.88, 그리고 곰팡이가 0.80 정도이다. 그리고 일부 호염성 세균은 0.75, 내건성 곰팡이는 0.65, 내삼투압성 효모는 0.6의 수분활성도에서도 생육이 가능한 것으로 알려져 있다.

일반적으로 식육의 부패는 미생물의 번식에 의해 초래되는데, 이 미생물의 번식은 수분활성도에 의해 크게 좌우된다. 식육은 다른 식품들에 비해 수분활성도가 높은 편이어서 미생물에 의해 쉽게 부패될 수 있다.

따라서 식육 및 육제품의 수분활성도를 될 수 있는 한 낮추는 것이 그 저장성을 향상시키는 길이다. 수분활성도를 낮추기 위한 방법으로는 ① 식염이나 설탕 등의 용질의 첨가, ② 농축 및 건조에 의한 수분의 제거, ③ 동결온도강하 등을 생각할 수 있다. 또한 지육의 보관 시에 대기 중의 상대습도를 낮춰서 저장성을 향상시킬 수 있으나, 송풍속도가 빠르고 상대습도가 낮을 경우 지육의 탈수로 인한 감량으로 경제적 손실이 생기고, 반대로 송풍속도가 느리고, 상대습도가 높은 경우 지육의 표면에 생성된 응결수에 의해 미생물의 증식이 촉진되어 부패하기 쉬우므로 지육을 보관할 경우에는 송풍속도와 상대습도의 관리가 매우 중요하다.

2. 난백질

단백질은 근육에 있어서 근섬유의 구소를 형성하고, 동시에 수축의 기능을 갖고 있다. 이와 같이 생체 내에서 생리기능을 수행하기 때문에 가장 중요한 성분이다. 또한 식육으로서는 고급 단백질의 중요한 공급원이다.

근육 중의 단백질을 생화학적인 성질의 차이나, 존재하는 위치에 따라 구분하면 ① 근원섬유단백질, ② 근형질(근장)단백질, ③ 육기질단백질로 대별할 수 있다. 또한 이들은 용매에 대한 용해성이 서로 다르므로 용해성에 따라 분류하면 근장단백질은 물이나 저농도의 염용액에 잘 용해되므로 수용성 단백질이라 하고, 근원섬유단백질은 고농도의 염용액에 잘 용해되므로 염용성 단백질이라 하며, 육기질단백질은 고농도의 염용액에도 잘 용해되지 않으므로 불용성 단백질이라 한다.

1) 근원섬유단백질

근원섬유단백질은 근원섬유를 구성하는 단백질로서 근육의 구조를 이루고 특유의 수축기능을 가진 중요한 단백질이며, 전 근육단백질의 약 60%를 차지한다. 근원섬유를 구성하는 각 구성단백질의 전 근원섬유단백질에 대한 비율은 표 2-2와 같다. 즉, 근원섬유단백질의 약 70%가 미오신(myosin)과 액틴(actin)이다. 이 두 단백질은 근수축 메커니즘에 있어서 직접적인 역할을 하므로 수축단백질이라 한다. 그 외에 약 10%는 트로포닌(troponin)과 트로포미오신(tropomyosin)으로 이루어져 있으며, 이 두 단백질은 액틴과 미오신의 상호작용을 조절함으로써 근수축에 관여하므로 조절단백질이라 한다. 그 외에 M 단백질과 C 단백질 등의 미량 조절단백질, 코넥틴(connetin)과 Z 단백질 등의 골격단백질이 함유되어 있다.

표 2-2 근원섬유 구성단백질

단백질	존재 위치	전 근원섬유단백질에 대한 비율(%)
미오신	굵은 필라멘트	48
액 틴	가는 필라멘트	22
트로포미오신	가는 필라멘트	5
트로포닌	가는 필라멘트	5
α-액티닌	Z선	2~3
β-액티닌	가는 필라멘트	〈 1
C-단백질	굵은 필라멘트	2~3
M-단백질	M선	3~5
코넥틴	제3 필라멘트	10

(1) 수축단백질

식육단백질을 구성하는 가장 기본적인 수축단백질은 미오신과 액틴이다. 이 두 단백질은 근육단백질에서 가장 중요한 근원섬유단백질의 약 70%를 차지하고 있어 고기의 품질을 결정하는 매우 중요한 역할을 한다.

ⓐ 미오신

미오신은 굵은 필라멘트(thick filament)를 구성하는 단백질로 그 양은 근원섬유단백질의 약 48%를 차지한다. 이 단백질은 신선한 근육에 3배량의 염화칼륨 용액(0.3 M KCl, pH 6.5)을 가하여 저온에서 10분간 추출한 후 원심분리하여 얻을 수 있다.

미오신 분자의 구조는 그림 2-3에서 보는 바와 같다. 즉, 서양배 모양의 두 개의 두부와 막대 모양의 미부로 이루어진 섬유상 단백질로 분자량은 약 52만이다. 그 길이는 160 nm, 미부의 폭은 2nm, 두부의 폭은 7 nm이다. 또 두부에는 분자량 약 20만의 중쇄(Heavy chain, H쇄) 2개과 그 두부의 중쇄부분에 분자량이 약 2만인 세 종류의 경쇄(Light chain, L쇄) L_1, L_2 ; L_3, L_2로 이루어져 있으며, 이들이 바르게 짝지어져야 비로소 생물활성이 나타나게 된다. 미오신은 트립신(trypsin)과 키모트립신(chimotrypsin) 등의 단백질분해효소로 처리하면 ATPase 활성과 액틴 결합능을 가진 HMM(heavy meromyosin)과 글로불린의 성질을 가지고 있는 LMM(light meromyosin)으로 분해되고, 다시 이 HMM은 파파인(papain) 등의 단백질분해효소로 처리하면 HMM S-1(subfragment-1)이라고 하는 ATPase 활성과 액틴 결합능을 가진 성분과 HMM S-2(subfragment-2)라고 하는 80%가 α -helix인 HMM의 미부에 상당하는 성분으로 분해할 수 있다.

미오신은 근수축과 밀접하게 관련되어 있는 3가지의 생물활성을 가지고 있다.

① 생리적 조건(이온강도와 pH) 하에서 근원섬유의 굵은 필라멘트를 형성한다. 이 굵은

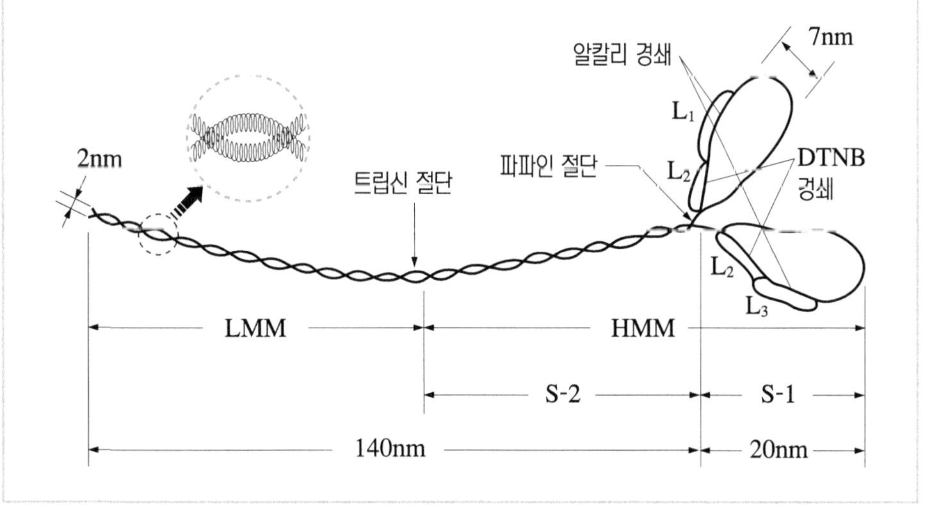

그림 2-3 미오신의 구조와 각 부분의 명칭

필라멘트는 미오신 단백질 분자가 250개 정도 모여서 이루어진다.

② 가는 필라멘트(thin filament)의 주성분인 액틴 중합체(F-actin)와 결합하여 액토미오신을 형성한다.

③ ATP를 ADP와 무기인산으로 가수분해하는 ATPase 활성을 갖는다.

이들 중에서 ①은 미오신 분자의 미부에, ②와 ③은 두부에 각각 활성을 갖고 있다.

굵은 필라멘트는 그림 2-4에서 보는 바와 같이 중앙에서 양방향으로 뻗쳐 회합하고 있고, 중앙부분은 굵은 필라멘트의 미부를 묶는 역할을 하는 C 단백질이 감겨있다. 돌출한 HMM의 두부는 가는 필라멘트와 상호작용하는 돌기를 형성하고 있다. 그래서 중앙부에는 M 단백질이 결합한다

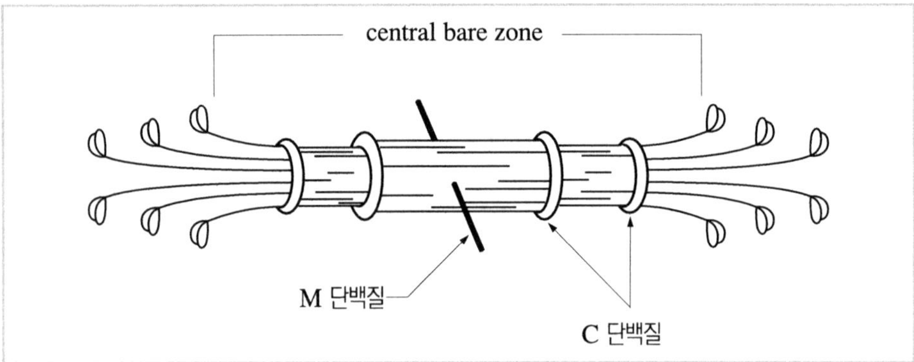

그림 2-4 굵은 섬유 구조의 모식도

근육의 수축은 미오신으로 형성된 굵은 필라멘트의 중심을 향하여 F-액틴으로 형성된 가는 필라멘트가 미끄러져 들어감으로써 일어난다.

ⓑ 액틴

액틴은 가는 필라멘트(thin filament)를 구성하는 단백질로 그 양은 근원섬유단백질의 약 22%를 차지한다.

신선한 근육에서 염화칼륨 용액으로 미오신을 추출하고 난 잔사를 약알칼리용액으로 탈염하고, 아세톤으로 건조시켜 물로 추출하면 얻어지는 것이 구상의 단백질인 G-액틴(globular actin)이다. 이렇게 추출된 G-액틴에는 1분자에 ATP와 Ca^{2+}이 1분자씩 결합되어 있다. G-액틴은 분자량이 42,000이고, 직경이 5.5 nm의 구형이기 때문

에 G-액틴이라 부른다.

이러한 G-액틴이 염주와 같이 중합하여 F-액틴(fibrous actin)이 된다. F-액틴은 그림 2-5에서 보는 바와 같이 G-액틴이 다수 중합하여 이루어진 이중나선구조로 그 길이가 약 10 ㎛인 거대한 분자이며, 근원섬유를 이루는 가는 필라멘트의 골격이 된다. 생체 내의 가는 필라멘트는 F-액틴을 골격으로 하여 그 위에 트로포미오신과 트로포닌이 결합해 있다.

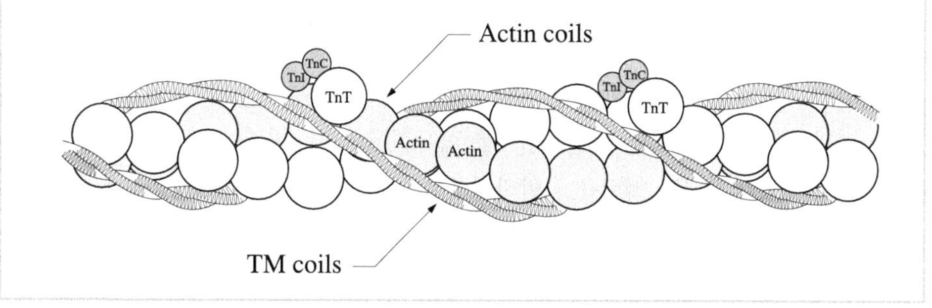

TM: 트로포미오신(tropomyosin), Tnt: 트로포닌-T, TnI: 트로포닌-I(), TnC:트로포닌-C
그림 2-5 가는 필라멘트의 구조

G-액틴에 중성염을 가하면 중합하여 섬유상의 F-액틴으로 변환되고, 다시 이 F-액틴에 염을 제거하면 G-액틴으로 되돌아간다. 이와 같이 G-액틴 1분자에 하나씩 결합되어 있는 ATP, 즉 G-actin · ATP가 탈인산되어 F-actin · ADP로 되고, 또 이 F-actin · ADP를 ATP가 존재하는 용액에 넣어 투석시켜 염을 제거하면 탈중합하여 G-actin · ATP로 되돌아가는데, 이러한 현상을 액틴의 G-F 상호변환(transformation)이라 한다.

$$\text{G-actin} \cdot \text{ATP} \underset{+\text{염},\ +\text{ATP}}{\overset{+\text{염}}{\rightleftarrows}} \text{F-actin} \cdot \text{ADP} + \text{Pi}$$

이와 같이 액틴에는 단일 구상 액틴(monomeric globular actin)인 G-액틴과 중합 섬유상 액틴(polymeric fibrous actin)인 F-액틴의 두 가지 형태가 있는데, 근수축에 관계하는 것은 F-액틴이다. 근육에서 구슬모양의 액틴 분자는 두 줄로 나란히 붙어

가는 필라멘트를 이루며, 이 가는 필라멘트의 다발은 근육에서 양이 가장 많은 단백질인 미오신으로 만들어진 굵은 필라멘트 다발과 교대로 배열되어 깍지를 낀 듯한 모양을 하고 있다. 이 미오신에 있는 가교가 이 액틴에 결합함으로써 근수축이 일어난다.

ⓒ 액토미오신

액토미오신(actomyosin)은 미오신과 액틴의 결합으로 이루어진 가늘고 긴, 수축성을 가지고 있는 단백질로 진한 염화칼륨용액 등에는 녹으나 물에는 녹지 않는다.

신선한 근육을 분쇄하여 3배량의 염화칼륨 용액(0.6 M KCl, pH 8.5)을 가한 다음 저온에서 24 ~ 48시간 추출하면 액틴-미오신 복합체를 주성분으로 하는 천연 액토미오신(natural actomyosin)을 얻을 수 있는데, 이것을 미오신 B라고도 하며, 근육의 수축-이완 사이클에 필요한 단백질인자를 함유하고 있다. 반면에 시험관 내의 염화칼륨 용액 중에서 미오신과 액틴을 혼합하면 합성 액토미오신(synthetic actomyosin)을 얻을 수 있는데, 이것은 천연 액토미오신과는 구별된다.

액토미오신은 염농도가 낮은 곳에서는 침전이 생기는데, 여기에 ATP를 가하면 수축하여 응집된다. 이 현상을 초침전(超沈澱)이라 하여 근육의 수축상태를 나타낸다. 반대로, 초침전이 일어나는 조건보다 약간 높은 염농도에서 ATP를 가하면 침전이 없어지고 액이 투명해진다. 이 투명화 현상은 근육의 이완상태를 나타낸다.

(2) 주요 조절단백질

조절단백질은 액틴과 미오신의 상호작용을 조절함으로써 근수축에 관여하는 단백질로서 근원섬유단백질의 약 10%를 차지한다. 주요 조절단백질로는 트로포미오신(tropomyosin)과 트로포닌(troponin)이 있다.

ⓐ 트로포미오신

트로포미오신(tropomyosin)은 근원섬유단백질의 약 5%를 차지하며, 그 분자량은 약 68,000이다. 트로포미오신 분자는 두 개의 폴리펩티드 쇄(polypeptide chain)가 서로 감겨있는 이중나선구조를 하고 있으며, 가늘고 긴 섬유상을 형성하여 가는 필라멘트의 이중나선 사이의 홈(groove)를 따라서 위치하고 있다. 이때 하나의 트로포미오신 분자는 가는 필라멘트의 이중나선구조에서 7개의 G-액틴 분자의 길이에 걸쳐 있다. 그림 2-5에서는 가는 필라멘트의 액틴, 트로포미오신 및 트로포닌의 관계를 나타내고 있다. 이 트로포미오신의 생리적 기능은 트로포닌과 함께 근육의 수축 · 이완을 조절하는 것이다.

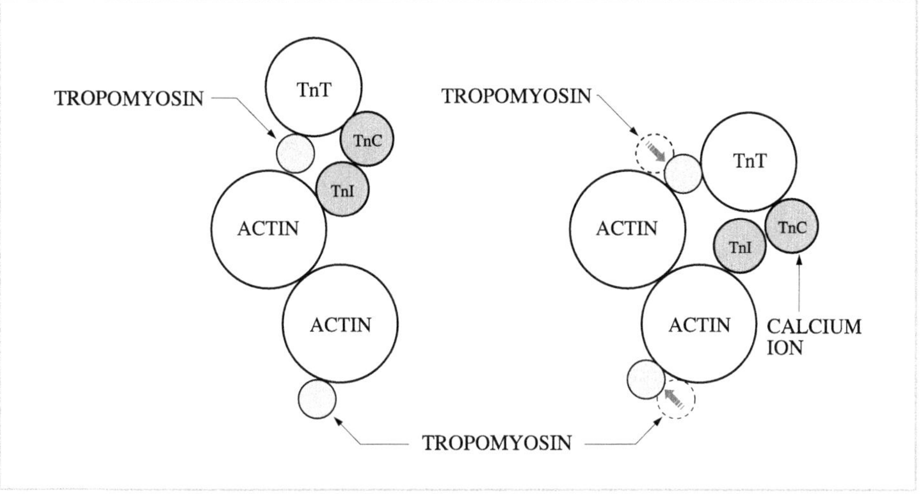

Tnt: 트로포닌-T, TnI: 트로포닌-I(), TnC:트로포닌-C
그림 2-6 액틴, 트로포미오신 및 트로포닌(T, I, C))의 관계

ⓑ 트로포닌

트로포닌(troponin)은 근원섬유단백질의 약 5%를 차지하며, 그 분자량은 약 69,000이다. 트로포닌은 그림 2-6에서 보는 바와 같이 구상단백질로서 트로포닌-T(TnT), 트로포닌-I(TnI), 트로포닌-C(TnC)의 세 가지 성분으로 구성되어 있으며, 이 그림에서는 트로포닌 세 가지 성분과 액틴 및 트로포미오신과의 상호관계를 나타내고 있다. 트로포닌-T는 분자량이 약 30,000으로 트로포미오신과 결합하고, 트로포닌-I는 분자량이 약 21,000으로 액토미오신의 Mg · ATPase 활성을 억세하여 액틴과 미오신의 상호작용을 저해하는 역할을 하며, 트로포닌-C는 분자량이 약 18,000으로 Ca^{2+}과 특이적으로 결합한다. 각 성분은 1 : 1 : 1로 결합하여 트로포닌을 구성한다. 트로포닌은 트로포미오신과 1 : 1의 비율로 결합한다. 트로포미오신과 트로포닌은 가는 필라멘트 이중나선 사이의 홈에 G-액틴 7분자 당 1분자씩 배치되고, 세포 내에 Ca^{2+}농도가 낮을 때는 액틴과 미오신의 상호작용을 억제하지만, Ca^{2+}농도가 상승하면 그 억제작용이 상실된다. 이와 같이 트로포닌은 Ca^{2+}수용체단백질로서 근수축에 중요한 기능을 한다.

(3) 미량 조절단백질

미량 소설난백실에 속하는 단백질은 양적으로 많지 않지만 근원섬유의 고치구조의 유지 및 조절에 관여한다. 이들 단백질이 존재하는 위치에 따라 분류하면 M대에 존재하는 M단백질과 A대에 존재하는 C단백질이 있고, 이들은 그림 2-4에서 보는 바와 같이 굵은 필라멘트의 구조 유지와 조절을 수행하는 역할을 한다. Z선에는 α -액티닌(α -actinin)이 존재하고, 액틴과 결합하여 Z선과 가는 필라멘트의 결합 등에 관여한다. β -액티닌(β -actinin)은 I대에 존재하고 F-액틴의 측면회합을 억제하는 성질이 있어 I대의 길이를 조절하는 역할을 한다.

(4) 탄성단백질

근육이 나타내는 탄력성은 근원섬유의 기본단위인 근절 사이에 굵은 필라멘트를 유지하기도 하고, 가는 필라멘트를 Z선에 결합시키기도 하며, Z선끼리 연결하여 전체적으로 근원섬유로서의 골격구조를 형성하는 동시에 탄력성을 부여하는 단백질이 존재하기 때문이다. 이러한 단백질을 탄성단백질 또는 골격단백질이라 하며, 그림 2-7에서 보는 바와 같이 근원섬유의 장축에 평행한 방향으로 Z선을 연결하여 망상구조를 나타내는 코넥틴(conectin)과 섬유의 사이를 장축에 직각방향으로 Z선에 연결된 데스민(desmin)이 있다.

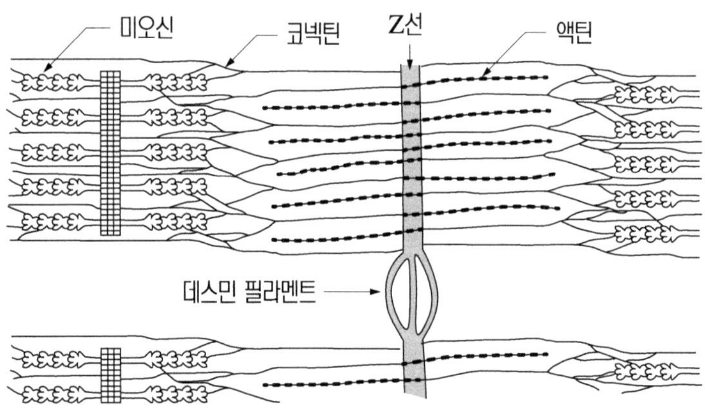

그림 2-7 근원섬유의 골격구조

ⓐ 코넥틴

코넥틴(conectin)은 타이틴 (titin)이라고 불리기도 하는데, 근원섬유를 구성하는 탄성단백질의 일종으로 세포골격을 이루기 때문에 세포골격단백질이라고도 한다. 근원섬유에는 굵은 필라멘트와 가는 필라멘트 이외에 코넥틴을 구성성분으로 하는 제3의 필라멘트가 존재한다고 알려져 있다. 코넥틴은 세포골격단백질 중 가장 많은 양을 차지하고 있는데, 근원섬유단백질의 약 10%를 차지한다. 코넥틴이 형성하는 길이 약 1 ㎛의 가는 필라멘트는 Z선과 굵은 필라멘트를 이어 A대를 근절의 중앙에 위치하도록 하는 역할을 하는데, 이것은 근원섬유의 탄성과 구조의 연속성 유지에 중요하다. 코넥틴에는 불용성의 α 형(분자량 280만)과 가용성의 β 형(분자량 210만)의 두가지가 있으며, 식육의 연화와 밀접한 관련이 있는 것으로 알려져 있다.

ⓑ 데스민

데스민(desmin)은 10nm정도의 중간세사(intermediate filament)로 근형질막과 Z선 핵막을 하나로 둘러싸고 있으며 근절(sarcomere)의 구조적 특성을 부여한다.

ⓒ 네블린

네블린 (nebulin)은 근원섬유단백질의 약 4% 정도 차지하며, 암대부터 Z-선까지 액틴 필라멘트의 전 길이에 걸쳐 있다. 발달중인 근육에선 근원섬유가 형성되는 동안 액틴 필라멘트의 구조형성에 특정 역할을 담당하나 성숙된 근육에서는 엑틴 필라멘트들의 안정성을 위한 틀이나 집합을 위한 기질로서 역할을 한다.

ⓓ C-단백질

C-단백질은 근원섬유단백질의 약 2% 정도를 차지하고 있으며, H-대 양쪽의 각 마이오신 필라멘트를 7개의 C-단백질이 이용되어 이들을 묶는 역할을 한다.

2) 근형질단백질

근세포의 근원섬유 사이의 근형질 중에 용해되어 있는 단백질을 근형질단백질 또는 근장단백질이라 하며, 전 근육단백질의 약 30%를 차지한다. 신선한 근육에 물 또는 낮은 이온강도의 염용액을 가하여 분쇄한 후 원심분리하여 세포기관을 제거한 단백질이 근형질단백질이다. 이 단백질은 물 또는 낮은 이온강도의 염용액으로 추출되므로 수용성단백질이라고도 하며, 그 대부분은 해당계효소이고, 그 외에 인산전이효소, 크레아틴 키나아제(creatine kinase), 색소단백질인 미오글로빈 등이 포함된다.

(1) 색소단백질

척추동물의 색소단백질에는 적혈구에 존재하는 헤모글로빈(hemoglobin : 적색), 근육 중에 존재하는 미오글로빈(myoglobin : 적색), 조직세포 내의 산화환원반응의 전자 전달을 담당하는 시토크롬(cytochrome : 황 ~ 적색) 등이 있다.

식육의 붉은 색은 근육 중의 미오글로빈과 혈액 중의 헤모글로빈에 의해 나타난다. 미오글로빈과 헤모글로빈은 근육과 혈액 내에서 산소의 저장 또는 운반체로 작용한다. 도축을 할 때는 방혈과정을 거치기 때문에 식육의 색깔은 약 80 ~ 90% 정도가 미오글로빈에 의한 것이고, 나머지는 헤모글로빈에 의해서 나타나게 된다. 여기에서는 식육 및 그 가공에 중요한 색소단백질인 미오글로빈에 대해서 서술하고자 한다.

미오글로빈 분자는 헴(heme) 구조에 글로빈(globin)이라는 단백질이 결합되어 있는데, 글로빈은 아미노산 153개의 폴리펩티드(polypeptide)로서 분자량은 17,000 정도이다.

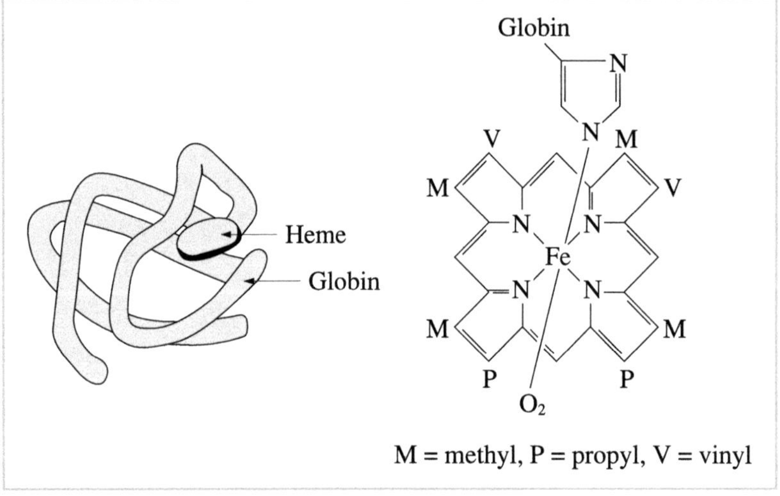

그림 2-8 미오글로빈의 구조

미오글로빈의 구조는 그림 2-8과 같이 글로빈이라고 하는 단백질 부분과 철을 함유한 헴 링(heme ring)이라고 하는 비단백질 부분으로 구성되어 있다. 즉, 헴 구조의 중앙에 있는 철(Fe) 원자는 6개의 원자가 전자를 가지고 있어 6개까지의 결합이 가능하다. 이 중 4개는 헴 구조에 있는 포르피린(porphyrin)에 결합해 있고, 철원자의 5번째 위치는 글로빈 분자의 히스티딘(histidine)과 결합해 있으며, 6번째 위치는 미오글로빈의 화학적 상태에 따라 물분자나 산소분자 또는 다른 물질이 결합될 수 있다.

식육의 미오글로빈 함량은 동물의 종류, 품종 및 연령에 따라 다르다. 동물의 종류에 따른 미오글로빈 함량(배최장근)을 비교해보면 토끼 0.02%, 양 0.25%, 돼지 0.06%, 소 0.50%, 고래 0.91%이고, 고래의 미오글로빈 함량이 높은 것은 그 잠수능력으로 이해할 수 있다.

또 품종 간에도 그 차이가 있다. 특히 말의 경우 경마용 서러브레드(thoroughbred) 종의 배최장근은 상당히 굽혀져 있어서 달릴 때 크게 움직이고, 견인마의 배최장근은 그다지 크게 움직이지 않기 때문에 서러브레드 종의 배최장근의 미오글로빈 함량은 0.77%, 견인종은 0.46%로 큰 차이가 있다. 그러나 요근에서는 큰 차이가 없다.

미오글로빈은 또 연령에 따라 크게 변화한다. 말의 요근 중의 미오글로빈의 증가율을 보면 0 ~ 2년에 42.8%, 2 ~ 12년에 2.1%와 같이 그 함량의 증가는 2 단계의 양상을 보이고 있는데, 초기 2년까지는 급속히 증가하지만, 그 후에는 완만하게 증가한다. 또 훈련이나 운동에 의해서도 미오글로빈 함량이 증가하지만, 그 경우에도 비활동 근육에는 미오글로빈 함량은 증가하지 않는다. 이와 같이 미오글로빈은 단시간의 산소저장기능을 가지고 있음을 알 수 있다.

3) 육기질단백질

육기질단백질은 근육조직을 고농도의 염용액으로 충분히 추출한 후의 불용성 단백질로서 주로 근형질막(sarcolemma), 근내막(endomysium), 근주막(permysium), 근외막(epimysium) 및 모세혈관과 같은 결합조직을 이루고 있기 때문에 결합조직단백질이라고도 하며, 전 근육단백질의 약 10%를 차지한다. 이들 성분의 대부분은 섬유상의 콜라겐, 엘라스틴 및 레티큘린 등의 경단백질이며, 조직의 지지나 결합의 역할을 하고 있다.

(1) 콜라겐

콜라겐(collagen)은 근육 내의 결합조직 외에도 진피, 연골, 인대, 뼈, 혈관 및 건 등에 가장 많이 분포되어 있는 백색의 섬유상 단백질이다. 콜라겐의 기본적인 구조의 단위는 그림 2-9의 ②에서 보는 바와 같이 직경 15 nm, 길이 280 nm의 트로포콜라겐(tropocollagen)이며, 이 트로포콜라겐 분자의 주기(cycle)가 반복되어 긴 섬유가 되고, 이들이 모여 콜라겐섬유(collagenous fiber)를 이룬다.

콜라겐은 특이적으로 글리신(glycine)과 프롤린(proline)이 상당히 많이 함유되어 있고, 다른 단백질에는 비교적 적은 히드록시프롤린(hydroxyproline)이나 히드록시리신(hydroxylycine)을 함유하고 있기 때문에 이 두 종류의 아미노산 함량이 기관 내의 콜라겐 함량의 척도가 된다. 콜라겐의 아미노산 조성을 보면 glycine이 전 아미노산 잔기의 약 1/3, 프롤린과 히드록시프롤린이 약 1/4을 차지하며, 트립토판(trypthophan)은 함유되어 있지 않다. 콜라겐 1차구조의 아미노산 배열은 그림 2-9의 ①에서 보는 바와 같이 glycine-proline-hydroxyproline-glycine-기타 아미노산의 연결이 반복된다.

① −X−GLY−PRO−HYPRO−GLY−X−

②

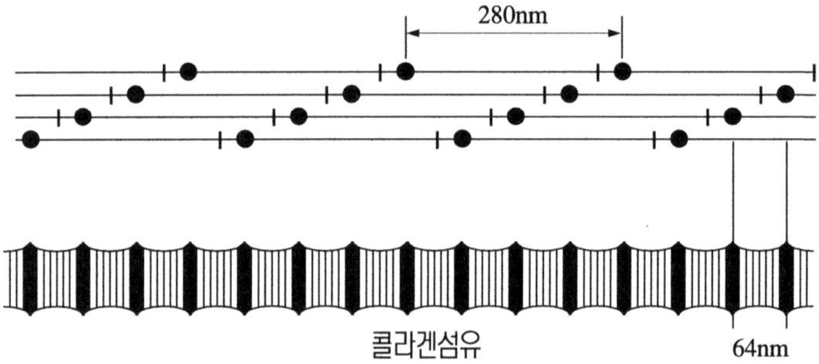

그림 2-9 콜라겐과 트로포콜라겐 분자구조의 모식도

결합조직의 주요 단백질인 콜라겐의 성상은 직접 식육의 경도에 영향을 준다. 콜라겐은 중성염 가용성, 산 가용성 및 불용성의 3종류로 분류되지만, 식육의 경도와 관계되는 것은 불용성 콜라겐의 양이다. 가축의 연령이 증가함에 따라 식육이 질겨지는 것은 콜라겐 분자가 분자 내에 또는 분자 사이에 가교를 형성하여 불용성이 되기 때문이다. 콜라겐은 가열하면 수용성의 젤라틴으로 변화한다. 정강이육과 같이 결합조직이 많은 부위의 식육을 장시간 가열조리하면 연해지는 것은 콜라겐이 젤라틴화하기 때문이다. 콜라겐은 단백질분해효소에 의해서 거의 분해되지 않고 *Clostridium historiticum*과 같은 세균에 의하여 분비되는 collagenase에 의하여 특이적으로 분해된다.

(2) 엘라스틴

엘라스틴(elastin)은 황색의 망상구조의 탄성섬유를 구성하는 단백질로서 운동량이 많은 근육이나 노령 가축의 근육에 많다. 골격근 중에는 매우 적고(0.5%), 맥관, 인대, 건 및 신경계 등에 많이 함유되어 있다. 엘라스틴 섬유의 탄력성은 펩티드 쇄(peptide chain)내 또는 인접 펩티드 쇄 사이의 가교에 의한 것으로 알려져 있다.

엘라스틴은 산, 알칼리 및 열에 대하여 콜라겐 보다 저항성이 커서 안정한 단백질이지만, 트립신에 의해 분해된다. 아미노산 조성은 glycine, proline이 많은 점에서 콜라겐과 유사하지만, 콜라겐과는 달리 hydroxyproline은 1.6%만 함유되어 있고, valine이 많이 함유되어 있으며(18%), 극성이 있는 아미노산은 거의 함유되어 있지 않다. 골격근의 결합조직 중에서 엘라스틴이 차지하는 비율은 적기 때문에 육질에 미치는 영향은 그리 크지 않다.

(3) 레티큘린

레티큘린(reticulin)은 근육조직의 근내막 층에 있는 가는 섬유상의 세망섬유를 구성하는 단백질이다. 세망섬유(reticular fiber)는 아주 가는 섬유들이 서로 얽혀져서 조밀한 세망(reticulum)을 형성하고 있는데, 근섬유나 신경섬유 등의 주위 또는 혈관벽에 존재하며, 물을 가하여 장시간 가열하면 가수분해되어 레티큘린이 된다. 세망섬유는 화학적으로는 콜라겐섬유와 비슷하여 산성펩신에는 분해되지만 알카리성 트립신에는 분해가 잘 안 된다.

3. 지질

지질은 크게 축적지방과 조직지방으로 나눌 수 있다. 피하나 신장주위 및 근간지방 등을 축적지방이라 하고, 근육이나 장기 등의 조직에 있는 지방을 조직지방이라 한다.

축적지방을 형성하고 있는 지방조직의 약 90%는 중성지질이고, 7 ~ 8%가 수분이며, 나머지 2 ~ 3%가 단백질이다. 이에 비해 조직지방은 세포의 구성성분이며, 지방함량이 적게는 1%에서부터 많게는 20% 이상에 달하며, 축적지방과는 달리 중성지질이 적고 인지질 함량이 현저히 많다. 그 외에 대사가 왕성한 근육조직에는 콜레스테롤과 같은 불검화물이 함유되어 있다.

지질의 함량이나 지방산 조성은 동물종, 품종, 연령, 성별, 사료, 환경 및 침착부위 등에 따라 변동한다. 예를 들어 돈육의 지질 함량은 지육의 경우 약 20% 내외이고 정육의 경우에는 약 10% 내외이지만, 살코기의 경우에는 약 2 ~ 5% 정도이다. 또한 영양 상태가 좋고 비육이 잘된 축육은 지방이 내장주위, 피하에서부터 근외막(epimysium), 근주막(permysium), 근내막(endomysium) 그리고 근형질막(sarcolemma)에 이르기까지 침착되어 있고, 특히 혈관계 주변에 많이 축적된다. 이와 같이 근육 사이나 근속 사이에 있는 결합조직에 지방이 침착하고, 더욱더 비육이 진행되면 근섬유 사이에 있는 결합조직에 이르기까지 지방의 침착이 이루어진 것을 이른바 근육간 지방, 근간지방 또는 근내지방이라고 부르며, 이러한 식육을 상강육(Marbled meat)이라 한다. 상강육은 지방의 분포가 한결같이 촘촘하기 때문에 매우 부드럽고, 미각 상 다즙성이 풍부한 느낌을 주기 때문에 육의 맛을 한층 높여준다.

1) 중성지질

축적지방의 주성분인 중성지질의 대부분은 그림 2-10에서 보는 바와 같이 3가 알코올인 글리세롤(glycerol)과 지방산이 에스테르(ester) 결합한 트리아실글리세롤(triacylglycerol)이며, 그 외에 소량의 디아실글리세롤(diacylglycerol), 모노아실글리세롤(monoacylglycerol), 유리지방산, 콜레스테롤(cholesterol) 및 콜레스테롤에스테르(cholesterol ester)를 함유하고 있다.

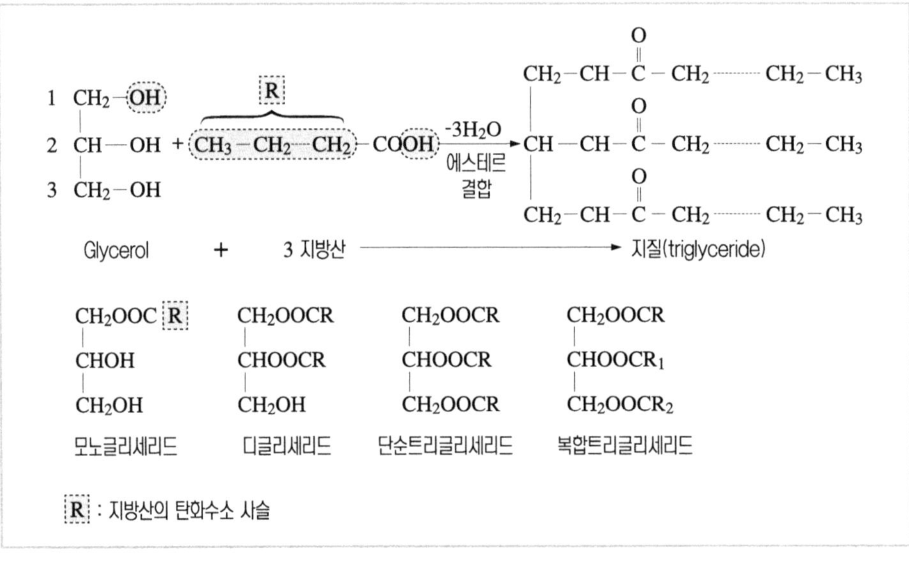

그림 2-10 지질(triglyceride)의 구조

지방산에는 포화지방산($C_nH_{2n}O_2$, n=16의 palmitic acid, n=18의 stearic acid 등)과 불포화지방산($C_nH_{2n-2}O_2$, n=18의 oleic acid ; $C_nH_{2n-4}O_2$, n=18의 linoleic acid ; $C_nH_{2n-6}O_2$, n=18의 linolenic acid 등)이 있다.

중성지질의 성상은 구성지방산의 종류나 양, 또 그것이 글리세롤의 어느 위치에 배치해 있는가에 따라 다르다.

식육의 지방을 구성하는 지방산의 대부분은 표 2-2에서 보는 바와 같이 팔미틴산(palmitic acid), 스테아린산(stearic acid), 올레인산(oleic acid) 및 리놀레인산(linoleic acid)이 차지하고 있다. 동물종에 따라 지방산 조성이 다르기 때문에 각 동물마다 지방의 특징이 다르게 나타나게 된다.

표 2-2 식육의 중성지질의 주요 지방산 조성(%)

	우육	돈육	면양육	마육	토육	계육
Palmitic acid (16:0)	24.7	29.4	24.7	37.4	32.3	26.8
Stearic acid (18:0)	13.4	10.8	18.2	9.8	8.4	5.9
Oleic acid (18:1)	47.1	45.6	47.2	33.8	24.1	42.9
Linoleic acid (18:2)	3.4	5.5	1.8	6.3	16.0	18.8
Linolenic acid (18:3)	0.5	0.4	1.0	4.3	1.2	0.8
포화산	42.4	42.7	47.3	51.8	51.7	33
불포화산	57.4	57.3	52.7	48.3	48.3	67

일반적으로 돈(豚)지의 요오드 값(iodine value)은 반추류보다 높다. 또 우(牛)지나 양(羊)지는 돈지보다 스테아린산이 많고, 리놀레인산이 적다. 돈지의 요오드 값이 높은 것은 주로 리놀레인산의 함량이 높기 때문이다. 마(馬)지는 리놀레인산과 리놀레닌산이 많아 연질이고, 계(鷄)지는 올레인산, 리놀레인산 및 팔미틴산이 주요 지방산이므로 불포화도가 높고 극히 연질이다. 또 지방산 조성의 차이에 따라 지방의 융점이 다른데, 보통 우지는 40 ~ 50℃, 양지는 44 ~ 55℃, 돈지는 33 ~ 46℃, 마지는 30 ~ 43℃, 계지는 30 ~ 32℃ 정도이다. 융점의 차이가 미각에 미치는 영향은 크다. 예를 들어 사람의 체온에 가까운 융점을 가진 돈지를 이용한 햄과 소시지는 차게 먹어도 부드러운 맛이 그대로 남아있다.

2) 인지질

인지질은 글리세롤과 지방산의 에스테르에 인산, 질소화합물 및 당 등을 함유하고 있고, 막구조 부위에 존재하며, 단백질과 함께 생체막의 주요 구성성분이다.

자연계에 존재하는 인지질은 70% 이상이 디아실포스포글리세리드(1,2-diacylphosphoglyceride)이다. 디아실포스포글리세리드는 그림 2-11에서 보는 바와 같이 2몰의 지방산과 1몰의 glycerophophoric acid로 이루어져 있고, 동식물조직에 존재하며, 다른 인지질의 전구물질이다. 여기에 콜린(choline)이 결합해서 레시틴(lecithin, phosphatidyl choline)이 되고, 콜린 대신에 에탄올라민(ethanolamine)이 함유되면 세팔린(cephalin, phosphatidyl ethanolamine)이 되며, 세린(serine)을 함유하면 포스파티딜 세린(phosphatidyl serine)이 된다. 근육 중에는 6가 알코올의 이노시톨(inositol)이 존재하는데, 이것을 함유하는 인지질이 포스파티딜 이노시톨(phosphatidyl inositol)이다.

근육 중에 있는 전 지질 중에서 인지질이 차지하는 비율은 25 ~ 50%나 되지만, 비육이 진행됨에 따라 중성지질의 비율이 증가하고, 상대적으로 인지질의 비율은 감소한다.

인지질을 구성하고 있는 지방산에는 리놀레인산, 아라키돈산(arachidonic acid) 및 C_{20}이나 C_{22}의 고도불포화지방산이 많다. 이 때문에 식육의 저장 중에 인지질은 산화되기 쉬운 경향이 있다.

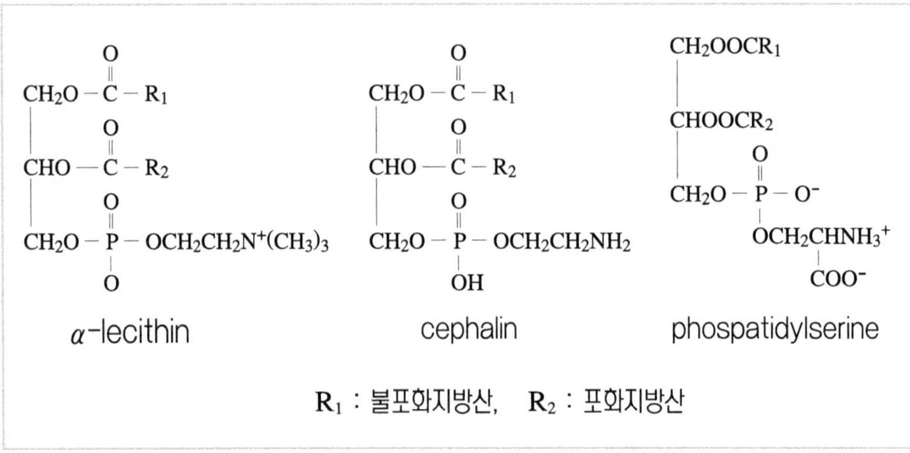

그림 2-11 인지질의 구조식

3) 기타 지질

당지질은 당을 구성성분으로 하는 복합지질의 총칭으로 스핑고신(spingosine), 지방산, 갈락토오스(galactose)가 결합한 것이 세레브로시드(cerebroside, 중성 glycospingolipid)이고, 뇌와 척추에 함유되어 있다. 당지질은 세포벽을 구성하고, 항원성물질로서 혈액형 등의 면역화학 분야에서 이용되고 있다.

콜레스테롤(cholesterol, $C_{27}H_{46}O$)은 스테로이드(steroid) 핵을 가진 알코올로서 유리형 및 지방산에스테르형으로 고등동물의 조직 중에 존재하며, 특히 난황에 많이 함유되어 있다. 콜레스테롤 에스테르(cholesterol ester)의 지방산에는 리놀레인산이 많고, 고도불포화지방산의 대사 및 운반에 관여하고 있다. 또 콜레스테롤은 세포원형질 및 형질막의 성분으로서 물리화학적인 성상을 유지하는 역할을 하고, 담즙산, 스테로이드성 호르몬 및 비타민 D의 전구물질이다.

식육 중의 콜레스테롤 함량 표 2-3에서 보는 바와 같이 약 20 ~ 204 mg%로 식육의 종류와 부위에 따라 차이가 크며 돈육의 어깨부위가 204 mg%로 가장 높고, 이어서 돈육의 등심 및 우육의 등심 순으로 많이 함유되어 있다.

콜레스테롤은 혈류를 따라 순환하며 간에서 합성된다. 간에서 합성되는 콜레스테롤의 양은 보상 메커니즘으로 조절된다. 즉 식사를 통해 섭취된 콜레스테롤의 양이 증가하면 간에서 콜레스테롤의 합성이 감소한다. 혈중콜레스테롤의 과잉은 고콜레스테롤 혈증을 초래하고, 간이나 동맥벽에 축적되어 지방간이나 동맥경화 등의 질병의 원인이 될 수 있다.

리포단백질(lipoprotein)은 동물의 혈청이나 조직 중에 존재한다. 콜레스테롤, 콜레스테롤 에스테르, 인지질 등의 지질이 단백질과 결합된 상태로 존재하고 있는 것을 총칭한 것으로 일반적으로 수용성인데, 혈장 혹은 혈청 중에 존재하는 거의 전부가 수용성으로 얻어지기 때문에 리포단백질의 형태를 이루고 있다. 우리 인간과의 관계를 고려할 때 고지혈증을 위주로 하는 질환에는 혈청 중의 리포단백질이 변동을 나타내고, 동맥경화증, 고콜레스테롤혈증, 당뇨병, 점액수종 등에 높은 수치를 나타내는데, 특히 동맥경화증과 밀접한 관계가 있다. 리포단백질은 고밀도리포단백질(HDL), 저밀도리포단백질(LDL), 초고밀도리포단백질(VHDL) 및 킬로미크론(chylomicron)의 4 종류가 있다. 각종 지질과 단백질을 함유하는 복합체 중에 그 특성이 보다 단백질에 가까운 것을 리포단백질이라 하고, 프로테오리피드(proteolipid)와는 구별된다. 프로테오리피드는 인지질과 리포단백질의 복합체로, 뇌, 심근, 신장, 간장 및 폐장 등에 존재하고, 그 특성이 보다 지질에 유사하기 때문에 프로테오리피드라 하고 있다.

표 2-3 식육 중의 총 콜레스테롤 함량

종류	부위	수분(%)	조지방(%)	총 콜레스테롤 (mg%)	
				유지 중	신선육 중
우 육	뒷다리	68.67	8.45	800	75
	어 깨	67.98	10.29	721	74
	등 심	54.00	34.93	276	96
돈 육	뒷다리	83.91	6.52	985	64
	어 깨	73.90	21.41	1.644	204
	등 심	55.28	27.03	460	116
계 육	가슴살	74.62	2.06	1,906	39
	다리고기	75.49	8.87	227	20
영계육	살코기	73.44	3.68	2,538	93
양 육	뒷다리	76.97	9.38	296	28
	안 심	66.10	12.84	282	36

4. 탄수화물

식육 중의 탄수화물 함량은 소량(약 1.2%)이지만, 대사나 구조 유지의 면에서 중요한 역할을 한다. 콘드로이틴황산(chondroitin sulfate), 히알루론산(hyaluronic acid) 등은 결합조직, 연골, 건 등에서 접착제, 윤활제의 역할을 담당하거나 구성성분을 이루고 있다. 거의 모든 조직에서 대사 생성된 포도당은 글리코겐의 형태로 조직 중에 축적되어 있다. 리보오스(ribose), 데옥시리보스(deoxyribose)는 핵산의 구성성분으로서 유전형질을 전달하기도 하고, 단백질의 생합성을 담당하고 있다.

1) 글리코겐

글리코겐(glycogen, $(C_6H_{10}O_5)_n$)은 고등동물의 중요한 탄수화물 저장형태로 간 및 근육에서 주로 만들어지며, 필요할 때 포도당으로 분해되는 에너지 저장원으로서의 역할을 한다.

글리코겐의 화학적 구조는 그림 2-12과 같다. 즉, 글리코겐은 D-글루코오스(glucose)의 고도 중합체로 1,4 glycoside 결합의 주쇄에 α -1,6 glycoside 결합의 분지를 가지고 있다. 아밀로펙틴(amylopectin)보다 분지가 많고, 분자 전체로서 구형을 이룬다.

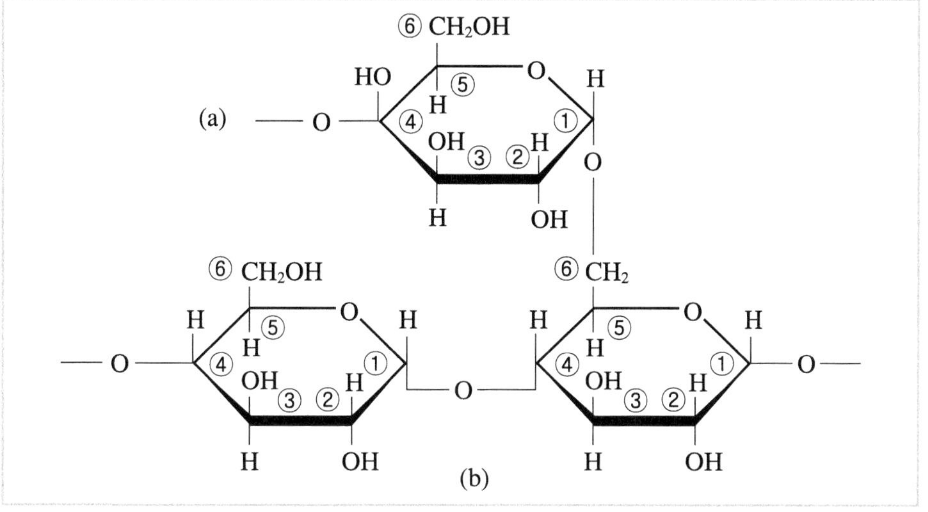

그림 2-12 글리코겐 중의 D-글루코피라노오스(glucopyranose) 단위의 결합방식

근육 운동에 의하여 근육 중의 글리코겐은 포도당을 거쳐 유산으로 분해되는데, 이때 일부는 에너지로 쓰이고, 나머지는 포도당을 거쳐 글리코겐으로 재합성된다(「근수축의 에너지원」, 「사후해당」의 항 참조). 또 사후 근육에 있어서는 사후 해당작용에 의하여 유산으로까지 분해되기 때문에 글리코겐 함량이 최종 pH에 미치는 영향은 크다. 글리코겐 함량은 동물종, 근육의 부위, 도살전의 급이, 운동, 도살전후의 온도환경 등에 따라 차이가 있다. 그 외에 유전적인 질병이 관여하는 것으로 알려져 있다. 예를 들면 α -1,6 결합을 절단하는 glycophospholylase에 결함이 있으면 근육에 과잉의 글리코겐이 축적된다.

일반적으로 글리코겐은 간장과 근육에 저장되는데, 특히 간장에 많이 함유되어 있다. 마육에는 글리코겐 함량이 높고(2% 정도), 돼지의 경우 신생돈의 근육 중에는 글리코겐 함량이 약 7% 정도로 성돈의 1% 정도에 비해 훨씬 많다.

Sharp(1957)에 의하면 사후의 근육에 있어서 글리코겐에서 포도당을 생성하는 아밀라아제(amylase) 활성은 우육, 양육, 마육에 비해 돈육과 토육이 현저히 높기 때문에 돈육과 토육의 근육 중에 포도당의 축적량이 많은 것으로 알려져 있다. 이러한 포도당의 축적량이 많은 육에서는 마이얄 반응(amino-carbonyl 반응, 환원당의 carbonyl group과 아미노산, 펩티드 및 단백실의 아미노기와의 사이에 일어나는 반응)에 의한 갈변화가 일어나기 쉽다.

2) 콘드로이틴황산

콘드로이틴황산(chondroitin sulfate)은 연골을 중심으로 동물의 결합조직에 분포하며, D-글루쿠론산이라고 하는 우론산(uronic acid)과 N-아세틸-D-갈락토사민(N-acetyl-D-galactosamine)이라고 하는 아미노당으로 이루어진 무코다당류의 하나로 점성물질이다. 생체 내에서는 유리되어 존재하지 않고 단백질과 결합하여 콘드로이틴황산 · 단백질복합체를 형성하며, 콜라겐, 엘라스틴 및 히알루론산 등과 함께 생체의 결합조직의 구성에 관여하고 있다.

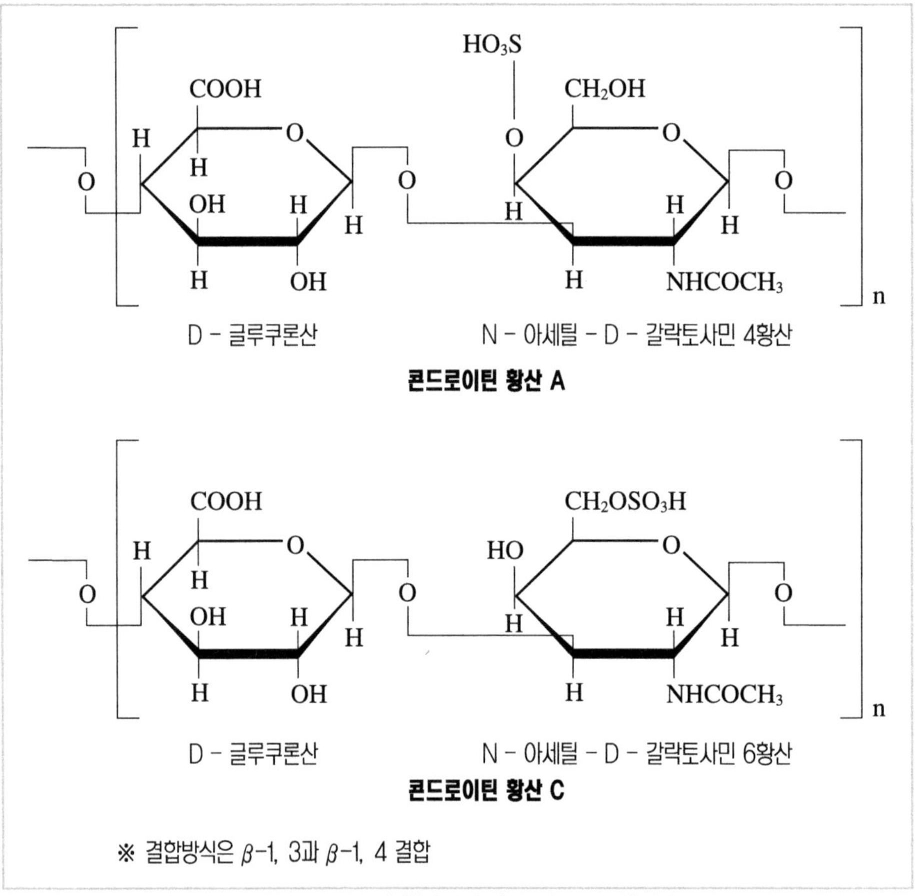

그림 2-13 콘드로이틴황산 중의 단당류와 그 주조의 단위

콘드로이틴황산은 결합조직단백질과 함께 연골이나 결합조직의 주요 성분으로 연골에 20 ~ 40% 함유되어 있고, 각종 결합조직에 널리 분포해 있다.

콘드로이틴황산의 화학적 구조는 그림 2-13에서 보는 바와 같이 D-글루쿠론산과 N-아세틸-D-갈락토사민의 2개의 당을 단위로 반복하여 당쇄(糖鎖)를 이루고 있다. 또 콘드로이틴황산에는 A, C, D, E의 네 가지 유형이 있는데, 황산기의 위치가 N-아세틸-D-갈락토사민 탄소의 4위에 결합한 콘드로이틴-4-황산(chondroitin-4-sulfate, 콘드로이틴황산 A)와 6위에 결합한 콘드로이틴-6-황산(chondroitin-6-sulfate, 콘드로이틴황산 C)이 대부분이며, B는 오래전부터 콘드로이틴황산으로 분류되지 않고 있다. 콘드로이틴황산 A는 연골, 성수골(成獸骨), 각막 등에, C는 연골과 건에, D는 피부에, 그리고 E는 마스트세포(mast cell)에 각각 존재한다.

3) 히알루론산

히알루론산은 콜라겐과 엘라스틴으로 이루어진 결합조직 등의 겔상 기질의 주요성분으로 세포 사이와 섬유 사이를 채우고 그들을 결합하는 접합물질로 알려져 있다. 동물의 진피, 관절 및 뼈 등에 많이 함유되어 있고, 특히 관절액의 높은 점성과 윤활성 및 피부의 보습력은 히알루론산이 함유되어 있기 때문이다. 또한 히알루론산은 살균 및 독성물질의 침입을 방지하는 역할을 한다.

히알루론산의 화학적 구조는 그림 2-14에서 보는 바와 같다. 즉, 히알루론산은 D 글루쿠론산이라고 하는 우론산과 N-아세틸-D-글루코사민(N-acetyl-D-glucosamine)이라고 하는 아미노당으로 이루어진 무코다당류의 하나이다. 결국 그 구조단위는 D 글루쿠론산과 N-아세틸-D-글루코사민(N-acetyl-D-glucosamine)이 결합한 2당류로 콘드로이틴 황산 A와 C의 구조와 유사하지만, 히알루론산은 콘드로이틴 황산의 갈락토사민(galactosamine) 대신 글루코사민(glucosamine)을 함유하고 있다.

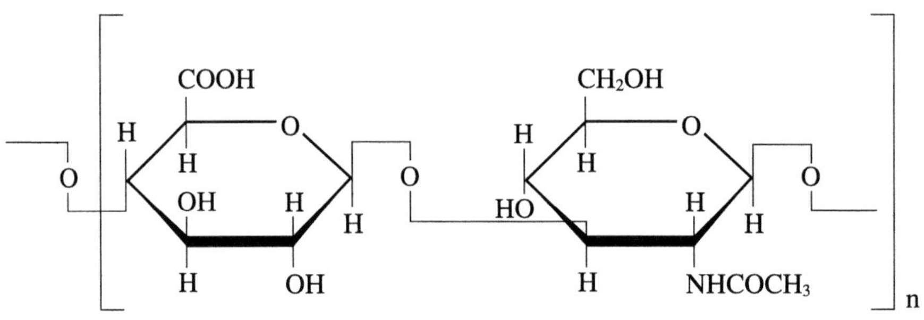

그림 2-14 히알루론산 중의 단당류와 그 구조 단위

5. 무기질

동물체의 약 96%는 산소, 탄소, 수소 및 질소로 구성되어 있고, 대부분의 수소와 산소는 체중의 2/3를 차지하는 물의 형태로 존재한다. 이들 두 성분의 나머지와 탄소, 질소, 황, 인은 유기성분 중에 들어 있다. 무기질은 전 체중의 약 3.5%를 차지하고 있고, 그 중에서 중요한 체구성 성분은 Ca, P, K, S, Na, Cl, Mg, Fe이고, 미량성분으로 Zn, Mn, Cu, I, Co 등이 있다.

이들 무기질은 생체 내에서 근육의 구성성분이고, 세포액의 염류농도와 삼투압 등의 유지 및 조절에 관여한다. 또 산-염기의 평형에 관여하고, 생물활성, 효소활성의 조절에도 관여한다.

식육 중에 함유되어 있는 무기질은 약 1% 정도이지만, 표 2-4에서 보는 바와 같이 동물종, 품종, 근육의 부위에 따라 약간의 변동이 있다. 주요 무기질은 K, Na, Mg, Ca, Zn, Fe, P, Cl 및 S 등으로, K, P 및 S이 특히 많고, Na, Mg, Ca, Zn 및 Fe이 비교적 많은 편이다

사후근육이 식육으로의 변환과정에서 무기질은 직 · 간접적으로 중요한 역할을 한다. Ca^{2+}, Mg^{2+}, Na^{+} 및 K^{+}은 근수축과 사후경직에 직접 관여하므로 식육의 물성변화에 중요한 역할을 하며, 특히 Mg^{2+}과 Ca^{2+} 등의 2가 금속이온은 식육의 보수성에도 영향을 주는 것으로 알려져 있다. 또 이들 무기질은 지질에 대해서는 산화 촉진제적인 역할을 하므로 가공적 측면에서도 중요하다.

표 2-4 식육의 무기질 함량

육	무기질 (mg/100g 육)							
	Na	K	Ca	Mg	Fe	P	Cu	Zn
우 육	69	334	5.4	24.5	2.3	276	0.1	4.3
양 육	75	246	12.6	18.7	1.0	173	0.1	2.1
돈 육	45	400	4.3	26.1	1.4	223	0.1	2.4
베이컨	975	268	13.5	12.3	0.9	94	0.1	2.5

6. 비타민

대부분의 동물이 음식물을 통해 어느 정도의 적은 양은 반드시 섭취해야 하는 유기화합물로서 특히 대사과정을 조절하는 데 조효소나 조효소의 전구물질로 작용한다. 단백질, 지방 및 탄수화물과 같은 다량영양소와는 달리 에너지를 내거나 신체 구성물질로 작용하지 않는다.

각종 식육 중의 비타민 함량은 표 2-5에서 보는 바와 같다. 즉, 식육 중에는 수용성 비타민 중에서 B_1, B_2, B_6, B_{12}, 나이아신(niacin), 엽산(folic acid), 판토텐산(pantothenic acid)이 비교적 풍부하게 함유되어 있다. 각종 식육 중에는 나이아신이 가장 풍부하게 함유되어 있으며, 특히 돈육에는 비타민 B1함량이 다른 식육에 비해 높은 것이 특징이다. 성인 남자(20 ~ 29세)의 경우 1일 나이아신과 비타민 B1의 필요량은 17mg 및 1mg인데, 예를 들어 계육 100 g을 섭취하면 1일 1일 나이아신의 필요량의 약 50%가 충족되는 셈이고, 돈육 100g을 섭취하면 1일 비타민 B1의 필요량이 충족된다. 이와 같이 비타민원으로서 식육이 평가받을 만한 것은 나이아신과 비타민 B_1을 들 수 있다. 비타민 B함량은 돈육에는 사료 중의 비타민 B 함량의 영향을 받지만, 소나 양 등의 반추동물에서는 제 1위중의 미생물이 합성하기 때문에 비교적 변동이 적은 편이다.

표 2-5 각종 식육의 비타민 함량

비타민(식육 100g당)	우육	자우육	돈육	양육	계육
비타민 B_1(mg)	0.11	0.08	0.97	0.13	0.07
비타민 B_2(mg)	0.18	0.28	0.27	0.23	0.14
나이아신(mg)	3.59	7.83	4.83	6.00	8.24
판토텐산(mg)	0.36	1.37	0.79	0.70	1.06
비타민 B_6(mg)	0.44	0.43	0.51	0.16	0.43
엽산(μ g)	7.00	13.00	5.00	23.00	7.00
비타민 B_{12}(μ g)	3.25	1.40	0.67	2.62	0.37

7. 맛에 관여하는 성분

식육의 맛은 동물의 종류와 생화학적인 상태에 따라 다르다. 식육을 가열했을 때의 맛은 식육 중의 수용성 또는 지용성 전구체로부터 생성되거나, 휘발성 성분으로부터 유리되어 생성된다. 지금까지 알려진 휘발성 성분으로서는 우육에서 600종 이상의 화합물이 검출되어 있다.

가열에 의한 식육의 풍미 생성에는 펩티드와 아미노산의 열분해, 당의 분해, 지질의 산화, 탈수, 탈카르보닐(carbonyl)화, 디아민(diamine)과 리보뉴클레오티드(ribonucleotide)의 분해, 당, 아미노산, 지방, 황화수소 및 암모니아 등의 상호작용이 관여한다.

동물의 종류에 따른 식육의 풍미 차이는 주로 축종별 지질의 조성 상의 차이에 의한 것으로 식육의 가열 시에 지방으로부터 생성되는 휘발성 성분의 차이가 있기 때문이라고 볼 수 있다. 또 근육 내의 중성지질(triglyceride)을 제거할 경우 휘발성 성분에 대한 영향이 적지만, 인지질을 제거하면 지방족 알데히드류(aldehydes)와 피라진류(pyrazines)가 현저히 감소하는 것으로 보아 가열육의 풍미는 중성지질보다 인지질이 더 중요하다는 것을 알 수 있다.

풍미 외에 식육의 맛에 관여하는 요인으로 중요한 것은 연도와 다즙성이 있다. 특히 우육의 경우는 연도가 그리고 돈육의 경우는 다즙성이 중요한 요인이 될 수 있다.

Ⅱ. 근육의 구조

식육이란 넓은 의미로는 식품으로 쓰일 수 있는 가축, 가금, 조류 및 어류 등과 같은 모든 동물의 근육조직(muscle tissue)뿐만 아니라 간, 심장 및 콩팥 등의 내장육(variety meat)을 모두 말하지만, 좁은 의미로는 가축, 가금 및 조류의 살코기만을 뜻한다. 살코기(red meat)는 가축, 가금 및 조류의 골격근에 해당하므로 여기서는 좁은 의미의 식육, 즉 골격근(skeletal muscle)에 대해 폭 넓게 다루고자 한다. 식육으로 이용되고 있는 골격근의 구성성분은 매우 복잡하고, 그 기능도 다양하다. 살아있는 동물의 골격근은 여러 가지 복잡한 변화과정을 거쳐 비로소 식육으로 이용 가능하게 된다.

이러한 식육의 과학을 이해하기 위해서는 생체 내의 근육을 이해해야 한다. 근육의 형태는 동물이나 부위에 따라 다르지만, 그 기본적인 미세구조는 대체로 공통적이다. 따라서 근육의 구조와 형태 및 그 기능을 이해하는 것은 식육으로의 변화를 이해하는 데에 많은 도움이 된다.

1. 근육의 분류

동물의 근육에는 표 2-6 및 그림 2-15에서 보는 바와 같이 구조적으로 골격을 움직이는 골격근(skeletal muscle), 소화기관 등의 내장을 움직이는 내장근, 그리고 심장을 움직이는 심근(cardiac muscle)의 세 종류가 있다. 광학현미경을 이용하여 형태적으로 보면 골격근과 심근은 가로무늬를 볼 수 있어서 가로무늬근(횡문근: striated muscle)이라 하고, 내장근은 골격근이나 심근과 같은 가로무늬가 없기 때문에 민무늬근(평활근: smooth muscle)이라 한다. 또 기능적으로 보아 골격근은 의지에 따라 움직일 수 있는 근육이기 때문에 수의근(隨意筋: voluntary muscle)이라 하고, 내장근이나 심근은 의지에 따라 움직일 수 없는 근육이기 때문에 불수의근(不隨意筋: involuntary muscle)이라 한다.

표 2-6 근육의 분류

구조	형태	기능	위치
골격근	횡문근(가로무늬근)	수의근	골격
심 근	횡문근(가로무늬근)	불수의근	심장
내장근	평활근(민무늬근)	불수의근	내장기관

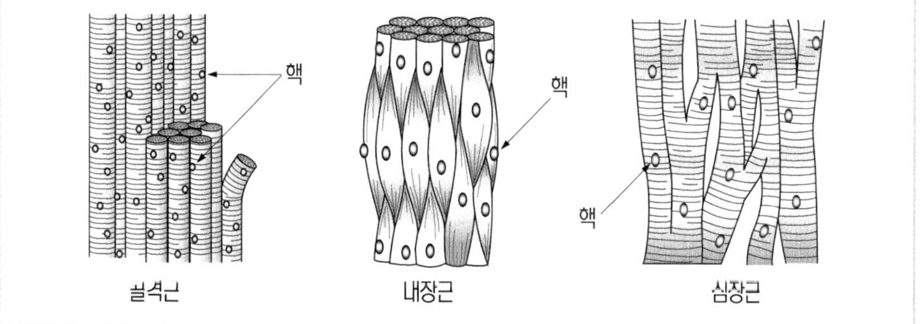

그림 2-15 근육의 종류

1) 골격근

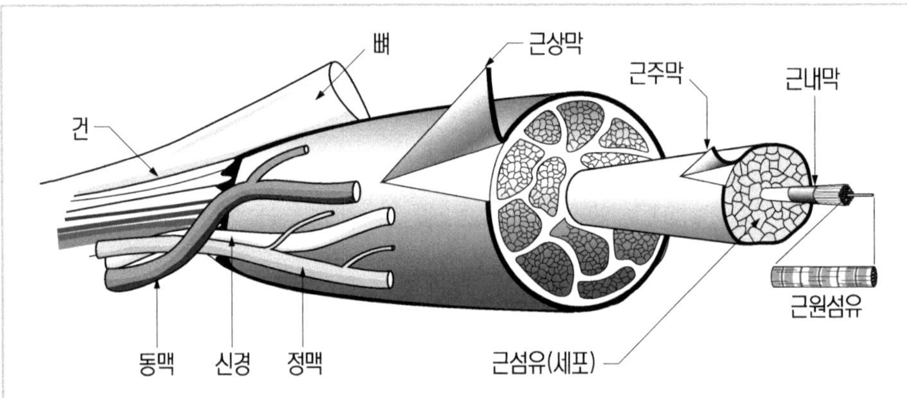

그림 2-16 골격근의 모식도

골격근(skeletal muscle)은 그림 2-16에서 보는 바와 같이 수많은 근섬유가 모여서 혈관 및 신경섬유와 함께 결합조직에 의하여 다발을 이루고 있고, 이 근섬유다발이 다수 모여서 근육을 이루고 있으며, 이 근육의 양 끝에 결합조직이 모여서 생긴 건(tendon)에 의하여 뼈에 부착되어 있다. 골격근의 횡단면 전체를 광학현미경으로 보면 가장 내측에 있는 각 근섬유(근세포)는 근형질막(sarcolemma)이라고 하는 얇은 세포막으로 싸여 있고, 그 개개의 근형질막은 근내막(endomysium)이라고 하는 결합조직으로 둘러싸여 있다. 근내막으로 둘러싸인 근섬유는 장축방향으로 평행하게 다수 모여서 근섬유의 다발을 형성하는데, 이 근섬유의 다발을 근속(fascicle)이라 한다. 이 근속은 근주막(perimysium)이라고 하는 결합조직으로 둘러싸여 있다. 또 근주막으로 둘러싸인 근속이 다수 모여서 근육을 이루고 있고, 이 근육을 가장 외측에서 두껍고 단단한 결합조직의 막이 둘러싸고 있는데, 이것을 근외막(epimysium, 근외막)이라 한다. 이와 같이 골격근 섬유들은 각각 떨어져 있지만, 그림 2-17에서 보는 바와 같이 근형질막, 근내막, 근주막 및 근외막이라고 하는 결합조직의 막에 의해 둘러싸여 하나의 구조를 이루고 있다. 이들 결합조직의 막은 그 구성성분이 콜라겐(collagen)과 엘라스틴(elastin)이어서 탄력성이 있다. 또 근육의 양 끝에 결합조직으로 이루어진 근주막과 근외막이 합쳐져서 건이 생기는데, 이 건을 통하여 근육이 뼈에 직접 부착하게 된다(그림 2-17). 모든 골격근은 혈관과 신경을 가지고 있어서 산소와 영양분을 제공하고, 중추신경계에서 보내는 수축신호는 운동신경을 통하여 근육으로 전달된다.

지방세포는 주로 근주막 내에 침착되는데, 그 침착 정도에 따라 근주막의 굵기가 달라진다. 또 지방세포의 침착이 많아서 근내막까지 지방이 침착된 고기를 상강육(霜降肉, marbled meat)이라 한다.

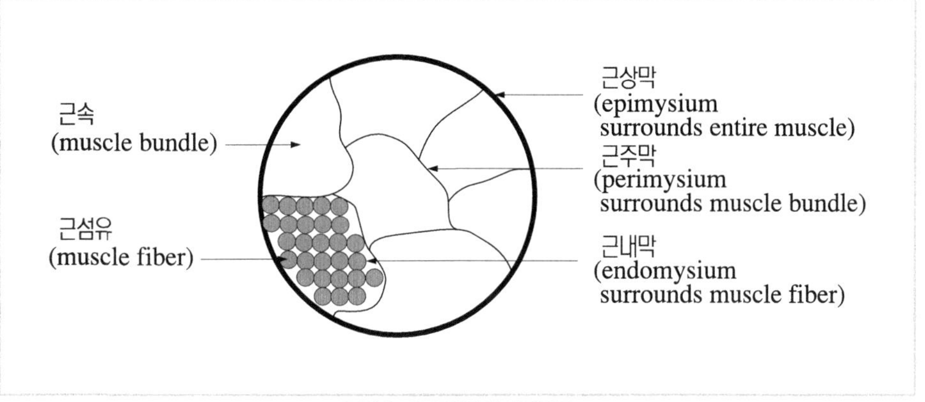

그림 2-17 골격근의 횡단면도

(1) 근섬유

근섬유(muscle fiber)는 골격근의 기본 구성단위로 직경이 10 ~ 100 ㎛인 가늘고 긴 원통형의 고도로 특수화된 다핵세포이다. 이러한 근섬유는 그림 2-18에서 보는 바와 같이 근섬유막에 의해서 하나의 독립된 세포로 외부와 경계를 짓고 있는데, 이 세포막을 근형질막(sarcolemma)이라고 한다. 이 막의 일부는 근섬유 내부로 깊숙이 들어가서 T관(transvers tubule, 횡행소관)을 이루고 있다. T관은 근형질막이 연장된 것이므로 근형질막에서 발생되는 흥분성의 변화는 T관을 따라서 근섬유 내부로 쉽게 전달될 수 있다. 그림 2-19에서 보는 비와 같이 근세포 내에 그물모양으로 된 물질운반의 통로역할을 하는 근형질세망을 근소포체(sarcoplasmic reticulum)라고 한다. 근소포체 내에는 칼슘이 단백질과 결합되어 있으며, 신경자극으로 유도되는 근형질막의 탈분극(脫分極)에 의해 분비되어 근육수축을 일으킨다. 근형질막의 내부에는 근원섬유(myofibril)가 근섬유와 같은 방향으로 배열되어 있고, 그 근원섬유 사이를 근형질(근장, sarcoplasm)이 채우고 있다.

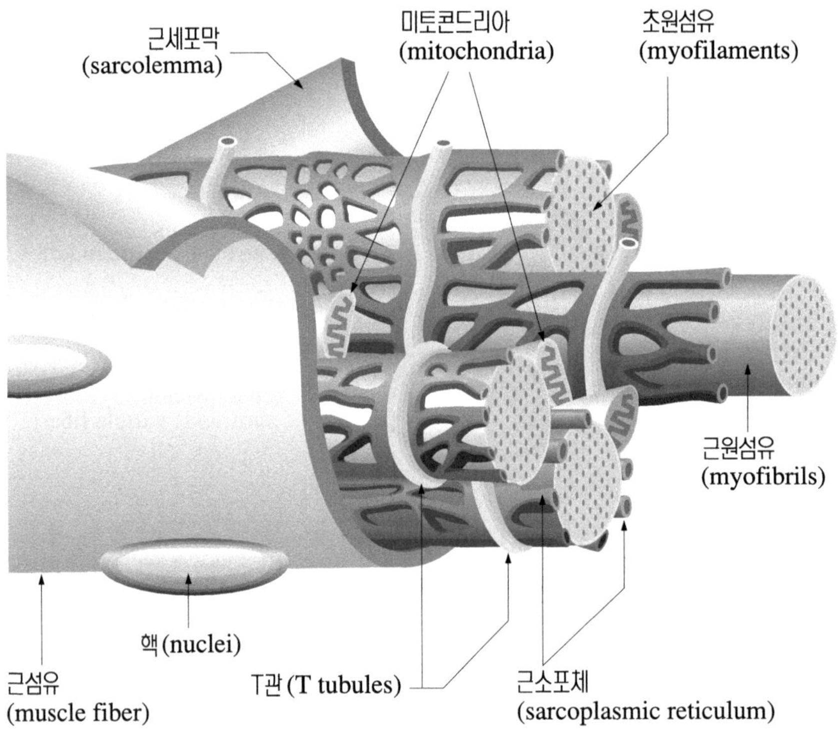

그림 2-18 근섬유의 구조

근섬유의 세포질인 근형질은 세포 내에 있는 반유동성의 콜로이드성 물질로 수분을 75 ~ 80% 함유하고 있으며, 여기에는 미토콘드리아가 있어서 크렙스 회로나 산화적 인산화에 의해 근수축에 중요한 에너지원이 되는 ATP를 생성한다. 근형질에는 그 외에도 지방구, 글리코겐(glycogen), 여러 종류의 단백질, ATP, 인산, 효소 및 무기질 등을 함유하고 있다. 가장 많이 함유하는 무기질은 칼륨이며, 나트륨이나 마그네슘도 소량 함유하고 있다. 또한 이 근형질 성분에는 식육의 맛이나 풍미와 관련된 물질이 많이 함유되어 있다. 일반적으로 격심하게 운동을 하는 근육은 산화적 인산화작용에 관여하는 시토크롬과 미오글로빈(myoglbin)을 많이 가지고 있어어 붉은색을 띠므로 적색근이라 한다. 그러나 연속적으로 서서히 운동을 하는 근육은 ATP를 생성할 때 산소를 별로 필요로 하지 않으므로 미토콘드리아, 시토크롬 및 미오글로빈이 적어서 흰색을 나타낸다. 이러한 근육을 백색근이라 한다.

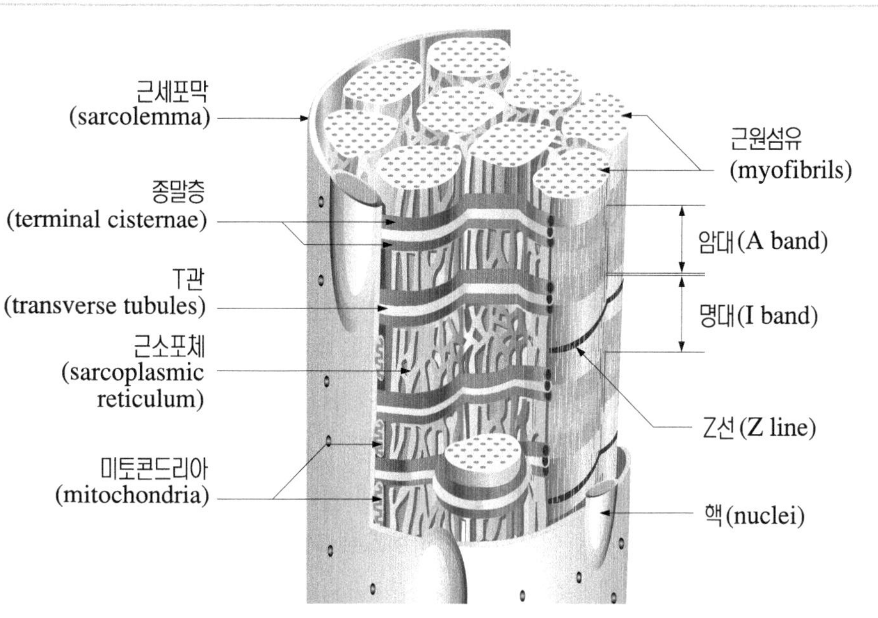

그림 2-19 골격근의 근원섬유와 근소포체의 모식도

① 백색근과 적색근

근섬유의 분류법에는 여러 가지가 있지만, 그 중에서 가장 전형적인 것은 근육의 색조, 즉 미오글로빈의 함량에 의한 분류로서 미오글로빈 함량이 적은 백색근(white muscle)과 미오글로빈 함량이 많은 적색근(red muscle)으로 분류된다. 백색근섬유는 속근(速筋)이라고도 하는데, 수축 속도가 빠르고, 한번에 많은 힘을 내지만 지속되지 않는다. 백색근섬유는 미토콘드리아가 적고 신경종말이 잘 발달되어 있다. 또 조직화학적으로는 해당계의 효소들을 많이 함유하고 있다. 적색근섬유는 지근(遲筋)이라고도 하며, 수축의 속도는 늦지만 지속성이 있다. 적색근섬유는 직경이 백색근보다 작지만, 미토콘드리아가 풍부하여 산화계의 효소를 많이 함유하고 있다.

(2) 근원섬유

하나의 근섬유를 절단하여 전자현미경으로 관찰하면 그림 2-20 및 그림 2-21과 같이 가는 원통형으로 된 근원섬유(myofibril)를 볼 수 있는데, 그 직경은 1~2 ㎛ 정도이고, 근섬유의 전 길이에 걸쳐 존재한다. 이들은 굵은 필라멘트(thick filament)와 가는 필라멘트(thin filament)가 일정부분 서로 겹쳐서 일정한 규칙을 가지고 배열해 있다. 굵은 필라멘트는 미오신(myosin)으로 이루어져 있어서 미오신 필라멘트

(myosin filament), 가는 필라멘트는 액틴(actin)으로 이루어져 있어서 액틴필라멘트(actin filament)라 한다. 이 두 필라멘트가 서로 겹쳐 있는 부분은 어둡게 보이고, 가는 필라멘트만 있는 부분은 밝게 보인다. 근원섬유의 어두운 부분, 즉 굵은 필라멘트와 가는 필라멘트가 겹쳐 있는 부분을 A대(A-band, anisotropic band, 암대)라 하고, 그 A대의 가운데에 굵은 필라멘트만 있어서 A대보다 조금 밝게 보이는 부분을 H대(H zone)라 하며, 그 가운데에는 M선(M line)이라고 하는 가는 선이 존재한다. 또 가는 필라멘트만 있는 밝은 부분을 I대(I-band, isotropic band, 명대)라고 하며, 그 I대의 가운데에 지그재그 모양의 Z선(Z line)이 있다. 굵은 필라멘트와 가는 필라멘트가 배열된 근원섬유 상에서 I대의 가운데 있는 Z선과 인접한 Z선 사이의 부분을 근절(筋節, sarcomere)이라고 하는데, 그 사이에서 수축이 일어나므로 근절은 근원섬유의 반복되는 구조적 단위이며, 근육의 수축-이완 사이클이 일어나는 기본적 단위로서 최소 수축단위가 된다. 전자현미경을 이용하여 필라멘트를 고배율로 관찰하면 굵은 필라멘트에서 가는 필라멘트를 향해 있는 가교(cross bridges)를 볼 수 있는데, 이 가교는 근수축에 따라 일어나는 이동과 힘의 생성에 중요한 역할을 한다. 그림 2-22 및 2-23에서 보는 바와 같이 근육의 수축 시에 두 개의 필라멘트는 짧아지는 것이 아니라 가는 필라멘트가 A대 속으로 깊숙이 끌려들어감으로써 굵은 필라멘트와 가는 필라멘트의 겹치는 부분이 늘어나는 것이다. 따라서 두 개의 필라멘트의 실제 길이에는 변화가 없고 서로 물려 있는 위치의 변화만 일어난다. 그래서 수축에 의해 가는 필라멘트가 굵은 필라멘트 사이로 끌려들어감에 따라 A대의 길이는 변하지 않고 항상 그대로 남아 있지만, 그 가운데 있는 H대는 짧아지다가 결국 없어지게 되고, I대도 굵은 필라멘트의 양 끝이 Z선에 점차 가까워지면서 짧아지게 되며, 그 결과 실제 근절의 길이가 짧아진다.

그림 2-20 근원섬유의 전자현미경 사진 (TEM X 35,000)

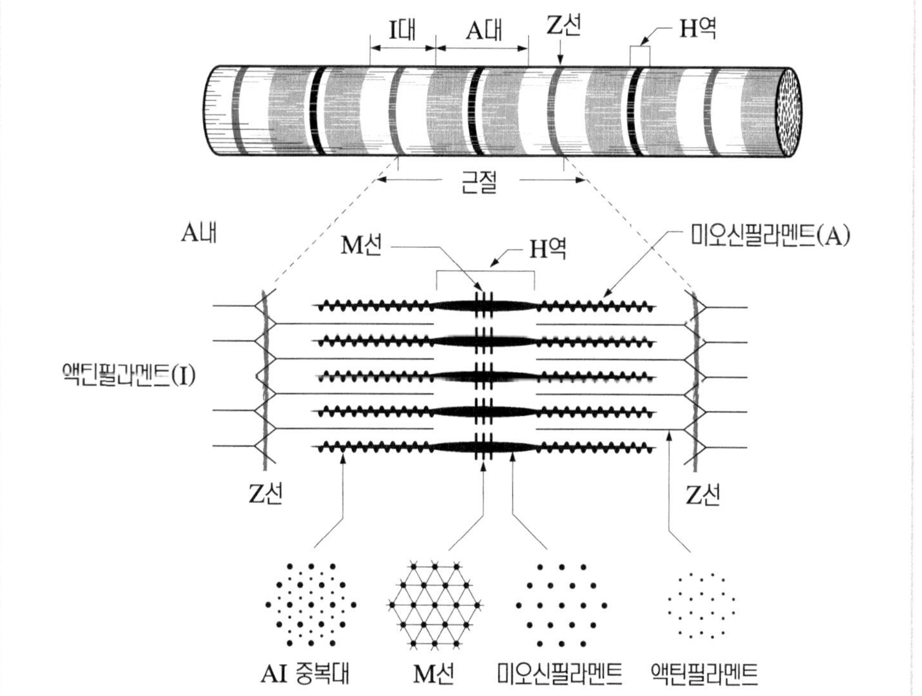

그림 2-21 근원섬유의 미세구조 액틴과 미오신의 위치관계

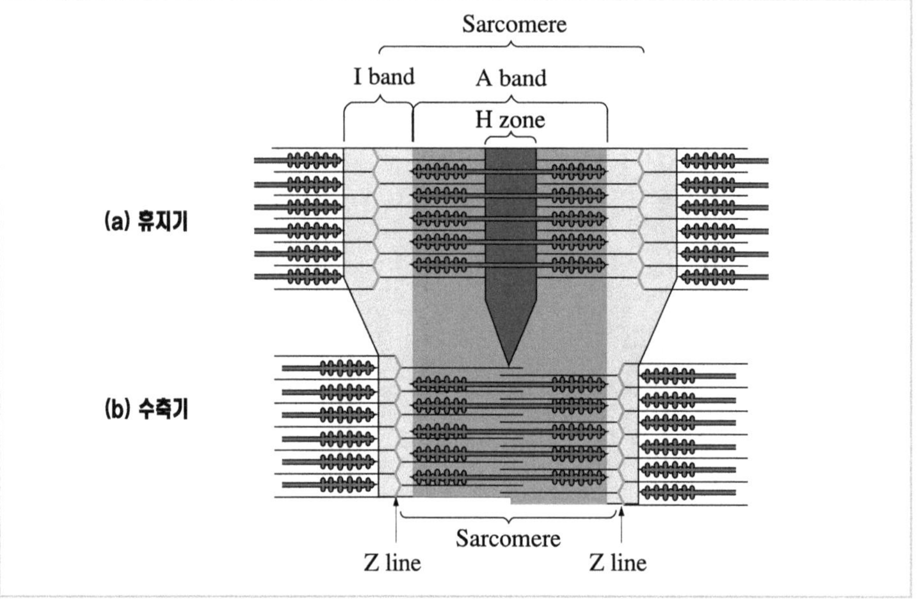

그림 2-22 근육의 수축에 따른 근절의 변화

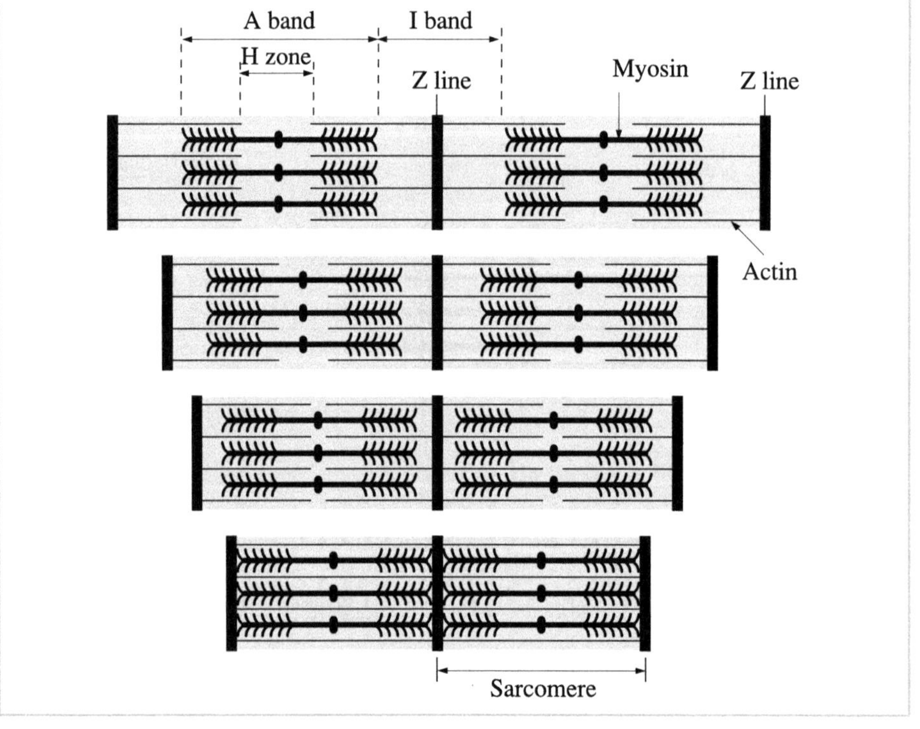

그림 2-23 근육의 수축 모델

(3) 가는 필라멘트와 굵은 필라멘트의 구조

가는 필라멘트(thin filament)는 그림 2-5에서 보는 바와 같이 액틴, 트로포미오신 및 트로포닌의 세 성분으로 이루어져 있으며, 그 구성 분자비는 7 : 1 : 1이다. 액틴은 분자량이 약 42,000인 구상단백질(G-actin)이지만, 근육에서는 보통 그 중합체인 섬유상 액틴(F-actin)으로 존재하며, 그 위에 조절단백질인 트로포미오신과 트로포닌이 결합되어 있다. 트로포닌은 T, C, I의 세 종류가 있는데, 트로포닌 T는 트로포미오신과 결합하고, 트로포닌 I는 액토미오신의 Mg · ATPase 활성을 억제하여 액틴과 미오신의 상호작용을 저해하는 역할을 하며, 트로포닌 C는 Ca^{2+}과 특이적으로 결합한다. 각 성분은 1 : 1 : 1로 결합하여 트로포닌을 구성한다. 트로포닌은 트로포미오신과 1 : 1의 비율로 결합한다. 트로포미오신과 트로포닌은 가는 필라멘트 이중나선 사이의 홈에 G-액틴 7분자 당 1분자씩 배치되고, 세포 내에 Ca^{2+}농도가 낮을 때는 액틴과 미오신의 상호작용을 억제하지만, Ca^{2+}농도가 상승하면 그 억제작용이 상실된다. 가는 필라멘트의 구성은 중합된 액틴 이중나선의 홈(溝)에 양측으로부터 길이 약 40nm인 트로포미오신이 액틴의 이중나선을 따라 가로놓여 있고, 그 트로포미오신의 말단으로부터 약 1/3의 위치에 트로포닌이 40nm 간격으로 존재한다. 가는 필라멘트의 한쪽 끝은 Z선에 결합하고, 다른 끝은 자유롭게 되어 있다. 가는 필라멘트의 길이는 동물종에 따라 다르며, 개구리는 0.9㎛, 닭은 1.0㎛, 토끼는 1.2㎛, 사람은 1.4㎛, 하등에서 고등으로 갈수록 길어지는 경향이 있다.

굵은 필라멘트(thick filament)는 미오신 분자가 약 200 ~ 400개 중합되어 있다. 미오신 분자는 그림 2-3에서 보는 바와 같이 두 개의 두부를 가지고 있고, 미부를 포함하면 길이가 약 160nm 정도 된다. 미오신 분자는 회합하여 필라멘트를 만드는 것 외에 근수축의 기본적 에너지원인 ATP를 분해하고, 또 액틴과 결합하여 힘을 발생시킨다. 미오신 분자가 필라멘트를 만들 때에는 그림 2-4에서 보는 바와 같이 두부는 자유롭게 되고 미부만 모여 집합체를 형성한다. 이 때문에 필라멘트의 중앙은 미부로만 이루어져 있다. 근절에는 M단백질이 묶여 M선이 된다. 굵은 필라멘트의 길이는 척추동물 종의 차이에 관계없이 거의 일정하며, 약 1.5 ~ 1.6 ㎛ 정도이다.

2) 심근

심근(cardiac muscle)은 유일하게 심장만을 구성하는 근육으로 근섬유(근세포)의 길이가 약 150 ㎛, 폭이 약 15 ㎛ 정도이고, 근섬유의 중앙에 한 개의 핵을 가진 단핵세포로 이루어져 있다. 심근은 형태적으로는 골격근, 기능적으로는 평활근과 유사한 성질을 가지고 있어서 불수의근이지만 횡문근처럼 무늬가 있다. 이것은 심근의 근섬유가 골격근과 같이 독립된 근원섬유로 조직화 되어 있지는 않으나, 굵은 섬유와 가는 섬유가 비교적 분명하게 횡문이 나타나도록 잘 배치되어 있기 때문이다. 또 광학현미경으로 관찰하면 심근은 장축을 따라 짙은 선으로 된 개재판(介在板, intercalated disk)이 규칙적인 간격으로 섬유를 횡단하며 횡문을 나타낸다. 이들 개재판이 심근의 섬유들 사이를 연결하여 경계를 이루며, 한 섬유에서 인접한 섬유로 수축력을 전달하도록 한다. 근섬유의 수축 메커니즘은 횡문근과 같으나, 다른 점은 수축하기 위한 신경자극을 스스로 만든다는 점이다. 즉 자율신경계의 교감신경과 부교감신경이 심장에 분포되어 있으나, 그들의 기능은 거의 부수적인 조절에 불과하기 때문에 자율신경을 절단하더라도 심장은 포도당과 산소가 공급되는 한 박동(搏動)을 계속하게 된다. 또한 심근은 신경자극의 전도에 따라 수축 및 이완이 주기적으로 이루어지며, 이 심근의 수축 및 이완이 곧 심장의 박동으로 나타난다.

3) 평활근

평활근(smooth muscle)은 횡문근에서 보이는 횡문이 없기 때문에 민무늬근이라고도 하며, 혈관, 림프관, 소화관 및 생식기관 등에 다량 함유되어 있다. 평활근의 근섬유는 길이가 100~200 ㎛, 지름이 3~10 ㎛인 방추형으로서 중앙에 하나의 핵을 가지고 있으며, 근형질(세포질)에는 미오신으로 이루어진 굵은 필라멘트와 액틴으로 이루어진 가는 필라멘트가 있다. 미오신 필라멘트에는 가교인 작은 돌기가 있다. 액틴과 미오신의 비율은 12 : 1로서 횡문근의 2배인데, 이것은 평활근에서 가교가 액틴과 결합하여 힘을 생성할 수 있는 기회를 더 많이 가지는 것으로 설명할 수 있다. 평활근도 신경자극이나 호르몬 자극으로 세포 내의 칼슘 이온 농도가 증가함으로써 수축하나 그 메커니즘은 횡문근과 매우 다르다. 횡문근에서의 미오신 가교는 액틴에 결합되어 있는 트로포닌 - 트로포미오신계의 분자들에 의해 액틴과의 결합이 방해받고 있으나 평활근에서는 트로포닌이 존재하지 않는다. 평활근의 미오신 가교가 액틴과 주기적으로 결합하기 위해서는 미오신에 있는 작은 단백질이 인산화되어야 하는데, 세포내의 칼슘이온의 농도증가가 이러한 인산화를 유도한다. 반면 근세포의 이완은 세포 내 칼슘 이온의 농도가 떨어져 인산화된 미오신 분자가 탈인산화됨으로써 일어난다.

2. 근수축의 기구

근육은 동물에 있어서 가장 발달한 운동기관이다. 그래서 근육의 주요 구성성분인 미오신과 액틴이 근육이라고 하는 구조를 형성하므로 전형적인 구조단백질인 동시에 효소작용을 갖거나, ATP와 결합하여 동적인 성질을 나타내어 생리적인 이온조건 하에서 가역적으로 섬유구조 간의 변환을 일으키는 수축성단백질의 성질을 가지고 있다.

앞에서 살펴본 바와 같이 근육은 기능에 따라 분류하면 수의근과 불수의근으로, 또 형태에 따라 분류하면 횡문근과 평활근으로 나눈다. 식육으로 처리되는 것은 기능적으로 수의근이고, 형태적으로 횡문근인 골격근이기 때문에 골격근의 수축에 대해서 서술하고자 한다.

1) 수축에 관여하는 골격근의 구조

골격근을 구성하고 있는 골격근세포는 많은 과립과 중요한 효소가 존재하는 근형질막과 당단백질이 풍부한 기저막의 이층으로 이루어진 근형질막(sarcolemma)에 둘러싸여 있다. 세포내부에는 장축방향으로 직경 0.5 ~ 2㎛의 근원섬유가 다수 뻗어 있다. 근원섬유의 주성분은 미오신과 액틴으로 이 섬유구조가 내부에서 일제히 수축하기 때문에 골격근세포의 수축이 일어나는 것이다. 따라서 근섬유에서 실제로 수축하는 것은 근원섬유이다.

근형질막에는 신경자극을 전달하는 T관이 있고, 그 내부에는 개개의 근원섬유를 둘러싸서 근절의 선 실이에 걸쳐 그물모양으로 존재하는 근소포체가 있으며, 그 일부는 종말조(terminal cisternae)라고 부르는 팽대부를 만들어서 T관에 접해있다. T관계에 의하여 전달되는 신경의 흥분은 근소포체에 전해져서 종말조로부터 Ca^{2+}의 방출과 재흡수를 행한다. 이와 같이 근소포체는 휴지기의 근섬유에서는 Ca^{2+}의 저장고 역할을 한다.

근형질막과 근원섬유의 사이 또는 각 근원섬유 사이에 미토콘드리아, 근형질의 성분인 리소좀(lysosome), 글리코겐, 지질 및 효소계 등이 채워져 있다. 이들은 ATP의 재생과 에너지원으로 이용된다.

앞에서 본 바와 같이 근원섬유가 다수 모여 구내막으로 묶여서 직경 20 ~ 150㎛의 근섬유가 된다. 그 길이는 근육에 따라 다르지만 수 mm에서 20 ~ 30cm에 이른다. 근섬유와 모세혈관이나 운동신경말단(운동종판)이 근주막으로 둘러싸여 근섬유속을 이루고, 이 근섬유속이 다수 모여 하나의 근육을 이루고 있다. 근육의 주위는 근막이라고 하는 결합조직에 의해 둘러싸여 있고, 전 결합조직이 근육의 양단에 모여 건의 형태로 골막에 밀착해 있다(그림 2-16).

2) 근수축의 에너지원

어떤 화학반응이 일어날 때 에너지는 흡수되거나 방출된다. 근육이 수축할 때에도 화학반응이 일어나서 에너지를 방출하게 되는데, 그 에너지는 열이나 기계적인 일로서 나타난다. 이때 열은 그대로 소모되는 것이 아니라 체온을 일정하게 유지해주는 역할을 한다. 근수축에 필요한 에너지는 모든 생체반응에서 사용되는 ATP이다. ATP는 근수축에 이용되는 단백질과 작용하여 ADP와 인산으로 분해되며 이때 높은 에너지가 방출된다. 이때 생성되는 화학에너지가 근육 내의 수축단백질인 미오신과 액틴에 의하여 운동에너지로 변환되어 근수축이 일어나게 된다. ATP는 근수축의 에너지원일 뿐만 아니라 이완에도 필요하기 때문에 근세포 내의 ATP농도는 항상 일정하게 유지되어야 한다.

따라서 지속적인 운동을 위해서는 ATP의 공급방식이 따로 마련되어야 하는데, ATP의 생성경로는 그림 2-24에서 보는 바와 같이 대략 3가지 경로가 있다. 첫째, 크레아틴인산(creatine phosphate)에 의한 ATP 생성경로이다. 세포 내에는 ATP에 비해 다량의 크레아틴인산이 있어서 다음 식과 같은 반응에 의하여 분해된 ATP의 재생이 이루어진다.

$$\textit{ADP + creatine phosphate} \xrightarrow[\textit{creatine kinase}]{} \textit{ATP + creatine}$$

즉, 이 크레아틴인산의 크레아틴과 결합되어 있는 인산기를 ADP에 공급함으로써 ADP를 ATP로 전환시켜 준다. 이 크레아틴인산은 빠르고 격렬한 근수축이 일어날 때 단시간 동안에 ATP를 재생시켜주는 역할을 한다.

둘째, 혐기적 해당작용에 의한 ATP의 생성경로이다. 짧고 격렬한 근수축의 경우에는 크레아틴인산을 이용해서 ATP가 생성되지만 그 외의 근수축에 있어서는 해당작용에서 생성되는 ATP를 에너지원으로 사용한다. 동물이 운동을 하지 않을 때에도 근육은 체제 유지를 위하여 긴장해 있기 때문에 약간의 ATP가 필요하다. 또 격심한 운동을 할 경우 혈액으로부터 산소의 공급이 불충분하면 산소를 필요로 하지 않는 해당계가 필요하게 된다. 글리코겐은 근섬유의 무게 중 약 1%를 차지하고 있으며 근섬유에 산소가 부족하면 글리코겐이 포도당으로 분해된 다음 반응식과 같이 해당과정을 거쳐 2분자의 젖산과 2분자 ATP가 생산된다.

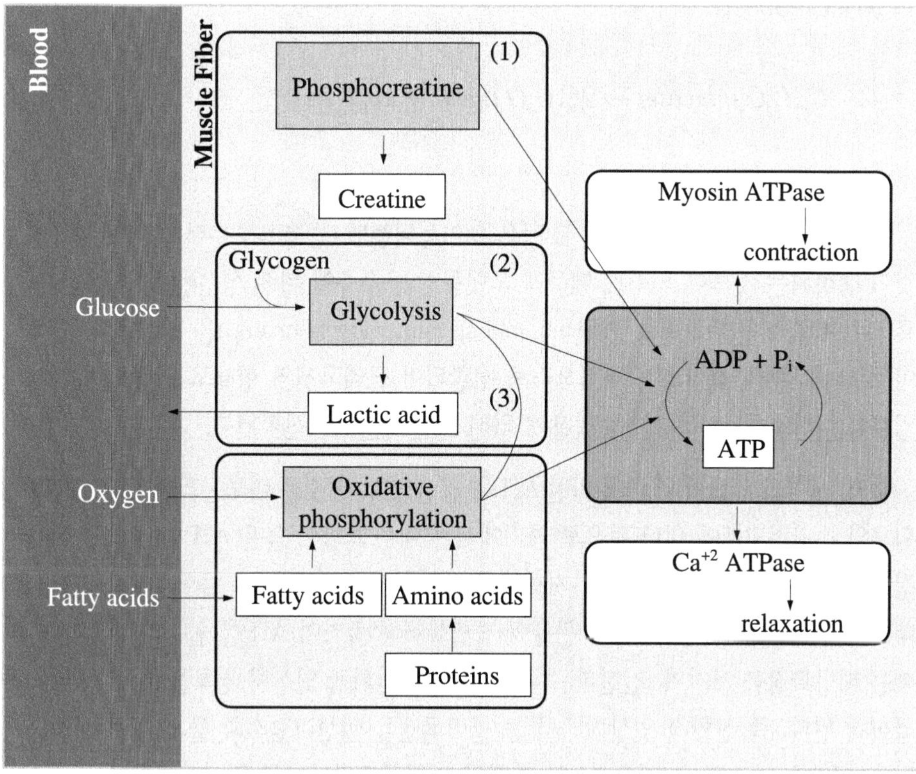

그림 2-24 ATP의 생성경로

① Glycolysis

$$C_6H_{12}O_6(glucose) + 2NAD^+ + 2ADP + 2P_i$$
$$\rightarrow 2C_3H_4O_3(pyruvic\ acid) + 2NADH + 2H^+ + 2ATP + 2H_2O$$

② Lactic acid creation

$$2C_3H_4O_3(pyruvic\ acid) + 2NADH \rightarrow 2C_3H_6O_3(lactic\ acid) + 2NAD^+$$

③ Net reaction:

$$C_6H_{12}O_6(glucose) \rightarrow 2C_3H_6O_3(lactic\ acid) + 2ATP$$

이때 생성된 젖산은 혈관을 통해 간으로 이동되는데, 근육으로부터 젖산이 제거되는 것이 생성되는 것보다 느리기 때문에 오랫동안 근수축에 의해 생성된 젖산의 근육 내 축적은 피로와 근연축(근육 경련:muscle spasm, muscle cramp)을 가져온다. 간으로 이동된 대부분의 젖산은 글루코오스로 전환되어 글리코겐의 형태로 저장되며 나머지 일부분은 산소를 필요로 하는 작용에 의해 이산화탄소로 산화된다.

셋째, 산화적 인산화 경로에 의한 ATP의 공급이다. 이것은 미토콘드리아에서의 TCA 회로와 전자전달계에 의한 것으로 여기에서는 매우 효율이 높은 ATP의 재생이 이루어진다. 글리코겐은 해당과정의 분지점에서 산화적 인산화 경로로 들어갈 수도 있고 그대로 젖산을 생성할 수도 있다. 근육이 격렬하게 수축하여 ATP를 급속하게 필요로 할 때는 해당과정을 거치며, 천천히 수축을 할 때는 산화적 인산화 경로를 통해 ATP를 공급하게 된다. 즉 산화적 인산화 경로는 글리코겐을 이산화탄소와 물로 완전 산화시켜 많은 ATP를 생성할 수 있으나, 이 과정이 미토콘드리아에서 일어나므로 글리코겐이 근섬유의 세포질로부터 미토콘드리아로 이동해야 하고 또한 호흡 때문에 공기로부터의 산소공급이 필요하므로 ATP공급은 해당작용이나 크레아틴인산에 의한 것보다 느리다. 그러나 이러한 산화적 인산화 경로에 의해 생성된 ATP는 근육에 저장되었던 크레아틴인산을 다시 보충해 주고, 해당작용에 의해 생성된 젖산으로부터 글리코겐의 재합성에 필요한 에너지를 공급해 준다는 의미를 갖고 있다.

한편, 이러한 관점에서 볼 때 근육은 그 성상의 차이로부터 조직의 대사특이성에 따라 크게 두 종류로 나눌 수 있다. 장시간 쉬지 않고 작용하는 근육은 적색근이라 하는데, 이 적색근에는 TCA회로나 전자전달계를 포함하는 미토콘드리아가 풍부하고, 미오글로빈을 다량으로 함유하기 때문에 붉은 색을 띈다. 적색근에는 해당계보다도 호흡계가 발달해 있기 때문에 피루빈산(pyruvic acid)으로부터 TCA회로로 들어가기 쉬운 구조로 되어 있다. 반면에 호흡계보다 해당계가 잘 발달해 있는 백색근에는 미토콘드리아와 미오글로빈의 함량이 낮고 육색은 연하다. 그래서 젖산탈수소효소의 활성이 높기 때문에 피루빈산이 TCA회로로 들어가는 것보다 젖산으로 되기 쉬운 구조로 되어 있다. 이 때문에 백색근은 휴식과 회복을 반복하면서 단시간의 급격한 활동에 적합한 근육이다. 그림 2-25의 코리 회로(Cori cycle)에서 보는 바와 같이 백색근 내에 축적된 젖산은 혈액을 통해 간장으로 운반되어 글리코겐이나 당으로 재생되고 다시 백색근에 이용된다.

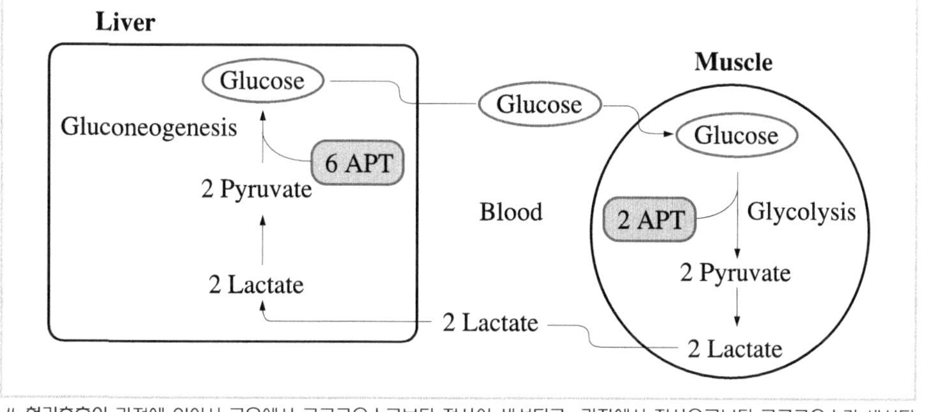

혐기호흡의 과정에 있어서 근육에서 글루코오스로부터 젖산이 생성되고, 간장에서 젖산으로부터 글루코오스가 생성되기까지의 경로

그림 2-25 코리 회로(Cori cycle)

3) 골격근의 수축

근수축은 신경자극에 의해서 이루어진다. 고등동물에서 개개의 근섬유는 하나의 운동신경에 의해 지배를 받고 있다. 신경자극은 척수에 있는 운동신경의 세포체에서 생성되어 신경섬유를 따라 근육과 접하고 있는 운동신경말단으로 이동하는 전기적 자극이다. 이러한 전기적 자극이 그림 2-26에서 보는 바와 같이 골격근세포의 외측에 밀착해 있는 운동신경말단(운동종판)에 전달되면 그곳에서 아세틸콜린(acetylcholine)이 방출되어 근세포의 근형질막에 있는 수용체를 자극한다. 이렇게 하여 근형질막에 전기적 흥분이 일어나고, 흥분은 T관에 전해져서 근소포체에 도달하게 되며 이어서 종말조를 자극한다. 이때 종말조 막의 칼슘이온(Ca^{2+}) 투과성이 급격히 증가하게 되고, 근소포체에 축적되어 있던 칼슘이온은 근소포체로부터 근형질에 방출된다(그림 2-26). 이와 같이 근소포체에 있는 칼슘 이온이 근형질로 방출됨에 따라 근형질 내의 칼슘 이온의 농도가 증가한다.

이완 시에 0.1 ㎛이었던 칼슘 이온의 농도가 10㎛ 정도로 상승하면 칼슘 이온은 가는 필라멘트에 있는 트로포닌 C와 결합함으로써 가는 필라멘트에 있는 분자들의 구조적인 변화를 유도하여 미오신과 액틴의 상호작용을 저해하는 트로포닌 I의 저해작용은 칼슘이온과 결합된 트로포닌 C에 의해 해제된다. 이러한 결과로 가는 필라멘트가 굵은 필라멘트사이로 미끄러져 들어가서 액틴과 미오신이 서로 결합할 수 있게 된다(그림 2-26).

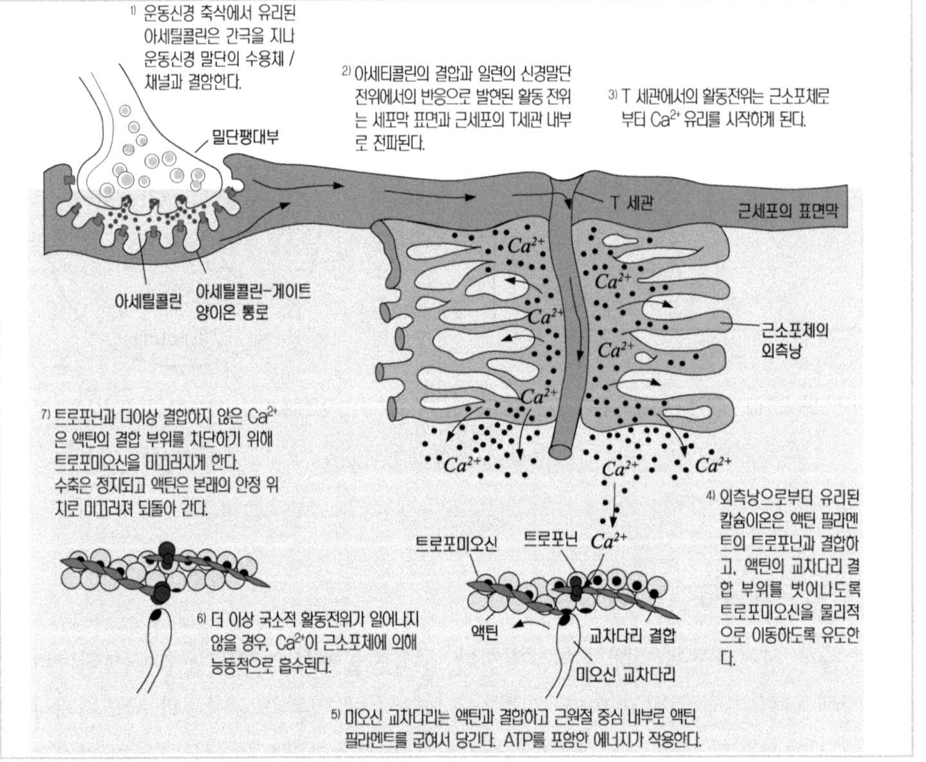

그림 2-26 신경자극으로 근소포체에서 유리된 칼슘에 의한 근수축과 이완의 메커니즘

이때 미오신에 의한 Mg · ATP의 분해는 다음 식과 같이 일어난다. 이 반응에 관여하는 효소계는 ATP를 ADP와 무기인산으로 가수분해하는 ATPase 활성을 갖는 미오신 두부에 존재한다.

$$M + ATP \xrightarrow{1} M \cdot ATP \xrightarrow{2} M \cdot ADP \cdot P_1 \overset{3}{-} M \cdot ADP + P_1 (M{:}myosin)$$

위의 식에서 보는 바와 같이 먼저 ATP가 미오신의 활성중심으로 들어가고(단계 1), 다음에 ATP가 ADP와 인산으로 분해된다(단계 2). 그 다음으로 단계 3에서 우선 인산이 방출되는데, 이 단계에서는 다른 단계에 비해 반응이 상당히 지연되기 때문에 미오신에 의한 Mg · ATP의 분해 속도는 단계 3의 속도에 따라 결정된다.

근육에 계속적인 자극이 진행되면 칼슘 이온이 계속 근소포체로부터 분비되지만 동시에 근소포체의 다른 부분으로 다시 흡수가 되는데 이때 2개의 칼슘 이온이 흡수되기 위해서는 1개의 ATP를 필요로 한다. 미오신에 있는 가교는 액틴과 결합하여 ATP를 소모하면서 가는 필라멘트를 가교연동장치로 끌어당겨 굵은 필라멘트를 움직이는데 ATP를 소모하면서 연속적 운동이 이루어진다.

액틴과 마이오신이 가교에 의해서 형성되는 단백질 복합체를 액토미오신(actomyosin)이라고 한다. 이와 같이 액토미오신이 형성되어 수축이 진행되는 동안에도 각각의 가는 필라멘트와 굵은 필라멘트의 길이는 변화하지 않는다. 그림 2-23에서 보는 바와 같이 오히려 가는 필라멘트가 굵은 필라멘트사이로 미끄러져 들어가서 근절의 길이가 짧아진다. 골격근이 수축했을 때와 이완했을 때를 각각 전자현미경으로 비교해 보면, 수축할 때는 가는 필라멘트가 굵은 필라멘트사이로 미끄러져 들어가서 근절의 길이가 짧아지고, 이완할 때는 액틴이 미오신에서 빠져나와 근절의 길이가 길어지는 것을 볼 수 있다. 즉, 골격근의 수축과 이완은 가는 필라멘트가 굵은 필라멘트 사이를 미끄러져 들어가고 나오는 현상이다. 이것을 근수축의 활주설(滑走說: sliding theory)이라고 한다. 골격근은 그 한쪽 끝이 뼈에 부착되어 있으므로 수축에 의해 근절의 길이가 짧아지면 근육은 짧아지고 따라서 뼈가 움직이게 된다. 그 결과 동물의 몸의 일부 또는 전체가 공간적인 이동을 하게 된다.

한편, 골격근의 이완은 수축된 근육이 다시 휴지상태로 돌아가는 것을 말한다. 근육이 이완되면 근육의 장력이 감소하게 된다. 이완이 일어나려면 휴지상태일 때의 조건이 다시 만들어져야 한다. 즉, 근장에 있어서 세포내 유리 칼슘이온의 농도가 0.1 ㎛ 정도로 떨어지고, 비교적 높은 농도의 ATP가 있어야 한다. 세포내의 유리 칼슘이 농도는 근소포체의 작용에 의하여 원래의 낮은 수준으로(휴지기) 돌아간다. 근소포체에서는 근형질에 있는 과잉의 칼슘과 결합하여 불활성화한다. 근형질에 있는 칼슘이온의 농도가 저하됨에 따라 트로포닌 C가 수축이 시작되는 동안에 결합하였던 칼슘이온을 유리하게 된다. 트로포닌C가 칼슘이온을 잃게 되면 다시 가교 형성을 저해하는 작용을 가지게 된다. 가교가 없어지게 되면 장력이 발생하지 않으며, 필라멘트는 서로 수동적으로 미끄러져 나오게 된다. 또 칼슘이온농도가 낮아지면 트로포닌과 트로포미오신 복합체는 액틴과 미오신 간의 가교형성을 저해하고 이에 따라 근육이 이완된다.

Ⅲ. 근육의 사후변화

도살에 의하여 근육으로 혈액순환이 정지되면 산소공급의 저하, 비타민, 항산화물 등의 공급정지, 삼투압 평형의 파괴, 신경과 호르몬 지배의 정지 등에 의하여 근육 중에 여러 가지 복잡한 변화가 일어나기 시작한다. 이러한 변화 중에는 식육으로서의 이용가치를 향상시키는 것도 있지만, 저장 중에 산화나 변질에 의하여 식육으로서 바람직하지 못한 변화도 일어난다.

도체는 혈액순환 정지 후에도 생체항상성(homeostasis)유지를 위해 도체의 각 조직은 초기에는 제한적으로 특유의 대사가 이어지지만, 체온이 저하되고, 에너지원이 감소되어 감에 따라 사후 해당작용, pH저하, 사후강직, 강직의 해제 및 숙성 등의 과정을 거치면서 대사산물이나 풍미물질의 축적, 단백질 분해 등을 거쳐 식육으로 이용되고, 이 후 세균 번식에 의한 삼출액의 삼출, 변색 등의 변화가 일어나 결국 부패에 이르게 된다.

1. 에너지원의 변화

생명체가 기본적으로 사용하는 에너지원은 ATP(adenosine triphosphate, 아데노신 삼인산)인데, 이는 일반적으로 글루코오스(glucose)를 분해하는 과정에서 나오는 에너지를 이용하여 합성되고 있다. 사후직후의 근육은 휴지근과 같은 상태로 수축이 활발하게 진행되지는 않지만, 세포의 유기적 결합을 유지하고, 체온을 유지하기 위해 에너지가 소비된다. 이때 에너지원인 ATP는 미오신(myosin), 미토콘드리아(mitochondria) 및 근소포체의 ATPase에 의하여 서서히 분해된다. 「근수축의 에너지원」의 항에서

서술한 ATP의 생성경로 중에서 호기적 조건에서 매우 효율적으로 재생이 이루어지는 산화적 인산화 경로는 혈액에 의한 산소공급이 중단되기 때문에 작용을 하지 않는다. 그러나 혐기적 해당작용과 크레아틴인산(creatine phosphate)에 의한 생성경로를 통하여 ATP는 재합성된다. 사후초기 당분간은 소비된 ATP와 재합성된 ATP가 평형상태를 유지하고, 근육은 생근이 가진 물성 즉 높은 신장성을 나타낸다. 이와 같이 Ca^{2+}이 없는 상태에서 근육이 신축성이 있는 것은 코넥틴(connectin) 등의 탄성단백질의 힘에 의한 것이라고 알려져 있다. 이어서 크레아틴인산이 급속히 저하되기 시작하면 그에 따라 ATP 수준이 저하되기 시작하고, 글리코겐(glycogen)도 소실되어 ATP의 수준은 현저하게 저하하게 된다.

ATP가 없는 상태에서는 Ca^{2+}의 유무에 관계없이 미오신과 액틴(actin)은 결합상태가 되고, 이미 신장성을 상실하게 된다. 이와 같은 상태를 사후강직이라 한다. 이 시기에 ATP는 다음과 같이 ADP(adenosine diphosphate)를 거쳐 AMP(adenosine monophosphate)로 분해된다.

$$ATP \xrightarrow[ATPase]{} ADP + P_1$$

$$2ADP \xrightarrow[myokinase]{} ATP + AMP$$

$$AMP \xrightarrow[deaminase]{} IMP + NH_3$$

다시 AMP는 암모니아(NH_3)와 IMP(inosine monophosphate 또는 inosinic acid)분해되고, IMP는 다시 분해되어 이노신(inosine)을 거쳐 하이포크산틴(hypoxanthine, (HX)으로 분해된다.

$$IMP \xrightarrow[phosphatase]{} Inosine + P_1$$

$$Inosine \xrightarrow[nucleoside\ hydrolase]{} Hx + Ribose$$

5'-이노신산은 핵산 · 조효소 · ATP 등을 합성하는 데 중요한 물질이다. 또 동물의 근육 속에는 5'-아데닐산이 다량으로 함유되어 있는데, 사후근육에는 5'-아데닐산 디아미나아제가 작용하여 5'-이노신산으로 변한다. 그래서 숙성된 식육에는 5'-이노신

산이 다량으로 함유되어 있다. 5'-이노신산은 음식의 맛을 강하게 하므로 그 나트륨염이 화학조미료로 시판되고 있으나, 2'-이노신산 및 3'-이노신산은 맛이 거의 없다.

2. 사후 해당작용

해당작용(解糖作用, glycolysis)이란 당을 분해하여 에너지를 얻는 물질대사의 한 과정을 말한다. 사후 산소의 공급이 중단된 근육에서는 글리코겐(glygogen)이 혐기적 해당작용에 의하여 피루빈산(pyruvic acid)을 거쳐 젖산으로 분해된다. 이때 생성되는 ATP를 해당경로 전체로 보면, 글루코오스의 경우 글루코오스 1분자로부터 ATP 2분자가 생성되지만, 글리코겐의 해당경로에서는 ATP의 소비가 1분자 적기 때문에 글루코오스 단위 1개 당 ATP 3분자가 생성된다(「근수축의 에너지원」의 항 참조).

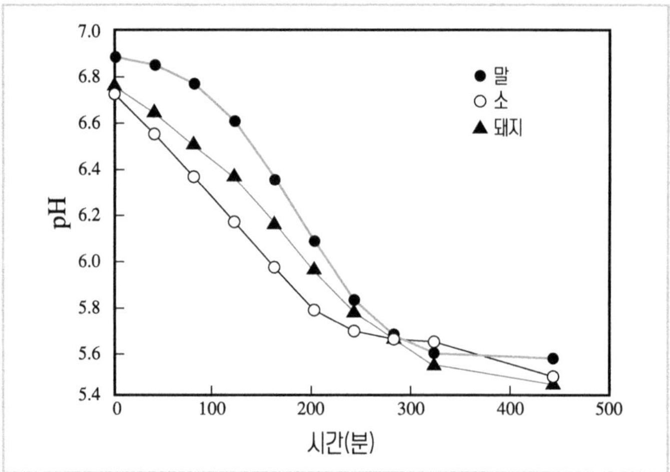

그림 2-27 동물의 종류별 사후 pH의 저하속도(37℃)

도살 후라 할지라도 근육은 활발하게 수축하지는 않지만, 세포의 유기적 결합을 유지하고, 체온을 유지하기 위해 에너지가 계속 소비된다. 근형질(sarcoplasm) 중의 ATPase는 그 목적으로 이용되는 효소의 하나이다. 그래서 ATP가 감소하고, 동시에 무기인산염이 생성되어 이것이 해당작용을 자극한다. 글리코겐의 젖산으로의 분해는 해당계 효소가 낮은 pH에 의하여 불활성화 되기까지 계속된다. 이와 같이 젖산생성이 종료된 시점의 pH가 사후근육이 나타내는 가장 낮은 pH이다. 해당작용의 정지는 해당계

효소의 불활성화 외에 글리코겐의 소실 또는 해당계 효소작용에 대한 글리코겐의 감수성 저하가 원인이다. 이와 같이 사후근육이 나타내는 최저의 pH를 최종 pH라 한다. 전형적인 포유류 근육의 최종 pH는 5.4 ~ 5.5이다.

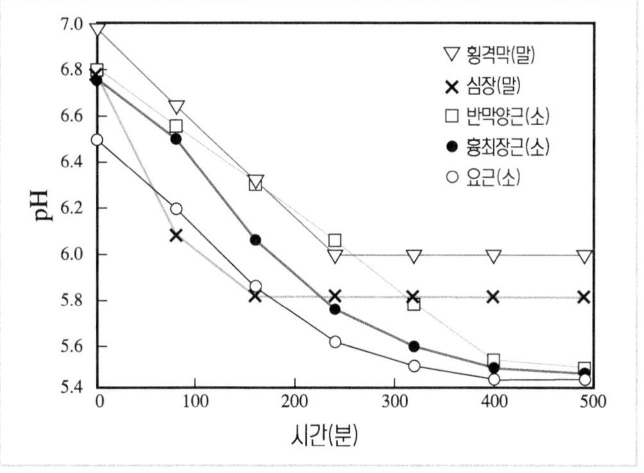

그림 2-28 근육의 종류별 사후 pH의 저하속도(37℃)

사후근육의 pH 저하 속도와 정도는 그림 2-27 및 그림 2-28에서 보는 바와 같이 동물의 종류, 근육의 형태 그리고 동물간의 변이 등의 본질적인 요인에 따라 다르다. 또 도살 전 약의 투여라든가 환경온도와 같은 외적인 요인의 영향을 받는다. 도살 전에 황산마그네슘을 정맥주사 하면 사후해당작용이 지연되고, 아드레날린(adrenalin)의 주사는 pH의 저하속도를 빠르게 한다.

해당속도는 외부온도의 영향을 받으며, 온도의 상승에 따라 해당속도도 빠르게 된다. 도살 전의 이상고온, 사후 이상고온을 체험한 백근증(白筋症) 돈육의 pH 저하속도는 매우 빨라서 사후 40분 내에 pH 5.4 정도로 저하한다.

Cheah 등(1984)은 이와 같은 돼지의 사후근육 중에서 Ca^{2+}의 수준이 높다는 것을 확인한 바 있다. 그리고 이 Ca^{2+}이 액토미오신(actomyosin) ATPase를 활성화시키고, 그것이 사후 해당작용의 속도를 촉진한다고 보고한 바 있다.

해당작용에서 생성되는 젖산의 양과 식육의 pH 간에는 젖산이 식육 1 g당 약 50㎛ 정도 증가하면 pH는 1단위 저하한다고 알려져 있다. 이러한 젖산과 pH의 관계로부터 사후 육의 pH 저하는 해당작용에 의한 젖산의 축적 때문임을 알 수 있다.

3. 사후 pH의 저하

사후 근육의 pH 저하는 혐기적 해당작용에 의해 생성된 젖산이 근육 내에 축적되기 때문에 생기는 것으로, pH 저하속도와 최종 pH는 동물의 종류, 근육의 종류, 환경온도, 도살방법, 도살전후의 취급 등에 따라 변이가 심하며, 근육의 성질에 영향을 미치는 중요한 사후 변화의 하나이다.

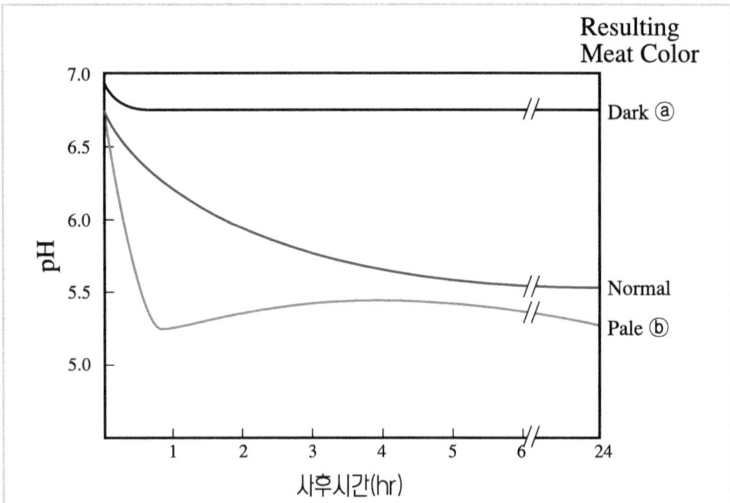

그림 2-29 사후근육의 pH변화와 육색

사후직후 근육의 pH는 축종에 따라 7.0~7.3의 범위에 있으며, 사후 시간이 경과함에 따라 점차 저하되어 최종 pH에 도달하게 된다. 최종 pH의 경우도 축종 간에 많은 차이가 있으나 일반적으로 5.3~5.7의 범위에 있다. 돼지고기에 있어서 pH의 변화를 살펴보면 그림 2-29에 나타난 바와 같이 정상육은 사후 직후 pH 7.0 내외에서부터 서서히 내려가기 시작하여 사후 6~8시간에 약 5.6~5.7에 이르고, 약 24시간 후에는 최종 pH인 5.3~5.7에 도달한다. 반면에 그림 2-29의 ⓐ의 경우에는 사후 1~2시간 동안 약간의 pH 저하가 있고나서 더 이상의 변화가 없고 6.5~6.8의 높은 수준을 유지하고 있고, 최종 pH도 6.0~6.8정도로 상당히 높다. 이는 스트레스로 인하여 근육 내의 글리코겐이 도살 전에 이미 소실되어 도살 후 해당에 필요한 글리코겐이 없기 때문에 해당작용이 정지되고, 그 결과 최종 pH가 높은 수준을 유지한다. 이러한 육을 DFD육(dark, firm, dry)이라 한다. DFD육은 육색이 짙고(dark), 육질이 단단하며(firm), 건조한(dry) 육으로 우육에 많이 발생한다. 이러한 육은 미오글로빈의 적자색이 우세하여 육색이 짙으므로 상품가치가 떨어진다. 또 최종 pH가 높기 때문에 보수성은 좋지만, 최종 pH가 높을수록 세균의 최적 생육 pH에 가깝기 때문에 세균에 오염되기 쉽다. DFD육의 근본적인 발생 원인으로는 도살 전의 스트레스를 들 수 있는데, 특히 도살 전의 육체적 활동과 감정적인 흥분이 영향을 주고, 기아(飢餓)도 영향을 준다. 그림 2-29의 ⓑ의 경우에는 사후 pH의 저하가 너무 빨라서 사후 1시간 만에 pH가 5.4~5.5에 이르고 있고, 최종 pH가 5.3~5.6의 범위이다. 이는 스트레스로 인하여 도축직후 근육 내의 글리코겐이 급속히 분해되어 근육 중에 젖산이 축적되고, 그 결과 사후 초기에 근육의 pH가 급속히 저하되어 낮은 수준으로 유지된다. 이러한 육을 PSE육(pale, soft, exudative)이라 한다. PSE육은 육색이 창백하고(pale), 육질이 연약하며(soft), 삼출액이 많은(exudative) 육으로 돈육에서 많이 발생한다. 이러한 육은 육색이 연하고, 근육조직이 연약하여 탄력성이 없으며, 보수력과 결착력이 나쁘다. 따라서 육가공품의 제조 시에도 가공적성이 극히 나쁘다.

또한 pH 저하속도는 온도의 영향을 많이 받는다. 일반적으로 근육의 pH는 7~37℃ 범위의 높은 온도에서 빠르게 내려가는데, 사후 도체의 온도가 아직 높은 상태에서 pH가 빠른 시간 내에 급속히 저하되면 육단백질의 변성이 일어나게 된다. 변성의 정도는 온도, pH의 저하 등에 의해 좌우되는데, 특히 온도는 단백질 변성의 주요 원인이 된다. 이와 같은 온도에 의한 효과는 특히 근육이 도체에 붙어있는 지육상태에서의 pH 변화와 관련이 있다. 사후에 온도가 빠르게 떨어지는 근육의 표면보다는 심부로 갈수록 최종 pH에 도달하는 시간이 빠르게 나타난다. 이외에도 사후 pH의 변화는 축종에 따라 다르게 나타나며 이는 각 동물마다 사후 대사속도에 차이가 있기 때문이다.

pH는 육색, 조직감, 보수성(WHC: water-holding capacity) 및 미생물 오염 등과도 매우 밀접한 관련이 있다. 일반적으로 최종 pH가 높은 경우(pH 5.8이상) 보수성을 증진시키고, 육색이 짙어지며, 거친 조직감을 보이고 미생물 성장이 용이한 환경을 제공한다. 반면에 최종 pH가 낮은 경우(pH 5.5 이하)에는 반대의 현상이 나타난다. pH의 물리적 효과는 고기의 주요 단백질의 등전점(isoelectric)과 깊은 관련이 있다. 만일 pH가 5.4이하로 내려가며 myosin의 등전점에 가깝게 되고 이에 따라 근섬유의 수축이 일어나는데, 이러한 경우 물분자와의 결합능력을 상실하게 되어 보수력이 저하된다. 또한 육표면 구조가 변할 경우 빛의 반사와 흡수량이 영향을 받아 육색도 다르게 나타날 수 있다.

4. 사후 도체온도의 변화

살아있을 때는 내부로부터 발생된 채열이 혈액을 타고 허파나 피부표면으로 이동되어 발산되지만, 사후 해당작용 등의 대사가 진행되면서 발생되는 열은 외부로 이동되지 못하고 근육의 온도를 상승시키는 원인이 된다(도축열). 사후 해당작용의 속도가 빨리 일어나 pH 저하가 급속히 일어난 도체는 도축열의 발생이 많아서 도체의 냉각 속도가 비교적 느리게 나타난다. 이러한 도축열은 도체의 크기, 도체내의 근육의 위치, 체외지방의 두께, 근섬유의 조성 및 근내지방량에 의해 영향을 받는다. 근육이 큰 부위일수록 근육 표면과 심부의 냉각속도에 차이가 발생하기에 온도가 빠르게 내려가는 표면보다는 심부로 갈수록 최종 pH에 도달하는 시간이 빠르게 나타나는데 이는 보수력 저하로 이어진다. 따라서 식육생산과정에서 발생되는 열을 근육에서 빨리 제거하는 것은 단백질의 변성을 방지하여 식육의 품질을 유지하기 위해 대단히 중요하다.

5. 사후강직

사후강직(rigor mortis)이란 근육의 식육화 과정중에 일어나는 가장 극적인 변화중의 하나로, 사후 일정시간이 경과한 후에 후에 근육이 신전성(extensibility)을 잃고 수축하여 단단하게 되는 현상을 말하며, 사후강직이라고도 한다. 근육은 그림 2-30에서 보는 바와 같이 사후 직후에는 ATP의 소실과 공급의 평형이 유지되기 때문에 유연성을 가진다. ATP의 공급은 근육 내에 원래 남아 있는 것과 크레아틴 인산을 제외하고는 사후 호흡정지에 의해서 산소의 공급이 중단되기 때문에 해당작용에 의해서만 이루어질 수 있다. 크레아틴 인산과 글리코겐이 소비되어 버리거나 해당작용에 의한 젖산의 축적으로 인하여 pH가 7.0 부근에서 5.5 부근까지 저하하면 ATP는 공급되지 않게 되고 그 농도는 감소한다. 이 ATP의 감소와 pH의 저하에 의해서 근소포체의 능력이 떨어져 여기에서 Ca^{2+}이 방출된다. 이 Ca^{2+}이 근원섬유의 가는 필라멘트에 있는 트로포닌 C와 결합하면 액틴이 굵은 필라멘트의 미오신과 결합하여 액토미오신을 형성한다. 이때 잔존하는 ATP의 에너지를 이용하여 가는 필라멘트가 굵은 필라멘트 사이로 미끄러져 들어가 근육이 수축된다. ATP가 완전히 소실되면 액토미오신은 그 상태로 유지되기 때문에 근육은 수축한 상태가 되고 사후강직이 완료된다.

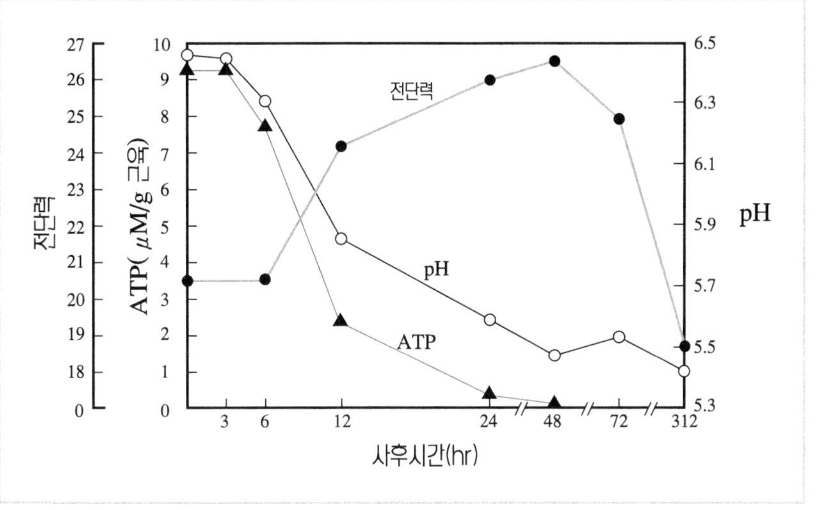

그림 2-30 우육(반건양근)의 사후 pH, ATP 및 전단력의 변화(2℃)

1) 사후강직의 3단계

사후근육의 물리적 변화는 강직개시전기(pre-rigor), 강직진행기(onset of rigor) 및 강직완료기(completion of rigor)의 3단계로 분류된다.

(1) 강직개시전기

사후 초기(1-3시간)에는 근육 중의 크레아틴 인산과 글리코겐으로부터 ATP가 생성되기 때문에 ATP의 소실과 공급이 평형상태를 유지한다. 이와 같이 ATP의 수준이 높이 유지되는 동안에는 가는 필라멘트와 굵은 필라멘트 사이의 상호결합이 가역적이어서 이완 상태로 돌아갈 수 있으므로 근육이 높은 유연성과 신장성을 가진다. 이 단계를 강직개시전기 또는 강직의 지연기라 한다.

(2) 강직개시기

사후 시간이 경과하면서 근육 중의 크레아틴 인산과 글리코겐이 급격히 소모됨에 따라 ATP 함량이 점차 저하되기 시작한다. ATP 함량이 일정 수준 이하로 저하되면 가는 필라멘트와 굵은 필라멘트 사이에 불가역적인 가교(cross bridge)가 형성되기 시작하여 근육의 유연성과 신전성이 저하하게 된다. 이 단계를 강직개시기 또는 강직진행기라 한다.

(3) 강직완료기

근육 중의 크레아틴 인산과 글리코겐이 완전히 고갈되고 해당작용에 의한 젖산의 축적으로 인하여 근육의 pH가 최종 pH에 도달하면 ATP의 공급이 더 이상 이루어지지 않는다. ATP가 완전히 소실되면 가는 필라멘트와 굵은 필라멘트 사이의 불가역적인 상호결합에 의하여 액토미오신이 형성되므로 근육은 유연성과 신전성을 완전히 잃게 된다. 이 단계를 강직완료기 또는 사후강직기라 한다.

한편, 사후직후의 근육세포에는 Ca^{2+}농도가 0.1㎛ 이하이고, 근원섬유는 이완상태이다. 생근이 수축하기 위해서는 자극에 의하여 Ca^{2+}이 근소포체로부터 방출되어야 하는데, 사후근육에서는 자극 없이도 수축이 일어난다. 이것은 사후 시간이 경과함에 따른 여러 가지 변화와 더불어 근소포체가 Ca^{2+}을 저장하는 기능을 상실하여 Ca^{2+}이 누출하게 되고, 생체의 미토콘드리아는 다량의 Ca^{2+}을 축적하고 있지만, 여기에서도 Ca^{2+}이 누출되어 근원섬유 내에 Ca^{2+}의 농도가 상승하기 때문이다. 세포 중의 Ca^{2+}농도가 10㎛ 이상이 되면 생체에서의 수축과 같이 굵은 필라멘트와 가는 필라멘트의 사이에 상호작용이 일어나게 된다. ATP가 소실되어 사후강직이 완료되면 전 미오신이 액틴과 강하게 결합하기 때문에 근육이 매우 단단하다. 또 강직완료기의 근육에서는 pH가 근육단백질의 등전점 부근에 있기 때문에 보수성이 나쁘다. 따라서 이 시기의 근육은 길기고 조리 시에 액즙의 삼출이 많기 때문에 식육으로서 부적당하다.

사후근육이 강직완료기에 도달하기까지의 시간은 동물에 따라 달라서 일정하지 않지만, 덩치가 작은 동물일수록 짧다. 이 시간은 보통 소 24시간, 돼지 12시간, 닭 2시간 정도이다.

도살 후 환경온도와 근육온도는 사후강직 속도에 영향을 주는데, 그림 2-31에서 나타난 것과 같이 우육을 37℃에 유지하였을 때에 6시간 후에 강직이 완료되나, 7℃로 냉각하였을 때에는 24시간 후에야 강직이 완료됨을 볼 수 있다. 이는 근육온도가 높을수록 ATPase를 비롯한 효소들의 작용이 활발하여 근육중의 에너지원이 빠르게 소모, 고갈되기 때문이다. 사후강직은 또한 근육의 pH 저하와 깊은 관련이 있는데, 정상적인 pH 저하패턴을 보이는 근육은 사후강직 개시 및 완료가 장시간에 걸쳐 서서히 진행되는 반면, pH 저하가 거의 이루어지지 않는 경우는 도살 전 장시간의 스트레스에 의해 근육 내 글리코겐이 거의 고갈 된 상태이므로 사후 해당작용이 미미하고 ATP 생성이 적어 강직이 빨리 오게 되고, pH 저하가 빠르게 진행되는 경우도 근육 내 글리코겐이 사후 단시간에 급속히 분해되어 빠르게 고갈되거나 젖산의 축적으로 pH 가 낮아져 해당작용이 억제되므로 ATP 생성이 지속되지 못하고 일찍 고갈되어 강직이 빠르게 오게 된다.

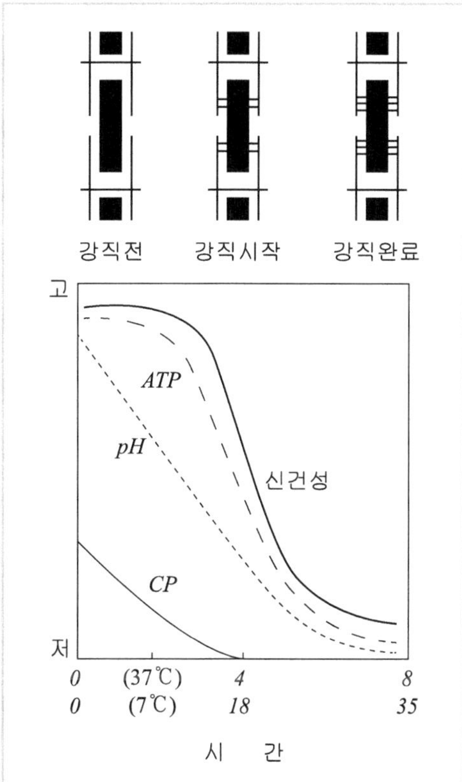

그림 2-31 사후 근육 내에서의 물리, 화학적 변화
참고, 식육생산과 가공의 과학 선진문화사 112p

6. 강직의 해제 및 숙성

축육은 일반적으로 도살 후 즉시 식육으로 공급되지는 않는다. 사후강직 전의 ATP가 존재하는 육은 연하지만 맛이 없고 육을 조리할 때 ATP의 소실과 더불어 격심한 강직이 일어난다. 또 사후강직기의 육을 조리할 경우 질기고, 보수성이 낮으며, 풍미도 현저하게 나쁘다.

식육은 사후강직 후 시간이 경과됨에 따라 서서히 연화되는데, 이를 사후강직의 해제(해경)라 한다. 또 신선육을 저온(동결점보다 높은 온도)에서 보존하면 육은 연해지고, 보수성이 증가하며, 풍미도 개선되는데, 이와 같은 과정을 육의 숙성이라 한다. 식육의 숙성은 필수적이고, 숙성에 의하여 비로소 근육이 식육으로 전환된다. 숙성시간은 사후강직에 달할 때까지의 시간과 마찬가지로 여러 가지 요인에 의해 영향을 받지만, 5℃에서 저장할 경우 우육은 8 ~ 10일, 돈육은 4 ~ 6일, 계육은 1/2 ~ 1일 정도이다.

이와 같이 사후강직기의 육은 조리 시에 연도 및 다즙성이 떨어지므로 주어진 조건하에서 일정기간 동안 숙성을 시킴으로써 육질이 식용에 알맞게 향상된다.

이러한 육의 숙성기간 중에 일어나는 변화는 다음과 같다.

1) 육의 연화

육의 연화는 근원섬유단백질의 상태변화에 기인하지만, 연화와 직접 관계되는 요인으로는 다음과 같이 액틴과 미오신 간의 상호결합의 약화, Z선의 약화 및 근원섬유의 소편화, 그리고 코넥틴의 약화 등을 들 수 있다.

(1) 액틴과 미오신 간의 상호결합의 약화

사후강직 중에 형성된 액틴과 미오신 간의 상호결합의 약화를 나타내는 근원섬유의 형태적 변화로서 I대의 길이와 근절의 길이가 숙성기간이 경과함에 따라 실제 길어진다는 것이다. 이것은 근육 내의 미시적 환경변화(pH의 변화, 이온조성의 변화 등)에 의한 것으로 알려져 있다.

(2) Z선의 약화 및 근원섬유의 소편화

근육 내에 존재하는 단백질분해효소에 의한 자가소화의 결과로 근원섬유단백질 및 결체조직단백질의 일부가 분해된다. 이러한 단백질분해효소로는 Ca^{2+}으로 활성화되는 중성 단백질분해효소(protease)인 칼슘활성효소(calcium activated enzyme fraction, CAF)와 리소좀(lysosome)에 존재하는 산성 단백질분해효소인 카텝신(cathepsin B, D, L 함유)에 의하여 행해지고 있는 것으로 알려져 있다. 특히 칼슘활성효소는 칼슘의 존재 하에 근원섬유의 Z선을 선별적으로 분해하는 기능을 갖고 있다. Z선의 분해는 긴 근원섬유를 짧게 소편화(fragmentation)하기 때문에 연도를 증가시키는 효과를 가져오며, 이러한 근원섬유의 소편화 정도는 식육의 숙성도의 지표로 이용되고 있다. 또한 카텝신은 사후 근육 내의 pH의 저하로 리소좀으로부터의 유리가 촉진되어 근원섬유단백질 및 결체조직단백질에 작용하여 분해하게 된다. 특히 콜라겐 섬유의 프로펩티드

(propeptide) 부분의 가교가 카텝신에 의하여 분해되기 때문에 숙성 중에 일어나는 콜라겐 섬유의 약화는 식육의 연화에 기여하는 것으로 알려져 있다.

(3) 코넥틴의 약화

근원섬유를 구성하는 탄성단백질의 일종인 코넥틴(connectin)에는 불용성의 α 형과 가용성의 β 형이 있는데, 식육의 숙성 중에 불용성의 α 형으로부터 가용성의 β 형으로 변환하기 위해서 탄성을 잃는 것이 식육 연화의 한 원인으로 알려져 있다.

2) 식육의 연화방법

(1) 냉장 숙성

현재 가장 일반적인 숙성 방법으로, 0～3℃ 온도, 85～100% 상대습도에서 6～11일간 저장이나 유통 중 숙성을 거치는 방법으로, 근육내 단백질 분해효소들에 의한 자가소화 과정을 통해, 14～22%의 연도 향상 효과를 가진다. 그러나 국내 여건상, 도축 및 냉장유통 시스템이 선진국에 비해 상대적으로 열악하므로 장기간의 저장성을 기대하기는 어렵다.

(2) 고온숙성(지연냉장)

10～20℃ 온도에서 도살 후 10시간까지 숙성시키는 방법으로, 저온단축을 방지하고, 단백질 분해효소들에 의한 자가소화를 통해, 7～47%의 연도향상 효과를 가진다. 그러나 도축장 시설 및 작업자의 철저한 위생관리가 필요하며, 소 도체의 경우는 냉도체 등급판정을 실시하는 관계로 적용하기 어려운 단점이 있다.

(3) 골반골 현수 방법

도체를 골반골에 의해 현수시켜 냉장 후 재래식 냉도체 가공을 실시하는 방법으로 특정 근육들의 수축을 방지하여 근절 길이가 신장되며, 7～35%의 연도 증진효과가 있으나 소도체의 경우는 현수방법에 따른 공간, 노동력, 기타 발골 및 정형 등에 불편함이 따른다는 단점이 있다.

(4) 전기자극법

저전압(30～80V)으로 도살 후 10분 이내에 전기자극하거나, 또는 고전압(200～3,600V)으로 도살 후 60분 이내에 전기 자극을 실시하는 방식으로, 저온단축을 방지하고, 단백질 분해효소들에 의한 자가소화를 증진시키고, 근육 미세조직을 파괴(고전압 방식)하여 23~46%의 연도향상 뿐만 아니라 소 도체의 불규칙한 냉각에 의하여 등심심근에 발생하는 히트링(heat ring)현상을 방지하는데 효과가 있다.

이 방법은 1749년 Benjamin Franklin이 칠면조 도축시 전기자극을 이용하면 연도가 증가한다는 것을 처음 발견하였고, 그 후 미국의 Harsham과 Deatherage (1951)와 Rentschler (1951)가 각각 소도체의 연화방법으로 특허를 받았었다. 그러나 그 당시에는 전기자극에 의한 연도 증가 효과에 대한 관심이 적었을 뿐만 아니라, 실제로 저온단축현상에 관한 이해 부족으로 이의 상업적 이용은 거의 이루어지지 않았다. 전기자극이 실제로 사용되기 시작한 것은 뉴질랜드에서 양도체의 저온단축현상에 의한 연도감소를 방지하고, 수출을 위한 장기운반시의 급속냉장 및 냉동을 하기 위해 재개발된 1970년대 초기에 들어와서이다. 이후 여러 나라에서도 잇달아 이에 대한 연구가 본격적으로 시작되었으며, 전기자극이 육질에 미치는 효과들이 밝혀짐에 따라 미국, 영국 및 뉴질랜드 등에서는 소나 양도체의 전기자극을 육가공업체에서 실용화하게 되었다.

(5) 초고압처리

최근 새롭게 채택된 전혀 새로운 연화 방법. 100-400mPa정도의 정수압을 걸어 식육을 연화 시키는 방법이다.

3) 풍미의 개선

육의 숙성에 의하여 풍미가 개선되는 것은 단백질의 분해산물인 펩티드나 아미노산의 증가와 ATP의 분해산물인 IMP의 증가(그림 2-32)가 어울려서 맛의 향상에 기여하고, 또 단백질이나 지방의 분해에 의하여 생성되는 황화수소, 암모니아, 아세트알데히드(acetaldehyde) 및 디아세틸(diacetyl) 등의 증가가 향(香)의 향상에 기여하기 때문이다. 탄수화물과 디아민(diamine)도 육의 방향(芳香)에 있어서 중요한 전구체이다.

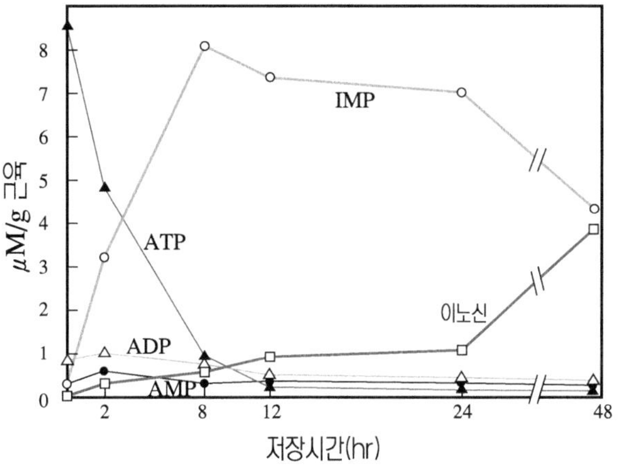

그림 2-32 사후 근육의 ATP의 변화와 그 분해산물

숙성의 최적기는 하이포크산틴(hypoxanthine)이 식육 1 g당 1.5 ~ 2.0 ㎛에 달했을 때이고, 이 시기는 0℃에서 10 ~ 13일 후, 10℃에서 4 ~ 5일 후, 20℃에서 30 ~ 40시간 후, 30℃에서 10 ~ 11시간 후라고 알려져 있다.

그러나 숙성기간이 너무 길게 연장(0℃, 40 ~ 80일간)되면 여러 면에서 풍미의 손실을 초래한다. 특히 육 표면에 미생물이 증식하거나 화학적인 분해에 의하여 식육에 바람직하지 못한 풍미가 생성될 수 있다. 또한 식육의 지질 중에서 인지질은 가장 불안정하여 풍미의 저하를 촉진한다.

4) 보수력의 증진

사후 근육의 보수력은 정상육의 경우 근육단백질의 등전점 부근인 pH 5.5에 도달하면 최저에 이른다. 또 ATP의 감소에 의한 액토미오신의 형성은 pH에 관계없이 보수성의 저하를 초래한다. 더욱이 사후 pH의 저하가 빠르게 진행될 때는 근장단백질의 변성이 일어나기 쉽고, 그 변성 근장단백질이 근원섬유의 추출성을 떨어뜨려 보수력을 저하시킨다.

그러나 숙성에 의하여 육의 보수력이 증진된다. 이것은 「보수력」 항에서 살펴본 바와 같이 해경(강직해제)에 의해 근원섬유의 구조강도가 감소하여 물 분자를 보유할 수 있는 구조체의 간격이 증가하게 되고, 또 굵은 필라멘트와 가는 필라멘트 간의 결합력이 감소함에 따라 물 분자가 존재할 수 있는 공간이 생기기 때문이다. 또 숙성이 진행됨에 따라 Na^{+}, Ca^{2+}이 근단백질로부터 근형질에 방출되고, 반면에 K^{+}은 근단백질에 흡착된다. 이때 과잉으로 흡착된 K+의 전하가 증가하여 보수력이 증진된다.

보수력은 동물의 종류, 근육의 종류 및 연령 등의 요인에 영향을 받는다. 예를 들어 돈육의 경우에는 연령에 관계없지만, 우육의 경우에는 자우육이 성우육보다 최종 pH가 높기 때문에 보수력도 높다. 또 근내지방도가 높은 근육은 1, 2차 근속사이에 축적된 근내지방이 수분의 분리를 방지하기 때문에 보수력이 높다.

보수력의 감소는 식육으로부터 침출되어 나오는 육즙(meat juice)의 양으로 알 수 있다. 근육을 강한 압력으로 압착하면 근육세포의 세포질인 근형질이 그대로 침출되어 나온다. 이것도 일종의 육즙이지만 보통 말하는 육즙은 근육을 방치한 경우에 자연스럽게 침출되어 나오는 즙액을 가리키고 있다. 이와 같이 냉장상태의 식육으로부터 자연스럽게 침출되어 나오는 육즙을 윕(weep)이라 한다. 또한 식육을 동결시켰다가 해동하면 침출되어 나오는 육즙을 드립(drip)이라 하며, 식육을 가열할 때 분리되어 나오는 육즙을 쉬링크(shrink)라 한다. 이러한 육즙의 구성성분은 수분을 주체로 하여 수용성의 단백질, 펩티드, 아미노산, 젖산, 비타민 B복합체 및 염류 등이며, 쉬링크에는 가열에 의해 용해된 지방이 함유된다.

7. 육색의 변화

식육의 육색은 주로 미오글로빈 그 자체의 색으로 신선육의 내부 육색은 환원 미오글로빈(deoxymyoglobin)의 색인 적자색이다. 하지만 공기 중에 노출되면 산소와 결합하는 산소화(oxygenation) 과정을 거쳐 선적색의 옥시미오글로빈(oxymyoglobin)을 형성하는데, 이것이 보통 신선육의 표면에서 볼 수 있는 색깔이다. 이렇게 미오글로빈이 산소화되어 육색이 선홍색을 띠는 현상을 블룸(bloom)이라 한다.

또 식육을 장시간 공기 중에 노출하면 미오글로빈이나 옥시미오글로빈이 산화되어 이들 미오글로빈의 환원철(Fe^{2+})이 산화철(Fe^{3+})로 바뀌게 되고 이에 따라 갈색의 메트미오글로빈(metmyoglobin)이 형성된다.

미오글로빈의 산소압에 따른 화학적 상태와 육색과의 관계는 그림 2-33에서 보는 바와 같다. 미오글로빈의 산화속도는 산소량이 증가함에 따라 증가하는 것이 아니라 산소압이 1 ~ 10 mmHg에서 최대로 일어나고 이보다 낮거나 높으면 그 속도가 느리다. 따라서 신선육이 공기 중에 노출되면 표면이 선홍색을 띠게 되는 것도 공기 중의 산소가 21%이므로 산소압이 높은 상태여서 미오글로빈이 산화되지 않고 산소화되기 때문이다. 또 신선육의 내부는 환원효소들이 육표면에서 지속적으로 산소를 소비하므로 환원상태를 유지하게 되고 이에 따라 육내부의 미오글로빈은 산소의 결핍으로 환원상태를 유지하여 적자색을 띠게 된다. 하지만 신선육의 표면에서 환원효소들이 지속적으로 산소를 소비함에도 불구하고 산소가 육표면에서 내부로 확산되어 미오글로빈의 산화에 알맞을 정도의 산소압이 형성되고 이에 따라 육표면보다 약간 내부의 내부상층에 갈색의 메트미오글로빈 층이 형성된다. 결국 신선육의 단면을 보면 표면은 선홍색, 내부상층은 갈색, 그리고 육내부는 환원 미오글로빈의 적자색을 띠게 된다. 그러나 신선육을 절단하여 내부를 공기 중에 노출하면 적자색의 환원 미오글로빈이 다시 산소화되어 옥시미오글로빈의 선적색을 띠게 된다.

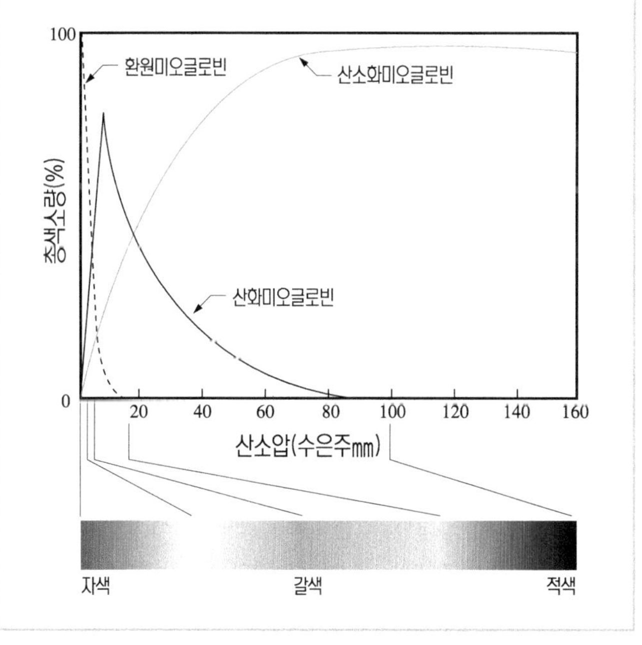

그림 2-33 공기 중 산소압에 따른 미오글로빈의 화학적 상태와 색

이러한 미오글로빈의 산화속도는 육의 온도, pH, 산소분압, 공존하는 염류 및 불포화지방산 등의 영향을 받는다. 낮은 pH, 고농도의 염류, 가열 및 자외선 등이 글로빈

을 변성시기 때문에 미오글로빈의 산화속도를 촉진시키고, 또 염류의 농도의 증가하면 조직 내의 광화학적 변화를 일으켜 암색화의 원인이 된다. 일반적으로 식육판매대의 광선은 오렌지색 광선이 변색을 덜 유도하고 형광등 보다는 LED등이 변색을 덜 유도하는 것으로 알려져 있다.

한편, 최종 pH에 도달하는 속도가 빠른 PSE 육에서는 육색이 연하게 되고, 최종 pH가 높은 DFD 육에서는 육색이 암적색으로 된다. DFD 육을 진공포장할 경우 녹변이 일어나는데, 이 녹변은 미오글로빈에 세균이 생성하는 황화수소가 작용하여 설프미오글로빈(sulfmyoglobin)을 형성하기 때문이다.

그 외에도 미생물이 생산하거나 육단백질의 분해에 의한 화학물질과 미오글로빈의 결합, 환원제 또는 산화제와 미오글로빈의 반응에 의하여 갈변, 회변, 녹변 등 여러 가지 육색의 변화를 가져온다.

식육 중의 지방과 미오글로빈은 밀접한 관계가 있다. 그래서 헤마틴(hematin) 화합물은 지방의 산화를 촉진하는 산화촉진제의 역할을 하고, 반대로 불포화지방산은 미오글로빈의 산화를 촉진시키는 역할을 하므로 서로 산패와 변색에 영향을 주고 있다.

8. 식육의 부패

도축 후의 육을 그대로 방치하면 미생물이 증식하면서 서서히 외관적으로나 관능적으로 본래의 성질을 상실하여 식용으로 부적당한 상태가 된다. 이러한 현상을 부패라 한다.

이와 같이 식육의 부패는 주로 오염된 미생물의 작용에 의하여 일어난다. 식육은 수분을 제외하면 주로 단백질로 구성되어 있는데, 이 단백질은 숙성기간을 거치면서 자가소화에 의해 먼저 펩티드(peptide)로 분해되고, 계속해서 아미노산으로 분해된다. 숙성기간이 어느 정도 경과하여 펩티드나 아미노산 등의 함량이 증가하고, pH가 6 정도로 상승하게 되면 외부로부터 오염된 미생물은 육의 내부까지 쉽게 증식하게 된다. 이때 펩티드나 아미노산은 더욱 저급화합물로까지 분해되며, 아미노산의 일부는 직접 미생물에 의해 이용되기도 한다. 이러게 생성된 저급화합물로는 암모니아, 아황산가스 및 CO_2 등의 여러 가지 기체와 지방산 또는 알코올 등이 있으며, 이들이 식육에 녹아 액체상태로 되면 점액이 형성되고 부패취를 발생하게 된다.

부패에 관여하는 세균은 상당히 많은 종류가 있으며, 항상 일정한 종류의 균이 증식하는 것이 아니라 그 당시의 조건에 따라 다양하다. 예를 들면 초기에는 호기성세균이 증식하더라도 환경의 변화가 일어나면 거기에 적합한 다른 미생물이 증식하고, 다시 분해가 진행됨에 따라 점차 균상이 바뀌어 육의 분해가 더욱 진행된다.

식육으로부터 검출되는 호기성균으로는 *Bacillus subtilis, Bacillus mesentricus, Bacillus vulgatus* 등이 있고, 혐기성균으로는 *Escherichia coli, Aerobacter aerogenes, Aerobacter cloacae, Pseudomonas fluorescence, Clostridium putrificum, Clostridium sporogenes, Proteus vulgaris* 등이 있다.

부패의 최종산물로서는 단백질로부터 amine, indole, skatole, ammonia, 황화수소, 질소, 탄산가스, 지방으로부터 지방산과 카르보닐화합물, 글리코겐으로부터 초산과 낙산 등이 생성된다.

식육에 증식하여 균이 생성하는 독소에 의하여 식중독을 일으키는 중요한 균으로서는 *Botulinus* 균(*Clostridium botulinum*), 포도상구균(*Staphylococcus aureus*), Salmonella 균 등이 있다.

완전히 부패된 육은 외관과 풍미의 변화에 의해 쉽게 판별할 수 있지만, 부패가 시작되는 시기(부패초기)를 포착하는 일은 그리 쉽지 않기 때문에 매우 중요하다. 그 때문에 관능검사 외에 pH 측정, 휘발성염기질소 측정, 메틸렌블루(methylene blue) 환원시험, 레사주린(resazurin) 시험 및 균수 측정 등이 이루어지고 있다.

한편, 식육의 부패를 좌우하는 것은 식육에 오염된 초기 미생물수 이므로 미생물 오염원을 최대로 줄여야 한다. 특히 발골작업 시에 작업자의 손, 도구 및 작업대 등을 통하여 식육은 미생물에 오염될 수 있으며, 이때 호냉성균보다 중온성균에 오염되기 쉽다. 그러므로 식육을 취급하는 작업자를 비롯하여 작업대, 바닥 및 벽 등의 시설을 포함한 모든 공정이 위생적으로 청결하게 관리되어야 한다.

식육의 냉장저장은 미생물에 의한 식육의 부패를 지연시키는 좋은 방법이지만 미생물의 증식을 완전히 막지는 못한다. 따라서 냉장저장이 식육의 저장기간을 연장할 수 있는 수단이 될 수는 있으나 절대적인 방법은 아니다.

냉장은 일정하게 저온을 유지하고 습도를 너무 높지 않도록 하며, 발골작업 시에 오염된 중온성 미생물의 증식을 억제하기 위해서는 가능한 빠른 시간 내에 지육을 냉각시키는 것이 중요하다. 또 지육을 발골, 해체하여 유통시키는 전 과정이 냉장상태를 유지하도록 해야 한다.

냉장 중인 식육에 쉽게 발육하여 부패를 일으키는 미생물은 슈도모나스를 비롯한 많은 저온성 미생물로서, 특히 호기성 세균과 곰팡이 및 효모 등이다. 이들은 식육표면에 쉽게 증식하여 식육의 변색과 이취발생의 원인이 된다. 슈도모나스는 대표적인 저온성 세균으로 저온에서 발육이 잘되며, 식육 내에 발효된 듯한 시큼한 이취를 생성하고 육색을 여러 가지로 변화시켜 품질을 저하시킨다.

식육을 냉동저장 할 경우, 미생물은 대략 −20℃ 이하의 온도에서 성장을 멈추지만, 사멸되지는 않는다. 냉동육을 해동하여 소비하고 남을 경우 다시 냉동 보관하였다가 해동하여 소비하게 되는 경우가 많은데, 이는 매우 바람직하지 못하다. 그 이유는 냉동저장 시에 성장을 멈춰 있던 미생물이 성장에 필요한 일정한 조건이 되면 급속히 증식하게 되는데, 빠른 속도로 만약 이러한 미생물 중에 식중독균이 포함되어 있다면 치명적일 수 있기 때문이다.

일반적으로 사람들은 식육의 변패를 이취나 육색 등의 변화로 구분하지만, 불행하게도 인간에게 질병을 일으키는 미생물의 종류는 많이 있으며, 이러한 균들이 꼭 식육의 부패 단계에서만 존재하는 것은 아니다.

식육을 진공포장해서 보관할 경우, 공기가 없는 상태이므로 주로 혐기성 미생물이 성장하는데, 그 성장패턴은 호기성 미생물의 성장패턴과 비슷하지만 성장속도는 느리다. 따라서 진공포장육이라 할지라도 일정 시간이 지나면 부패된다.

9. 식육의 저장

생육을 그대로 방치하면 변질하여 부패한다. 육의 변패는 미생물의 작용과 식육 중에 존재하는 효소에 의하여 일어나는 것으로 물리적 · 화학적으로 그 작용을 억제해야 한다.

냉장은 육의 빙결점(−1.7℃ 전후) 이상의 온도에서 온도와 습도의 합이 90되는 조합, 즉 4℃에서는 습도 85% 내외, 2℃에서는 습도 88%내외, 0℃에서는 습도 90%에서 저장하는 것으로 육질의 물리적 변화가 적기 때문에 바람직한 저장법이다. 최근에는 −1.7℃미만(−1±0.5℃)에서 냉장시키는 초저온냉장법(superchill)응용되고 있다. 하지만 저온에서도 자기소화가 진행되고, 저온성 미생물이 증식하기 때문에 저장기간이 비교적 짧다. 육을 냉각할 때 강직 전의 육을 급냉하면 우육이나 양육 같은 적색육에서는 저온단축이 일어나기 때문에 강직 전의 육은 서서히 냉각시켜야 한다.

저온단축(cold shortening)이란 강직 전 근육을 0 ~ 16℃ 사이의 저온에서 급속 냉각시킬 때 불가역적이고 반영구적으로 근섬유가 강하게 수축되는 현상이다. 저온단축 현상의 원인은 사후강직전 근육에 있어서 높은 ATP수준(5~6mM)에서 급격히 낮은 온도와 무산소상태에서 일어남으로, 낮은 pH(보통6.0이하)와 낮은 ATP수준(1mM이하)에서 서서히 나타나는 사후강직에 의한 단축과 구별된다. 저온에서 마이토콘드리아와 근소포체(sarcoplasmic reticulum)의 기능저하로 칼슘이온이 과도하게 유리되어 나오고, 칼슘이온과 결합할 수 있는 근소포체 기능이 저하됨으로써 근원섬유 주위에 칼슘이온농도가 크게 높아져 근육수축을 촉진하기 때문에 발생한다 (주로 미토콘드리아에서 방출되는 Ca^{2+}에 의해 일어남). 일반적으로 적색근 섬유가 많은 소나 양에서 백색근섬유가 많은 돼지보다 저온단축현상의 발생 가능성이 높은데, 백색근 섬유가 적색근 섬유에 비해 마이토콘드리아가 적고, 잘 발달된 근소포체 구조를 갖고 있기 때문에 저온단축에 대한 저항성이 강하기 때문이다. ATP가 충분히 존재하고 있는 한1~15℃에 옮기거나 혐기적 조건하에서 호기적 상태로 옮김으로써 단축을 가역적으로 일으킬 수 있다. 골격에서 절취하여 저온단축시킨 고기는 15 ℃ 에서 단축시킨 고기보다도 가열 후의 경도는 크지만, 골격에서 절취하지 않고 저온에 두면 단축이 억제되어 경도의 증가도 억제된다. 일반적으로 골격에 부착된 상태로 숙성시키는 경우는 저온단축은 문제되지 않는다.

또한 저온에서 근육이 단축되는 현상과는 반대로 16℃이상의 높은 온도에서는 근섬유의 단축도가 증가되는데 이를 고온단축(heat shortening)이라 한다. 고온으로 인하여 근육 내 ATPase 및 대사작용에 관계하는 효소들의 활성이 증가되어 ATP, CP, 글리코겐 등의 에너지원이 빠른 속도로 분해되어 사후강직이 촉진되고 단축도가 증가하기 때문에 발생한다. 고온단축은 닭의 가슴고기, 도끼의 psoas 근육과 같은 백색근에서 주로 발생한다. 따라서 도계의 경우 탕침 온도를 가급적 낮추고 내장적출 후에는 빠르게 냉각시키는 것이 권장되고 있다.

동결저장은 육을 동결된 상태(-20℃ 이하)로 보존하기 하기 때문에 장기간의 저장이 가능하다. 육을 동결시킬 경우 가능한 낮은 온도로 단시간에 동결시키는 것이 바람직하다. 동결시키는 데에 시간이 많이 걸리면 근원섬유 사이에 비교적 큰 빙결정이 형성되어 근섬유세포가 파괴되고, 해동 시에 드립(drip)이 많이 발생한다. 반면에 동결속도가 빠르면 근섬유 내의 빙결정이 작고, 조직의 파괴가 적기 때문에 해동 시에 드립이 적게 된다. 그림 2-34에서 보는 바와 같이 최대빙결정생성대(-1 ~ -5℃)의 온도대를 30분 이내에 통과하도록 급속히 냉각시켜야 한다.

냉장의 경우와 같이 사후강직 전의 육을 동결시키면 ATP나 ATPase와 같은 강직을 일으키는 요인이 그대로 동결되었다가 해동 중에 ATPase가 다시 활성을 보이면서 ATP를 분해하여 강직이 진행된다. 이러한 현상을 해동강직(thaw rigor)이라 하는데, 사후강직이 완료되기 이전의 강직전 상태의 근육을 냉동시킨 후 해동하면 사후강직보다 극심한 근섬유의 단축과 함께 강직현상이 일어나는 현상을 말한다. 해동강직의 개시는 근육내 ATP의 수준이 비교적 높은 경우 발생하는데, 이는 저온단축의 경우와 같다. 특히 해동 중 근육조직으로부터 과도한 육즙손실이 발생한다. 해동강직은 육가공 산업에서 실질적으로 매우 중요한 의미가 있으며, 강직이 완전히 완료될 때까지 고기의 냉동을 지양하도록 제안되어왔다. 또한 식육은 급속동결저장 중이라도 공기와 접하게 되면 탈수, 지질의 산화, 단백질의 변성, 변색, 불쾌취 그리고 스폰지 조직 현상이 일어나는데 이를 냉동화상(freezer burn)이라고 한다.

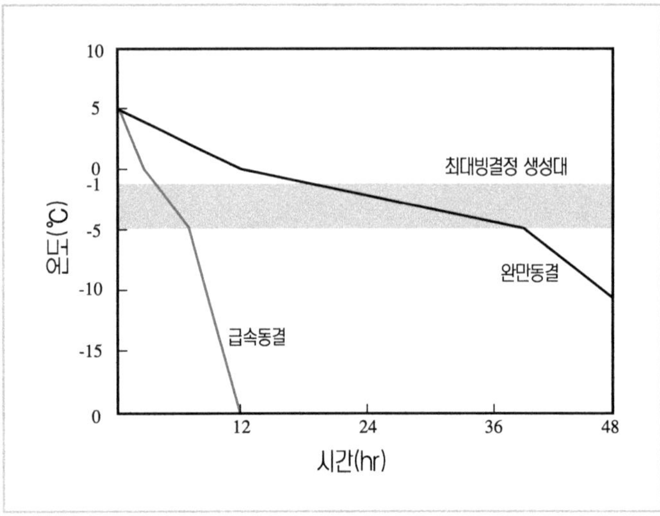

그림 2-34 최대 빙결정 생성대

제 3 장 식육의 생산

I. 식육의 생산

1. 식육생산 시설

가축은 도살(slaughter) 및 해체(dressing)에 의해서만 식육이 될 수 있으므로 전염병을 예방하고 위생적인 식육을 생산하기 위해서는 축산물 가공처리법에 의거하여 일정한 절차를 거쳐 정해진 시설을 갖춘 도축장(slaughter house)에서만 도살, 해체해야 한다. 도축장은 식용으로 사용할 가축을 도살 및 해체하여 이를 적절히 처리, 보관하는데 필요한 시설을 갖추고 위생검사를 실시하는 장소이다. 이러한 도축장에는 계류장, 생체검사장, 격리장, 작업실, 검사시험실, 소독준비실, 폐수처리시설, 폐기물처리시설, 가축수송차량 세척 및 소독시설, 탈의실, 목욕실 및 휴게실 등이 갖추어져 있어야 하며, 소 · 돼지 등의 포유류 도축장의 시설별 기준은 표 3-1에서 보는 바와 같다.

표 3-1 소 · 돼지 등의 포유류 도축장의 시설별 기준

시설명	면 적	
	소	돼지
총면적	2,000㎡ 이상	3,000㎡ 이상
계류장	150㎡ 이상(1두당 3.3㎡이상)	100㎡ 이상(1두당 0.83㎡이상)
생체검사장	15㎡ 이상	15㎡ 이상
작업실	100㎡ 이상	200㎡ 이상
검사시험실	20㎡ 이상	20㎡ 이상
원피처리실	30㎡ 이상	30㎡ 이상
냉장 · 냉동실	41.25㎡ 이상(3.3㎡당 4두 기준)	61.88㎡ 이상(3.3㎡당 8두 기준)

1) 주요 위생시설

식육생산 시설은 종사자들이 가축에게 주는 고통을 최소한으로 하면서 위생적으로 사용할 수 있도록 설계되어야 한다. 바닥과 벽은 위생적인 재질을 사용해야 하며, 내구성도 고려되어야 한다. 특히 효율적인 배수관리가 이루어지도록 해야 하고, 냉난방 시설을 완벽하게 하여 계절의 변화에 따른 실내온도의 차이를 적게 해야 하며, 소음과 조명들도 고려해야 한다. 식육생산 에 필요한 주요 시설로는 현수 시설, 지육냉각 시설 및 부산물처리 시설 등의 주요 시설과, 부대시설로서 냉장 · 냉동 시설, 전기기계 시설 및 오물관리 시설 등이 필요하다.

(1) 현수시설

실신된 가축을 방혈, 박피, 해체 등 일련의 작업들을 공정별로 처리하게 되는데, 이때 지육이나 내장 등의 가식부가 바닥에 접촉하여 오염되지 않도록 하며, 지육의 취급 및 이동에 있어서 능률적으로 처리할 수 있도록 하는 시설이다.

(2) 지육 냉각실(예냉실)

반도체 분할 직후 중심온도가 37℃ 전후인 지육을 신속히 4℃ 부근까지 냉각하는 것은 위생 및 품질 보존의 면에서 매우 중요하다. 지육을 예비 냉각실에서 중심온도를 10℃ 이하로 내린 후 냉각실로 이동하는 것이 지육냉각실의 온도변화를 초래하지 않으므로 이미 냉각된 지육의 품질유지에 좋다. 냉각실의 온도는 0℃ 부근으로 유지하는 것이 좋으며, 이 온도에서 지육의 중심온도가 4℃로 냉각되는데 소요되는 시간은 우지육은 48시간, 돈육은 16시간이다.

(3) 부산물 처리실

두부 및 가식내장은 지육과 마찬가지로 바닥에 접촉되지 않도록 주의해야 한다. 내장은 신속히 장 내용물을 제거하고 세척한 후 가열처리하여야 한다. 심장, 간장, 신장 등은 수세 후 바로 얼음으로 냉각하여야 한다. 방혈된 혈액은 위생적으로 처리하여 식품용으로 사용되며, 지방과 위 등은 유지공장의 원료로 사용된다. 가죽은 수세, 정형, 염지 등의 처리가 필요하므로 작업대, 정형절제대, 지방절취대 등의 설비가 필요하다.

(4) 냉장 · 냉동 시설

식육생산 공장은 식육유통이 시작되는 출발점으로서 유통과정 중에 식육의 위생적 품질이 향상된다는 것은 불가능한 일이므로 식육의 보존, 입 · 출고 시에 시설의 정상적인 가동에 유의해야 한다. 이러한 시설들에는 냉장 · 냉동시설들이 해당되므로 시설의 투자와 운전경비가 크므로 설치 운영 면에서 충분한 검토가 이루어져야 한다.

2. 식육의 생산과정

가축이 도살되고, 그 지육이 식육으로 제공되기 위해서는 공인된 위생시설을 갖춘 도축장에서 도살 및 해체가 이루어져야 하며, 정부가 임명하는 수의사인 검사원이 도살직전에 실시하는 생체검사와 도살 후에 실시하는 해체 전의 검사 및 해체 후의 검사로 위생적인 면에서 만전을 기함과 동시에 이러한 검사에 합격한 것에 대해서는 식용으로 공급해도 지장이 없다는 증명을 하는 검인을 찍는다. 검인이 찍힌 지육은 세균으로부터의 오염과 급격히 일어나는 화학적 변화를 억제하기 위하여 통상 돈육은 1일, 우육은 2일간 냉각하며, 여기서는 식육의 생산과정을 돈육을 중심으로 살펴보고자 한다.

1) 계류

수송된 가축은 양축가별로 가축번호를 배정받고 계류실로 입실되면 천정부위에서 세척수를 분사하여 돼지의 피부를 세척하여 준다. 곳곳에 급수구를 설치하여 수송 후의 갈증을 해소시킬 수 있도록 해준다. 그러나, 내장 적출 시 도체오염의 가능성을 줄이기 위하여 도축전 16시간 이내는 절식을 시킨다. 계류실에서 도살장으로 들어가는 입구는 순서가 뒤바뀌지 않고 일렬로 들어갈 수 있는 유도장치를 설계한다.

2) 생체검사

계류된 가축은 수의검사원이 도축 2시간 전에 생체검사를 실시하도록 되어 있다. 수의검사원은 체온과 눈, 비경 등을 확인하여 건강을 확인하고, 또 암가축의 경우에는 임신여부를 검사하여 정상적인 가축으로 확인된 가축만 도축을 허용하고 있다.

3) 기절

기절은 가축의 고통을 최소화하고 작업능률과 육질개선을 촉진하기 위해서 가축의 심폐기능을 유지한 상태에서 방혈시키고 스트레스를 적게 하기 위하여 실시한다. 가축의 실신방법에는 타격법(knocking), 전격법(eletrical stunning), 총격법(shooting), 자격법(sticking), 가스마취법(gas anethetization) 및 교살(hanging) 등의 방법이 있으나, 돼지의 도살에는 타격법 또는 전격법에 한하도록 규정하고 있다. 전격법은 통전을 촉진하기 위하여 돼지의 뒷머리 부분에 물을 살짝 뿌려준 후 350 ~ 600V의 전류를 2 ~ 4초간 통전시키는 방법이다. 그러나 전격법은 통전에 의하여 자율신경계가 활성화되어 부신피질에 catecholamine을 방출시켜 근육이 수축되기 때문에 육질에 좋지 않은 영향을 줄 수도 있다. 유럽에서는 탄산가스마취법이 많이 사용되고 있으며, 마취된 돼지의 강직정도가 약하여 방혈이 용이하므로 돼지도살 시의 자동화에 적합하다. 그러나 스트레스 감수성이 예민한 돼지는 산소결핍으로 인해 혐기적 해당작용이 촉진된다고 한다.

4) 방혈

실신된 돼지는 경골(hind shank bone)과 아킬레스(achilles)건 사이에 쉐클(shackle)을 걸어 천정의 레일에 고정시킨 다음 자도(sticking knife)를 경부의 중앙, 즉 가슴과 인후의 중간지점에서 직각으로 삽입하여 경동맥을 절단한 후 방혈(bleeding)을 실시한다. 방혈은 시설에 따라 다르나 수평방혈과 수직방혈을 하며, 가능한 한 빠른 것이 좋다. 돼지는 실신 · 방혈 개시 후 평균 9분정도 심장이 박동하므로 방혈 시에 혈액 중에 오염된 세균이 혈류를 타고 전신에 이동될 가능성이 있으므로 자도의 철저한 소독과 자외선조사에 의한 건조보관이 요구된다. 방혈량은 체중의 3 ~ 5% 정도이다. 방혈액은 혈액의 유효한 성분을 활용하기 위해 채혈시설을 갖추는 것이 필요하다. 방혈이 불량할 경우 모세혈관이 파열되어 식육에 혈점이 생성되고 또한 방혈과정은 도체오염의 시작점으로 볼 수 있으므로 주의하여야 한다.

저온단축방지와 연도향상을 위하여 필요에 따라 도체에 전기자극을 실하는데 일반적으로 방혈 후 20 ~ 40이내 실시하는 것이 바람직하다.

5) 탕박과 박피

방혈이 끝난 돼지는 박피기를 이용하여 가죽을 벗기거나 아니면 탕박하여 탈모시키게 된다. 박피할 경우 미생물이나 이물질이 도체에 오염되면 제거하기가 어렵기 때문에 탕박을 실시하는 것이 바람직하다. 탕박은 터널식의 물통을 통과하므로 외피가 세척되고 거친 털이 이완되도록 한 후 열탕(60 ~ 65℃) 속을 6 ~ 8분 통과시킨다. 탕박조 내의 수온은 고온성 미생물의 생존이 가능한 온도이기 때문에 잘 관리하여야 한다. 탈모는 롤러에 의한 탈모가 가능한 자동탈모기에서 냉수의 분무와 동시에 실시하여 거친 털을 제거한다. 표피의 잔모는 가스불로 그을리는 방법과 1,000℃의 오븐에서 약 6초간 실시하는 방법이 있다. 잔모의 제거가 끝난 도체는 마사지 기계를 통과하여 표피를 마사지하고 솔질하여 청결하게 한다.

6) 도체 손질

머리, 사지 발목, 항문 주위부의 절개 등을 실시한 후 이동벨트에 올려 별도로 취급하며, 청결히 다루어 장내세균에 의한 오염을 최소화하여야 한다. 다음 단계에서는 내장적출을 실시한 후 도체의 체중을 입력하여 업무 전산화의 기초 자료로 사용한다.

7) 지육의 검사

지육의 검사는 자체 검사원인 수의사가 실시한다. 외관적으로 전염병 감염 소견이 보이면 계통검사를 실시하고, 감염이 확실하면 도체를 소각 처분해야 한다.

8) 분할, 세척, 등급판정

척추를 중심으로 종축으로 도체를 절단하여 2분 도체를 만드는 작업을 말한다. 절단기는 고급 상품부위인 등심과 안심이 다치지 않도록 정확한 위치를 절단할 수 있도록 되어 있다. 분할에는 두 장의 톱이 번갈아 상하 운동하는 분할절단기를 사용하는 것이 좋다. 분할된 도체는 초기오염을 줄이기 위하여 15℃이하의 물로 살수 세척하는데 살균효과를 높이기 위하여 염소수나 고온증기를 이용하기도 한다. 2분 도체는 각 도축장에 파견된 축산물 등급 판정사에 의해 등급이 판정되며, 판정결과는 자료화하기 위해 입력시킨다.

9) 지육의 냉각과 저장

위생적인 도체라도 약 100 ~ 1,000마리/cm2의 표면미생물 존재하기 때문에 이들의 증식 억제 및 신선도 유지를 위해서는 지육의 빠른 냉각이 필요하다. 냉각실은 상대습도를 90% 정도로 하여 12 ~ 16시간 내에 도체의 품온을 10℃ 이하로, 24시간 경과 후에는 5℃ 내외가 되도록 설비되어야 하는데, 냉각효과를 높이기 위하여 예냉실(chill room)을 따로 두기도 한다. 예냉실은 일반적으로 0 ~ 4 ℃ ± 1℃ 온도, 90% 상대습도, 9m/min 공기유통속도가 유지되는 평(3.3m2)당 4마리 입고 가능한 냉각실이다.

10) 도체율과 정육률

(1) 도체율

도체율(dressing %)이란 머리, 내장, 발목을 제거한 고기와 뼈를 포함한 생체무게로 나눈 값을 말한다. 지육별 도체율을 보면, 일반적으로 소는 62% (뼈 10%, 정육 40%, 지방 12%), 돼지 60%, 닭 63% 정도이다.

$$\text{도체율 (\%)} = \frac{\text{도체무게}}{\text{생체무게}} \times 100$$

(2) 정육률

정육률(flesh %)이란 도체에서 뼈를 제거한 나머지 고기(정육)의 무게를 도체 또는 생체무게로 나눈 값을 말한다.

$$\text{정육률 (\%)} = \frac{\text{정육무게}}{\text{도체 또는 생체무게}} \times 100$$

3. 분할 및 정형

여기서는 축산물가공처리법 시행규칙에 따라 개정 고시된 식육의 부위별, 등급별 및 종류별 구분방법(농림부고시 제2007-82호, 2007.12.10.)을 중심으로 살펴보고자 한다.

1) 식육의 부위별 명칭

쇠고기 및 돼지고기는 대분할과 소분할 상태로 구별하고 분할상태에 따른 부위의 명칭은 표 3-2, 3-3에서 보는 바와 같다. 식육판매업소는 대분할 부위명칭을 사용하여 부위별로 구분 판매하여야 한다. 다만, 소비자의 이해를 돕기 위하여 소분할 부위명칭을 사용하고자 하는 경우에는 소분할 부위명칭을 표시할 수 있으며, 대분할 부위 내에서 소분할 부위가 혼재된 경우에는 대분할 부위명칭 다음에 ( )를 이용하여 그 명칭을 자율적으로 표시할 수 있다.

표 3-2 쇠고기의 분할상태별 부위명칭

대분할 부위명칭	소분할 부위명칭
안 심	안심살
등 심	윗등심살, 꽃등심살, 아래등심살, 살치살
채 끝	채끝살
목 심	목심살
앞다리	꾸리살, 부채살, 앞다리살, 갈비덧살, 부채덮개살
우 둔	우둔살, 홍두깨살
설 도	보섭살, 설깃살, 설깃머리살, 도가니살, 삼각살
양 지	양지머리, 차돌박이, 업진살, 업진안살, 치마양지, 치마살, 앞치마살
사 태	앞사태, 뒷사태, 뭉치사태, 아롱사태, 상박살
갈 비	본갈비, 꽃갈비, 참갈비, 갈비살, 마구리, 토시살, 안창살, 제비추리
10개 부위	39개 부위

표 3-3 돼지고기의 분할상태별 부위명칭

대분할 부위명칭	소분할 부위명칭
안 심	안심살
등 심	등심살, 알등심살, 등심덧살
목 심	목심살
앞다리	앞다리살, 앞사태살, 항정살
뒷다리	볼기살, 설깃살, 도가니살, 홍두깨살, 보섭살, 뒷사태살
삼겹살	삼겹살, 갈매기살, 등갈비, 토시살, 오돌삼겹
갈 비	갈비, 갈비살, 마구리
7개 부위	22개 부위

2) 소도체의 분할 및 정형

소도체의 부분육으로의 분할 및 정형은 식육이라는 상품으로서의 부가가치를 창출하는 중요한 과정이다. 따라서 부분육은 육질이 비슷한 근육들로 구성되어 균일한 품질의 상품을 생산하는 일이 중요하며, 식육시장에서의 원활한 거래를 위해서 통일된 부분육 분할 및 정형요령에 의한 규격화가 요구된다. 각 부분육은 근육이 손상되지 않아야 하며, 각 부분육별로 규정에 따라 근육을 절단하고 근막을 절개하여 분할 및 정형한 것이어야 한다.

(1) 우육 전도체

우육 전도체(beef carass)는 소를 실신시킨 후 충분히 방혈시키고 진피에 피하지방과 근육조직이 묻어나지 않도록 박피한다. 특히 제11흉추부터 제3요추 등선부위의 피하지방이 손상되지 않도록 주의한다.

두부는 후두골 하단과 제1경추 사이를 절단하고, 앞다리는 전완골과 앞발목뼈, 뒷다리는 하퇴골과 뒷발목뼈 사이 관절을 절개하여 절단해 낸다. 다음복부의 정중선을 따라 복부를 절개한 후 내장을 분리 적출한다. 내장 적출 시 장기의 손상에 의한 장 내용물이 도체에 오염되지 않도록 세심하게 주의를 한다. 신장 및 신지방은 도체에 남겨 생산하는 것을 원칙으로 하며, 필요에 따라 신지방의 일부를 분리 제거할 수도 있다. 전도체는 도축 직후 심부온도가 40℃ 이상으로 높으므로 2분도체로 분할한 후 수세하여 곧바로 냉각시킨다.

(2) 반도체

반도체(2분도체, Beef Side)는 전도체의 미추, 천추, 요추, 흉추 및 경추의 중앙선을 따라 좌우로 균등하게 절단한다. 꼬리는 우(右)도체에 부착하고 신장과 신지방은 부착하는 것을 원칙으로 하며 경우에 따라 신지방의 일부를 제거하여 생산한다.

(3) 4분도체(Beef Quarter)

쇠고기 2분도체의 제13흉추(등뼈)와 제1요추(허리뼈) 사이에서 2분체 분할 중앙선과 수직으로 절개하고 마지막 늑골(갈비뼈)의 경계선을 따라 계속 절개하여 전4분체(beef foreqauarter)와 후4분체(beef hindquarter)로 분할한다.

(4) 우육의 부위별 분할 및 정형 기준

우육의 부위별 부분육의 분할 및 정형기준과 그 명칭은 나라마다 다소 차이가 있으나, 우리나라에서 시행하고 있는 기준과 명칭은 다음과 같다.

① 안심부위(beef tenderloin) : 허리뼈(요추골) 안쪽의 신장지방을 분리한 후 치골하부와 평행으로 안심머리 부분을 절단한 다음, 장골 및 허리뼈를 따라 장골허리근, 작은허리근(소요근) 및 큰허리근(대요근)을 절개하고 지방덩어리를 제거 정형한다.

② 등심(beef loin, beef lib) 부위 : 도체의 마지막 등뼈(흉추)와 제1허리뼈(요추)사이를 직선으로 절단하고, 배최장근의 바깥쪽 선단 5cm이내에서 2분체 분할성중선과 평행으로 절개하여 갈비 부위와 분리한 후, 등뼈와 목뼈(경추)를 발골하고 제7목뼈와 제1등뼈사이에서 2분체 분할정중선과 수직으로 절단하여 생산한다. 어깨뼈(견갑골) 바깥쪽의 넓은등근(광배근)은 앞다리부위에 포함시켜 제외시키고, 과다한 지방덩어리를 제거 정형하며 윗등심살, 꽃등심살, 아래등심살, 살치살이 포함된다.

③ 채끝(beef loin, strip loin) : 마지막 등뼈(흉추)와 제1허리뼈(요추)사이에서 제13갈비뼈(늑골)를 따라 절단하고 마지막 허리뼈와 엉덩이뼈(천추골)사이를 절개한 후 장골상단을 배바깥경사근(외복사근)이 포함되도록 절단하며, 제13갈비뼈 끝부분에서 복부 절개선과 평행으로 절단하고, 배최장근의 바깥쪽 선단 5cm이내에서 2분체 분할정중선과 평행으로 치마양지부위를 절단 · 분리해내며, 과다한 지방을 제거 정형한다.

④ 목심(beef chuck) 부위 : 제1 ~ 제7목뼈(경추)부위의 근육들로서 앞다리와 양지

부위를 제외하고, 제7목뼈와 제1등뼈(흉추)사이를 절단하여 등심부위와 분리한 후 정형한다.

⑤ 앞다리(Beef Foreleg) 부위 : 상완골을 둘러싸고 있는 상완두갈래근(상완이두근), 어깨 끝의 넓은등근(광배근)을 포함하고 있는 것으로 몸체와 상완골사이의 근막을 따라서 등뼈(흉추) 방향으로 어깨뼈(견갑골) 끝의 연골부위 끝까지 올라가서 넓은등근(활배근) 위쪽의 두터운 부위의 1/3지점에서 등뼈와 직선되게 절단하고, 발골하여 사태부위를 분리해내어 생산하며 과다한 지방을 제거 정형하고, 꾸리살, 부채살, 앞다리살, 갈비덧살, 부채덮개살이 포함된다.

⑥ 우둔부위(beef rump) : 뒷다리에서 넓적다리뼈(대퇴골) 안쪽을 이루는 내향근(내전근), 반막모양근(반막양근), 치골경골근(박근), 반힘줄모양근(반건양근)으로 된 부위로서 하퇴골주위의 사태부위를 제외하여 생산하며 우둔살, 홍두깨살이 포함된다.

⑦ 설도부위(beef round) : 뒷다리의 엉치뼈(관골), 넓적다리뼈(대퇴골)에서 우둔부위를 제외한 부위이며 중간둔부근(중둔근), 표층둔부근(천둔근), 대퇴두갈래근(대퇴이두근), 대퇴네갈래근(대퇴사두근) 등으로 이루어진 부위로서 인대와 피하지방 및 근간지방덩어리를 제거 정형하며 보섭살, 설깃살, 설깃머리살, 도가니살, 삼각살이 포함된다.

⑧ 양지(beef brisket) 부위 : 뒷다리 하퇴부의 뒷무릎(후슬)부위에 있는 겸부의 지방덩어리에서 몸통피부근(동피근)과 배곧은근(복직근)의 얇은 막을 따라 뒷다리 대퇴근막긴장근(대퇴근막장근)과 분리하고, 복부의 배바깥경사근(외복사근)과 배가로근(복횡근)을 후4분체에서 분리하여 치마양지부위를 분리한다. 전4분체에서 늑연골, 칼돌기연골(검상연골), 가슴뼈(흉골)를 따라 깊은흉근(심흉근), 얕은흉근(천흉근)을 절개하여 갈비부위와 분리하고, 바깥쪽 경정맥을 따라 쇄골머리근(쇄골두근), 흉골유돌근을 포함하도록 절단하여 목심부위와 분리시켜 지방덩어리를 제거 정형하여 생산하며 양지머리, 차돌박이, 업진살, 업진안살과 채끝부위에 연접되어 분리된 복부의 치마양지, 치마살, 앞치마살이 포함된다.

⑨ 사태부위(beef shank) : 앞다리의 전완골과 상완골 일부, 뒷다리의 하퇴골을 둘러싸고 있는 작은 근육들로서 앞다리와 우둔부위 하단에서 분리하여 인대 및 지방을 제거하여 정형하며 앞사태, 뒷사태, 뭉치사태, 아롱사태, 상박살이 포함된다.

⑩ 갈비(beef while ribs) 부위 : 앞다리 부분을 분리한 다음 갈비뼈(늑골)주위와 근

육에서 등심과 양지부위의 근육을 절단 분리한 후, 등뼈(흉추)에서 갈비뼈를 분리시킨 것으로서 갈비뼈를 포함시키고, 과다한 지방을 제거 정형하며 본갈비, 꽃갈비, 참갈비, 갈비살, 마구리를 포함한다. 대분할 구분의 특성상 토시살, 안창살, 제비추리도 동 부위에 포함하여 분류한다.

(5) 우육의 부위별 특징 및 용도

우육의 각 부위는 근육의 절단부위, 근육의 색, 지방의 양, 지방조직의 특성 및 뼈의 모양 등으로 식별할 수 있다. 그리고 각 부위마다 서로 다른 특징이 있어서 요리 목적에 따라 적합한 부위를 선택하여 사용하는 것이 바람직하다. 우육의 부위별 특징과 용도는 각각 표 3-4에서 보는 바와 같다.

표 3-4 우육의 부위별 특징 및 용도

부위명	특 징	요리용도
안심	- 유일하게 척추 뼈 안쪽에 위치하고 있는 근육으로 움직임이 없어 조직이 부드럽고 연하다. - 저지방으로 담백하며, 육즙이 많고 고기결이 가늘고 비단결 처럼 곱다. - 쇠고기 중 양이 적은 부위로 귀하다. - 요리 시에는 너무 굽지 않도록 하고 변색이 빠른 특징이 있다.	스테이크, 구이
등심	- 등쪽에 척추 좌우로 원통모양으로 위치하고 있으며 비육이 잘 된 소의 경우 마블링이 잘 발달되어 있어 고급부위로 알려져 있다. - 육질이 곱고 연하며 지방이 적당히 섞여 있어 맛이 좋다. - 결조직이 그물망 형태로 연하여 풍미로운 맛이 있다.	구이, 스테이크, 전골, 불고기
채끝	- 허리부분(등심 뒷부분에 연결)의 등심과 맞닿은 운동성이 없는 부분으로 등심과 비슷한 모양이다. - 육질이 연하고 지방이 적당히 섞여 있다. - 등심보다는 지방이 적고 살코기가 많다.	로스, 샤브샤브용, 불고기, 국거리
목심	- 어깨 위쪽에 붙어있는 근육으로 여러 개의 다양한 근육이 모여 있고 두꺼운 힘줄이 여러 갈래로 표면에 존재하기 때문에 약간 질긴 편이다.	스테이크, 구이, 불고기, 장조림
앞다리	- 갈비 바깥쪽에 위치하고 있다. - 내부에 지방층과 근막이 많기 때문에 연한 부위와 질긴 부위가 서로 섞여 있으며, 운동량이 많아 육색이 짙은 것이 특징이다. - 설도, 사태와 비슷한 특징이 있다.	카레, 육회, 구이용, 불고기, 장조림용
우둔	- 지방이 적고 살코기가 많다.	주물럭, 산적, 육포, 불고기, 장조림
설도	- 엉덩이살 아래쪽 넓적다리살로서 바깥쪽 엉덩이 부분으로 다소 결이 거칠고 질긴 편으로 우둔과 비슷하며 부위별 육질차가 크다.	산적, 편육, 불고기, 육회, 구이, 전골, 스테이크

양지	- 앞가슴에서 복부 아래쪽에 걸쳐있는 부위로 결합조직이 많아 육질이 질기다. - 오랜 시간에 걸쳐 끓이는 조리를 하면 맛이 매우 좋다. - 국물 맛이 좋고 육질이 치밀하다. - 업진살과 치마살은 양지의 뒤쪽부분으로 지방과 살코기가 교차하여 풍미가 좋다.	국거리, 장조림, 구이
사태	- 앞 · 뒤다리 사골을 감싸고 있는 부위로 운동량이 많아 색상이 진한 반면 근육다발이 모여 있어 특유의 쫄깃한 맛을 낸다. - 장시간 물에 넣어 가열하면 연해진다. - 기름기가 없어 담백하면서도 깊은 맛이 난다.	장조림, 찜, 육회, 탕
갈비	- 육즙과 골즙이 어우러진 부위로 농후한 맛을 낸다. - 갈비살에는 막이 많고 근육이 비교적 거칠며 단단한 부위지만 근내 지방이 많아 맛이 있다.	갈비탕, 구이, 찜갈비, 불갈비, 양념갈비

3) 돼지도체의 분할 및 정형

(1) 돈육 전도체(pork carass)

돈지육은 탕박도체와 박피도체의 두 가지 형태로 생산된다. 탕박도체는 탕침조에서 온수에 침지 탈모시켜 생산하고, 박피도체는 박피기에 의해 5～7 mm 두께로 가죽을 벗겨 생산한다. 박피할 때 등급판정의 정확도를 위하여 제11～13흉추골(등뼈) 주위의 피하지방이 손상되지 않도록 한다. 볼살의 일부를 머리에 남기고 후두골 하단과 환추골 사이 관절에서 두부를 절단하여 신장 및 신지방은 도체에 남기고 내장을 분리 제거한다.

앞다리는 전완골과 앞발목뼈 사이 관절을 절개하여 절단하고, 뒷다리는 하퇴골과 뒷발목뼈 사이 관절을 절개하여 절단한다. 장족생산을 위해서 다리(족발)는 도체에서 잘단하지 않는다. 꼬리는 제3에서 제4미추골(꼬리뼈) 사이 관절부를 절개한다.

(2) 돈육 반도체(2분도체, pork side)

돈지육을 도체 배할톱으로 미추골(꼬리뼈), 천추골, 요추골(허리뼈), 흉추골(등뼈), 경추골(목뼈) 중앙을 따라 2분할하여 반도체(2분도체)로 나누어 좌 · 우 반도체(2분도체)를 생산한다.

(3) 전구와 중구

돼지 2분도체에서 전구와 중구의 분할은 제5 ~ 6늑골(갈비뼈) 사이를 절개한 후, 계속해서 등심부위와 목심부위 근육 접합부위를 절개하고 흉추골(등뼈)을 톱으로 절단하면 전구가 반도체에서 분할된다.

(4) 후구

중구로부터 후구의 분할은 먼저 얇은 막을 따라 뒷다리 근육과 삼겹살부위를 절개 분할한다. 그리고 요추골과 천골 사이에서 2분도체 분할 배선과 수직으로 절개하여 등심과 뒷다리부위를 분할한다. 이와 같이 하여 중구와 후구를 분할한다.

(5) 돈육의 부위별 분할정형기준

① 안심(pork tenderloin) 부위 : 치골하부에서 제1허리뼈(요추)의 안쪽에 붙어있는 장골허리근, 큰허리근(대요근), 작은허리근(소요근), 허리사각근(요방형근)으로 된 부위로서 치골하부와 평행으로 안심머리부분을 절단한 다음 장골 및 허리뼈를 따라 분리하고 표면지방을 제거하여 정형한다.

② 등심(pork loin) : 제5등뼈(흉추) 또는 제6등뼈에서 제6허리뼈(요추)까지의 배최장근으로서 앞쪽 배최장근 하단부를 기준으로 등뼈와 평행하게 절단하고 지방두께를 7㎜이하로 정형한다.

③ 목심(pork boston butt) : 제1목뼈(경추)에서 제4등뼈(흉추) 또는 제5등뼈까지의 배최장근으로서 배최장근 하단부와 앞다리사이를 평행하게 절단한 후 지방두께를 7㎜이하로 정형한다.

④ 앞다리(pork shoulder)부위 : 상완골, 전완골, 어깨뼈(견갑골)를 감싸고 있는 근육들로서 갈비(제1갈비뼈에서 제4갈비뼈 또는 제5갈비뼈까지)를 제외한 부위이며 지방두께를 7㎜이하로 정형하고 앞다리살, 앞사태살, 항정살이 포함된다.

⑤ 뒷다리(pork fresh ham) 부위 : 엉치뼈(관골), 넓적다리뼈(대퇴골), 하퇴골을 감싸고 있는 근육들로서 안심머리를 제거한 뒤 제7허리뼈(요추)와 엉덩이사이뼈(천골)사이를 엉치뼈면을 수평으로 절단하고 지방두께를 7㎜이하로 정형하며 볼기살, 설깃살, 도가니살, 홍두깨살, 보섭살, 뒷사태살이 포함된다.

⑥ 삼겹살(pork bacon) : 제5갈비뼈(늑골) 또는 제6갈비뼈에서 뒷다리까지의 등심부위를 분리한 복부 근육부위로서 지방두께를 7㎜이하로 정형하며 대분할 구분의 특성상 갈매기살도 동 부위로 분류한다.

⑦ 갈비(pork ribs) : 제1갈비뼈(늑골)에서 제4갈비뼈 또는 제5갈비뼈까지의 부위로

서 제1갈비뼈 5㎝ 선단부에서 갈비뼈가 포함되게 앞다리에서 분리한 후 피하지방을 제거하여 정형한다.

(6) 돈육의 부위별 특징 및 용도

돈육의 각 부위는 근육의 절단부위, 근육의 색, 지방의 양, 지방조직의 특성 및 뼈의 모양 등으로 식별할 수 있다. 그리고 각 부위마다 서로 다른 특징이 있어서 요리 목적에 따라 적합한 부위를 선택하여 사용하는 것이 바람직하다. 돈육의 부위별 특징과 용도는 각각 표 3-5에서 보는 바와 같다.

표 3-5 돈육의 부위별 특징 및 용도

부위명	특 징	요리용도
목심	- 등심에서 목쪽으로 이어지는 부위로서 여러 개의 근육이 모여 있다. - 근육막 사이에 지방이 적당히 박혀있어 풍미가 좋다.	구이
등심	- 표피쪽에 두터운 지방층이 덮힌 긴 단일 근육으로서 고기의 결이 고운 편이다.	폭찹, 돈가스, 스테이크
갈비	- 옆구리 늑골(갈비)의 첫 번째부터 다섯 번째 늑골부위를 말하며 근육내 지방이 잘 박혀있어 풍미가 좋다.	바비큐, 불갈비, 갈비찜
안심	- 허리부위의 안쪽에 위치하며 안심주변은 약간의 지방과 밑변의 근막이 형성되어 있고 육질은 부드럽고 연하다.	탕수육, 구이, 로스, 스테이크
앞다리	- 어깨부위의 고기로서 안쪽에 어깨뼈를 떼어낸 넓은 피박이 나타난다.	불고기, 찌개, 수육(보쌈)
삼겹살	- 갈비를 떼어낸 부분에서 복부까지의 넓고 납작한 모양의 부위이다. - 근육과 지방이 삼겹의 막을 형성하며 풍미가 좋다.	구이, 베이컨(가공용)
뒷다리	- 볼기부위의 고기로서 살집이 두터우며 지방이 적은편이다.	튀김, 불고기, 장조림

4. 계육의 생산

닭은 사용목적에 따라 산란계와 육계(broiler)로 구분할 수 있다. 산란계는 알을 목적으로 사육되므로 채란을 통해 수익성을 기할 수 있는 반면에 육계는 고기를 목적으로 사육되기 때문에 사육환경 등 여러 가지 측면에서 차이를 보인다. 따라서 육계의 도계공정 및 부분육을 중심으로 살펴보고자 한다.

1) 도계

도계(屠鷄)는 살아있는 닭을 농가에서 도계장으로 운반하여 처리하는 과정이며 생계의 취급, 운송의 조건 및 도계 전의 취급방법 등은 닭고기의 품질에 영향을 준다.

(1) 생계의 취급

생계의 취급은 살아있는 닭을 계사(鷄舍)에서 가공공장까지 운반하는 과정으로 사망률과 무게감량 그리고 제품품질을 좌우하는 상처나 멍을 최소화하기 위한 주의가 필요하다. 배설에 의한 생체감량을 줄이고 도체수율 감소와 가공 중의 배설물에 의한 오염의 감소를 위해 절식의 정확한 계산이 중요하다. 절식은 8 ~ 12시간일 때 배설물에 의한 오염을 최소화할 수 있으며, 절식시간이 길수록 도계 시에 수율이 떨어진다.

(2) 계류

닭은 농장에서 공장으로 운반되는 과정에서 환경의 변화와 피로의 누적으로 인해 스트레스(stress)를 받게 된다. 닭에 가해진 스트레스는 사계(死鷄)발생의 원인이 되고 최종도체의 품질에 영향을 주므로 운반된 닭은 도계 전에 일정시간 동안 안정을 취할 수 있도록 계류시킨다. 계류(繫留, receiving and holding)는 특히 혈액순환을 원활하게 하여 방혈을 잘되게 하므로 보존성을 향상시킬 수 있다.

(3) 도계공정

도계는 살아있는 닭을 가공과정을 거쳐 먹기에 편안 상태 또는 가공이 용이한 상태로 바꾸는 과정으로 계류를 거쳐 충분한 안정을 취한 닭을 도계라인에 투입하여 족쇄(shackle)에 걸어 기절시키고 방혈 및 탈모과정을 거친 후 닭의 내장을 제거하고 도체검사 및 냉각을 통해 위생적인 상태의 규격품으로 생산하며, 일반적인 도계과정은 다음과 같다.

① 생계걸기

생계걸기(hanging)는 도계를 수행하기 위해 닭을 고리에 걸어 다음 공정을 원활히 수행할 수 있도록 하는 단계로 취급방법에 따라서는 최종도체의 품질에 영향을 준다. 계류를 마친 닭을 도계라인에 투입할 때 골절되거나 상처가 나지 않도록 한다. 닭을 도계라인에 투입하는 방법은 닭장을 조금씩 기울여 닭이 컨베이어에 적당량씩 꺼내지도록 하고 과적된 상태로 이송되어 질식하지 않도록 한다.

생계를 거는 작업장은 분진제거장치를 하고 닭이 흥분하는 것을 방지하기 위해 조명은 약간 낮게 유지하는 것이 좋고 파란색이나 빨간색 불빛이 좋다. 생계를 고리에 걸 때는 다리 양쪽을 잡고 생계의 발이 위로 등이 작업자의 가슴 쪽으로 향하도록 고리에 다리를 걸어주며 걸린 닭을 잡아당기면 다리관절 부위가 멍들어 상품가치를 떨어뜨리기 때문에 작업의 숙련도가 필요하다.

② 기절

기절(stunning)은 충분한 방혈과 탈모를 잘 할 수 있도록 하기 위해서 필요한 과정으로 전류가 흐르는 물을 통과시키면서 이루어진다.

기절은 기절기에서 실시하며 기절기는 닭이 기절할 수 있도록 적정한 물과 전류가 흘러야 한다. 기절기는 침수식으로 교류(60 ~ 110 V)가 이용되는데, 이러한 침수식 기절기는 1차 전극이 잠겨있는 욕조에 닭의 머리가 잠기고, 2차 전극은 고리와 접촉하여 도체 전신에 전류가 통하게 되는데 닭발부위에 물을 분무해주면 효과를 높일 수 있다.

경동맥 절단기에서 목의 한쪽부분을 절단하여 경동맥을 절단한다. 닭이 계속적으로 호흡하고 알맞은 방혈을 촉진하기 위해서는 기관의 절단은 피해야 한다.

③ 방혈

방혈(bleeding)은 혈액이 체내에 많이 남게 되면 체내 미생물의 성장이 촉진되고 육색이 암적색으로 되어 육질이 저하되므로 이를 방지하기 위해 필요한 과정이다. 방혈은 경동맥이 절단된 닭이 고리에 거꾸로 매달린 채 방혈라인을 통과하면서 이루어진다. 방혈에 소요되는 시간은 2분 30초 정도이며, 겨울철에는 방혈시간을 5 ~ 10초 연장한다. 방혈라인을 통과한 닭은 더 이상 호흡을 하지 않아야 한다. 닭이 살아있는 상태로 탕침기에 들어가게 되면 폐에 탕침수가 흡입되어 도체를 오염시키게 된다. 방혈이 완전히 이루어지지 않을 경우 피부는 붉은색을 띠므로 올바른 방혈은 중요하다.

④ 탕침

탕침(scalding)은 닭털 모근(毛根)이 이완되고 닭털의 비중과 마찰면적이 증가하여 탈모를 용이하게 하기 위해 필요한 과정이다. 탕침은 방혈이 끝난 닭이 고리에 걸린 상태로 탕침기의 탕침수를 통과하면서 이루어진다. 탕침기의 물은 오염축적을 줄이기 위하여 닭 1마리당 0.95 L의 물이 넘치도록 하는 것이 권장되고 있다. 탕침수의 교반은 탕침기의 냉점(cold spot)을 없애고 닭표피의 열전달을 증진시키며, 탈모하는데 필요한 힘을 줄이기 위해 필요하다. 탕침방법은 저온탕침과 고온탕침으로 구분하며 탕침시간과 온도는 매우 중요하다.

· 저온탕침 : 모공이 살아있는 신선육에 적합한 방법으로 52 ~ 54℃의 탕침온도에서 3분 30초 ~ 4분간 실시한다.

· 고온탕침 : 60℃ 부근의 탕침온도에서 2분 30초 정도 실시하며, 표피의 각질층을 제거해주어 희고 매끈하므로 가공용 제품에 적합한 방법이다.

⑤ 탈모

탈모(defeathering)는 탕침기를 거친 도체가 탈모기를 통과하면서 털을 제거하는 과정으로 계육의 외형적인 품질에 영향을 미친다. 탈모는 드럼(drum)으로 구성된 탈모기를 고리에 매달린 도체가 통과하면서 실시된다. 탈모기는 표면이 부드러우면서 짧고 단단한 고무손잡이(rubber finger)가 달린 여러 개의 연속적인 드럼으로 구성되어 있으며 고무손잡이의 회전에 의해 탈모가 이루어진다. 탈모기를 통과한 도체는 잔모처리, 그을리기 및 세척과정을 거친다.

⑥ 머리제거

머리제거(head pulling)는 두개골 아래쪽의 목뼈를 분리시키거나 목 표피를 자르는 회전칼과 목뼈를 분리하는 롤러에 의해서 제거하는 방법이 있다. 머리제거는 고리에 매달린 도체가 앞으로 끌려갈 때 머리가 끌려가지 않게 고정시키는 기구에 목이 통과함으로써 두개골 아래쪽의 목뼈를 분리하는 원리로 이루어진다.

⑦ 발목절단

발목절단(hock cutting)은 발목의 제거와 내장 적출 장소로의 이송이 연속적으로 이루어진다. 절단 방법은 무릎 관절에서 다리를 자르는 방법과 회전하는 칼날에 의해 무릎관절을 절단하는 방법이 있다. 절단된 닭발은 고리에 의해 잠깐 이송된 후 별도 분리되어 채취된다. 닭발의 절단 위치에 따라 도계육의 수율이 차이가 있다. 닭발이 제거된 도체는 내장적출 장소로 자동으로 이송된다.

⑧ 내장적출

내장 적출 라인의 첫 번째 단계로 내장적출(eviscerating)을 용이하게 하기 위해 기계적으로 항문주위의 일정부분을 절개한다. 항문절개는 회전칼날에 의해서 이루어지는데 중심 핀(pin)이 항문으로 들어가 중심을 잡은 뒤 칼이 원을 그리며 항문을 절개하는 방법으로 실시된다. 항문절개기에 의해 만들어진 구멍을 통해 흉골 하단까지 절개하여 개장이 이루어지게 한다. 내장적출은 개장된 복강을 통하여 손 또는 기계적으로 내장을 꺼내는 작업과정이다.

손에 의한 내장적출 방법은 식지와 가운데 손가락으로 선위(腺胃)를 지나 근위와 사낭을 단단하게 잡으면서 손을 틀어서 꺼낸다. 기계적 방법에 의한 내장적출 방법은 손가락형태의 스푼이 흉골 안쪽으로 내려가 복강 최하단에 도달하면 이 스푼의 끝을 90° 로 돌리면서 스푼의 이빨사이에 근위와 사낭 사이의 식도를 끼워 등쪽벽을 누르게 된다. 이어서 내장과 허파가 끌려 나오는데 허파는 스푼의 이빨이 늑골을 따라 이동할 때 분리된다.

내장 적출대에 적출된 내장은 가식부위(근위, 염통, 간 등)를 따로 분리하고 불가식부위는 내장적출 홈통으로 떨어져 폐기물 가열 · 건조 · 분쇄공정(렌더링)으로 이송된다.

⑨ 소낭 및 허파제거

기계적 작동 또는 손에 의해 소낭을 제거(cropping)한다. 농가에서 출하할 때 사료를 많이 먹어 소화가 되지 않고 뭉쳐 있을 경우 소낭을 제거할 때 터져서 오염시키거나 그대로 남아있게 된다. 진공상태로 복강 내의 허파와 그 외 이 물질을 제거하는데 기계적으로 내장을 제거할 때 90%까지 허파가 제거된다.

⑩ 세척

내장적출의 마지막 단계로 도체 안쪽과 바깥쪽에 묻어 있는 피(blood), 막(膜)이나 내장 찌꺼기와 같은 이물질을 세척하여 제거한다.

⑪ 냉각

도체의 냉각방법에는 여러 가지가 있으나 냉수나 빙수에 담그는 침수냉각법이 가장 널리 이용되고 있다. 침수냉각법은 탱크에 냉각수가 지속적으로 유입되어 넘쳐흐르고 스크루에 의해 도체가 서서히 전진하면서 냉각되는 방식으로 전처리 냉각과 최종냉각 2단계로 구분하여 실시한다. 전처리 냉각은 최종 도체 후에도 남아 있을 수 있는 적은 양의 이물질을 제거하고 근섬유의 빠른 단축(shortening)을 방지하기 위하여 도체의 온도를 천천히 낮추는 데 사용된다. 전처리 냉각수는 일반적으로 10 ~ 18.3℃ 정도이며 냉각에 소요되는 시간은 전체 냉각의 1/3 ~ 1/2 정도이다.

최종냉각기를 통과한 도체온도는 2.2 ~ 4.4℃이며 냉각기를 통과한 도체는 사람에 의해 건조 라인 컨베이어에 한쪽 다리가 걸려져 중량선별 라인이나 부분육 라인으로 이송된다.

침수냉각방식으로 냉각된 도체는 72시간 뒤에 흡수된 수분의 60%까지 잃게 되는데 미국의 경우 유통방법에 따라 8 ~ 12%까지 허용되고 우리나라는 축산물가공처리법 시행규칙에 유통방법에 상관없이 8%를 넘지 못하게 규정되어 있다. 도체의 냉각에 소요되는 시간은 도계 후 1시간 이내이며 5℃ 이하로 관리해야 한다.

⑫ 중량분류

냉각을 거친 도체는 컨베이어를 통해 계량실(weighing line)에서 전자식으로 개체중량이 관리된다. 컨베이어에 달린 도체는 중앙컴퓨터 통제실에 규정된 무게구역에 이르면 자동으로 개체중량이 관리되어 인위적으로 분류된 사용용도에 따라 해당 닭받이(bin)에 떨어지거나 부분육 라인으로 이송된다. 구분되는 그룹별 중량편차는 일반적으로 100 g이며 필요에 따라 프로그램의 입력은 가감할 수 있다. 통닭의 포장규격은 사용용도에 따라 다양하며 플라스틱 상자에 10수, 20수, 30수씩 담아 공급하거나 비닐봉투에 개별포장하여 유통한다. 신선육으로 유통되는 기준온도는 -2℃ ~ 0℃이며 10일간 유통이 가능하다.

2) 부분육

닭은 통닭 형태로의 이용이 줄어들고 부분육과 2차 가공품의 상품화 방향은 부가가치 창출 및 편의성과 위생적인 측면에서 증가하고 있다. 닭고기의 부위별 특징 및 용도는 표 3-6에서 보는 바와 같다.

표 3-6 닭고기의 부위별 특징 및 용도

부위명	특 징	요리용도
가슴살	- 지방이 매우 적어 맛이 담백하고 근육섬유로만 되어 있다. - 회복기 환자 및 어린이 영양간식에 적합하며 특히 칼로리 섭취를 줄이고 영양균형을 이룰 수 있다.	튀김, 볶음, 조림
날개살	- 살은 적으나 뼈주위에 펙틴질이 많아 육수를 만들면 감칠맛이 있다. - 피부노화를 방지하고 피부를 윤택하게 해주는 콜라겐(collagen)성분이 다량 함유되어 있다. - 맛이 좋아 조림이나 튀김요리에 많이 활용되고 있다.	튀김, 볶음, 조림
안심	- 가슴살 안쪽의 고기로 담백하고 지방이 거의 없다.	육회, 육개장, 까스
다리살	- 운동을 많이 하는 부위로 탄력이 있고 육질이 단단하며 근육의 색이 짙다. - 지방과 단백질이 조화를 이루어 쫄깃쫄깃하다.	튀김, 볶음, 조림, 구이용

5. 소비자의 식육 품질평가 기준

식육의 품질은 가축이 생산되는 환경, 성장촉진제 등의 급여여부, 가축 수송 및 도축 과정의 인도적 측면이 고려되어 평가된다고 볼 수 있다. 식육 품질의 주요 구성요소로는 육색, 지방색, 육조직으로 결정되는 외관과 연도, 풍미, 다즙성으로 결정되는 맛이 있다. 쇠고기의 경우 연도, 다즙성, 풍미 순으로, 돼지고기의 경우 다즙성, 풍미, 연도 순으로 그리고 닭고기의 경우 풍미, 다즙성, 연도 순으로 중요하게 평가된다고 볼 수 있다. 여기서 다즙성이란 저작시 느끼는 지속적인 물기의 감각을 말하는데 수분함량과 근내지방함량이 많을수록 다즙성이 풍부하다. 일반적으로 근내지방도는 초지 보다 곡물사료로 사육한 소에서 높게 나타나는데, 도축시기가 가까워진 소를 방목하지 않고 우사에 가두어 곡물사료를 집중적으로 급여하는 것은 이러한 이유에서이다.

II. 축산물등급제도

국민소득의 증가로 식생활이 변화함에 따라 육류소비경향이 양에서 질 위주로 전환되어 고급육의 선호도가 높아졌으며 외국산 고기의 수입개방에 대응하기 위하여 품질이 우수한 국내산 고기생산이 절실히 요구되고 있다. 또한 육류유통이 생축에서 점차 지육 및 부분육으로 거래됨에 따라 객관적이고 과학적인 거래지표가 필요함은 물론 전국적으로 통일된 거래규격의 확립을 통한 식육유통구조의 개선이 시급한 실정이다.

축산물등급제란 우리 식생활에 이용되는 축산물(쇠고기 · 돼지고기 · 닭고기 · 계란)의 품질을 정부가 정한 일정기준에 따라 구분하여 품질을 차별화함으로써 소비자에게 구매지표를 제공하고, 생산자에게는 보다 좋은 품질의 축산물을 생산하게 하여 축산물 유통을 원활하게 하는 생산자, 유통업자 및 소비자 모두를 위한 제도이다.

이 제도는 축산물의 품질향상과 유통의 원활 및 가축개량 촉진을 위하여 축산물의 품질에 따라서 거래하는 것으로 지역, 종류, 형태 및 시행시기 등을 농림부장관이 정하여 고시하게 된다.

축산물등급제의 효과를 소비자, 유통업자 및 생산자의 입장에서 보면 다음과 같다.

① 소비자 : 구입하고자하는 축산물의 품질을 식별할 수 있어 구입선택의 폭이 크다.

② 유통업자 : 고객수준에 맞는 품질의 축산물을 제공할 수 있어 소비자와의 신뢰구축과 판매이익 등의 예측이 가능해 안정적 점포운영을 할 수 있다.

③ 생산자 : 등급결과를 이용하여 품질이 좋은 가축 생산으로 소득증대를 할 수 있다.

여기서는 "축산물등급판정세부기준" (농림부고시 제2007-40호, 2007.6.27)에 따른 소도체, 돼지도체 및 닭도체의 등급판정에 대하여 살펴보고자 한다.

1. 소도체 등급판정

소도체의 등급은 육질등급과 육량등급으로 나누어 판정한다. 표 3-7과 같이 육질등급은 고기질을 근내지방도, 육색, 지방색, 조직감 및 성숙도에 따라 1++, 1+, 1, 2, 3의 5개 등급으로 구분하고, 육량등급은 도체에서 얻을 수 있는 고기량을 도체무게, 등지방두께, 배최장근단면적을 종합하여 판정하며, A, B, C의 3개 등급으로 구분한다.

표 3-7 소도체 등급표시

구분		육질등급					
		1++등급	1+등급	1등급	2등급	3등급	등외(D)
육량등급	A등급	1++A	1+A	1A	2A	3A	
	B등급	1++B	1+B	1B	2B	3B	
	C등급	1++C	1+C	1C	2C	3C	
	등외(D)						

1) 소도체의 육량등급 판정기준

소도체의 육량등급판정은 등지방두께, 배최장근단면적, 도체의 중량을 측정하여 산정된 육량지수에 따라 표 3-8과 같이 A, B, C의 3개 등급으로 구분한다. 다만, 소도체의 육량등급이 다음 어느 하나에 해당하는 경우에는 육량등급을 낮추거나 높여 최종 판정한다.

① 도체의 비육상태가 매우 나쁜 경우에는 산출된 등급에서 1개 등급을 낮춘다.

② 도체의 비육상태가 매우 좋은 경우에는 산출된 등급에서 1개 등급을 높인다.

표 3-8 육량등급판정기준

육량등급	육 량 지 수
A	67.50 이상
B	62.00 이상~ 67.50 미만
C	62.00 미만

(1) 등급판정부위

소도체의 육량등급판정을 위한 육량지수는 소를 도축한 후 2등 분할된 왼쪽 반도체에 그림 3-1과 같이 마지막등뼈(흉추)와 제1허리뼈(요추) 사이를 절개한 후 등심쪽의 절개면(이하 "등급판정부위" 라 한다)에 대하여 다음 항목을 측정하여 산정한다.

① 등지방두께 : 등급판정부위에서 그림 3-2와 같이 배최장근단면의 오른쪽면을 따라 복부쪽으로 3분의 2 들어간 지점의 등지방을 mm단위로 측정한다. 다만, 등지방두께가 1 mm 이하인 경우에는 1 mm로 한다.

② 배최장근단면적 : 등급판정부위에서 그림 3-3과 같이 가로, 세로가 1 cm 단위로 표시된 면적자를 이용하여 배최장근의 단면적을 cm2단위로 측정한다. 다만, 배최장근 주위의 배다열근, 두반극근과 배반극근은 제외한다.

③ 도체중량 : 도축장경영자가 측정하여 제출한 도체 한 마리 분의 중량을 kg단위로 적용한다.

(2) 육량지수 산정

육량지수의 산정은 다음 공식을 이용하며, 계산된 지수는 소숫점 셋째자리 이하를 절사하여 둘째자리까지 산정한다.

$$\begin{aligned} \text{육량지수} = 68.184 &- [0.625 \times \text{등지방두께(mm)}] \\ &+ [0.130 \times \text{배최장근단면적}(cm^2)] \\ &- [0.024 \times \text{도체중량(kg)}] \end{aligned}$$

(단, 한우의 도체는 3.23을 가산하여 육량기준 지수로 한다.)

2) 소도체의 육질등급 판정기준

소도체의 육질등급판정은 등급판정부위에서 측정되는 근내지방도(marbling), 육색, 지방색, 조직감, 성숙도에 따라 1⁺⁺, 1⁺, 1, 2, 3의 5개 등급으로 구분한다.

(1) 육질등급판정

육질등급판정을 위한 항목별 측정은 다음과 같이 한다.

① 근내지방도 : 등급판정부위에서 배최장근단면에 나타난 지방의 분포정도를 그림 3-4의 기준과 비교하여 표 3-9과 같이 예비등급으로 판정한다.

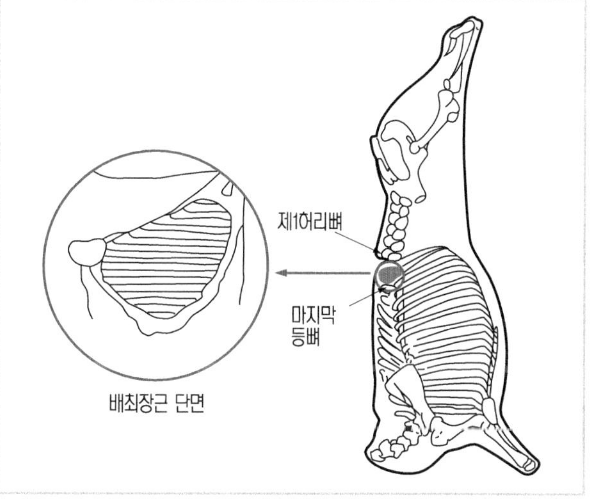

그림 3-1 등급판정 부위

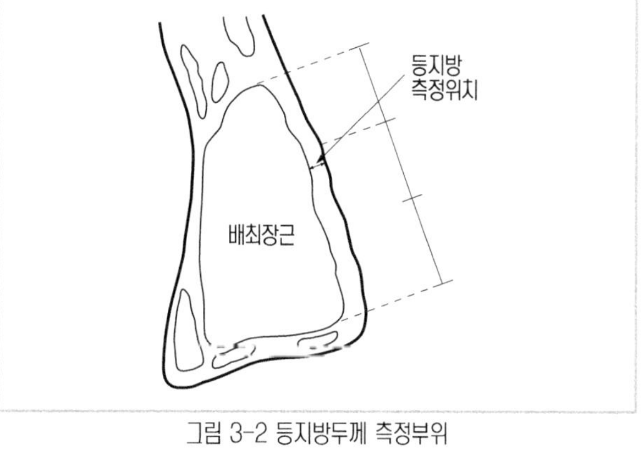

그림 3-2 등지방두께 측정부위

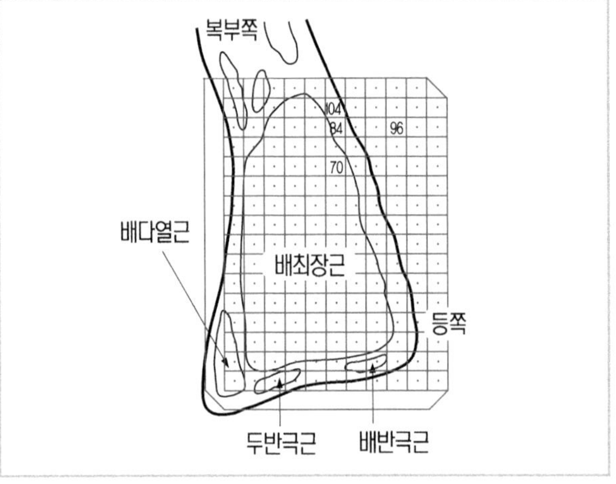

그림 3-3 배최장근 단면적 측정

표 3-9 육질등급 예비판정기준

근 내 지 방 도	예비등급
근내지방도 번호 8 또는 9에 해당되는 것	1^{++}등급
근내지방도 번호 6 또는 7에 해당되는 것	1^{+}등급
근내지방도 번호 4 또는 5에 해당되는 것	1등급
근내지방도 번호 2 또는 3에 해당되는 것	2등급
근내지방도 번호 1에 해당되는 것	3등급

② 육 색 : 등급판정부위에서 배최장근단면의 고기색깔을 그림 3-5에 의한 육색기준과 비교하여 해당되는 기준의 번호로 판정한다.

③ 지방색 : 등급판정부위에서 배최장근단면의 근내지방, 주위의 근간지방과 등지방의 색깔을 그림 3-6에 의한 지방색기준과 비교하여 해당되는 기준의 번호로 판정한다.

④ 조직감 : 등급판정부위에서 배최장근단면의 보수력과 탄력성을 표 3-10에 의한 조직감 구분기준에 의하여 해당되는 기준의 번호로 판정한다.

⑤ 성숙도 : 왼쪽 반도체의 척추 가시돌기에서 연골의 골화정도 등을 표 3-11에 의한 성숙도 구분기준과 비교하여 해당되는 기준의 번호로 판정한다.

소도체의 육질등급판정은 예비등급에 대하여 육색, 지방색, 조직감, 성숙도가 다음에 해당하는 경우에는 표 3-10의 기준에 따라 최종 판정한다.

① 육 색 : 그림 3-5의 육색기준 번호가 1 또는 7인 경우

② 지방색 : 그림 3-6에 의한 지방색기준 번호가 7인 경우

③ 조직감 : 표 3-10 조직감 구분기준 번호가 3인 경우

④ 성숙도 : 표 3-11 성숙도 구분기준 번호가 8, 9인 경우

(2) 소도체의 등외판정

소도체가 다음 어느 하나에 해당하는 경우에는 육량등급과 육질등급에 관계없이 등외로 판정한다.

① 표 3-11의 성숙도 구분기준 번호8, 9에 해당하는 경우로서 비육상태가 매우 불량한 노폐우 도체이거나, 성숙도 구분기준 번호 8, 9에 해당되지 않으나 비육상태가 불량하여 육질이 극히 떨어진다고 인정되는 도체

② 방혈이 불량하거나 외부가 오염되어 육질이 극히 떨어진다고 인정되는 도체

③ 상처 또는 화농 등으로 도려내는 정도가 심하다고 인정되는 도체

④ 도체중량이 150kg미만인 왜소한 도체로서 비육상태가 불량한 경우

⑤ 재해, 화재, 정전 등으로 인하여 특별시장 · 광역시장 또는 도지사가 냉도체 등급판정방법을 적용할 수 없다고 인정하는 도체

(3) 소도체의 등급표시

소도체의 등급표시는 판정된 육량등급과 육질등급을 병행하여 표 3-13과 같이 표시하고, 등외로 판정된 경우에는 D로 표시한다. 축산물가공처리법의 규정에 의한 축산물검사 결과, 결함이 있는 도체에 대해서는 표 3-14의 표시방법에 따라 그 결함내역을 그림 3-7과 같이 표시할 수 있다.

표 3-10 소도체 조직감 구분기준

번호	구 분 기 준
1	수분이 알맞게 침출되고 탄력성이 좋으며 결이 곱고 섬세하며 고기의 광택이 좋고 지방의 질이 좋은 것
2	수분의 침출정도가 약간 많거나 적고 탄력성이 보통이며 결이 적당하고 고기의 광택 및 지방의 질이 보통인 것
3	수분의 침출정도가 아주 많거나 적고 탄력성이 좋지 않으며 결이 거칠고 고기의 광택 및 지방의 질이 좋지 않은 것

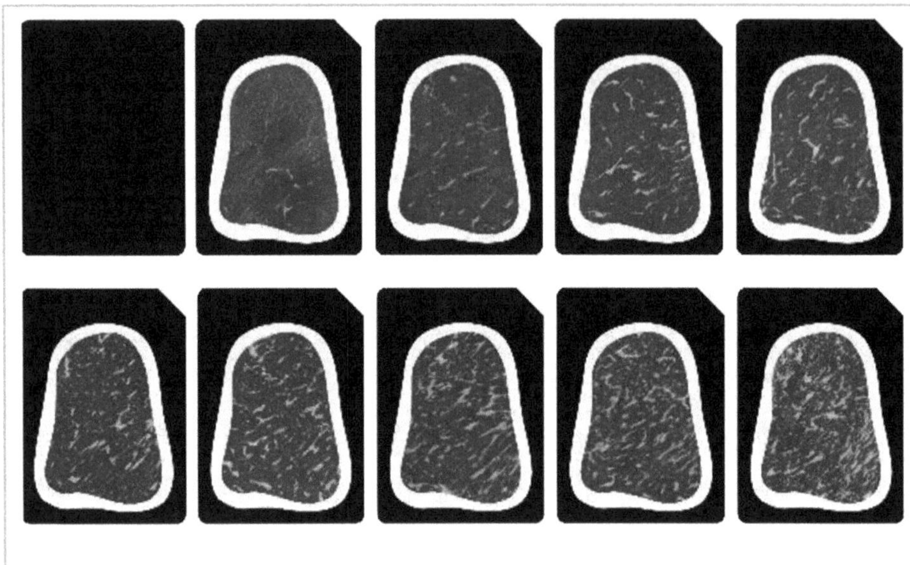

그림 3-4 소도체의 근내지방도 기준

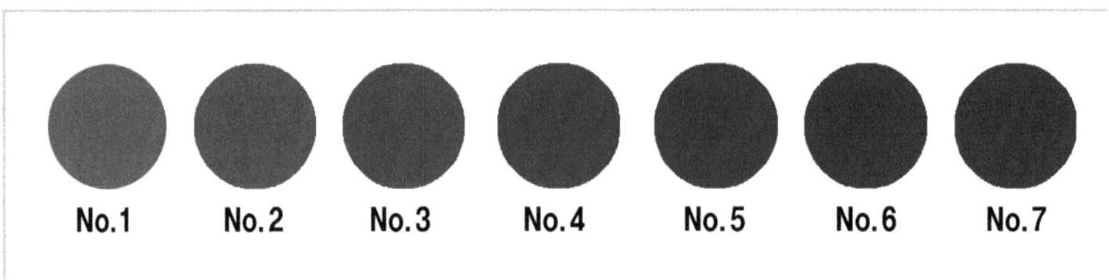

그림 3-5 육색 기준

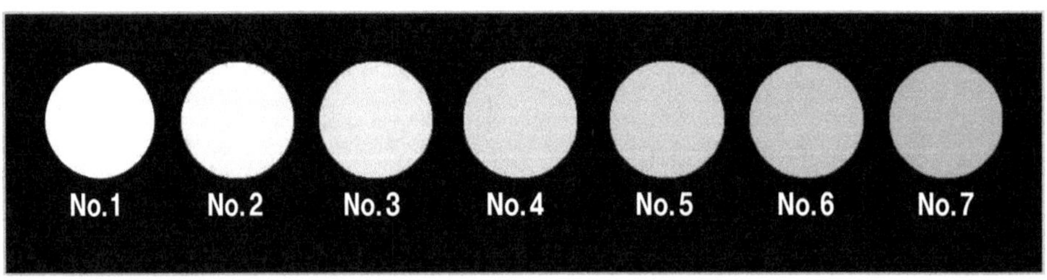

그림 3-6 지방색 기준

표 3-11 소도체 성숙도 구분기준

번호	소분할 부위명칭			
	흉 추 골	요 추 골	천 추 골	갈 비 뼈
1	흉추의 가시돌기는 매우 붉은 색이고 다공성조직이 부드러우며 연골이 선명하고 뚜렷함	요추골의 연골이 선명하고 뚜렷함	천추의 각 뼈들의 구분이 명확하고 연골은 선명하고 뚜렷함	갈비뼈는 붉고 연하며 둥금
2	가시돌기는 붉고 다공성조직이 부드러우며 연골은 골화가 시작됨	골화가 시작 되었으나 연골이 약간 있음	천추 각뼈들의 구분이 일부 없어지고 흔적만 남아 있음	붉고 약간 연하며 약간 넓어짐
3	가시돌기는 붉고 연골은 1/5 정도가 골화됨	상당히 골화되었고 연골이 조금 있음	천추의 각 뼈들의 구분이 없어지고 흔적만 보임	붉은색을 조금 잃어 버리고 약간 넓고 평평함
4	가시돌기는 약간 붉고 연골은2/5정도가 골화되었으나 연골의 윤곽은 뚜렷함	대부분 골화되었고 연골이 거의 없으나 골화된 연골 조직의 형태는 뚜렷함	천추의 각 뼈들의 구분 흔적도 흐리게 보임	붉은색을 많이 잃어 버리고 약간 넓고 평평함
5	가시돌기는 약간 붉고 연골은 3/5정도가 골화되었으나 연골의 윤곽은 뚜렷함	완전히 골화되었고 연골이 거의 없으나 골화된 조직이 뚜렷함	천추 구분이 없이 완전히 융합됨	약간 넓고 평평하며 조금 단단함
6	가시돌기는 약간 붉고 연골은 4/5정도가 골화되었으나 연골의 윤곽은 뚜렷함	완전히 골화되었고 골화된 연골 조직의 형태는 흐리게 보임	상 동	희어지고 넓고 평평함
7	가시돌기는 붉은색이 거의 없고 연골은 완전히 골화되었으나, 가시돌기와 구분흔적이 남아 있음	완전히 골화되었고 연골은 골화된 형태마저 보이지 않음	상 동	희고 넓고 평평함
8	가시돌기는 붉은색이 없고, 연골은 완전히 골화되어 가시돌기와 구분 흔적이 없음	완전히 골화됨	상 동	상 동
9	완전히 골화되어 연골 조직의 형태마저 구분이 불가능하고, 가시돌기와 구분이 없음	상 동	상 동	상 동

표 3-12 소도체 육질등급 최종판정기준

예비등급	등급 하향조정 해당 항목수			
	1개	2개	3개	4개
1^{++}등급	1등급	2등급	3등급	3등급
1^{+}등급	1등급	2등급	3등급	3등급
1등급	2등급	3등급	3등급	3등급
2등급	3등급	3등급	3등급	등외
3등급	3등급	3등급	등외	등외

표 3-13 소도체의 등급표시 방법

구 분		육질등급					
		1^{++}등급	1^{+}등급	1등급	2등급	3등급	등외
육량등급	A등급	1^{++}A	1^{+}A	1A	2A	3A	
	B등급	1^{++}B	1^{+}B	1B	2B	3B	
	C등급	1^{++}C	1^{+}C	1C	2C	3C	
	등외				D		

※ 등급표시를 읽는 방법(예)
1^{++}A : 일투플러스에이등급, 1^{+}B : 일플러스비등급, 3C : 삼씨등급

표 3-14 소도체의 결함 내역 및 표시방법

결함내역	표시방법
근출혈(筋出血)	ㅎ
수종(水腫)	ㅈ
근염(筋炎)	ㅇ
외상(外傷)	ㅅ
근육제거	ㄱ
기 타	ㅌ

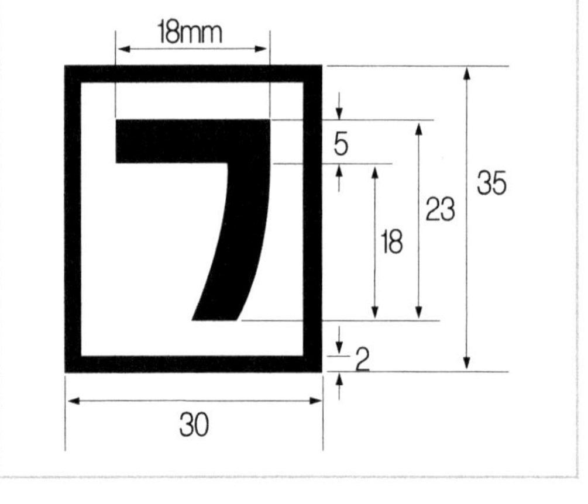

그림 3-7 결함인의 규격

2. 돼지도체의 등급판정

돼지도체의 등급판정은 작업장과 가공장의 여건 등을 고려하여 온도체 또는 냉도체 등급판정 방법으로 한다. 온도체 등급판정방법은 인력등급판정 또는 기계등급판정 중에서 한 가지를 선택하여 적용할 수 있다. 다만, 기계등급판정을 실시하고 있는 작업

장에서 기계의 고장 등으로 기계판정이 불가능한 경우에는 인력등급판정기준을 적용하여 판정한다.

1) 등급판정기준 및 적용방법

(1) 인력등급판정

인력등급판정은 표 3-16내지 표 3-19의 기준에 따라 다음과 같이 판정한다.

① 규격등급은 표 3-16에 의한 1차 판정과 표 3-17에 의한 2차 판정을 한 후 1차 판정결과와 2차 판정결과 중에서 가장 낮은 등급으로 최종 판정한다.

② 육질등급은 표 3-18에 의한 1차 판정결과를 기본으로 하여 표 3-19에 의한 2차 판정결과에 따라 최종 등급으로 한다.

(2) 기계등급판정

기계등급판정은 표 3-16내지 표 3-19의 기준에 따라 다음과 같이 판정한다.

① 기계등급판정은 표 3-15의 시설 및 적용조건을 갖추어야 한다.

② 기계등급판정기준의 적용은 인력등급판정의 ① 및 ②와 같다.

(3) 1차 등급판정을 위한 항목별 측정

1차 등급판정을 위한 항목별 측정은 다음과 같이 한다.

① 도체의 중량은 도축장경영자가 측정하여 제출한 도체 한 마리 분의 중량을 kg단위로 적용한다.

② 인력등급판정기준에 의한 등지방두께 측정은 왼쪽 반도체의 마지막 등뼈와 제1허리뼈 사이 및 제11등뼈와 제12등뼈 사이의 등지방을 mm단위로 측정한 평균치로 한다.

③ 기계등급판정기준에 의한 등지방두께 및 등심직경은 초음파기계(Ultrafom, A-mode)를 사용하여 왼쪽 반도체의 제12등뼈와 제13등뼈 사이에서 복부방향으로 6 cm지점의 도체표면에 기계를 밀착시킨 상태에서 mm단위로 측정한다.

④ 기계등급판정기준에 의한 수율 측정은 ③에 의해 측정된 등지방두께와 등심직경을 다음의 산식에 적용하여 산출한다.

$$수율산식 = 57.8661 - [0.4147 \times 등지방두께(mm)] + [0.1443 \times 등심직경(mm)]$$

(4) 돼지도체의 등외판정

돼지도체의 등외판정은 다음 어느 하나에 해당하는 경우에는 등급판정기준에 의한 등급을 적용하지 않고 등외로 판정한다.

① 거세하지 않은 수퇘지 특유의 냄새가 심하게 나는 도체

② 상처 또는 화농 등으로 도려내는 정도가 심하다고 인정되는 도체

③ 도체중량이 40 kg미만으로서 왜소한 도체

④ 새끼를 분만한 어미돼지(경산모돈) 또는 씨수퇘지(종모돈)의 도체

⑤ 등지방 및 복부지방이 진한 황색이거나 연지방으로 품질이 매우 좋지 않은 도체

⑥ 비육상태가 아주 불량하며 등지방 및 복부지방 부착상태가 빈약한 도체

⑦ 고유의 목적을 위해 이분할 하지 않은 학술연구용, 바베큐 또는 제수용 등의 도체

⑧ 검사관이 자가소비용으로 인정한 도체

(5) 돼지도체의 등급표시

① 등급표시는 등급판정기준의 규정에 의한 등급판정 결과에 따라 규격등급은 “A, B, C, D” 로, 육질등급은 “1+, 1, 2, 3” 으로 표시하고, 등외판정의 경우에는 “E” 로 표시한다.

② 등급표시는 쉽게 알아볼 수 있도록 도체표면에 구분 표시하여야 한다.

표 3-15 기계등급판정시설 및 적용조건

1	탕박의 방법에 의하여 도축되고 냉장처리하지 아니할 것
2	도체의 피부에 화상 등이 없어 기계등급판정이 가능할 것
3	도체의 이동은 기계등급판정까지 현수상태로 자동 이동될 수 있는 시설을 갖출 것
4	도체의 이동속도는 1마리당 최소 10초 이상일 것
5	계근기에서 계측된 중량이 기계등급판정에 연계된 컴퓨터에 자동 전송될 것

표 3-16 돼지도체의 중량과 등지방두께 등에 의한 규격등급 1차 판정기준

구분	인력판정				기계판정		
	박피도체		탕박도체		탕박도체		
	도체중 (kg)	등지방 두께(mm)	도체중 (kg)	등지방 두께(mm)	도체중 (kg)	등지방 두께(mm)	수율(%)
	이상~미만	이상~미만	이상~미만	이상~미만	이상~미만		
A등급	71 ~ 84	12 ~ 22	80 ~ 94	17 ~ 27	80 ~ 94	14.0이상	56.0이상
B등급	67 ~ 71	10 ~ 24	76 ~ 80	15 ~ 29	76 ~ 98	12.0	54.0
	71 ~ 84	10 ~ 12	80 ~ 94	15 ~ 17			
	71 ~ 84	22 ~ 25	80 ~ 94	27 ~ 30			
	84 ~ 88	11 ~ 25	94 ~ 98	16 ~ 30			
C등급	63 ~ 67	8 ~ 27	71 ~ 76	13 ~ 32	71 ~ 101	10.0	52.0
	67 ~ 84	8 ~ 10	76 ~ 94	13 ~ 15			
	67 ~ 71	24 ~ 27	76 ~ 80	29 ~ 32			
	71 ~ 88	25 ~ 28	80 ~ 98	30 ~ 33			
	84 ~ 88	9 ~ 11	94 ~ 98	14 ~ 16			
	88 ~ 91	9 ~ 28	98 ~ 101	14 ~ 33			
D등급	A・B・C에 속하지 않는 것		A・B・C에 속하지 않는 것		A・B・C에 속하지 않는 것		

표 3-17 돼지도체의 규격등급 2차 판정기준

판정항목	A등급	B등급	C등급	D등급
균형	길이와 폭이 적당하며, 두껍고 엉덩이, 등심, 어깨 및 복부의 각 부분이 충실하면서 균형이 특히 좋은 것	길이와 폭이 적당하며, 두껍고 엉덩이, 등심, 어깨 및 복부의 각 부분이 충실하면서 균형이 좋은 것	길이와 폭, 두께, 전체의 형태, 각 부위간의 균형 등에 있어서 어느 것도 좋은 점이 없는 반면 결점도 없는 것	전체의 형태, 각 부위간의 균형이 나 같이 결점이 많은 것
비육상태	두껍고 매끈하면서 살집이 좋으며 도체에 대한 살코기의 비율이 특이 많은 것	두껍고 매끈하면서 살집이 좋으며 도체에 대한 살코기의 비율이 대체로 많은 것	특별히 우수한 것이 없으면 살코기의 비율이 보통으로 큰 결점이 없는 것	얇고 살집이 나쁘며 살코기의 비율이 떨어지는 것
지방부착상태	등지방 및 복부지방의 부착이 양호한 것	등지방 및 복부지방의 부착이 적당한 것	등지방 및 복부지방의 부착에 큰 결점이 없는 것	등지방 및 복부지방의 부착에 결점이 인정되는 것
미무리	방혈이 잘 되고 질병 등에 의한 손상이 없고 취급이 잘못으로 인한 오염, 손상 등의 결점이 없는 것	방혈이 잘 되고 질병 등에 의한 손상이 없고 취급의 잘못으로 인한 오염, 손싱 등의 결점이 거의 없는 것	방혈이 보통이고 질병 등에 의한 손상이 적으며 취급의 잘못으로 인한 오염, 손상 등의 큰 결점이 없는 것	방혈이 불충분하고 손상이 있으며, 취급의 잘못으로 인한 오염 등의 결점이 인정되는 것

표 3-18 돼지도체의 중량과 등지방두께 등에 의한 육질등급 1차 판정기준

구분	인력판정				기계판정	
	박피도체		탕박도체		탕박도체	
	도체중 (kg)	등지방 두께(mm)	도체중 (kg)	등지방 두께(mm)	도체중 (kg)	등지방 두께(mm)
1등급	67 이상	10 이상	76 이상	15 이상	76 이상	12 이상
2등급	67 미만	10 미만	76 미만	15 미만	76 미만	12 미만
3등급	거세하지 않은 수퇘지					

표 3-19 돼지도체의 육질등급 2차 판정기준

판정항목	1+등급	1등급	2등급	3등급
육색	그림 3-9의 육색기준 No.3~5에 해당하는 것으로 육색이 선명하고 광택이 매우 좋은 것	그림 3-9의 육색기준 No.3~5에 해당하는 것으로 육색이 선명하고 광택이 좋은 것	그림 3-9의 육색기준 No.2 또는 6에 해당하는 것으로 육색 및 광택이 좋지 않은 것	그림 3-9의 육색기준 No.1 또는 7에 해당하는 것으로 육색 및 광택이 매우 좋지 않은 것
지방색과 질	지방색은 백색이고, 광택이 있으며 탄력성과 끈기가 매우 좋은 것	지방색은 백색이고, 광택이 있으며 탄력성과 끈기가 좋은 것	지방색이 탁하고 탄력성 및 끈기가 다 같이 좋지 않은 것	지방색이 매우 탁하고 탄력성 및 끈기가 매우 좋지 않은 것
조직감	육의 탄력성 및 결이 좋고 수분이 스며나오는 정도가 적어 조직감이 매우 좋은 것	육의 탄력성 및 결이 좋고 수분이 스며나오는 정도가 적어 조직감이 좋은 것	육의 탄력성 및 결이 불량하고, 수분이 스며나오는 정도가 많아 조직감이 좋지 않은 것	육의 탄력성 및 결이 불량하며, 수분이 스며 나오는 정도가 매우 많아 조직감이 매우 좋지 않은 것
지방 침착도	그림 3-8의 근내지방도기준 No.4 또는 No.5에 해당하는 것으로 지방침착이 좋은 것	그림 3-8의 근내지방도기준 No.2 또는 No.3에 해당하는 것으로 지방침착이 보통인 것	그림 3-8의 근내지방도기준 No.1에 해당하는 것으로 지방침착이 미미한 것	그림 3-8의 근내지방도기준 No.1에 해당되지만 지방침착이 전혀 없는 것
삼겹살 상태	그림 3-10 삼겹살 내의 근간지방두께가 5mm~ 15mm이거나 삼겹살의 두께가 적당히 두툼하고 지방 피복상태 등이 매우 좋은 것	그림 3-10 삼겹살 내의 근간지방두께가 5mm~ 15mm이거나 삼겹살의 두께가 적당히 두툼하고 지방 피복상태 등이 좋은 것	그림 3-10 삼겹살 내의 근간지방두께가 4mm이하 또는 16~20mm이거나 삼겹살의 두께가 얇거나 과도하고, 지방 피복상태 등이 좋지 않은 것	그림 3-10 삼겹살 내의 근간지방두께가 1mm이하 또는 21mm이상이거나 삼겹살의 두께가 지나치게 얇거나 과도하고, 지방 피복상태 등이 매우 좋지 않은 것
결함	농양, 방혈불량, 골절, 오염, 근육제거 등의 결점이 없는 것	농양, 방혈불량, 골절, 오염, 근육제거 등의 결점이 거의 없는 것	농양, 방혈불량, 골절, 오염, 근육제거 등의 결점이 심한 것	농양, 방혈불량, 골절, 오염, 근육제거 등의 결점이 매우 심한 것

※ 육질등급 2차판정은 판정항목별 등급 중 가장 낮은 등급으로 한다.

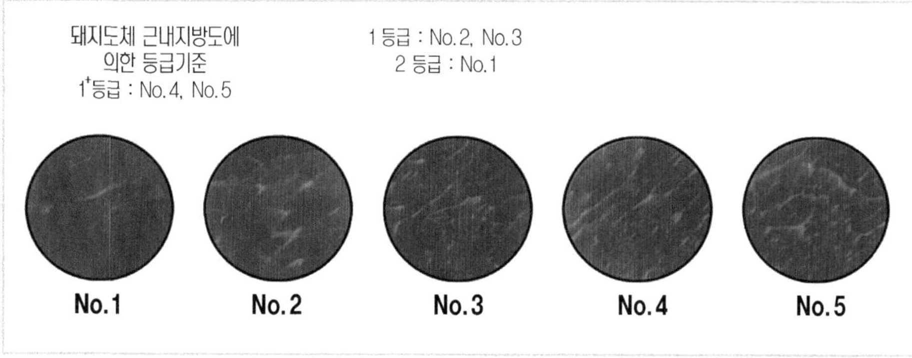

그림 3-8 돼지도체의 근내지방도 기준

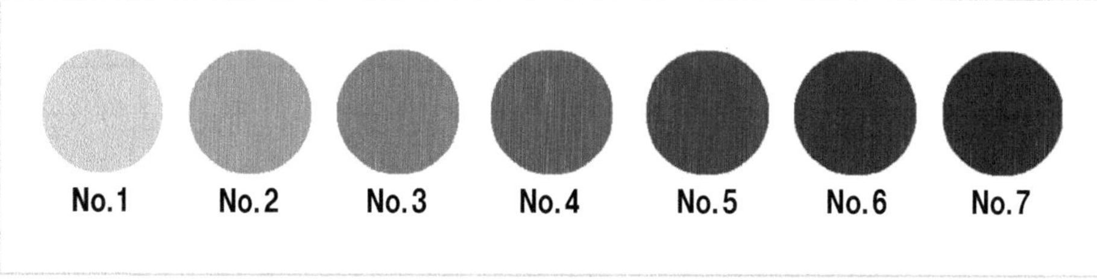

그림 3-9 돼지도체의 육색 기준

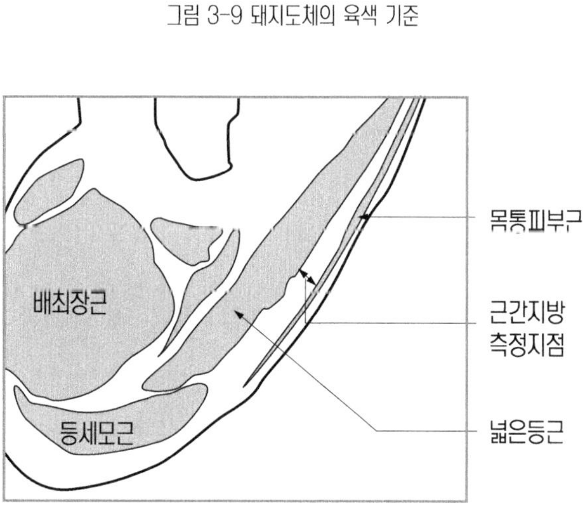

그림 3-10 돼지도체 삼겹살 부위의 근간지방두께 측정부위 : 흉추 4 ~ 5번 또는 5 ~ 6번 사이 절개 면의 넓은등근 1/2지점과 몸통피부근 사이의 근간지방 두께

3. 닭도체의 등급판정

닭도체의 등급판정은 품질등급과 중량규격으로 구분한다. 닭도체의 품질등급판정은 롯트의 크기에 따라 적정수의 표본을 무작위로 추출하는 표본판정방법 적용을 원칙으로 하되, 등급판정사가 필요하다고 판단한 경우에는 전수판정방법을 적용하며, 품질등급판정 방법은 다음과 같다.

① 전수판정방법 : 등급판정 신청된 닭도체를 한마리씩 개체별로 등급판정을 한다.

② 표본판정방법 : 등급판정 신청된 롯트의 크기에 따라 적정수의 표본을 무작위로 추출하여 등급판정을 한다. 이 표본판정방법에서 롯트의 벌크포장 수에 따른 표본의 크기는 표 3-20과 같다.

표 3-20 벌크포장의 수에 따른 표본의 크기 (단위 : 상자)

벌크포장 수	표본의 크기
1 ~ 4	모두
5 ~ 50	4
51 ~ 100	5
101 ~ 200	6
201 ~ 400	7
401 ~ 600	8
601개 이상은 매 100단위 증가시	1 추가

1) 닭도체의 품질등급 판정기준

① 닭도체의 품질등급판정을 위한 항목별 품질기준은 표 3-21와 같으며, 품질등급 부여방법은 표 3-22 및 표 3-23과 같다.

② 닭도체등급판정의 결과는 절단육에도 그대로 적용할 수 있다. 이 경우 등급표시 및 그 절차는 도체의 경우와 같다.

③ 등급판정사는 등급판정을 실시한 결과, 해당 롯트가 신청인이 희망하는 품질등급에 미달되는 경우에는 등급판정을 보류하고 그 사실을 등급판정 신청인(이하 "신청인" 이라 한다)에게 통보한다.

표 3-21 닭도체 품질기준

<table>
<tr><th rowspan="2">항목</th><th colspan="6">품질 기준</th></tr>
<tr><th colspan="2">A급</th><th colspan="2">B급</th><th colspan="2">C급</th></tr>
<tr><td>외관</td><td colspan="2">날개, 등뼈, 가슴뼈 및 다리가 굽지 않고 좋은 외형과 피부병 등 질병의 흔적에 의해 도체외관의 손상이 없는 것</td><td colspan="2">날개, 등뼈, 가슴뼈 및 다리가 외관을 손상시키지 않는 범위에서 약간 휘거나 피부병 등 질병의 흔적에 의해 도체외관의 손상이 약간 있는 것</td><td colspan="2">날개, 등뼈, 가슴뼈 및 다리가 비정상적으로 휘거나 피부병 등 질병의 흔적에 의해 도체외관의 손상이 많이 있는 것</td></tr>
<tr><td>비육상태</td><td colspan="2">충분한 착육성을 지니며 특히 가슴과 다리에 고기의 부착이 잘 된 것</td><td colspan="2">보통의 착육성을 지니며 특히 가슴과 다리에 고기의 부착이 보통 인 것</td><td colspan="2">빈약한 착육성을 지니며 가슴과 다리에 고기의 부착이 적은 것</td></tr>
<tr><td>지방부착</td><td colspan="2">피부의 지방층이 매우 잘 발달된 것</td><td colspan="2">피부의 지방층이 충분히 발달된 것</td><td colspan="2">피부의 지방층이 빈약한 것</td></tr>
<tr><td>잔털, 깃털</td><td colspan="2">깃털은 아래의 허용기준치를 넘어서는 안되며 약간의 잔털이 있다.
- 길이 1cm 이하의 깃털 2개 이하</td><td colspan="2">깃털은 아래의 허용기준치를 넘어서는 안되며 잔털이 일부분만 퍼져있다.
- 길이 1cm 이하의 깃털 4개 이하</td><td colspan="2">깃털은 아래의 허용기준치를 넘어서는 안되며 잔털이 넓게 고루 퍼져있다.
- 길이 1cm 이하의 깃털 6개 이하</td></tr>
<tr><td>신선도</td><td colspan="2">피부색이 좋고 광택이 있으며 육질의 탄력성이 있다.</td><td colspan="2">피부색, 광택 및 육질의 탄력성이 보통이다.</td><td colspan="2">피부색이 불량하고 광택이 없으며 육질의 탄력성도 없다.</td></tr>
<tr><td>외상</td><td colspan="2">피부가 상처로 인해 노출된 살이 가슴과 다리부위에는 없어야 하고, 기타 부위는 노출된 살의 총면적의 지름이 2cm를 초과해서는 안 된다.</td><td colspan="2">피부가 상처로 인해 노출된 살이 가슴과 다리부위에는 없어야 하고, 기타 부위는 노출된 살의 총면적의 지름이 4cm를 초과해서는 안 된다.</td><td colspan="2">피부가 상처로 인해 노출된 살이 총면적의 지름이 가슴과 다리부위는 2cm, 기타 부위는 6cm를 초과해서는 안 된다.</td></tr>
<tr><td rowspan="5">변색</td><td colspan="2">가벼운 상처나 멍, 피부의 변색은 허용하나 색이 분명한 것은 총면적에 대해 장축의 지름이 아래의 허용치를 초과해서는 안 된다.</td><td colspan="2">가벼운 상처나 멍, 피부의 변색은 허용하나 색이 분명한 것은 총면적에 대해 장축의 지름이 아래의 허용치를 초과해서는 안 된다.</td><td colspan="2">가벼운 상처나 멍, 피부의 변색은 허용하나 색이 분명한 것은 총면적에 대해 장축의 지름이 아래의 허용치를 초과해서는 안 된다.</td></tr>
<tr><td>중량규격 / 가슴과 다리부위</td><td>기타부위</td><td>가슴과 다리부위</td><td>기타부위</td><td>가슴과 다리부위</td><td>기타부위</td></tr>
<tr><td>13호미만 1.5cm</td><td>3cm</td><td>2.5cm</td><td>5cm</td><td>3.5cm</td><td>7cm</td></tr>
<tr><td>13호이상 2.5cm</td><td>4cm</td><td>4cm</td><td>6cm</td><td>6cm</td><td>8cm</td></tr>
<tr><td colspan="6">상처로 인한 응혈이 있어서는 안된다.</td></tr>
<tr><td>뼈의 상태</td><td colspan="2">골절 및 탈골된 것이 없어야 한다.</td><td colspan="2">골절된 것이 없어야 하고, 1개의 탈골된 뼈는 허용한다.</td><td colspan="2">1개이하의 골절 및 2개이하의 탈골은 허용한다.</td></tr>
<tr><td>이물질 부착</td><td colspan="2">없음</td><td colspan="2">없음</td><td colspan="2">없음</td></tr>
<tr><td>냄새</td><td colspan="2">이상취 없음</td><td colspan="2">이상취 없음</td><td colspan="2">이상취 없음</td></tr>
<tr><td>도체 처리</td><td colspan="6">머리와 다리의 무릎관절 부위 및 허파, 식도, 기도, 모래주머니 등의 내장이 제거되고 위 내용물, 분변, 혈액, 담즙에 의해 오염되지 않아야 한다.</td></tr>
</table>

2) 닭도체의 중량규격 기준

① 닭도체의 중량규격은 신청인이 제시한 닭도체의 중량에 따른 호수를 기준으로 표 3-24와 같이 구분한다.

② 등급판정사는 신청인이 제시한 닭도체의 중량규격을 확인하기 위하여 표 3-20의 규정에 의하여 표본추출된 닭도체에 대하여 중량을 칭량(稱量)하여, 중량범위에서 2%이상 미달하는 닭도체의 수가 5%를 초과하는 경우에는 해당 롯트에 대하여 중량규격의 재선별을 신청인에게 요구한다.

3) 닭도체 등급의 재판정 신청

① 신청인은 등급판정이 보류되거나 중량규격 재분류가 요구된 닭도체에 대하여는 중량규격 및 품질평가기준에 적합하도록 다시 선별한 후 등급의 재판정을 신청할 수 있다.

② 등급판정사는 등급의 재판정이 신청된 롯트에 대해서는 표 3-20의 규정에 의한 표본의 크기 보다 더 많은 표본을 추출하여 등급판정 할 수 있다.

4) 닭도체의 등급표시

① 닭도체의 등급표시는 품질등급과 중량규격을 속포장지와 겉포장지에 그림 3-11과 같이 등급판정일자, 축산물등급판정소장 인영(또는, 축산물등급판정사 성명) 등과 함께 표시한다.

② 중량규격 및 등급판정 일자는 신청인이 속포장지와 겉포장지에 별도로 표시하는 경우에는 생략할 수 있다.

표 3-22 전수등급판정 결과에 따른 닭도체 품질등급 부여방법

등급	등급판정 결과
1^+등급	닭도체 품질기준의 모든 항목이 A급 이상이어야 함
1등급	닭도체 품질기준의 모든 항목이 B급 이상이어야 함
2등급	닭도체 품질기준의 모든 항목이 C급 이상이어야 함

표 3-23 표본등급판정 결과에 따른 닭도체 품질등급 부여방법

등급	등급판정 결과
1⁺등급	A급의 것이 90%이상이고 C급의 것이 5%이하이어야 함(나머지는 B급)
1등급	B급 이상의 것이 90%이상인 경우(나머지는 C급)
2등급	B급 이상의 것이 90%미만인 경우

※ 표본 닭도체의 등급판정 결과의 구성비율에 따라 신청물량 전체에 품질등급을 부여한다.

표 3-24 닭도체 호수별 중량범위 (단위 : g/마리)

중량규격	소		중소			중			대		특대		
해당호수	5호	6호	7호	8호	9호	10호	11호	12호	13호	14호	15호	16호	17호
중량범위	451 ~ 550	551 ~ 650	651 ~ 750	751 ~ 850	851 ~ 950	951 ~ 1,050	1,051 ~ 1,150	1,151 ~ 1,250	1,251 ~ 1,350	1,351 ~ 1,450	1,451 ~ 1,550	1,551 ~ 1,650	1,651 이상

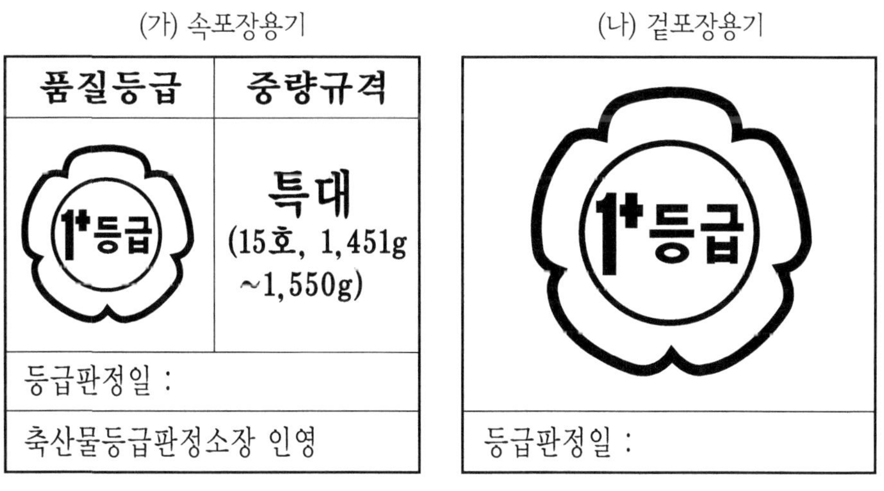

그림 3-11 닭도체의 등급표시

제 4 장 식육가공품의 제조

Ⅰ. 식육가공품의 제조 이론

축산물 가공처리법의 축산물 가공기준 및 성분규격에 의하면 식육가공품이란 식육을 원료로 하여 가공한 소시지(sausage)류, 햄(ham)류, 베이컨(bacon)류, 건조저장육류, 양념육류, 포장육, 분쇄가공육제품, 갈비가공품. 식육추출가공품, 식용우지 및 식용돈지 등을 말한다. 또 식품공전과 축산물 가공기준에서는 식육(소, 돼지, 양, 염소, 토끼, 닭, 칠면조, 오리, 꿩, 메추리 등의 식생활 관습상 보통적으로 사용되는 고기와 식용 가능한 장기류 및 부산물)을 주원료로 하여 제조 · 가공한 햄, 소시지, 베이컨, 기타 이와 유사한 것으로 정의하였다.

식육가공품의 기원을 보면 지금으로부터 3,500년 전 중동의 바빌로니아 지방에서 소시지와 유사한 것을 식용으로 사용했었다고 전해지고 있다. 중국에서는 약 5,000년 전부터 돼지가 사육되어 햄, 소시지와 같은 제품이 제조되어 왔다는 기록이 있다.

옛날부터 수렵으로 얻은 육을 어떻게든 부패시키지 않으려고 자연환경에 대응하기 위하여 지혜를 모아 생각해낸 것이 건조, 염지, 훈연 및 저온에 의한 저장이다. 인간이 이러한 자연을 이용하여 식육을 보존해 온 것은 오래 전부터의 일이다. 19세기에 들어서면서 냉동기술이 개발되고, 이후 산업이 급속도로 발전함에 따라 식육가공품에 대한 상품가치의 향상을 더욱 추구하게 되었다.

햄과 소시지는 앞에서 살펴본 바와 같이 오랜 역사를 가지고 있고, 많은 나라의 여러 지방에서 특유의 제품이 생산되고 있으며, 소시지만 해도 독일에서만 3,000여 종이 된다고 알려져 있다. 따라서 그 종류가 너무 많기 때문에 이들을 일률적으로 논하기는 어렵지만, 식육가공품은 표 4-1에서 보는 바와 같이 제품의 형상에 따라 세 가지로 분류될 수 있다. 즉, 육괴(肉塊)에 약간의 정형을 실시하여 가공한, 이를테면, 원래의 형태가 유지되도록 가공한 비분쇄제품(noncomminuted products)과 소시지류와 같이 원료육을 분쇄하거나, 좀 더 잘게 세절(cutting)한 분쇄제품(comminuted products)이 주류이다. 어느 것이나 가공의 기본은 공통되는 점이 많으며, 이와 같은 일련의 조작을 거쳐 원료육에는 없는 식육가공품 특유의 우수한 성질이 나타난다. 또 그 원료육의 대부분은 돈육을 위주로 이용하고 있지만, 제품에 따라 우육, 계육, 양육 등의 축육과 그 외에 내장에서 혈액에 이르기까지 두루 이용되고 있다.

표 4-1 식육가공품의 분류

분 류	제 품
비분쇄제품(noncomminuted products)	햄(Ham) 류, 베이컨(Bacon) 류
분쇄제품(comminuted products)	소시지(Sausage) 류
기 타	식육통조림 류 레토르트(Retort) 제품 등

비분쇄제품이란 원료육을 그대로 염지시켜 훈연 혹은 가열 등의 가공조작을 거친 제품을 말하고 기본적으로는 햄과 베이컨류가 여기에 속한다. 반면에 분쇄제품이란 비분쇄제품 제조 시의 잔육이나 각종 부위의 육, 또는 혈액, 가죽, 내장 등을 재료로 하여 염지 후 분쇄, 유화 및 혼합 공정을 거쳐 케이싱에 충전한 것, 또는 이것을 훈연, 가열처리한 제품을 말하고 소시지류가 여기에 속한다. 본 장에서는 이러한 식육가공품의 제조에 공통적으로 필요한 염지, 훈연 및 가열 등의 기본적인 이론에 대해서 기술하고자 한다.

1. 염지

염지(curing)란 식육가공품의 제조공정 중에 가장 기본이 되는 중요한 필수 공정으로 원료육에 식염, 육색고정제 및 염지촉진제 등의 염지제를 첨가하여 일정기간 담가놓는 제조공정을 말하며, 채소 등에 식염만을 첨가하여 절이는 소금절임(salting)과는 다르다.

앞에서도 언급한 바와 같이 인간은 수천 년 전부터 식육을 보존하기 위해 염지를 행해왔다. 여러 가지 기술이 발전함에 따라 오늘날에는 각종 보존법이 개발되었고, 소비자의 요구나 기호가 변해가면서 염지 목적도 서서히 변화되고 있다.

염지 본래의 목적은 보존성(저장성)의 향상에 있으나, 여기에 육색 고정, 보수성 · 결착성의 향상 그리고 풍미증진 효과가 추가되고 있다.

1) 염지재료 및 그 기능

식육을 염지시킬 때 기본적으로 사용하는 염지재료들로는 주 염지제인 식염, 발색제인 아질산염 또는 질산염, 염지촉진제인 아스코르브산염 또는 에르소르브산염 등이 있으며, 이외에 감미료인 설탕이나 포도당 또는 물엿, 결착제인 인산염, 그리고 여러 가지 향신료들이 각 제품의 특성에 맞게 적절히 사용되고 있다. 식육가공품의 제조 시에 기본적으로 사용되는 각 염지재료별 주요 기능을 보면 다음과 같다.

(1) 식염

식염은 식품의 짠맛을 내는 조미료로서 건조햄이나 살라미와 같은 제품의 경우 식염 함량이 3 ~ 4% 정도로 높은 편이지만, 우리나라에서 주로 생산되고 있는 햄이나 소시지류에는 제품에 따라 다소 차이가 있으나 일반적으로 1.3 ~ 1.7%의 식염이 첨가된다.

이와 같이 식염을 첨가하는 이유는 염미(짠맛) 부여, 보존성(저장성) 향상 및 보수력 · 결착력 증진 등의 효과가 있기 때문이다.

① 풍미 부여

식염은 순순한 짠맛을 내는 생리적 필수물질로 식육가공품에 알맞은 양의 식염이 첨가되면 조미료 및 향신료와 잘 어우러져 제품 고유의 맛과 향을 부여한다.

② 보존성(저장성) 향상

식염에 의한 식육가공품의 보존성 향상 효과는 식염의 탈수작용에 의한 삼투압의 변화와 수분활성도의 저하로 미생물의 증식을 억제시켜 제품의 부패속도를 지연시키기 때문에 나타난다. 앞장에서 살펴본 바와 같이 식육 내의 수분은 결합수, 준결합수 및 자유수로 분류되는데, 그 중에서 자유수는 열역학적으로 운동이 자유롭고 용매로서 작용하는 비결합(유리) 상태의 정상적인 물로서 미생물의 생육에 쉽게 이용된다.

원료육에 식염을 첨가하면 저장성이 향상되는 이유를 삼투압의 원리와 자유수의 성질에 의해 설명될 수 있다. 삼투압이란 세포 내외의 수용액 농도의 차이에 의하여 생기는 압력으로 세포막이 반투막적인 성질을 가지고 있어 일부 용질은 투과시키고 일부는 투과시키지 않는 결과에서 오는 것이다. 즉 원료육에 식염을 첨가하면 그 식염이 원료육 중의 수분에 의하여 용해되는데, 이때 농도가 높은 식염수의 Na+과 Cl-성분이 원료육 속으로 들어가고 원료육 속의 열역학적 이동이 자유로운 자유수가 빠져 나옴으로써 미생물의 생육에 이용되는 자유수의 양을 줄일 수 있다. 따라서 수분활성도가 감소하면서 미생물의 증식을 막아 제품의 보존성을 향상시킬 수 있다. 또 소금물 속에서는 미생물이 원형질 분리를 일으켜 번식이 억제되므로 보존성이 향상된다.

③ 보수력 및 결착력의 향상

식육에는 약 70%의 수분이 함유되어 있지만, 식육가공품의 제조공정인 염지나 세절(cutting) 공정에서 원료육에 물을 첨가하는 경우가 많다. 이러한 물이 세절, 혼합, 가열, 조리 등의 물리적 처리에 저항하여 얼마만큼 식육 또는 식육가공품 중에 보유될 수 있는가를 나타내는 능력을 보수력이라 하고, 그 성질을 보수성이라 한다. 보수성은 식육 및 식육가공품의 연도, 다즙성 및 맛 등에 관여하고, 이들의 품질 특성을 결정하는 중요한 요소이다.

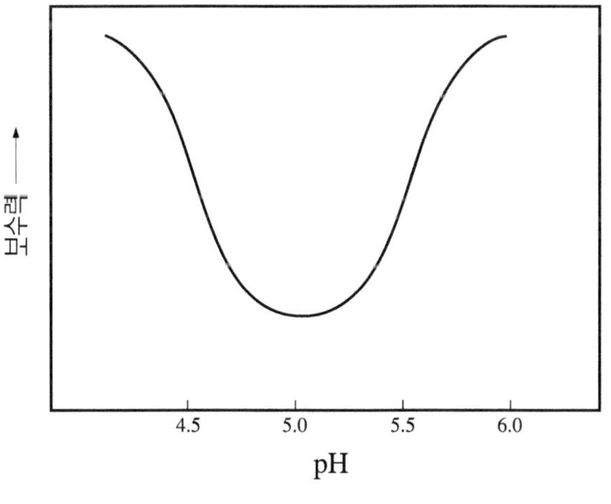

그림 4-1 식육의 보수력에 미치는 pH의 영향

앞장에서 살펴본 바와 같이 식육의 보수성은 축종, 성별, 연령, 근육부위나 도살직후의 취급방법에 의해 영향을 받는데, 일반적으로 보수성은 도살직후의 근육이 가장 좋고, 사후경직완료기에 최저를 보이며, 그 후 숙성이 진행됨에 따라 서서히 회복된다.

그림 4-1에 나타낸 바와 같이 근육단백질의 주성분인 미오신의 등전점에 가까운 pH 5.0 부근에서 보수성이 가장 낮고, 그보다 산성이나 알칼리성에서 증가한다. 도살직후의 근육의 pH는 거의 중성이고 근육단백질은 음(-) 전하를 비교적 많이 함유하며, 또 정전기적 반발력에 의해 입체구조가 느슨해지기 때문에 수분을 많이 끌어당겨서 양호한 보수성을 나타낸다. 경직기에는 근육의 pH가 저하되고 이에 따라 근원섬유의 구조변화가 일어나서 보수성이 저하된다. 가공용으로 통상 사용되는 원료육은 경직기를 거쳐 숙성단계에 들어가 있고, 이때 pH는 6.0 이하를 나타내는 것이 보통이며, 보수성이 비교적 낮다. 또 그림 4-2에서 보는 바와 같이 식육을 가열하면 온도가 높을수록 보수성이 현저하게 감소한다.

이와 같은 성질을 가진 원료육을 가공제품에 이용하면 생육의 경우와 달리 양호한 보수성과 적당한 탄력성을 나타내고, 그 외에도 몇 가지 특성을 나타내게 된다. 이러한 기능적 특성은 가공 시에 사용되는 첨가물과 식육의 주성분인 근육단백질이 관여하며, 가공처리의 단계에서 발현되는 때문이다.

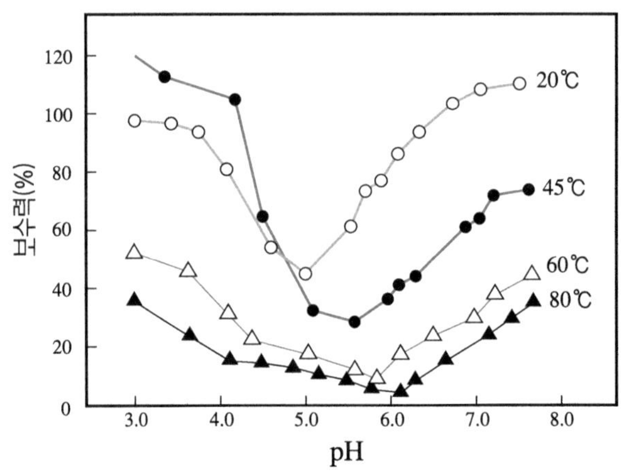

그림 4-2 식육의 보수력에 미치는 pH와 온도의 영향

염지공정에 사용되는 염지제의 주성분은 식염이지만 이 식염은 원료육의 성상을 크게 변화시키는 작용이 있다. 예를 들면 식염을 만육에 3% 정도 첨가하여 잘 혼합하면 육은 점차 점도가 증가하는데, 이것을 열탕 중에서 가열하면 그대로 응고하여 탄력성이 있는 덩어리를 얻을 수 있다. 이와 같이 육을 세절 및 혼화하여 가열했을 때 탄력성이 있는 응집된 덩어리를 형성하는 능력을 결착력이라 하고 그 성질을 결착성이라 한

다. 이 경우 결착성과 평행하게 보수성도 증가한다. 우수한 품질의 식육가공품을 제조하기 위해서는 가공 단계에서 양호한 보수성과 결착성을 발현시키는 일이 중요하다.

식염의 첨가에 의하여 나타나는 보수성 및 결착성에는 근육단백질의 50% 이상을 점유하는 염용성의 근원섬유단백질이 중요한 역할을 한다. 즉 염지 시에 첨가한 식염의 작용으로 근원섬유단백질이 용해되어 근원섬유 밖으로 추출되고, 그 때문에 염지육은 높은 점성을 갖게 된다. 도살직후의 근육의 경우에는 충분한 양의 ATP가 존재하고 있기 때문에 근원섬유단백질의 주성분인 미오신과 액틴이 해리된 상태이고 미오신은 효율 좋게 추출된다. 그러나 보통 가공용으로 이용되는 원료육은 경직기를 경과해 있기 때문에 미오신이 용출되기 어렵고, 액토미오신이 비교적 많이 용출되어 나온다.

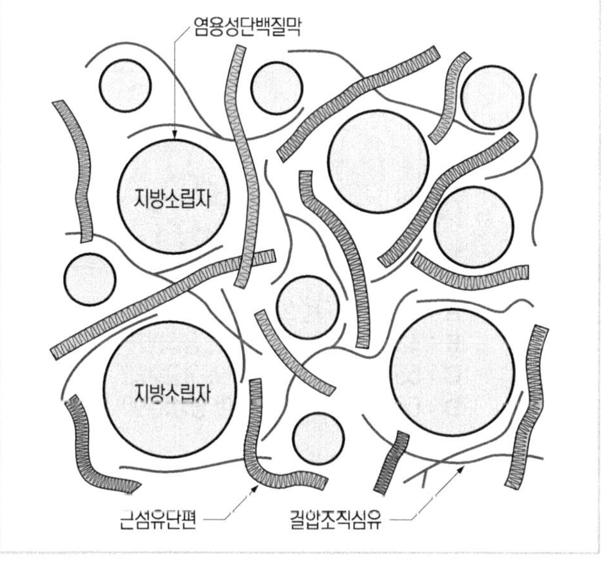

그림 4-3 소시지 에멀젼의 모식도

이러한 현상은 특히 유화형 소시지의 제조 시에 관찰되는데, 세절공정에서 원료육의 점조성이 현저하게 증가하는 것을 볼 수 있다. 세절 공정에서 가용화된 근원섬유단백질의 점조한 염용액이 미세하게 분쇄된 지방입자의 표면을 얇게 피복하여 전체적으로 균일한 수중유적(O/W) 형의 소시지 에멀젼(sausage emulsion)을 형성하게 되는 것이다(그림 4-3).

근원섬유로부터 추출단리된 myosin 분자는 특히 불안정하고 20℃ 이상이 되면 변성되기 쉽다. 변성되면 결착성 발현효과가 상실되기 때문에 주의를 기울이는 것이 매우 중요하다. 세절 시의 마찰열 발생에 의한 온도상승을 빙수의 첨가에 의해 방지한다든지 일반적으로 염지공정을 저온에서 행하는 것은 그러한 이유 때문이다.

식염의 첨가에 의해 용출된 근원섬유단백질 용액은 다음의 가열공정에 의해 응고되어 이른바 가열 젤(gel)을 형성한다. 미오신 0.6 M 염용액의 가열 젤에 대해 조사한 결과, pH 6.0에서 60 ~ 70℃로 가열했을 때 최고의 젤 강도를 나타내었다는 보고가 있다.

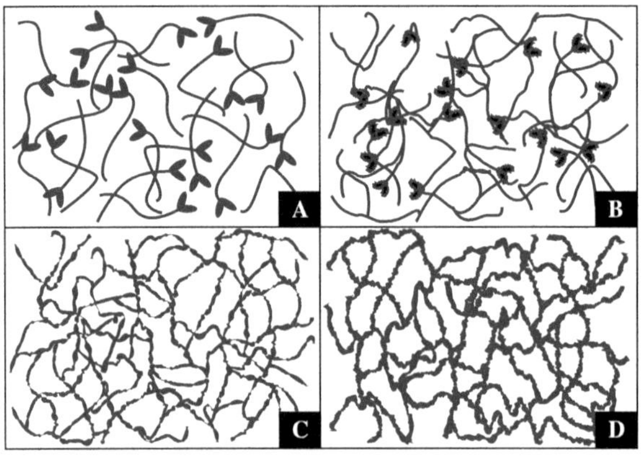

A : 가열 전의 다수의 미오신 분자
B : 43℃ : 분자 두부 사이의 응집반응
C : 55℃ : 분자 미부 사이의 가교결합
D : 60~70℃ : 망상구조의 형성(겔화)

그림 4-4 미오신분자의 가열에 의한 겔화반응을 나타내는 모식도

미오신 분자의 가열에 의한 젤화 반응을 전자현미경을 이용하여 관찰해보면 ① 먼저 미오신 분자의 두부끼리 응집반응이 일어나고, 다음으로 그 미부가 가교형성에 의해 서로 결합한다. 가열온도의 상승과 더불어 전체적으로 그림 4-4과 같은 망상구조를 3차원적으로 형성하는 것을 확인하였다. ②또 액틴이 공존하면 미오신과 결합하여 액토미오신을 형성하고, 이것이 앞에서 언급한 미오신에서 형성하는 망상구조를 보강하여 안정화시킨다는 것과 더욱이 액토미오신 자신도 우수한 가열 젤을 형성한다는 것이 밝혀졌다. ③ 또 미오신의 가열 젤 형성에는 앞에서 언급한 바와 같은 미오신 분자가 단독으로 만드는 잴 외에 저염농도에서 형성하는 필라멘트 젤(filament gel)도 존재하고, 이쪽이 보다 강한 젤 강도를 나타내는 것이 보고되어 두 가지 유형의 젤 형성이 실제 식육가공품의 결착성에 복잡하게 관여하고 있는 것으로 추정되고 있다.

이와 같이 염지제로서 첨가된 식염의 작용으로 육으로부터 용출된 근원섬유단백질이 가열 변성하여 응고할 때 망상구조를 만들고 육괴끼리 결착시킨다. 그 결과 높은 결착성을 나타내어 안정하고 미세한 가열 젤의 망상구조 중에 많은 수분이 모세관 현상에 의하여 보유되기 때문에 높은 보수성을 나타내게 되는 것이다.

따라서 식육가공품의 보수성 및 결착성은 식염에 의한 근원섬유단백질의 용해성에 의존한다. 전술한 바와 같이 도살직후의 근육은 많은 양의 ATP가 잔존하고 있어서 미오신이 액틴과 해리되어 있기 때문에 염지 시의 식염농도로 미오신이 용출되기 쉽다. 경직전 상태의 근육을 사용한 이른바 온가염법으로 염지시키면 우수한 보수성 및 결착성을 가진 제품이 얻어진다는 것은 바로 이러한 이유 때문이다. 일반적으로 사용되는 원료육은 경직기를 경과해 있기 때문에 용출되어 나오는 것은 액토미오신이 대부분이고 그 추출량도 상당히 감소한다. 이 경우 인산염의 첨가가 효과를 나타낸다. 특히 피로인산염(pyrophosphate)은 ATP와 마찬가지로 액토미오신을 미오신과 액틴으로 해리시키는 작용이 있기 때문에 염지 시에 식염과 함께 피로인산염을 첨가시키면 미오신의 용출량을 증대시키는 효과가 나타난다. 트리폴리인산염(tripolyphosphate)도 육 중에서 피로인산염로 효소적으로 분해되어 같은 작용을 한다.(그림 4-5)

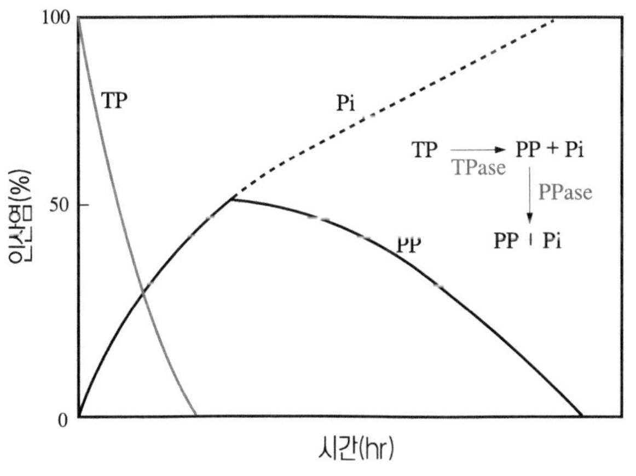

TP : 트리폴리인산, PP : 피로인산, Pi : 오르토인산, TPase : 트로폴리인산분해효소, PPase : 피로인산분해효소

그림 4-5 트리폴리인산의 효소분해

식육가공품의 결착성에 미치는 인산염의 효과에는 ① pH의 상승 ② 이온강도의 증가 ③ 금속이온의 봉쇄작용 ④ 근육단백질에의 인산기의 결합 ⑤ 액토미오신의 해리 등이 관여하고 있으며, 그 중에서도 피로인산염에 의한 ⑤의 효과가 가장 크다. 최근

건강이나 영양 상의 이유로 식품의 제조 시에 식염의 사용량을 줄이려는 경향이 있는데, 대부분의 식육가공품에서도 식염첨가량이 2% 이하로 감소되었다. 이 때문에 보수성 및 결착성을 보강할 목적으로 여러 종류의 폴리인산염 제제가 염지 시에 이용되고 있다.

(2) 아질산염 또는 질산염

아질산염이나 질산염은 햄이나 소시지 등의 식육가공품의 제조 시에 발색제(육색고정제)로 사용되고 있다. 우리나라 식품공전과 식품첨가물공전에 의하면 이들의 사용량을 식육가공품(포장육, 식육추출가공품, 식용우지, 식용돈지 제외) 및 경육제품에서는 1 kg에 대하여 아질산이온으로서 0.07 g을, 어육소시지류 및 어육햄류에서는 0.05 g, 명란젓 및 연어알젓에서는 0.005 g 이상 잔존하여서는 안 되고, 이외의 식품에 사용해서는 안 된다고 규정하고 있다. 이와 같이 식품에 아질산염이나 질산염의 사용을 엄격하게 규제하고 있음에도 불구하고, 식육가공품의 제조에 허용하는 이유는 육색 고정(발색), 식중독균의 생육억제, 풍미 증진 및 항산화 작용 등의 효과가 있기 때문이다.

① 육색 고정

식육가공품은 식육을 주원료로 하여 생산되므로 최종 제품의 색은 식육의 붉은 색이 그대로 유지되는 것이 바람직하다. 그러나 식육가공품의 제조 시에 주원료인 식육을 가열처리하면 갈색으로 변화되므로 식육의 붉은색이 그대로 유지되도록 아질산염이나 질산염을 사용한다. 이 아질산염과 질산염은 황백색의 결정으로 자체의 색을 부여하는 색소와 같은 착색제가 아니라 육색소인 미오글로빈과 상호 작용하여 가열처리 후에도 식육의 붉은 색을 안정적으로 유지될 수 있도록 육색을 고정시키는 역할을 하므로 육색고정제라 할 수 있다. 또한 식육가공품에 이들을 첨가함으로써 육색소인 미오글로빈의 화학적 상태를 변화시켜 특유의 선적색을 발현시킨다고 하여 발색제라고 하고 있다. 따라서 이러한 발색제는 염지 시에 사용되는 반드시 필요한 식품첨가물이고 우리나라에서는 질산칼륨(KNO_3), 질산나트륨($NaNO_3$) 및 아질산나트륨($NaNO_2$)의 사용이 허가되어 있다.

식육을 조리할 때 가열에 의해 순식간에 적색에서 갈색으로 변화한다. 이것은 식육에 함유되어 있는 미오글로빈이 열에 의해 변성되어 변성 메트미오글로빈이 생성되기 때문이다. 반면에 염지에 의하여 적색으로 고정된 색소는 가열 후에도 갈색으로 변하지 않고 매우 안정하다. 이 색소는 미오글로빈 유도체의 하나이고, 염지제로서 사용된 아질산염이나 질산염의 작용에 의하여 식육 중의 헴(heme) 색소가 니트로소(nitroso)화되어 생성된다. 즉, 염지육색은 아질산염 또는 질산염의 환원에 의해 생성된 산화질소(nitric oxide, NO)와 식육 중의 미오글로빈과의 결합에 의하여 생성된 니트로소미오글로빈(nitrosomyoglobin, NOMb)이다. 염지육이나 생햄 등의 비가열 식육가공품이 나타내는 선적색은 니트로소미오글로빈에 의한 것이다. 이 니트로소미오글로빈은 가열에 의하여 더욱 안정한 선홍색을 띤다. 이것은 니트로소미오글로빈의 헴에 결합한 산화질소(NO)가 가열변성 후에도 유리되지 않고, 열에 안정한 선홍색의 니트로소헤모크롬(nitrosohemochrome)을 생성하기 때문이다. 이 색소가 식육가공품 특유의 색이고, 이 색을 가열 염지육색(cooked cured meat color)이라 한다. 이 니트로소헤모크롬은 열에 안정하나 빛에 불안정하여 산화해서 갈색으로 변한다. 염지 시에 발색제와 동시에 적당량의 발색조제를 첨가하여 니트로소헤모크롬의 생성을 촉진하며 또한 그의 산화로 식육가공품의 퇴색을 어느 정도 억제할 수 있다.

질산염은 식육이나 피클(pickle) 중의 질산환원균의 작용에 의하여 먼저 아질산염으로 환원되고, 아질산염은 반응성이 강한 물질이어서 첨가된 아질산염의 일부가 원료육 중의 유기산과 반응하여 형성된 미산성(pH 5.5 ~ 6.0) 조건 하에서 아질산으로 변화하고 다시 다음 반응식과 같이 산화질소(NO)가 생성된다.

$$2HNO_2 \underset{}{\overset{\text{분해}}{\rightleftarrows}} N_2O_3 + H_2O \overset{\text{환원*}}{\rightleftarrows} NO + NO_2 + H_2O \quad (6.1)$$

* 여기서 환원은 발색조제(아스코르브산 및 그 나트륨염)나 식육 중의 환원성 물질에 의한다.

$$3HNO_2 \overset{\text{분해}}{\rightleftarrows} HNO_3 + 2NO + H_2O \quad (6.2)$$

식육가공품의 제조 시에 일어나는 일산화질소에 의한 염지육색의 발색반응 경로는 그림 4-6에서 보는 바와 같다. 우선 식육 중의 미오글로빈(Mb)과 위의 (6.1) 및 (6.2)에서 생성된 산화질소(NO)와의 반응으로서 Mb + NO → NOMb의 식을 들 수 있다. 이것은 식육의 내부가 충분히 혐기적이거나 환원상태로 유지되고 있는 경우 예를 들면 햄과 같은 대형 육괴에서 아질산염이 육괴의 내부로 들어가는 도중에 분해 및 환원되어 생성된 산화질소가 환원형 미오글로빈과 직접 반응하여 니트로소미오글로빈(NOMb)이 생성하는 체계이다.

또 일반적인 염지에서는 아질산염이 산화제로서 작용하기 때문에 아질산염을 식육에 가하면 초기에는 메트미오글로빈(MetMb)이 생성하여 육색이 갈색으로 변화하고, 그 후 니트로소메트미오글로빈(nitrosometmyoglobin, NOMetMb)을 거쳐 니트로소미오글로빈이 되는 경로를 들 수 있다. 다음에 가열에 의하여 생성된 변성 메트미오글로빈에 산화질소가 결합하고, 다시 환원되어 가열 염지육색 색소인 니트로소헤모크롬(nitrosohemochrome)을 생성하는 경로이다. 이러한 색소는 선홍색을 나타내며, 소시지, 햄 및 베이컨 등의 식육가공품에서 볼 수 있다.

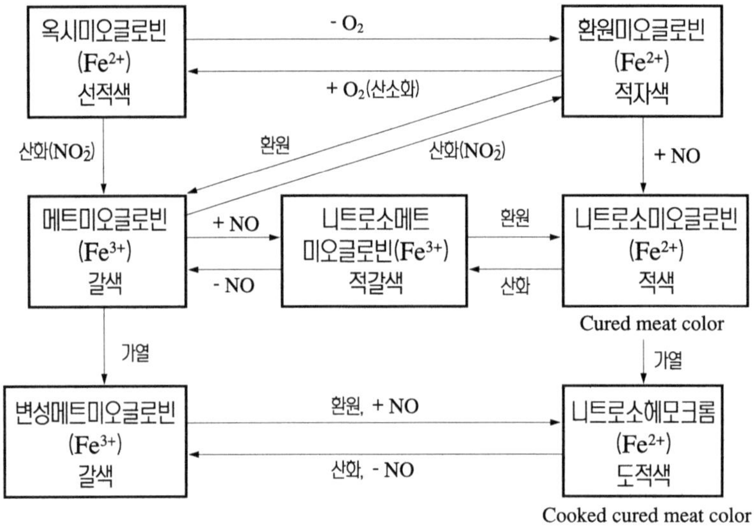

그림 4-6 염지육색 발현 있어서의 일산화질소와 미오글로빈의 반응경로

② 식중독균의 생육억제

식육가공이 식염에 의한 보존효과로부터 비롯되었다는 것은 이미 밝혀진 바와 같다. 물론 식염은 미생물의 증식을 억제하는 작용이 있다. 그러나 시판 식육가공품에는 약 1.5% 정도의 식염이 함유되어 있는데, 이 정도로 첨가된 식염만으로는 충분한 보존효과를 기대할 수 없다. 식염과 함께 첨가된 염지제가 공동으로 작용하여 염지, 훈연, 건조, 가열 등의 공정에서 일어나는 복잡한 반응과 변화 등을 거쳐 총합적으로 일정한 보존효과가 육제품에 부여되는 것이다.

식염과 함께 염지제로 사용되는 아질산염은 *Chlostridium botulinum*, 황색포도상구균, 살모넬라 등의 식중독균에 대하여 생육을 억제하는데, 특히 산소가 없는 상태에서 잘 자라는 혐기성균인 *Cl. botulinum*의 생육을 억제하는 효과가 있다. 식육가공품은 대부분 진공포장을 하기 때문에 가장 문제가 되는 식중독균은 내열성 포자를 형성하는 혐기성균인 *Cl. botulinum*이다. 이 균은 증식하는 과정에서 균체외 독소를 생성하여 극히 치사율이 높은 보툴리누스 식중독(botulism)을 일으키는데, 이 식중독은 미생물에 의한 독소형 식중독 중에서 가장 치명적이다. 식육가공품에 *Cl. botulinum* 균의 증식 가능성이 높은 이유는 자연계에 널리 분포하는 세균으로서 아포를 형성하고, 그 아포가 내열성이 강하며, 가열살균 후의 제품 내부가 혐기적이어서 보존 중에 발아한 아포가 극히 증식하기 쉬운 조건이기 때문이다. *Cl. botulinum* 균의 생육억제효과는 염지 시의 아질산염의 첨가량에 의존하는데, 식염 1.5 ~ 2.0%와 함께 아질산염 75 ~ 150 ppm을 가하여 약 71℃에서 가열한 후 10℃ 이하에서 보존함으로써 그 효과가 나타난다. *Cl. botulinum* 균은 수분활성도가 0.94 이하에서는 생육할 수 없지만, 그 값을 식염만으로 얻기 위해서는 9.38% 이상을 첨가하여야 한다. 이들로부터 알 수 있듯이 아질산염은 소량으로도 특이적으로 *Cl. botulinum* 균의 생육억제효과를 갖는다.

③ 풍미 증진

식육가공품의 제조 시에 원료육에 식염만을 첨가하여 염지시킨 제품과는 달리 식염과 함께 아질산염이나 질산염을 첨가함으로써 독특한 염지육의 풍미를 생성한다. 이러한 염지육의 풍미는 생육과 염지육을 가열한 후 발생하는 휘발성 성분에 대해 비교한 결과에 의하면 염지시킨 가열육에서 생성되는 많은 카르보닐(carbonyl) 화합물과 다량의 hexanal 등에 의한 것이라는 보고가 있다. 하지만 관능적으로 명확히 감지할 수 있는 염지육의 풍미 성분이나 그 원인에 대해서는 명확히 밝혀져 있지 않다.

④ 항산화 작용

아질산염은 식육가공품의 지질산화를 억제하는 작용을 가지고 있다. 생육을 가열하면 헴 색소단백질로부터 유리 철이 생성되고, 그 철이 촉매로서 작용하여 불포화지방산의 산화를 촉진하는 것으로 알려져 있다. 그러나 가열염지육의 경우에는 아질산염에 의한 니트로소헤모크롬의 형성이 헴 단백질로부터 철이 유리되는 것을 방지하고, 그로 인하여 지질산화가 진행되지 못하는 것으로 알려져 있다. 이러한 현상으로부터 아질산염은 지질산화를 억제작용이 있음을 알 수 있다.

이와 같이 염지 시에 원료육에 첨가되는 아질산염은 ① 식육가공품에 특유의 색을 발현시킴과 동시에 ② *Cl. botulinum* 균의 생육을 억제하고, ③ 염지육 풍미를 생성하며, ④ 지질산화를 억제하는 등 제품의 색의 발현이나 풍미 및 안전성의 향상에 크게 기여하고 있다.

(3) 아스코르브산(염) 또는 에르소르브산(염)

식육가공품을 제조하기 위해 원료육에 염지제를 첨가하면 발색제인 아질산염으로부터 생성된 산화질소와 육색소인 미오글로빈이 반응하여 제품의 색을 선홍색으로 안정되게 유지시켜 준다. 즉, 아질산염은 염지육 속에서 생성된 유기산과 반응하여 아질산을 생성하고, 이 아질산은 점차 분해되어 산화질소를 생성하는데, 이 산화질소가 미오글로빈과 반응하여 니트로소미오글로빈을 형성하며 염지 육색인 선홍색으로 발현되는 것이다. 이때 염지촉진제인 아스코르브산(ascorbic acid)을 첨가하면 아질산으로부터 산화질소의 생성이 빠르게 진행되어 발색이 촉진된다. 하지만 염지 시의 낮은 pH는 염지육의 보수력을 감소시키기 때문에 pH를 저하시키는 아스코르브산 대신에 아스코르브산나트륨(sodium ascorbate)이 주로 사용된다. 또한 아스코르브산이나 아스코르브산나트륨 외에 이들의 이성체인 에리소르브산(erythorbic acid)이나 에리소르브산나트륨(sodium erythorbate)이 비타민 C의 기능은 없지만 아스코르브산에 비하여 가격이 저렴하기 때문에 아스코르브산 대신 많이 사용되고 있다. 아스코르브산이나 에리소르브산 및 그 염류는 식육가공품의 제조 시에 염지촉진제로서의 기능뿐 만아니라 산화방지, 육색의 보존 및 니트로사민 형성억제 등의 효과가 있다.

2) 염지방법

염지방법은 원료육에 염지제를 첨가하는 방법에 따라 크게 건염법과 습염법으로 나눈다. 건염법은 건식염지법이라고도 하며, 일반적으로 원료육의 표면에 염지제를 직접 문질러 바르고 염지하는 방법을 말하나, 유화형 소시지의 제조에 이용되는 에멀젼 염지법도 여기에 속한다. 습염법은 습식염지법, 액염법 또는 피클(pickle)법이라고도 하며, 일반적으로 원료육을 염지액에 담가 염지하는 방법을 말하나, 근육주사법이나 혈관주사법 등과 같이 염지액을 원료육에 주입하는 염지액주사법도 여기에 속한다.

(1) 건염법

건염법(dry curing method)은 식염, 설탕 및 육색고정제인 아질산염 또는 질산염 등으로 이루어진 염지제를 잘 혼합하여 원료육의 표면에 직접 문질러 발라서 원료육 중의 수분에 의하여 용해 침투시키는 방법이다. 작업순서를 보면 먼저 염지통의 바닥에 염지제를 뿌리고 그 위에 염지제를 바른 원료육의 지방 면이 밑으로 향하게 하여 한 층을 쌓은 후 그 고기 면 위에 식염을 뿌리고, 그 위에 고기 면을 서로 닿게 하여 쌓고,

그 위에 지방 면과 지방 면이 마주보게 쌓으면서 제일 위에는 지방 면이 위로 향하게 하여 그 위를 가볍게 눌러 둔다. 이 상태로 일정시간이 경과하면 식염에 의한 삼투압의 작용으로 육즙이 육 표면으로 빠져나오게 되고, 이 육즙에 식염이 녹으면서 염지액이 형성되는데, 이 염지액이 다시 육 내부로 확산되면서 염지가 진행된다. 염지기간은 원료육의 중량, 종류 및 상태, 그리고 염지제의 배합비율과 온도 등에 따라 다르나 수일에서 수주의 기간이 소요된다.

이 방법은 주로 생햄이나 베이컨 등의 제조 시에 이용되는데, 삼투압의 작용으로 육즙이 육 표면으로 빠져나와 수분함량이 저하되면서 조직이 단단하고 저장성이 증가하는 장점이 있지만, 작업성과 수율이 낮고 염지기간이 긴 단점이 있다.

또 소시지 등의 분쇄제품은 원료육의 세절(cutting) 시에 염지제를 첨가하는 에멀젼 염지법(emulsion curing method) 으로 염지가 이루어지는데, 이 방법도 건염법의 하나이다.

(2) 습염법

습염법(wet curing method)은 식염, 설탕 및 육색고정제인 아질산염 또는 질산염 등의 염지제를 물에 녹여 염지액을 만들고, 이 염지액에 원료육을 담가 염지하는 방법이다. 이때 염지액의 식염농도는 약 20% 정도가 적당하다.

이 방법은 원료육을 건염법과 같은 요령으로 염지통에 쌓은 다음 여기에 염지액을 원료육이 잠길 정도로 붓고 가볍게 눌러둔 상태에서 염지하는 방법이다. 염지기간은 원료육의 크기에 따라서 다르지만 원료육 1 kg 당 4 ~ 5일을 기준으로 하고 있다. 또한 이 기간 중에 원료육을 여러 번 뒤집어 수어 염지가 균일하게 이루어지도록 해야 한다.

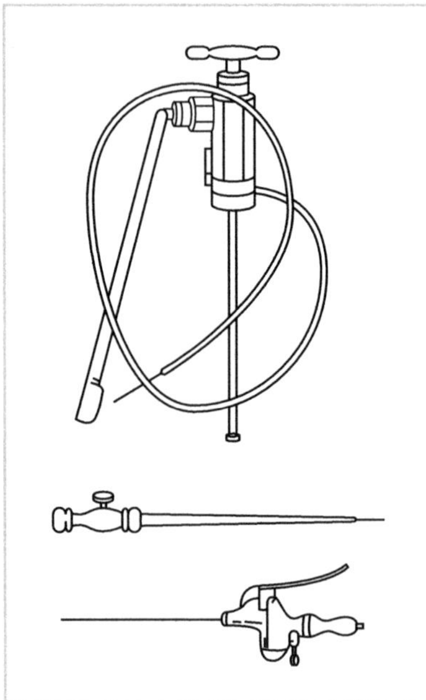

그림 4-7 염지액 주사기 및 주사용 침

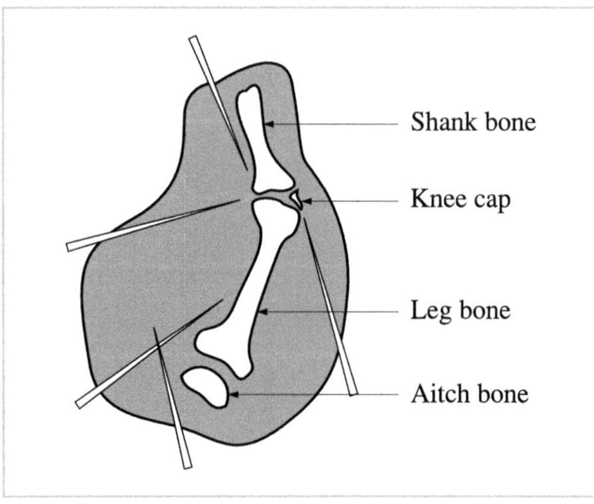

그림 4-8 햄의 뼈의 위치와 주입부위

(3) 염지액 주사법

염지액 주사법(pickle injection method)는 원료육의 내부에 주사법으로 피클을 가압 주입하는 염지촉진법의 하나로 햄이나 베이컨과 같은 원료육 덩어리로부터 만드는 비분쇄제품(비분쇄육제품)의 제조 시에 사용된다. 이 방법에는 혈관을 통하여 1개 바늘로 주입하는 혈관주사법과 원료육 덩어리에 1개 바늘 또는 다수의 주사바늘을 동시에 사용하여 주입하는 근육주사법이 있다. 그림 4-7 및 그림 4-8에서 보는 바와 같이 1개 바늘에 의한 근육주사법은 뼈 있는 햄의 제조에 잘 쓰이는데, 중심부에 염지제가 침투 확산하기 전에 부패를 일으키는 위험성을 방지할 수 있고, 염지제의 균일한 분포를 조기에 달성하는 효과가 있다. 최근에는 그림 4-9와 같은 대형의 기계장치인 다침 자동주입기(Pickle Injector)가 개발되어 다침에 의한 근육주사법이 자동 또한 연속적으로 할 수 있으며, 각국에서 단미품(비분쇄제품)의 제조에 이 장치가 많이 쓰이고 있다. 다침인젝터로 피클을 주입한 원료고기 덩어리는 염지촉진을 위하여 계속해서 텀블링(tumbling), 마사징(massaging), 믹싱(mixing) 처리를 한다. 이와 같이 물리적 충격에 의해서 염지제를 원료육 내부로 균일하게 그리고 효율적으로 침투 확산시켜 염지를 1 ~ 2일에 완료하는 방법이 보급되고 있다.

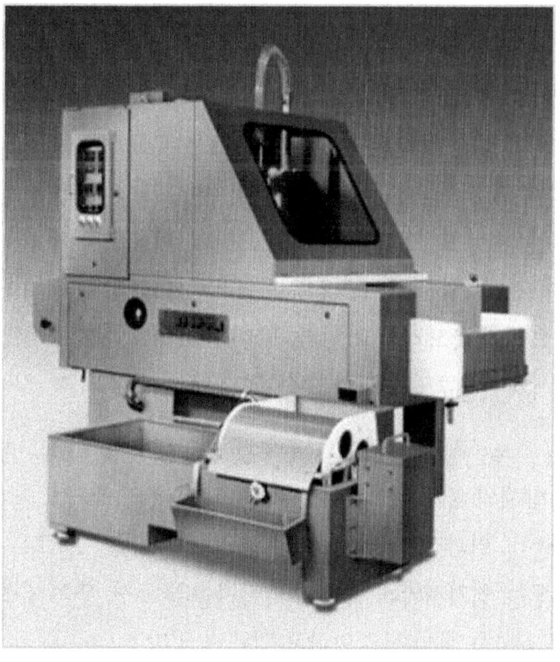

그림 4-9 다침 자동주입기(Pickle Injector, Hyupjin HPI 236)

2. 건조 · 훈연

햄, 베이컨 및 소시지 대부분은 염지 후에 비교적 단시간 건조시키고 나서 훈연을 실시한다. 반면에 건조소시지와 같이 저온에서 장시간의 건조 및 숙성과정을 거쳐 특유의 풍미, 조직 및 저장성을 향상시키는 건조가 주요 공정인 제품도 있다.

건조공정은 육으로부터 수분을 제거함으로써 수분활성도를 저하시켜 미생물의 생육을 억제하고, 제품의 보존성을 높이는 것을 주목적으로 하고 있다. 수분활성도가 어느 정도 이하로 저하되면 미생물이 생육하지 못한다. 그 한계 수분활성도는 식품의 성분, 첨가물, pH 및 온도 등에 의하여 영향을 받는데, 몇 가지 예외를 제외하면 세균은 0.9 ~ 0.95, 효모는 0.8. 곰팡이는 0.7 ~ 0.8이다. 건조소시지의 수분활성도는 0.80 ~ 0.885이고, 위의 한계 수분활성도로부터 건조소시지에서의 세균의 증식은 억제됨을 알 수 있다.

훈연 전의 건조는 염지육 표면이 약간 습해 있을 정도까지 행한다. 표면의 수분이 너무 많으면 훈연 종료 후 제품표면의 착색상태가 불균일하게 된다. 역으로 건조가 지나치면 연기의 휘발성 성분이 표면에 부착하기 어렵게 되고 훈연색도 엷게 형성되기 때문에 훈연개시 전에 표면을 과도하게 건조시키지 않도록 특히 주의하지 않으면 안 된다.

훈연은 목재를 불완전 연소시켜 발생한 연기를 식품에 부착시키는 것을 말한다. 훈연 본래의 목적은 제품의 보존성을 높이는 것이지만, 근래에 와서 냉장에 의한 저장설비가 가정에도 보급되고, 또 포장기술이나 유통수단이 발달함에 따라 보존을 위한 훈연처리의 필요성이 점차 저하되고, 특유의 훈연풍미(smoke flavor)와 훈연색을 제품에 부여하는 효과가 오히려 중요시되고 있다. 반면에 소비자의 기호성의 다양화를 반영하여 훈연을 행하지 않는 햄류도 출현하고 있다.

훈연의 효과는 ① 보존성의 향상, ② 특유의 훈연풍미 및 ③ 훈연색과 광택의 부여에 있고, 기타 ④ 발색의 촉진과 ⑤ 지질산화의 억제 등의 효과도 제품에 부여된다. 이러한 훈연의 효과는 훈연과정에 따르는 제품의 알맞은 건조, 원료육 구성성분의 분해, 각 구성성분사이 또는 염지제와의 사이의 화학반응의 촉진, 연기 유효성분의 식육가공품에의 부착이나 침투 등에 의한 것이라고 알려져 있다.

1) 연기성분

훈연에 쓰이는 훈연재로는 수지의 함유량이 적고, 향기가 좋아 알데히드, 구아이아콜(guaiacol) 및 크레졸 등의 페놀 화합물 같은 방부성 물질의 발생량이 많은 것이 좋다. 일반적으로 쓰이고 있는 것은 보통 경질목으로서 참나무, 떡갈나무, 벚나무 등이며, 이들을 잘 건조시킨 후 톱밥이나 칩(chip) 등의 형태로 사용하기 전에 수분함량을 20 ~ 40%로 조절하여 이용한다. 나무의 종류에 따라 발생하는 연기의 성분조성에 차이가 있으며, 이것이 제품의 풍미에 미묘하게 영향을 준다. 소나무나 삼나무 등의 침엽수목은 수지분이 많아 제품이 검게 되고 송진 냄새가 나기 때문에 쓰이지 않으며, 또 이러한 연질목을 사용하면 발암물질인 벤조피렌(benzopyrene)의 발생량이 많은 것으로 알려져 있다.

경질목의 성분은 고형물의 40 ~ 60%가 셀루로오스(cellulose), 20 ~ 30%가 헤미셀루로오스(hemicellulose), 20 ~ 30%가 리그닌(lignin)이고 이들 외에 수지, 정유, 탄닌, 색소 및 무기물 등을 함유하고 있다. 이것을 톱밥이나 칩의 형태로 가열하여 불완전 연소시키면 목재성분의 분해반응, 분해성분의 상호반응 및 산화반응 등이 진행되어 복잡하고 많은 휘발성 및 미립자상의 물질이 생성된다. 따라서 발생하는 연기의 성분조성은 훈연재의 종류, 수분함량이나 가열연소 시의 온도, 송풍량 등에 따라 변화한다. 연기의 성분으로서 300종 이상의 물질이 분리동정되어 있지만, 그 중에서 훈연효과가 있는 것으로 알려진 것은 페놀류(phenols), 유기산류, 알코올류, 케톤류(ketones), 알데히드류(aldehydes) 및 탄화수소류로 크게 나눈다.

연기 중의 페놀류, 알데히드류(특히 포름알데히드) 및 유기산은 항균작용을 강하게 나타내어 균의 증식을 억제한다. 알코올류는 조금밖에 항균작용을 나타내지 않지만, 연기의 휘발성 성분을 용해하여 제품표면에 부착시키는 작용을 하는 것으로 알려져 있다. 또 유기산류는 육의 표면을 산성화하여 보존성을 높이는 동시에 육단백질을 변성응고시켜 육의 표면에 피막을 만드는 작용이 있다. 그 피막형성은 케이싱의 박리성에 직접 관계되고, skinless sausage 제조 시에도 중요하다. 특유의 훈연풍미(smoke flavor)에는 페놀류, 알데히드류, 케톤류 및 유기산류가 관여하고, 이들 중 페놀류가 가장 크게 풍미에 기여한다. 훈연에 의한 독특한 표면색의 발현은 카르보닐(carbonyl) 화합물과 육단백질의 유리 아미노기 및 아미노산이 가열조건 하에서 탈수축합을 일으켜 이른바 아미노카르보닐(aminocarbonyl) 반응(Maillard 반응)에 의하여 생성된다. 또 발색 반응이 전체적으로 진행되어 냉훈법에서는 최종적으로 니트로소미오글로빈(nitrosomyoglobin)이, 열훈법에서는 최종적으로 니트로소헤모크롬(nitrosohemochrome)이 생성된다. 페놀류는 알데히드류와 축합반응을 일으켜 엷은 수지막을 형성하고 건조의 효과로 육표면이 광택을 나타냄과 동시에 제품의 표층과 내부에 미생물의 증식과 오염을 억제하는 작용을 한다. 또한 페놀류는 지질의 항산화작용에도 관여한다.

탄화수소류에는 많은 다환 향족탄화수소가 발견되는데, 이들 중에 벤조피렌(benzo(a)pyrene)은 발암물질로서 350 ~ 400℃의 열에 의해 리그닌의 분해 시에 생성되는 것으로 알려져 있다. 독일에서는 훈연식품 중의 벤조피렌 함량을 1 ppb 이하로 법적으로 규제하고 있다. 이러한 다환 향족탄화수소류는 타르와 함께 연기 중에 미립자로 존재하기 때문에 침전제법에 의해 연기의 발생온도를 650℉(343℃) 이하로 조절하여 그 생성을 방지할 수 있다.

2) 훈연방법

훈연방법은 표 4-2에서 보는 바와 같이 온도에 따라 보통 냉훈법(10 ~ 30℃), 온훈법(30 ~ 50℃), 열훈법(50 ~ 90℃) 및 배훈법(90 ~ 120℃)의 4가지로 분류되는데, 온도역이 반드시 일정하지는 않고, 훈연을 할 때의 온도, 습도, 시간은 제품의 종류나 크기를 비롯하여 사용하는 훈연장치 등에 따라 다르다. 저온에서 장시간 훈연하는 것이 제품의 보존성 향상의 면에서는 좋지만, 최근에는 대량생산의 면에서 고온에서 단시간 처리하는 경향이 있다. 훈연실(smoke house) 내에서의 훈연조건을 조정하여, 훈연과 동시에 건조뿐만 아니라 가습을 행하여 다양한 제품이 만들어지고 있다. 대부분의 육제품에서는 일반적으로 열훈법이 이용되고 있지만 생햄과 같은 비가열 식육제품에서는 냉훈법으로 비교적 장시간 처리된다.

표 4-2 훈연온도에 따른 훈연방법

훈연방법	온도	훈연시간	목적	주요 제품
냉훈법	10~30℃	1~4주	장기보존, 훈연색, 풍미	살라미, 생햄
온훈법	30~50℃	수시간~수일	보존성, 풍미	베이컨, 가열햄
열훈법	50~90℃	수분~수시간	독특한 풍미, 대량생산	소시지류, 햄류
배훈법	90~120℃	수분	구이	즉석 제품

3. 가열

본인햄 등의 비가열 식육제품이나 건조소시지(dry sausage)를 제외한 대부분의 식육가공품은 가열공정을 거치게 된다. 가열의 목적은 ① 식품위생상 유해한 미생물과 선모충 등의 기생충을 사멸시켜 안전성을 높인다. 레토르트파우치(retort pouch) 제품의 경우에는 고압멸균처리에 의하여 아포를 생성하는 모든 미생물을 사멸시킨다. ② 육단백질을 변성응고시켜 결착성과 보수성이 좋은 조직을 형성하여 일정한 형상을 이루도록 함과 동시에 기호성을 좋게 한다. ③ 발색반응을 진행시켜 열에 안정한 가열염지육색을 발현시킨다(「염지」 의 항 참조). 열훈법의 경우 훈연 중에 가열효과도 얻을 수 있다.

가열은 일정온도로 조절할 수 있는 탕조 중에 침지시켜 가열하는 탕자법이 일반적이지만, 탕자 중에 케이싱을 투과하여 육성분이나 염지제의 일부가 제품으로부터 탕 중에 유출되는 결점이 있다. 가열효율은 낮지만, 현재는 전자동 훈연실을 이용하여 훈연에 이어 열풍 혹은 증기로 가열하는 방법이 채용되고 있다. 증기를 이용하는 가열방법을 증자법이라 한다.

우리나라에서는 육제품에 대한 가열조건을 식품위생법에서 다음과 같이 규정하고 있다. 일반 육제품에 관해서는 중심부 온도를 63℃로 하여 30분간 가열하는 방법 또는 이와 동등 이상의 효력을 가지는 방법으로 살균하지 않으면 안된다. 혼합프레스햄이나 혼합소시지와 같은 어육을 가한 육제품에 있어서는 기밀성이 있는 포장용기에 충전한 다음 살균하는 것은 그 중심온도를 80℃로 하여 20분간 가열하는 방법 또는 이와 동등 이상의 효력을 가지는 방법으로 살균하지 않으면 안된다. 보존은 10℃ 이하에서 행한다. 단, 기밀성이 있는 용기에 충전한 다음 그 중심부의 온도를 120℃로 하여 4분간 가열하는 방법 또는 이와 동등 이상의 효력을 가지는 방법으로 살균한다. 즉 레토르트파우치 제품에 대해서는 상온유통이 인정되고 있다.

일반 육제품에 적용되는 식품위생법의 가열조건으로는 모든 미생물을 사멸시킬 수 없고, 내열성의 유산균 등은 잔존한다. 제품의 보존성을 높이기 위해서는 사용하는 원료육의 미생물 오염을 최소로 하는 것이 중요하다. 통상, 가열살균 후에 육제품의 일반세균수는 102/g 정도이지만, 동시에 제품 내부의 산소분압이 낮아서 혐기적 상태가 되어 세균의 생육은 효과적으로 억제된다.

통기성 케이싱을 사용한 제품의 경우는 가열 후 냉각하여 그 상태로 공기 중에 노출시키면 다시 호기적 조건이 되어 미생물에 의한 오염과 증식이 시작될 가능성이 크다.

보존성을 높이기 위하여 플라스틱 필름(plastic film)으로 2차 포장(밀착포장 혹은 함기포장)한 후 제품표면에서 수 mm 내부(slice 제품은 중심부)를 63℃로 하여 30분간 재살균처리를 한다.

Ⅱ. 식육가공품 제조 각론

식육가공품이란 식육을 분쇄, 염지, 유화, 건조, 훈연 및 열처리 등의 방법 중에서 한 가지 이상의 방법으로 신선육의 성질을 바꾸어 풍미와 저장성을 높임으로써 부가가치를 높인 것을 말한다. 여기서는 최근 식육가공품으로 대량 생산되고 있는 소시지, 햄, 및 베이컨에 대하여 제조 원리와 방법 등을 중심으로 살펴보고자 한다.

1. 소시지

소시지(sausage)란 식육에 조미료 및 향신료 등을 첨가하여 혼합한 다음 케이싱에 충전하여 건조시키거나 훈연 또는 가열처리한 것을 말한다. 소시지는 오래 전부터 유럽에서 발달해온 식육가공품으로 대표적인 소시지의 명칭은 그 발상지명을 사용하는 경우가 많다. 그 지역의 기후풍토나 기호성에 따라 제법이 다르기 때문에 그 종류도 1,500 종 이상으로 매우 많다.

소시지는 원료육이 햄이나 베이컨 등에 비해 사용하는 부위가 특정하지 않기 때문에 축육의 이용범위가 넓다. 소시지의 주요 원료육으로서는 돈육이 가장 많이 이용되고 있지만, 그 외에 우육, 면양육 및 가금육 등도 이용되고 있으며, 또 내장, 혀, 혈액, 돈지방 등도 이용된다.

1) 소시지의 제조 원리

소시지는 일반적으로 식육을 초퍼로 분쇄하여 사일런트 커터에 넣고 여기에 염지제를 첨가하여 혼합하면서 세절하여 염용성 단백질을 용출시킨 후 지방을 첨가하여 세절하면서 유화시켜 특유의 조직을 가진 유화물을 만든 다음 경질목의 훈연재를 태우는 과정에서 발생된 연기성분을 유화물 속에 침투시키는 훈연공정을 거치면서 맛과 향을 좋게 하고, 훈연색과 광택을 부여하며, 보존성을 높인 제품이다.

2) 소시지의 분류

소시지는 사용하는 원료육의 배합비율, 크기, 향신료의 배합, 케이싱의 종류 및 형태 등에 따라 구별되며, 그 중에는 주 생산지의 명칭이 부여된 것도 적지 않아 세계적으로 공통된 기본적인 분류에서는 제법의 차이에 따라 신선소시지(fresh sausage), 훈연소시지(smoked sausage), 가열소시지(cooked sausage), 반건조소시지(semi-dry sausage), 건조소시지(dry sausage) 및 특수 소시지로 대별되고 있고, 저장성에 따라 도메스틱 소시지(domestic sausage)와 건조소시지로 대별된다. 도메스틱 소시지는 수분함량이 많아 장기간의 보존에는 알맞지 않지만 입에 맞고 가격도 비교적 싼 것으로 가장 널리 보급되어 있는 소시지라 할 수 있다. 제법 상으로 분류되고 있는 신선소시지, 훈연 소시지 및 가열 소시지는 모두 여기에 속한다.

우리나라 축산물의 가공기준 및 성분규격에 의하면 소시지류란 식육을 염지 또는 염지하지 않고 분쇄하거나 잘게 갈아낸 것이나 식육에 조미료 및 향신료 등을 첨가한 후 케이싱에 충전하여 숙성 · 건조시킨 것이거나, 훈연 또는 가열처리한 것(육함량 70% 이상, 전분 10% 이하의 것)을 말하며 다음과 같이 분류하고 있다.

(1) 소시지 : 식육(육함량중 10%미만의 알류를 혼합한 것도 포함)에 조미료 및 향신료 등을 첨가한 후 케이싱에 충전하여 숙성 · 건조시킨 것이거나, 훈연 또는 가열처리한 것이다.

(2) 혼합소시지 : 식육(전체 육함량중 20%미만의 어육 또는 알류를 혼합한 것도 포함)을 염지 또는 염지하지 않고 분쇄하거나 잘게 갈아낸 것에 조미료 및 향신료 등을 첨가한 후 케이싱에 충전하여 숙성 · 건조 시킨 것이거나, 훈연 또는 가열처리한 것이다.

한편, 한국산업규격(KS)에서는 가축 및 가금의 고기를 염지 또는 염지하지 않고 잘게 썬 것 (이하 "원료 축육류" 라 한다) 또는 가축 및 가금의 장기와 가식 부분을 염지 또는 염지하지 않고 잘게 썰거나 곱게 간 것 (이하 "원료 장기류" 라 한다)을 조미료 및 향신료로 조미하고, 결착, 산화 방지제, 보존료 등을 첨가 또는 첨가하지 않고 잘 섞어서 유화시켜, 케이싱 또는 성형 틀에 채운 후, 훈연 또는 훈연하지 않고, 가열 또는 가열하지 않고, 건조 또는 건조하지 않은 것으로 정의하고 있다. 다음과 같이 5종으로 분류하고 규격은 겉모양, 내용물 관능, 고기함유량, 수분, 조지방 등으로 규정하고 있다.

(1) 훈연 가열 소시지 : 소시지 중에서 훈연, 가열 또는 가열한 것으로 다음의 것을 말한다. 비엔나소시지, 프랑크푸르트소시지, 볼로냐소시지, 고명 소시지

(2) 가열 소시지 : 소시지 중에서, 원료 축육류 또는 원료 장기류를 예비 가열한 후, 케이싱에 채워 수증기로 찌거나 끓는 물에 삶은 것으로, 다음의 것을 말한다. 간 소시지, 편육 소시지, 순대 소시지

(3) 건조 소시지 : 소시지 1종 또는 3종 중에서, 원료 장기류 이외의 염지한 원료 축육류 및 돼지의 지방을 사용하여 가열하지 않고, 건조 또는 발효시킨 것으로 수분 함량이 35% 이하인 것을 말한다.

(4) 반건조 소시지 : 소시지 1종 또는 3종 중에서, 원료 장기류 이외의 염지한 원료 축육류 및 돼지의 지방을 사용하여 가열하지 않고, 건조 또는 발효시킨 것으로, 수분 함량이 55% 이하인 것을 말한다.

(5) 생 소시지 : 소시지 1종, 3종 또는 4종 중에서, 염지 또는 염지하지 않은 원료 축육류를 케이싱에 채운 후, 바로 냉장 또는 냉동한 것을 말한다.

3) 제조방법

(1) 훈연소시지

우리나라에서 주로 생산되고 있는 비엔나소시지나 프랑크푸르트소시지 등의 훈연소시지는 주로 돈육을 원료육으로 하여 염지제 및 향신료 등과 함께 사일런트 커터에서 세절 및 유화공정을 거쳐 케이싱에 충전한 후 훈연 및 가열처리하여 만들어지는 유화형 소시지의 전형적인 제품으로 그 제조공정은 다음과 같다.

원료육 → 분쇄 → 세절 및 유화 → 충전 → 훈연 → 가열 → 냉각 → 포장 → 제품

(2) 원료육

소시지의 주요 원료육(raw meat)으로 돈육이 가장 많이 이용되고 있지만, 우육, 면양육 및 가금육도 이용된다. 소시지의 원료육으로는 일반 햄이나 베이컨을 정형하고 난 후의 잔육이나 저급 부위의 육이 주로 이용되나 원료육의 품질이 완제품의 품질을

결정하는 가장 중요한 요인이기 때문에 신선하고 위생적으로 처리된 양질의 원료육을 사용하는 것이 좋다. 반입된 원료육은 처리 중에 육온이 10℃를 넘지 않도록 주의해야 한다. 처리 중에 육온이 10℃이 이상이 되면 결착력이 저하되고, 가열 후 지방 등이 분리되는 원인이 된다.

또 이러한 유화형 소시지의 제조에는 지방이 중요한 원료로 사용되고 있는데, 등지방과 같이 단단한 지방이 적합하며, 그 양은 제품에 따라 다르지만 일반적으로 전체 배합비의 약 10 ~ 30%에 달한다.

(3) 분쇄

사일런트 커터에서의 세절 및 유화 공정을 원활하게 하기 위하여 원료육과 지방을 먼저 분쇄해야 하는데, 이 분쇄에 이용되는 기계를 그라인더(grinder, 그림 4-10)라 하며, 소시지의 제조 시에 없어서는 안 되는 것 중의 하나이다. 그라인더의 3대 구성요소는 나이프(knife), 플레이트(plate) 및 스크루(screw)이다. 그 중에서 나이프와 플레이트는 사용 시에 잘 연마되어 있어야 한다. 그렇지 않으면 육이 잘 절단되지 않아 육온이 상승하게 되고 이에 따라 염용성단백질이 변성되어 추출성이 저하되므로 결착력이 저하된다. 따라서 ① 잘 연마된 나이프와 플레이트를 준비해야 하고, ② 분쇄 전에 육을 0℃ 전후로 냉각시켜 놓아야 하며, 그리고 ③ 분쇄 중에 10℃ 이하로 유지시키는 것 등은 매우 중요한 요소이다.

그림 4-10 그라인더(Grinder, Karl Schnell KS G160)

(4) 세절 및 유화

유화란 서로 섞이지 않는 두 종류의 액체를 섞이게 하는 작용을 말하며 유화한 혼합물을 유화물이라 한다. 유화형 소시지를 제조하는데 있어서 세절 및 유화는 가장 중요한 공정으로 사일런트 커터(silent cutter, 그림 4-11)라고 하는 기계에 의하여 이루어진다. 즉, 초퍼에서 분쇄된 육을 사일런트 커터에서 염지제와 함께 세절하면서 염용성 단백질을 용출시켜 육단백질 매트릭스를 형성시킨 다음 지방, 조미료, 향신료, 부재료 및 얼음 등을 첨가하여 세절시킴으로써 첨가된 지방이 잘게 분쇄되어 육단백질 매트릭스 속에 분산되고 이 미세 지방을 염용성 단백질의 막이 둘러싸서 유화가 이루어져 점착성이 있는 특유의 조직을 가진 소시지 유화물이 만들어 진다. 이 작업은 소시지의 양부를 결정하는 가장 중요한 공정이다.

이 공정에서도 온도를 10℃ 이하로 유지되도록 해야 한다. 이 공정을 성공적으로 수행하기 위해서는 ① 커터나이프(cutter knife)를 잘 연마해 놓을 것, ② 육을 냉각시켜 놓을 것, ③ 빙수나 얼음을 원료육에 대해 10 ~ 30% 첨가할 것, ④ 분말류는 육이 어느 정도 결착력이 생긴 후에 넣을 것, ⑤ 첨가하는 지방은 최후에 조금씩 균일하게 되도록 첨가할 것 등이다. 특히 회전하는 커터나이프에 필요 이상의 부하가 걸리지 않도록 하고, 마찰에 의한 열의 발생을 줄이는 것이 매우 중요하다.

유화시간은 원료육이나 부재료의 종류와 성질, 사일런트 커터의 성능 및 그 용량과 육량과의 관계 등을 고려하여 결정해야 하며, 통상 5 ~ 8분 정도 소요된다.

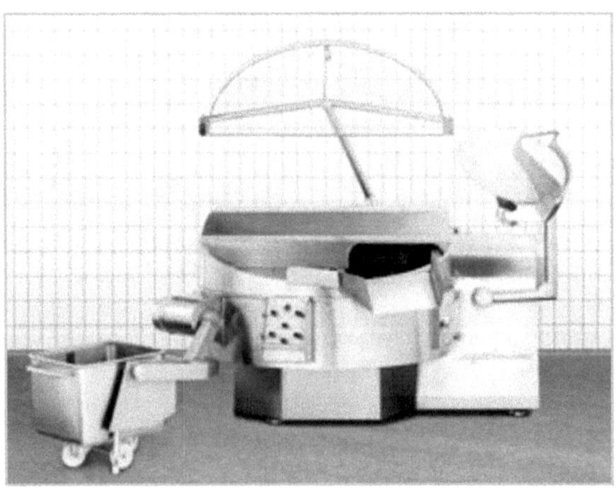

그림 4-11 사이런트 커터(Vacuum Cutter, Seydelmann K504)

(5) 충전

충전이란 혼합기나 사일런트 커터에서 만들어진 혼합육이나 소시지 유화물을 소시지의 형태로 만들기 위하여 케이싱에 집어넣는 공정으로 유화형 소시지에서는 사일런트 커터에서 세절 및 유화된 소시지 유화물을 케이싱에 충전한다. 이때 케이싱에 충전하는 기계를 스터퍼(stuffer, 그림 4-12)라 한다. 이 스터퍼에는 피스톤식, 펌프식 및 이들의 조합형 등 세 가지의 형식이 있다. 원래 충전(stuffing)이란 소시지 유화물을 양장, 돈장, 우장 등의 천연장에 채워 넣는다는 의미가 있다. 이러한 천연장을 천연케이싱이라 하는데, 현재는 여러 종류의 인공 케이싱이 개발되어 그 특징에 따라 이용되고 있다.

그림 4-12 진공충전기(Vacuum Filler, Karl Schnell KS P11)

① 케이싱

소시지의 제조과정 중에 혼합물이나 유화물이 준비되면 훈연 또는 가열처리를 하기 위해 이들을 용기에 담아야 한다. 이렇게 혼합물이나 유화물을 담아 훈연 또는 가열 후에 일정한 형태가 갖추어지게 만들어 주는 케이싱이라 하며 크게 천연케이싱(natural casing)과 인조케이싱(artificial casing)으로 나누며, 그 종류는 다음과 같다.

ⓐ 천연케이싱

천연케이싱은 가축을 도축할 때 부산물로 얻어지는 내장기관(소의 소장, 맹장, 직장, 양의 소장, 돼지의 위, 소장, 대장 등)에서 내용물과 지방을 제거한 후 깨끗한 냉·온수로 세척하고 점막을 제거하여 얻을 수 있다. 이러한 천연케이싱은 동물의 내장을 이용한 것이므로 식용이 가능하고, 통기성이 높아 훈연성분이 쉽게 침투되며, 내용물과의 밀착성이 우수하나, 보존성이 떨어지고, 균일한 제품의 생산이 어려우며, 가격이 비싼 편이다.

ⓑ 인조케이싱

인조케이싱에는 식용이 가능한 콜라겐 케이싱과 비식용인 셀루로오스, 화이브러스 및 플라스틱 케이싱 등이 있다. 이러한 인조케이싱은 천연케이싱에 비해 제품의 품질이 균일하고 내압성이 우수하며 취급과 보관이 편리하다. 또 대량생산이 가능하고 보존성이 높다.

- 콜라겐 케이싱(collagen casing) : 독일에서 개발된 케이싱으로 전 세계에서 케이싱의 주류를 이루고 있고, 천연케이싱과 같이 사용되고 있다. 쇠가죽의 진피층을 원료로 하여 튜브모양으로 성형한 후 주름 상으로 만든 것으로 통기성이 있어서 훈연성이 우수하고, 보존성이 있으며, 품질이 일정하다. 이 케이싱은 직경이 작은 비엔나소시지나 프랑크푸르트소시지의 제조에 많이 이용된다.
- 셀룰로오스 케이싱(cellulose casing) : 식물성 셀룰로오스를 원료로 하여 비스코스 상태로 용해시킨 후 고압에서 튜브모양으로 성형하여 만든 것으로 스킨리스 소시지(skinless sausage)의 케이싱으로 이용된다.
- 화이브러스 케이싱(fibrous casing) : 면화 섬유를 용해시킨 것에 셀로판의 원료인 비스코스를 조합시켜 만든 것으로 통기성이 있어서 훈연성이 우수하고, 강도가 우수하여 직경이 큰 볼로냐소시지나 등심햄 및 프레스햄의 제조에 주로 이용된다. 또 화이브러스 케이싱의 일부는 케이싱의 내부에 PVDC 필름을 도포하여 기체 차단성을 가진 비통기성으로 만들어 사용하기도 한다.
- 플라스틱 케이싱(plastic casing) : 합성수지를 원료로 하여 만든 염화비닐리덴(polyvinylidene chloride, PVDC)계의 케이싱으로 기체 차단성과 내열성이 매우 우수하여 어육소시지와 같은 멸균제품에 많이 이용된다.

이외에도 기체 투과성이 있어 훈연이 가능한 셀로판 필름(cellophane film)이 있는데, 이는 프레스햄의 제조 시에 리테이너 내면포장재로 주로 쓰인다. 또 훈연색과 유사한 색소를 착색시킨 착색 셀로판 필름이 있는데, 이 필름을 사용하면 훈연공정을 거치지 않아도 햄 표면이 착색되어 훈연 햄과 유사한 훈연색을 지닌 비훈연햄을 생산할 수 있다.

한편, 충전한 후에는 케이싱의 끝을 실 또는 클립(clip)으로 묶어야 하는데, 이와 같이 혼합육이나 유화물을 케이싱에 충전한 후 매듭을 짓는 것을 결찰이라 하며, 결찰하는 기계를 결찰기(그림 4-13)라 한다. 종전에는 실을 이용하여 손으로 묶었으나 최근에는 금속 클립이나 알루미늄 철사로 묶는 수동, 반자동 또는 자동 결찰기가 개발되어 현장에서 이용되고 있다.

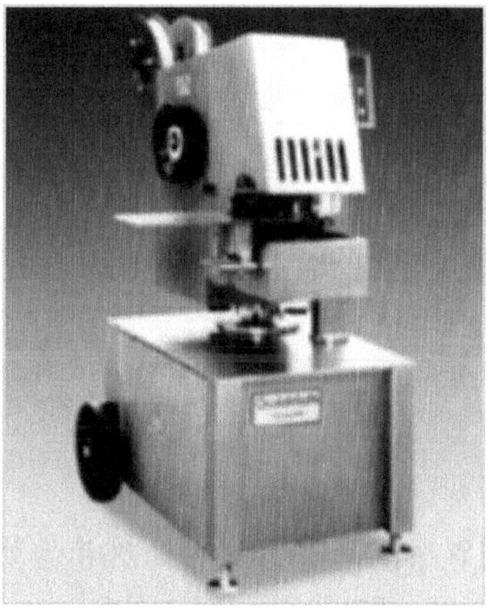

그림 4-13 결찰기(Clipper, Hyupjin)

5) 훈연(Smoking)

충전이 끝나고 나면 훈연기(smoke house, 그림 4-14)로 이동하여 35 ~ 50℃에서 약 1시간 동안 건조시킨다. 이 예비건조에 의하여 표면이 다공질로 되고, 훈연의 효과를 도와준다. 비엔나소시지(Wiener sausage)의 경우 40 ~ 60℃에서 20 ~ 40분 정도 훈연을 실시한다. 특히 훈연시간은 소시지 자체의 초온, 크기 및 예비건조 등에 따라 다르다. 통기성이 없는 인공케이싱에 충전한 것은 이 공정을 생략한다. 훈연에 사용되는 장치를 smoke house하고 하는데, 최근에는 육가공장 마다 전자동 smoke house(Automatic smoke house)가 갖춰져 있으며, 제품의 크기나 특성에 맞게 설정된 훈연 및 열처리 프로그램에 따라 건조, 훈연, 가열 및 냉각의 순으로 진행된다.

그림 4-14 훈연기(Smoke house, Hyupjin)

6) 가열(Cooking)

Wiener sausage의 경우 탕온 70 ~ 75℃에서 30분간 행한다. 가열시간은 소시지의 직경에 따라 다르지만, 대형의 볼로냐소시지(Bologna sausage)의 경우에는 70 ~ 75℃에서 1.5 ~ 2시간 행하고, 간소시지(Liver sausage)나 순대소시지(Blood sausage) 등의 가열소시지류는 85 ~ 95℃의 고온으로 가열한다. 가열온도는 제품의 중심온도가 63℃ 이상에서 30분간 또는 이와 동등의 살균효과가 있어야 한다고 규정되어 있다.

최근 전자동 smoke house의 보급으로 건조, 훈연에 이어 스팀가열(steaming) 및 냉각까지의 일련의 공정이 전부 자동으로 행해지고 있다.

7) 냉각

가열이 끝나면 바로 냉각(precooling)을 시킨다. 냉수가 순환되는 수조에 침지한다든지 냉수 샤워에 의해 냉각을 시킨다. 냉각속도가 너무 늦어서 비교적 높은 온도에 방치하면 가열 시에 잔존해 있던 세균의 발육에 좋은 온도 조건이 된다.

8) 포장

냉각이 알맞게 되면 프랑크푸르트소시지(Frankfurt sausage)나 슬라이스(slice) 용의 볼로냐소시지 등은 케이싱을 벗기게 되는데, 이때 필러(peeler)라는 기계를 사용한다. 슬라이스한 것은 진공포장을 하는 것이 일반적이다. 냉각된 소시지는 포장되어 소비되기까지 저온에서 보관되지 않으면 안된다. 또한 포장하는 환경을 무균적으로 한 무균실(clean room)의 설치는 제품의 열화방지나 식중독 방지 대책으로서 매우 중요하다.

(1) 건조소시지

건조소시지(dry sausage)는 수분함량을 15 ~ 35% 정도로 건조시켜 장기간의 보존을 목적으로 한 제품이다. 원료육에는 우육, 돈육 및 돈지방을 이용하고, 제조공정 중에 별도의 가열살균을 하지 않기 때문에 특히 신선하고 위생적인 원료육을 선택하는 일이 매우 중요하다. 이 건조소시지는 분쇄육에 향신료 등을 가하여 잘 혼합한 다음 케이싱에 충전하여 저온에서 장기간 건조한 것으로 살라미(salami)계와 세르빌라트(cervelat)계로 대별되며, 살라미계는 일반적으로 훈연을 하지 않고 향신료가 강하며 원료육을 거칠게 세절한 것이 특징이다. 반면에 세르빌라트계는 향신료가 온화하고 원료육을 잘게 세절하는 특징이 있어서 살라미계와 구별된다.

(2) 발효소시지

순수배양한 유산균, 즉 스타터를 이용하여 발효시켜 만든 건조 또는 반건조 소시지를 발효소시지(fermented sausage)라 한다. 여러 종류의 동결건조스타터가 시판되고 있고, 발효소시지의 제조에 사용되고 있다. 그래서 산미가 있고 pH가 4.8 ~ 5.4 정도로 낮은 것이 특징이다. 유가공품을 제조하는 경우와는 달리 식육가공품 제조의 경우에는 원료를 살균한 후에 스타터를 접종할 수 없기 때문에 우선 신선하고 세균에 의한 오염이 가능한 한 적은 위생적인 원료육을 선택하여 스타터로 사용하는 유산균의 번식을 촉진함으로써 다른 잡균의 번식을 억제하도록 전 제조공정의 관리에 충분히 주의하지 않으면 안 된다.

2. 햄류

햄(ham)은 원래 돼지의 뒷다리 부위의 고기를 말하는데, 오래전부터 구미에서는 이 뒷다리 부위의 고기를 염지한 후 훈연하거나 열처리 한 것을 햄이라 하였으나, 최근에는 원료육으로 등심(로인)이나 어깨(숄더) 부위도 사용되고 있어서 그 종류가 다양하다.

1) 햄의 제조 원리

햄은 원료육을 부위에 따라 분류하여 정형하고 여기에 식염, 설탕, 육색고정제 및 염지촉진제 등의 염지제와 향신료를 첨가하여 일정기간 염지한 후 경질목의 훈연재를 태우는 과정에서 발생된 연기성분을 고기 속에 침투시키는 훈연공정을 거치면서 맛과 향을 좋게 하고, 훈연색과 광택을 부여하며, 보존성을 높인 제품이다.

2) 햄의 분류

우리나라 축산물의 가공기준 및 성분규격에 의하면 햄류란 식육을 부위에 따라 분류하여 정형 염지한 후 숙성·건조하거나 훈연 또는 가열처리한 것이거나 식육의 육괴에 다른 식품 또는 식품첨가물을 첨가한 후 숙성·건조하거나 훈연 또는 가열처리하여 가공한 것을 말하며, 다음과 같이 분류하고 있다.

① 햄 : 식육을 부위에 따라 분류하여 정형 염지한 후 숙성·건조하거나 훈연 또는 가열처리하여 가공한 것이다.

② 프레스햄 : 식육의 육괴를 염지한 것이나 이에 결착제, 조미료, 향신료 등을 첨가한 후 숙성·건조하거나 훈연 또는 가열처리한 것으로 육 함량이 85% 이상이고 전분 함량이 5% 이하의 것이다.

③ 혼합프레스햄 : 식육의 육괴 또는 이에 어육의 육괴(어육은 전체 육함량의 10%미만이어야 한다)를 혼합하여 염지한 것이거나, 이에 결착제(전체 육함량중 10%미만의 알류를 혼합한 것도 포함), 조미료 및 향신료 등을 첨가한 후 숙성·건조하거나 훈연 또는 가열처리한 것으로 육 함량 75%이상이고 전분 함량이 8% 이하

의 것이다.

한편, 한국산업규격(KS)에서는 햄을 본인햄, 본레스햄, 로인햄 및 숄더햄 등의 4종류로 분류하여 다음과 같이 정의하고 있다.

① 본인햄 : 돈육의 햄 부위를 뼈가 있는 그대로 정형하여 조미료 및 향신료 등으로 염지시킨 후 훈연하여 가열하거나 가열하지 않은 것이다.

② 본리스햄 : 돈육의 햄 부위에서 뼈를 제거하고 정형하여 조미료, 향신료 등으로 염지시킨 후 케이싱 등에 포장하거나 또는 포장하지 않고, 훈연하거나 또는 훈연하지 않고 수증기로 찌거나 끓는 물에 삶은 것이다.

③ 로인햄 : 돈육의 등심 부위를 정형하여 조미료, 향신료 등으로 염지시킨 후 케이싱 등에 포장하거나 또는 포장하지 않고, 훈연하거나 또는 훈연하지 않고, 수증기로 찌거나 끓는 물에 삶은 것이다.

④ 숄더햄 : 돈육의 어깨 부위를 정형하여 조미료, 향신료 등으로 염지시킨 후 케이싱 등에 포장하거나 또는 포장하지 않고, 훈연하거나 또는 훈연하지 않고, 수증기로 찌거나 끓는 물에 삶은 것이다.

3) 제조방법

(1) 본인햄

본인햄(bone in ham)은 레귤러햄(regular ham)이라고도 하는데, 돈육의 햄 부위를 뼈가 있는 그대로 정형하여 염지하고, 건조와 훈연을 한 것으로 보통 가열처리를 하지 않으며 그 제조공정은 다음과 같다.

원료육 → 정형 → 피빼기 → 염지 → 수침 → 건조 → 훈연 → 냉각 → 포장 → 제품

① 원료육

레귤러 햄의 원료육으로 사용되는 돼지의 뒷다리 부위는 두껍고 폭이 넓으며 길이가 길어야 한다. 또 육질은 탄력성이 있고, 결이 고우며 담홍색의 것이 좋다. 지방은 견고하고 탄력이 있으며 백색이 것이 좋다.

② 정형

정형(trimming)방법에 따라 다음 4가지로 분류된다. ① Rough : 대퇴골 중에 족근골 이하를 제거한 것으로 그 이외에는 정형하지 않는다. ② Regular : 족근골 이하, 미골 및 하복부를 제거한 것. ③ Skinned : Regular로부터 가죽의 반 정도를 제거하고 표면의 지방을 제거한 것. ④ Skinless : 가죽 전부와 표면의 지방을 제거한 것.

③ 피빼기

염지를 하기 전에 육표면의 세균번식을 억제해야 한다. 피빼기는 변패의 원인이 되는 육괴 중의 잔존혈액을 제거하기 위하여 실시한다. 보통 원료육에 대해 식염 3%, 질산염 0.2%, 아질산나트륨 0.01%를 혼합하여 원료육의 표면에 잘 문질러 바른다. 2 ~ 3℃의 저온에서 경사진 염지대 위에 원료육을 쌓고 덮개를 한 다음 그 위를 가볍게 눌러놓고 2일간 피빼기를 한다.

④ 염지

피빼기를 마친 원료육을 10℃ 이하의 2% 식염용액에 침지시켜 혈액이나 육즙을 가볍게 씻어낸다. 염지는 염지액 중에 원료육을 침지시키는 습염법과 인젝터(injector)를 이용하여 염지액을 원료육에 주입하는 염지액 주사법이 이용되고 있다. 염지액 주사법을 이용할 경우 인젝터 용의 염지액은 습염법의 염지액과 같거나 그 보다 2 ~ 3% 높은 염농도의 것을 원료육 중량의 약 10% 정도 주입한다.

염지액은 제품에 함유되는 식염이나 부재료 및 첨가물의 양에 따라 첨가기준에 맞게 설정하고 염지액의 주입량에 따라 그 배합비율 및 농도를 조절하여 제조한다. 일반적으로 사용되는 습염법과 인젝터 용 염지액의 배합비율은 표 4-3에서 보는 바와 같다.

염지액의 제조 시에는 미생물이 오염되지 않은 깨끗한 물에 염지촉진제인 아스코르브산(염)을 제외한 나머지 첨가물들을 넣어 용해시키고 아스코르브산(염)은 염지하기 직전에 투입한다. 그 이유는 아스코르브산(염)을 아질산염과 동시에 물에 첨가하면 두 성분 간의 반응에 의해 아질산염으로부터 산화질소의 생성이 촉진되어 염지 전에 많은 양이 공기 중으로 소실되고 이로 인하여 발색이 불충분하게 되기 때문이다. 또 천연향신료를 사용할 경우에는 향신료를 천(포대)으로 싸서 물에 넣고 20분간 끓인 후 여과하여 사용한다. 염지액은 사용 전에 냉장실에서 10℃ 이하로 냉각시켜서 사용하고 액온이 5℃ 전후로 되면 원료육을 침지한다. 본인햄은 6 kg 전후이기 때문에 염지기간이 30일 전후이고, 5회 정도 뒤집어 준다.

표 4-3 염지액 배합비율(예)

염지재료	침지용		인젝터용
	단맛	신맛	
물	100	100	100
식염	12~20	21~30	25
설탕	2~8	0.5~2	2
향신료	0.5~1	0.5~1	0.5~1
화학조미료	0.2	0.2	0.2
질산염	0.1~0.4	0.1~0.4	0
아질산염	0.05~0.08	0.05~0.08	0.05
인산염	3~4	3~4	3~4
아스코르브산염	0.3	0.3	0.3
보메도	12° 전후	18° 전후	13° 전후

한번 사용한 염지액에는 육 중에서 나온 단백질, 지방 및 기타 추출 성분이 함유되어 있고, 염분농도도 저하되어 부패되기 쉬우므로 가능하면 재생하여 사용하지 않는 것이 좋다.

염지기간을 단축시킬 목적으로 염지액을 근육 내에 주입하는 염지액 주사법이 있는데, 이것은 그림 4-7과 같은 염지액 주사기를 이용하여 그림 4-8과 같이 원료육의 여러 곳에 염지액을 주입하는 방법이다. 이 방법으로 염지할 경우에는 염지기간을 약 1/2로 단축시킬 수 있다.

⑤ 수침

수침은 원료육의 표면이나 육 중에 침투한 과잉의 염분을 제거하고, 동시에 표면에 부착한 이물 등을 제거할 목적으로 실시한다. 특히 로인햄의 원료육은 육괴가 커서 염농도가 표면과 내부의 차이가 크기 때문에 수침에 의하여 과잉의 염분을 제거해야 한다. 또한 육괴의 표면에 부착된 응고물이나 오염물질을 브러시를 사용하여 씻어내야 한다. 수침은 육량의 약 20배량의 큰 통을 이용하여 10℃ 이하의 흐르는 물속에서 원료육 중량 1 kg 당 10분 정도 한다. 이때 수침온도가 높을 경우에는 수침시간을 단축시켜도 되지만, 수온이 너무 높아 육온이 상승하면 세균 증식의 위험이나 결착력 감소 등의 악영향을 미치기 때문에 가능하면 수온을 낮추는 것이 좋다.

⑥ 건조

수침 후 깨끗하게 건조시킨 천으로 표면의 물기를 닦아내고 나서 원료육의 표면이 선홍색에 가깝고, 가볍게 눌렀을 때 생육과 다른 탄력이 있으며, 팽팽하게 긴장이 되어 있을 때 다음 훈연공정으로 들어간다.

⑦ 훈연

훈연은 온훈법으로 35℃ 전후에서 4 ~ 5일간 실시한다. 장기간 동안 연기성분을 일정하게 발생시키기 위해서 훈연재(smoke wood)를 이용하면 간단하고 편리하다.

⑧ 냉각

훈연종료 후에는 10℃ 이하의 저온실에서 냉각한다.

⑨ 포장

깨끗한 거즈 등으로 표면을 가볍게 닦아내고, 셀로판 등으로 포장하거나 진공포장한다.

(2) 본리스햄

본리스햄(boneless ham)은 소비자의 이용 편의를 위하여 돼지 뒷다리 부위의 뼈를 제거하고 그 자리에 고기를 채워 말아서 가공한 것으로 그 제조공정은 다음과 같다.

원료육 → 발골 → 정형 → 피빼기 → 염지 → 수침 → 충전 → 건조 → 훈연 → 가열 → 냉각 → 포장 → 제품

① 원료육

본리스햄은 본인햄과 같이 돼지 뒷다리 부위의 고기를 원료육으로 한다. 최근에는 0.5 ~ 1 kg 전후의 작은 육괴로 만들어서 시판되고 있다.

② 발골

본리스햄의 제조에 있어서 발골은 돼지 뒷다리 부위의 뼈를 제거하는 공정이다. 먼저 골반골을 떼어내고, 슬개골을 제거한 다음 마지막으로 대퇴골을 제거한다. 대퇴골은 뼈의 아래와 위쪽에서 뼈의 주위를 칼로 고기와 분리시켜 도려내듯이 뽑아낸다. 가능한 한 고기에 상처가 나지 않도록 주의하여야 한다.

③ 정형

정형은 여분의 지방이나 고기를 잘라내어 일정한 형태를 갖추는 공정이다. 일반적으

로 발골 후에 정형하여 염지시키지만, 수침 후에 발골하여 케이싱에 충전하는 경우도 있다. 어느 쪽이나 장단점이 있다.

④ 피빼기

보통 원료육에 대해 식염 3%, 질산염 0.2%, 아질산나트륨 0.01%를 혼합하여 원료육의 표면에 잘 문질러 바른다. 2 ~ 3℃의 저온에서 경사진 염지대 위에 원료육을 차례로 쌓고 덮개를 한 다음 그 위를 가볍게 눌러놓고 2일간 피빼기를 한다.

⑤ 염지

피빼기를 마친 원료육을 10℃ 이하의 2% 식염용액에 침지시켜 혈액이나 육즙을 가볍게 씻어낸다. 염지는 염지액 중에 원료육을 침지시키는 습염법과 인젝터(injector)를 이용하여 염지액을 원료육에 주입하는 염지액 주사법이 이용되고 있다. 염지액 주사법을 이용할 경우 인젝터 용의 염지액은 습염법의 염지액과 같거나 그 보다 2 ~ 3% 높은 염농도의 것을 원료육 중량의 약 10% 정도 주입한다. 우리나라에서 햄을 생산할 때는 다침 자동주입기(그림 4-9)를 이용하여 염지액을 원료육에 주입하며, 염지를 촉진시키기 위하여 이 육을 나머지 염지액과 함께 텀블러(그림 4-15)나 맛사져에 넣고 맛사지나 텀블링을 한다.

맛사지나 텀블링을 하는 주된 이유는 염지제를 균일하게 분산시키고 염지시간을 단축시키기 위한 것이나, 그 외에 원료육 내의 기포를 제거하고, 육색을 균일하게 하는 효과도 있다. 맛사지나 텀블링을 할 때 온도가 너무 높으면 육의 결착력이 떨어지고 미생물이 증식하여 부패를 일으킬 수 있으므로 온도를 8℃ 이하로 유지하여야 한다.

⑥ 수침

수침(soaking)은 로인햄에서 본 바와 같이 원료육의 표면이나 육 중에 침투한 과잉의 염분을 제거하고, 동시에 표면에 부착한 이물 등을 제거할 목적으로 실시한다. 보통 육량의 약 20배량의 큰 통을 이용하여 10℃ 이하의 흐르는 물속에서 원료육 중량 1 kg 당 10분 정도 한다. 이때 수침온도가 높을 경우에는 수침시간을 단축시켜도 되지만, 수온이 너무 높아 육온이 상승하면 세균 증식의 위험이나 결착력 감소 등의 악영향을 미치기 때문에 가능하면 수온을 낮추는 것이 좋다.

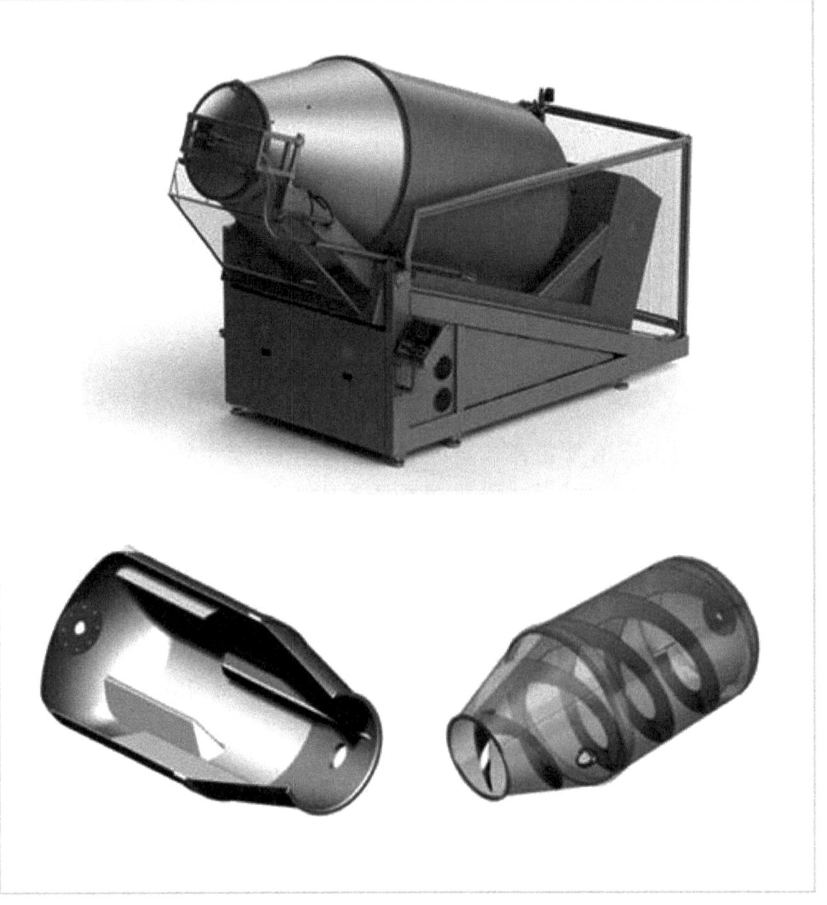

그림 4-15 진공 텀블러(Vacuum Tumbler 및 내부구조
그림출처: http://www.garos.se/red-meat/red-meat-tumblers

⑦ 충전

수침이 끝나면 물기를 제거하고 육 표면을 마른 천으로 닦아낸다. 그리고 나서 면포(무명 베) 위에 올려놓고 단단하게 싸서 양쪽 끝을 끈으로 묶은 다음 나선상으로 끈의 간격을 3 ~ 4 cm 정도로 동여맨다. 이와 같이 동여매는 이유는 햄으로서의 형태를 만들고, 뼈가 제거된 자리의 공간을 없애며 압력을 가하여 결착을 시키기 위함이다. 최근에는 이러한 불편 때문에 햄 충전기(그림 4-16)를 이용하여 화이브러스 케이싱(fibrous casing) 등에 충전하는 것이 일반적이다.

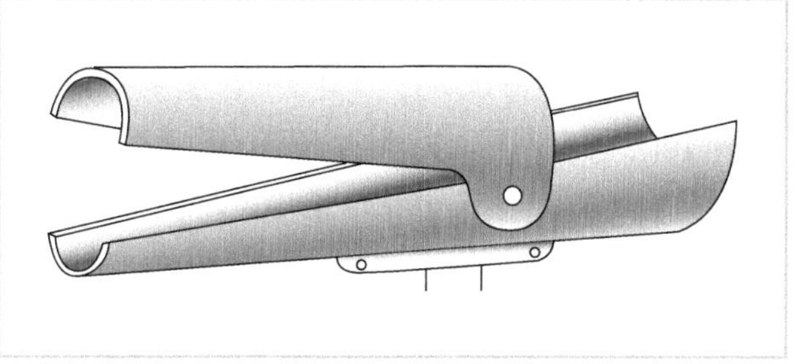

그림 4-16 햄 충진기

⑧ 건조

훈연하기 전에 우선 40℃ 전후에서 4 ~ 5시간 동안 표면을 건조시킨다. 표면을 건조시킴으로써 표면이 다공질화되어 훈연 중에 훈연성분이 육의 내부까지 침투가 잘 되고 발색도 촉진된다.

⑨ 훈연

훈연은 50 ~ 60℃에서 4 ~ 5시간 동안 열훈법으로 실시한다. 또 건조 후 끈이 느슨해지면 반드시 바르게 묶고 나서 훈연한다.

⑩ 가열

훈연이 끝난 후에는 수분의 증발에 의해 끈이 느슨해지므로 다시 한번 바르게 묶고 70℃ 전후의 열탕에 넣어 서서히 온도를 올려 80℃로 유지한다. 제품의 중심온도가 63℃에 도달한 후 30분간 가열을 계속하는 것이 원칙이다.

⑪ 냉각

가열이 끝나면 위생적인 냉수(10℃ 전후)에 침지하여 냉각시킨다. 중심온도가 15℃ 전후로 냉각되면 냉장고로 옮긴다.

⑫ 포장

냉각된 햄은 끈, 면포 및 셀로판을 제거한 후 새로운 셀로판지로 포장한다. 이때 반드시 위생적으로 처리해야 한다.

(3) 프레스햄

프레스햄은 햄과 소시지의 중간형태로서 우리나라에서 생산되고 있는 햄의 대부분을 차지하고 있다. 앞에서도 살펴본 바와 같이 우리나라 축산물의 가공기준 및 성분규격에 의하면 프레스햄은 식육의 육괴를 염지한 것이나 이에 결착제, 조미료, 향신료 등을 첨가한 후 숙성 · 건조하거나 훈연 또는 가열처리한 것으로 육 함량이 85% 이상이고 전분 함량이 5% 이하여야 한다고 정의되어 있다. 또 혼합프레스햄은 식육의 육괴 또는 이에 어육의 육괴(어육은 전체 육함량의 10%미만이어야 한다)를 혼합하여 염지한 것이거나, 이에 결착제(전체 육함량중 10%미만의 알류를 혼합한 것도 포함), 조미료 및 향신료 등을 첨가한 후 숙성 · 건조하거나 훈연 또는 가열처리한 것으로 육 함량 75%이상이고 전분 함량이 8% 이하여야 한다고 정의되어 있다.

일반적으로 프레스햄은 햄 원료육으로 부적당한 육괴를 적당한 크기로 절단하고, 그 절단된 육편을 염지제와 함께 맛사지나 텀블링을 함으로써 결착력을 높이거나, 결착력을 높이기 위하여 사일런트 커터에서 별도로 만든 결착육(bind meat)을 육편과 함께 혼합하여 리테이너(retainer)나 케이싱에 충전시킨 후 훈연 또는 가열처리한 것으로 일반 햄과 비교하여 풍미는 유사하나 가격이 저렴하고 균일한 외관을 지닌 다양한 형태의 제품을 대량 생산할 수 있는 장점이 있으며, 그 제조공정은 다음과 같다.

원료육 → 절단 또는 분쇄 → 혼합 및 염지 → 충전 → 건조 → 훈연 → 가열 → 냉각 → 포장 → 제품

① 원료

프레스햄은 작게 절단된 육편을 서로 밀착시켜 만든 것으로 결착성이 좋은 원료육을 선택할 필요가 있다. 일반적으로 프레스햄의 원료육으로는 어깨부위나 뒷다리부위의 돈육이 주로 이용되고 있으나, 일반 햄이나 베이컨을 정형하고 난 후의 잔육도 이용되고 있다.

이전에는 결착성이 좋은 토육을 사용하였지만, 최근에는 결착성을 높이기 위하여 피로인산나트륨, 트리폴리인산나트륨 등의 폴리인산염을 적당히 혼합한다. 그 외에도 결착성을 좋게 하기 위하여 원료육에 대해 5 ~ 10%의 분쇄육을 결착육으로 사용하거나, 2 ~ 3%의 옥수수전분을 첨가하는 경우가 많다. 프레스햄의 제조 시에 제품에 따라서는 적육 외에 돈지방을 10 ~ 20% 정도 첨가하기도 한다.

② 절단 또는 분쇄

원료육의 근막, 건 및 지방 등을 제거하고 나서 제품의 특성에 따라 3 ~ 5 cm의 각으로 절단하거나 초퍼에서 분쇄한다. 돈지방을 첨가할 경우 2 cm 정도의 각으로 절단하여 사용한다.

③ 혼합 및 염지

절단 또는 분쇄된 원료육을 믹서에 넣고 여기에 원료육 중량에 대해 10 ~ 20%의 얼음과 2 ~ 2.5%의 식염, 0.01 ~ 0.015%의 아질산나트륨, 0.05 ~ 0.06%의 아스코르브산염, 0.25 ~ 0.3%의 인산염 및 1 ~ 2%의 포도당 또는 설탕, 0.3 ~ 0.5%의 조미료, 향신료 및 기타 부재료를 가하여 잘 혼합한다. 종전에는 이와 같이 혼합하고 나서 염지용기에 옮겨 2 ~ 4℃의 염지실에서 2 ~ 3일간 염지하였으나, 최근에는 프레스 맛사저를 이용하여 혼합, 염지 및 조미공정이 동시에 이루어지게 된다. 이 공정에서 육편 또는 분쇄육에 얼음, 염지제 및 인산염 등을 넣고 기계적으로 마찰시킴으로써 원료육으로부터 염용성 단백질이 용출되어 절단 또는 분쇄된 육을 다시 결합할 수 있도록 결착력을 증진시키고, 보수력을 높이며, 조미료, 향신료 및 기타 부재료들이 염지육과 균일하게 혼합된다. 또 지방을 첨가할 때는 약 2 cm의 각으로 절단된 것을 최후에 넣어 혼합하며, 충분히 분산시키는 일이 중요하다.

④ 충전

균일하게 혼합된 염지육을 충전기에 넣어 적당한 크기의 리테이너나 케이싱에 충전한다. 리테이너를 사용할 경우에는 셀로판 필름을 리테이너와 같은 모양의 가이드에 감고 리테이너에 넣어서 충전한다. 셀로판 필름은 통기성이어서 훈연이 가능하나, 훈연 색상과 유사한 색소를 착색시킨 착색 셀로판 필름을 사용하면 훈연공정 없이도 햄 표면이 착색되어 훈연 햄과 유사한 훈연색상을 지닌 비훈연햄을 생산할 수 있다. 화이브러스 케이싱을 사용할 경우에는 케이싱을 60℃ 정도의 물에 5 ~ 10분 정도 담가 케이싱을 유연하게 함으로써 케이싱이 터지는 현상을 방지할 수 있다. 프레스햄의 케이싱으로 이전에는 셀로판 필름이 많이 사용되었으나, 최근에는 통기성이 없는 염화비닐리덴계의 케이싱을 이용하는 경우가 많다.

⑤ 건조, 훈연, 가열 및 냉각

염지육을 리테이너나 케이싱에 충전시킨 후 훈연실에서 건조, 훈연, 가열 및 냉각 공정을 거친다. 종전에는 처음에 45 ~ 50℃에서 30분 ~ 1시간 정도 건조시키고, 이어서 훈연을 하면서 온도를 서서히 올려 65℃에서 보통 5 ~ 6시간 정도 훈연을 한 다음 직경 7 cm 정도의 제품의 경우 70 ~ 75℃의 열탕에서 2 ~ 3시간 가열처리를 하였으나, 최근에는 자동 훈연실의 열처리 프로그램을 이용하여 제품의 크기에 따라 온도와 시간을 조절한다. 먼저 훈연성분이 제품의 표면에 잘 침착되도록 훈연 전에 표면을 건조(65℃, 10 ~ 30분)시키고 나서 열훈법으로 훈연(68℃, 10 ~ 15분)을 한 다음 중심온도가 68℃ 이상 유지되도록 하여 30분 이상 스팀이나 열수에서 가열처리(75 ~ 85℃, 40 ~ 120분)를 한다. 가열처리 후에는 제품의 중심온도가 10℃ 이하가 되도록 냉각시킨다. 염화비닐리덴계의 통기성이 없는 케이싱의 경우에는 훈연을 해도 효과가 없기 때문에 훈연공정 없이 가열처리되며, 훈연취를 부여할 목적으로 천연 훈연액 등이 첨가된다.

⑥ 포장

염화비닐리덴계의 통기성이 없는 케이싱에 충전되어 훈연공정 없이 가열처리된 제품들의 경우에는 그대로 유통시킬 수 있으나, 통기성 케이싱이나 리테이너에 충전되어 훈연 및 가열처리된 제품들은 냉각 후에 케이싱이나 필름을 벗겨내고 다시 비통기성 필름으로 진공포장을 한다. 이와 같이 진공포장된 제품들은 재포장 중에 미생물이 오염될 수 있으므로 85℃의 열수에서 15분간 2차 살균처리를 한 후에 냉각시킨다.

3. 베이컨

베이컨은 지방이 많은 돈육의 베이컨(삼겹살)부위를 원료로 한 훈연육가공품이다. 본래 돈지육 전체를 보존하기 위하여 지육을 그대로 염지, 훈연하여 만들었지만, 최근에는 이러한 제품을 사이드베이컨이라 하고, 보통은 베이컨(삼겹살)부위의 육을 원료육으로 하여 염지, 훈연한 제품을 말한다. 그 종류로는 베이컨, 등심베이컨, 숄더베이컨 및 사이드베이컨 등이 있다.

1) 베이컨의 제조 원리

베이컨은 돈육의 삼겹, 등심 또는 어깨 부위의 원료육을 부위에 따라 분류하여 정형하고 여기에 식염, 설탕, 육색고정제 및 염지촉진제 등의 염지제와 향신료를 첨가하여 일정기간 염지한 후 경질목의 훈연재를 태우는 과정에서 발생된 연기성분을 고기 속에 침투시키는 훈연공정을 거치면서 맛과 향을 좋게 하고, 훈연색과 광택을 부여하며, 보존성을 높인 제품으로 저온에서 장시간 훈연을 하고 가열처리를 하지 않는 것이 보통이다.

2) 베이컨의 분류

우리나라 축산물의 가공기준 및 성분규격에 의하면 베이컨류란 돼지의 복부육(삼겹살) 또는 특정부위육(등심육, 어깨부위육)을 정형한 것을 염지한 후 훈연하거나 가열처리한 것으로 정의하고 있다. 또 한국산업규격(KS)에서는 베이컨류를 베이컨, 로인베이컨 및 숄더베이컨 등의 3종류로 분류하여 다음과 같이 정의하고 있다.

(1) 베이컨 : 돈육의 삼겹 부위를 정형하여 식품첨가물, 향신료 등을 첨가하여 염지, 훈연한 것을 말한다.

(2) 로인베이컨 : 돈육의 등심 부위 또는 삼겹이 붙은 등심 부위를 정형하여 식품첨가물, 향신료 등을 첨가하여 염지, 훈연한 것을 말한다.

(3) 숄더베이컨 : 돈육의 어깨 부위를 정형하여 식품첨가물, 향신료 등을 첨가하여 염지, 훈연한 것을 말한다.

3) 제조방법

일반적으로 베이컨은 돈육의 삼겹 부위를 정형하여 염지하고, 건조와 훈연을 한 것으로 보통 가열처리를 하지 않으며 그 제조공정은 다음과 같다.

원료육 → 정형 → 염지 → 수침 → 건조 → 훈연 → 냉각 → 포장 → 제품

(1) 원료육

베이컨의 크기나 형태는 지육의 형상에 따라 거의 결정된다. 따라서 지육의 선정이 매우 중요하며, 적당한 크기의 지육을 선정하는 것이 우선석이다. 시육중량으로 보면 30 ~ 35 kg 정도가 적당하다. 지육의 취급의 양부, 지방의 색과 질, 삼겹살 부위의 두께 등을 조사해야 한다. 특히 베이컨의 제조공정 중에 살균을 목적으로 하는 공정이 없기 때문에 위생적인 취급이 매우 중요하다. 지방의 색으로서는 백색 내지 크림색이 좋고, 질은 약간 단단한 것을 선정한다.

① 염지

피빼기는 햄의 경우와 같이 하지만 염지는 건염법이 주로 이용되고 있다. 베이컨은 원료육 중량에 내해 식염 2.5 ~ 3.5%, 질산갈륨 0.15 ~ 0.25%, 아질산나트륨 0.01 ~ 0.02%, 설탕 1 ~ 3%, 향신료 0.1 ~ 1.0%의 염지제를 잘 혼합하여 베이컨의 표면

에 잘 문질러 바르고, 2 ~ 4℃에서 원료육 1 kg 당 약 3일간 염지한다.

② 수침, 건조 및 훈연

염지가 끝난 베이컨은 과잉의 염분을 함유하고 있기 때문에 30 ~ 60분간 수침한 후 훈연한다. 처음에는 30℃에서 2 ~ 5시간 건조한 후 25 ~ 30℃에서 2 ~ 3일간 훈연한다. 돈지의 융점이 33 ~ 46℃ 정도이기 때문에 저온에서 장시간 훈연을 하는 것이 좋다.

③ 냉각 및 포장

훈연이 끝나면 습도가 낮은 냉각실로 옮겨 적어도 품온이 10℃이하로 되고 나서 5℃ 전후의 제품냉장고에 보관한다. 가열을 하지 않고 셀로판으로 내포장한 후 폴리에틸렌으로 외포장한다.

제 3 편
계란 및 난가공품

제 1 장. 계란 및 난가공품

Ⅰ. 계란의 화학적 성분

1. 계란의 구조

계란은 단백질, 지질, 탄수화물 및 무기질이 풍부하게 함유되어 있는 영양성이 높은 동물성식품이다. 산란 후의 계란의 구조를 보면 그림 1-1과 같다. 즉, 계란은 크게 난각(egg shell), 난백(egg white) 및 난황(egg yolk)의 3부분으로 구성되어 있고, 그 구성비율은 대략 난각이 10%, 난백 60%, 난황 30%이다. 난각은 난각막(shell membrane)과 밀착되어 있고, 계란의 내용물을 싸고 있으며, 그 중량은 전체 난중(卵重)의 9 ~ 12%를 차지한다. 난각의 두께는 270 ~ 350㎛이고, 난각에는 1㎠당 100 ~ 300개의 기공(난 1개에는 7,000 ~ 17,000개)이 있다. 난각막은 두께가 약 70 ㎛로서 외막과 내막의 두 층으로 이루어져 있고, 이들은 서로 밀착되어 있으나, 난의 둔단부에는 외막과 내막이 분리되어 기실(air chamber)을 형성한다. 난백은 외수양난백, 농후난백 및 내수양난백의 3층으로 이루어져 있고, 또 난황의 양단에 있는 끈 모양의 칼라자(chalazae)가 농후난백층에 뻗어 있다. 이들 난백의 총 중량은 전체 난중의 약 56 ~ 59%이다. 난황은 난중의 30 ~ 33%를 차지하며, 난황막에 둘러싸여 있다. 난황의 상반구 표면중앙에는 지름 2 ~ 3mm 크기의 배반이 있고, 난황의 중심부에는 라테브라(latebra)가 있으며. 이를 중심으로 하여 황색난황과 백색난황이 층을 이루고 있다.

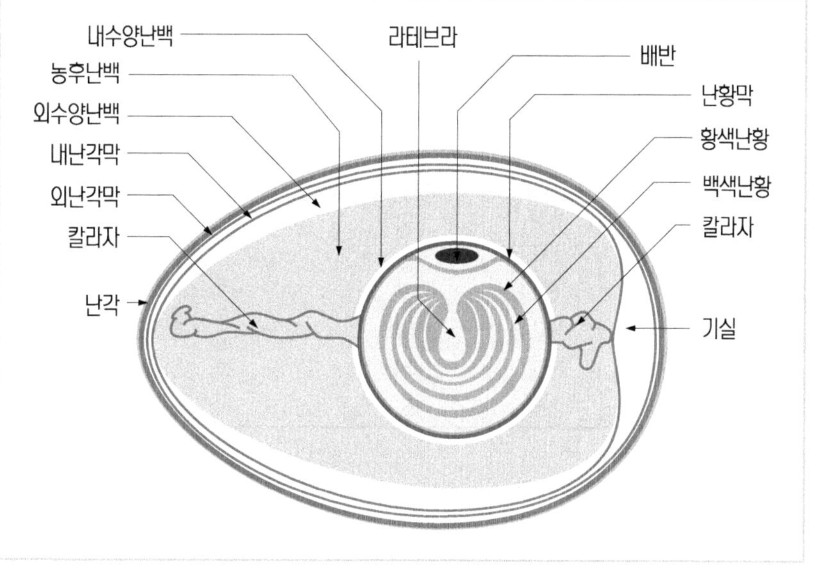

그림 1-1 계란의 구조

2. 계란 성분의 화학적 성질

1) 일반조성

신선란의 난백, 난황 및 난각 중에 함유되어 있는 수분, 단백질, 지질 및 회분의 함량은 표 1-1에서 보는 바와 같다. 표에서 보는 바와 같이 전 중량의 약 72.5%가 수분이고, 이어서 단백질, 지방, 당질의 순으로 함유되어 있다. 또 난백과 난황의 체적비는 대체로 2 : 1 정도이다. 전란의 유기물과 무기물의 비는 68.3 : 31.7이고 무기물의 약 94%는 난각에 존재하며, 그 98% 이상이 칼슘염의 형태로 되어 있다. 무기물의 나머지 6%는 난황과 난백에 분포해 있고, 난황에 있어서는 P, 난백에 있어서는 S, K, Na 및 Cl이 주요 무기질이다.

표 1-1 계란의 일반조성 (신선란 중%)					
종류	수분	단백질	당질	지질	무기질
전란	72.5	13.3	1.5	11.6	1.1
난각	1.0	2.0	-	-	97.0
난백	88.5	9.7	1.0	-	0.8
외수양난백	89.1	-	-	-	0.8
농후난백	88.3	-	-	-	0.8
내수양난백	87.8	-	-	-	0.8
난황	49.2	15.8	1.8	32.2	1.0
백색난황	86.0	4.6	-	3.5	-
황색난황	56.5	15.5	-	36.4	-

2) 수분

계란의 대부분을 차지하는 성분은 수분이다. 계란의 각 부위에 있어서의 수분의 분포는 표 1-2에서 보는 바와 같다. 즉, 난백의 수분함량은 난황의 약 3배이고, 난각막을 포함한 난각부의 수분은 아주 미량이다.

표 1-2 계란 각 부위별 수분의 분포

부 위	함 량	
	계란 1개당 중량(g)	수분 함량(%)
난황	9.1	23.9
난백	28.9	75.9
난각 (난각막 포함)	0.1	0.2
합계	38.1	100.0

난백의 총고형분 함량은 11 ~ 13%로서 나머지 수분은 알부민의 주요한 구성분이다. 이 수분함량은 외수양난백으로부터 내수양난백으로 들어 갈수록 감소된다. 즉 외수양난백은 88%, 농후난백 87.6%, 내수양난백 86.4% 및 카라자 84.3%의 수분을 함유하고 있다. 난중의 수분은 생물가능성을 유지함은 물론 그밖에 중요한 역할을 하고 있다. 수분의 역할은 염류, 단백질, 탄수화물 혹은 유화상태에서의 지질과 같이 매우 광범위한 물질을 용액의 상태로 유지하기 위한 용매로서의 역할을 한다. 물이 갖고 있는 용매로서의 능력은 수정란으로부터 생명을 출산하기 위한 가장 중요한 화학적 인자가

되고 있다. 또한, 물은 높은 비열을 갖고 있어서 난의 배발육(胚發育)에 의한 내부에서 발생하는 열을 외부에 방출하는 역할, 급격한 환경의 온도변화에 의한 고온에서의 불가역적인 단백의 변성이나, 저온에 의한 생물학적 반응의 저해 등으로부터 난을 보호하는 것으로 역할도 한다.

또한 물은 거기에 녹아 있는 물질을 이온화하는 것으로 물질들의 접촉을 쉽게 하여 가수분해나 산화-환원 반응이라고 할 수 있는 여러 가지 생물화학적 반응을 쉽게 한다. 이와 같이 물은 물리적, 화학적 변화에 대한 가장 좋은 상태를 제공하는 역할을 한다.

3) 단백질

계란의 단백질은 난황과 난백에 집중하여 존재하는데, 난황에는 전란단백질의 약 44%, 난백에는 약 50%가 함유되어 있다.

(1) 난황단백질

난황을 초원심분리(10,000 rpm, 15분) 하면 침전획분과 상징획분을 얻을 수 있는데, 침전획분을 그래뉼(granules), 상징획분을 플라스마(plasma)라 부르고 있다. 플라스마 중에 함유되어 있는 단백질에는 저밀도리포단백질, 리베틴, 난황리보플라빈결합성단백질이 있고, 그래뉼 중의 단백질로서는 리보비텔린 및 포스비틴 등이 존재한다.

① 저밀도리포단백질(low density lipoprotein, LDL) : 난황단백질의 65%를 차지하고, 난황 중에 가장 많이 함유되어 있는 단백질이다. LDL에는 약 80 ~ 89%의 지질이 함유되어 있다. LDL을 초원심분리기로 분리하면 분자량이 10.3×10^6의 LDL1과 분자량이 3.3×10^6의 LDL2로 분리할 수 있다. LDL은 그림 1-2에서 보는 바와 같이 구상미셀구조(직경 250 ~ 270 Å)로 이루어져 있는데, 핵에는 지질이 있고, 그 외측에는 인지질이 있으며, 그리고 그 외측을 단백질이 싸고 있다.

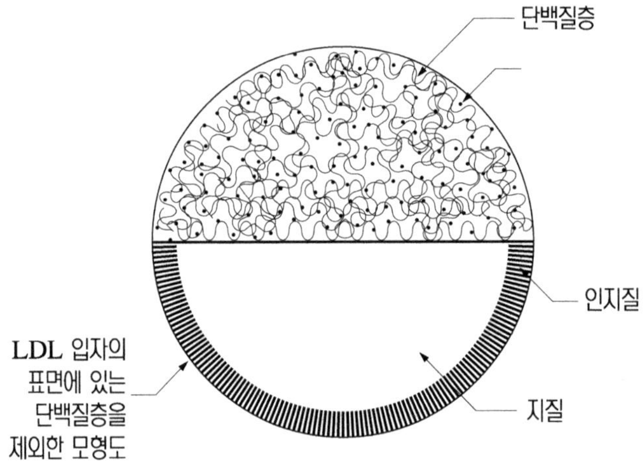

그림 1-2 저밀도리포단백질(LDL)분자의 모식도

② 리베틴(livetin) : 플라스마 단백질의 30%를 차지하는 수용성 단백질로 α, β, γ -리베틴과 그 외에 α -아밀라제, 콜린에스테라제, 포스파타제 등의 효소도 리베틴 중에 함유되어 있다. α, β, γ -리베틴의 분자량은 각각 80,000, 45,000 및 150,000으로 알려져 있고, 이들은 면역학적으로 혈청단백질과 동일시되고 있다.

③ 난황리보플라빈결합성단백질(yolk riboflavin binding protein. YRBP) : YRBP는 12%의 당을 함유하고, 아포단백질 1 몰당 리보플라빈 1몰을 결합한다. 리보플라빈과 결합한 복합체는 pH 3.8에서 8.5까지는 안정하지만, pH 3.0에서 리보플라빈을 해리한다.

④ 리보비텔린(lipovitellin) : 고밀도리포단백질(high density lipoprotein, HDL)이라고도 부르며, 그래늎 중에서 포스비틴과 복합체를 형성하여 존재한다. 리보비텔린은 전기영동에 의해 α, β -리보비텔린의 2종류로 분리된다. HDL은 LDL과 같은 모양의 구상 리포단백질이지만, LDL에 비해 지질의 함량이 21 ~ 22%로 적다. 분자량은 α, β -리보비텔린 모두 4×10^5이다.

⑤ 포스비틴(phosvitin) : HDL과 복합체를 형성하여 그래늎 중에 존재하는 리포단백질로서 10%의 인을 함유한다. 분자량은 35,000이고 단백질을 구성하는 아미노산의 약 54%가 세린이며, 시스테인, 시스틴, 메티오닌, 트립토판 및 티로신을 전

혀 함유하지 않는 특수한 단백질이다. 또 인산을 함유하기 때문에 Ca, Mg, Mn, Co 및 Fe 등의 이온과 결합하는 성질을 가지고 있다.

(2) 난백단백질

난백단백질은 표 1-3에서 보는 바와 같이 오보알부민, 오보뮤코이드, 오보뮤신, 오보트랜스페린, 라이소자임, 오보글로불린 및 아비딘 등이 주성분이며, 난백단백질의 92%를 차지한다. 또 미량단백질로서 오보마크로글로불린과 오보글리코단백질 등이 있다. 난단백질의 다수는 당을 함유한다. 또 수양난백과 농후난백의 단백질구성성분은 양자 간에 서로 바뀌지 않으며, 양자 간에 나타나는 물성의 차이는 오보뮤신 함량의 차이에 의한 것이다.

표 1-3 계란의 난백단백질과 그 성질

명 칭	조성(%)	등전점	분자량	탄수화물(%)	생물학적 성질
Ovalbumin	54.0	4.5~4.8	46,000	3	
Ovotransferrin (Conalbumin)	12~13	6.05~6.6	76,600~86,000	2	철, 구리, 망간, 아연을 결합하여 세균 발육 억제
Ovomucoid	11.0	3.9~4.3	28,000	22	트립신의 작용 억제
Ovoglobulin G_2	4.0	5.5	36,000~45,000		
Ovoglobulin G_3	4.0	5.8	36,000~45,000		
Lysozyme (Ovoglobulin G_1)	3.4~3.5	10.5~11.0	14,300~17,000	0	어느 종류의 그람음성균의 세포벽을 분해
Ovomucin	1.5~2.9				인플루엔자 바이러스에 의한 적혈구의 응집 억제
Flavoprotein	0.8	3.9~4.1	32,000~36,000	14	리보플라빈을 결합
Ovomacroglobulin	0.5	4.5~4.7	760,000~900,000	9	
Ovoglycoprotein	0.5~1.0	3.9	24,400	16	
Ovoinhibitor	0.1~1.5	5.1~5.2	44,000~49,000	6	트립신, 키모트립신, 곰팡이 프로테아제 작용 억제
Avidin	0.05	9.5~10.0	68,300	8	비오틴과 결합
Papaininhibitor	0.1		12.700		파파인, 피신의 작용 억제

① 오보알부민(ovoalbumin) : 난백단백질의 54%를 차지하고, 인산 잔기를 2개 함유하는 A_1, 1개 함유하는 A_2, 함유하지 않는 A3의 3종류가 있으며, 신선란에서의 A_1, A_2, A_3의 비율은 85 : 12 : 3이다. 분자량은 각각 45,000이다. 또 오보알부민은 약 3.2%의 당을 함유하는데, 만노스가 2%, N-아세틸글루코사민이 1 ~ 2% 정도 함유되어 있다.

② 오보뮤코이드(ovomucoid) : 열저항성이 있어서 pH 3.9에서는 100℃에서 60분간 가열을 해도 변성되지 않는다. 분자량은 28,000으로 트립토판에 대한 저해활성을 가지고 있다. 또 20 ~ 25%의 당을 함유하는데, N-아세틸글루코사민이 가장 많고, 다음으로 만노스, 글루코오스의 순으로 함유되어 있다.

③ 오보뮤신(ovomucin) : 오보뮤신은 당을 함유하는 백색의 섬유상단백질로서 거대분자이다. 오보뮤신은 α -오보뮤신과 β -오보뮤신의 회합체로서 α -오보뮤신 40분자와 β -오보뮤신 3분자로 이루어진 용존성(溶存性) 오보뮤신과 84분자의 α -오보뮤신과 20분자의 β -오보뮤신으로 이루어진 불용성 오보뮤신에 의해 구성되어 있다. 이와 같이 거대분자이기 때문에 오보뮤신은 점성이 강하며, 농후난백의 높은 점성은 이 오보뮤신이 다량으로 함유되어 있기 때문이다. 오보뮤신의 점성은 pH가 높을수록 증가하여 pH 8.2 이상에서는 겔을 형성한다. 오보뮤신은 그 분자 내에 당쇄(헥소스, 핵소사민, 시알산, 황산기)를 가지고 있으며, α -오보뮤신보다도 β -오보뮤신에 당 함량이 높다.

④ 오보트랜스페린(ovotransferrin) : 콘알부민(conalbumin)이라고도 한다. 혈청 중의 트랜스페린과 유산한 성질을 가진 단백질로 여러 종류의 금속이온과 결합하는 능력을 가지고 있다. Fe^{3+}〉Cr^{3+}, Cu^{2+}〉Mn^{2+}〉Co^{2+}, Cd^{2+}〉Zn^{2+}〉Ni^{2+}의 순으로 결합의 친화력을 가지며 그림 1-3에서 보는 바와 같이 금속이온과 복합체를 형성할 때에 결합에 관여하는 부위는 티로신잔기, 히스티딘잔기이다. 분자량은 70,000 ~ 78,000의 범위이고, 당을 13% 함유하고 있다. 철과 결합하기 때문에 난백 내에 침입하는 미생물에 대해 철 부족현상을 일으키게 하여 침입미생물의 증식을 저지한다.

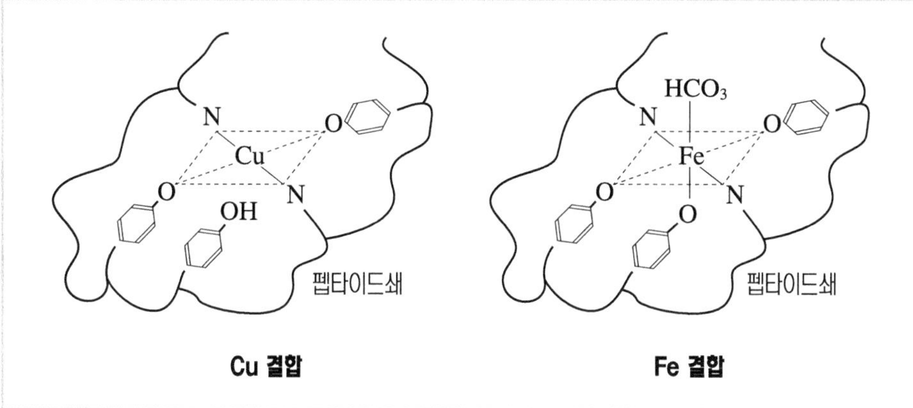

그림 1-3 콘알부민의 금속복합체

⑤ 라이소자임(lysozyme) : 라이소자임은 난백 중에 존재하는 대표적인 효소이다. 분자량이 14,400이고 129개의 아미노산 잔기로 이루어진 염기성 단백질이다. 그림 1-4에서 보는 바와 같이 라이소자임은 4개의 S-S결합을 가지고 있고, 아미노산 잔기 수에 비해 S-S결합의 수가 많다. 난백 중에는 오보뮤신, 콘알부민 및 오보알부민과 일부 결합하여 존재하지만, 특히 칼라자 중에 다량의 라이소자임이 함유되어 있다. 가열 및 산성용액 중에서 매우 안정하고, pH 4.5, 100℃에서 1 ~ 2분간의 가열에 대해 실활하지 않는다. 그러나 알칼리용액 중에서는 급속히 실활한다.

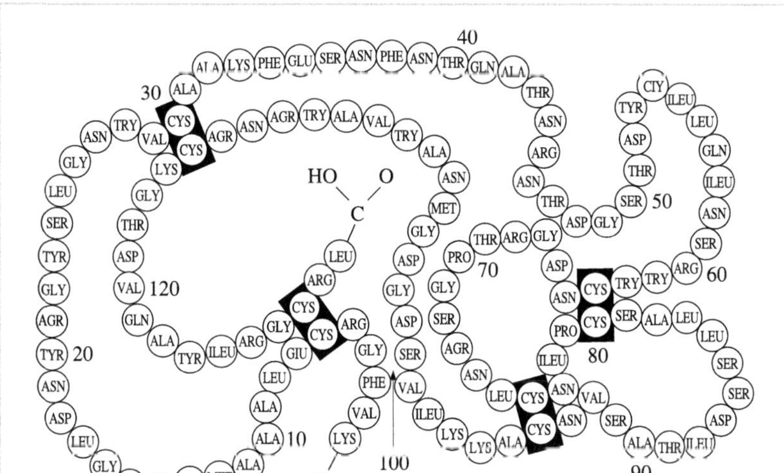

그림 1-4 라이소자임의 화학구조

라이소자임은 세균의 세포벽을 분해하는 효소로, N-아세틸글루코사민과 N-아세틸무라민산(acetylmuramic acid)의 β -1,4 결합축합물의 β -1,4 결합을 절단하여 세균을 용균시켜 버린다. 그람양성균에 대하여 항균력을 가지고 있으며, *Bacillus subtilis, B. megatherium* 및 *Micrococcus luteus* 등의 다수의 세균이 감수성이 있다. 그람음성균에 대해서도 EDTA 처리를 하면 감수성이 나타난다. 이와 같은 감수성을 유지하는 데에는 라이소자임의 4개의 S-S결합 중에서 적어도 2개의 S-S결합이 분자 내에 존재해야 한다. 이 효소는 의료식품가공 상의 유용 효소이다.

⑥ 오보글로불린 : 난백에 존재하는 단백질 중에서 오보뮤신 다음으로 분자의 크기가 큰 당단백질로서 G_2와 G_3의 2종류가 존재하는 것으로 알려져 있다. G_2와 G_3의를 각각 A1과 A2라고 부르기도 한다.

⑦ 아비딘(avidin) : 아비딘은 분자량이 15,600이고 아미노산잔기 수가 128개이며 10%의 당을 함유하는 당단백질이다. 이 아비딘은 비오틴과 결합하여 비오틴을 불활성화시키기 때문에 비오틴을 요구하는 *Lactobacillus arabinisus, L. casei, L. fermenti, Leuconostoc mesentrium* 및 *Streptococcus faecalis* 등의 여러 종류의 젖산균의 증식을 저해한다. 그러나 난백 중에는 아비딘이 0.05%의 정도 밖에 함유되어 있지 않기 때문에 난백을 다량으로 섭취해도 비타민 결핍증이 발생하지 않는다.

4) 지질

계란에 함유되어 있는 약 6 g의 지질 중에서 99.9%가 난황 중에 존재하고 난백 중에 있는 지질함량은 극히 적다. 그리고 계란에 존재하는 지질의 대부분은 복합지질이다.

(1) 난황지질

난황 중에 함유되어 있는 지질은 전란의 지질을 대표하고 있다. 난황지질은 표 1-4에서 보는 바와 같이 중성지질(62.3%)과 인지질(32.8%)이 주성분이고, 스테롤(4.9%)이 소량 함유되어 있다.

표 1-4 난황지질의 조성

지질의 종류	계란 1개당의 지질	
	중 량 (g)	백 분 율 (%)
진성지질 (true fat)	3.8	62.3
인지질 (phospholipids)	2.0	32.8
스테롤 (sterols)	0.3	4.9
세레브로시드 (cerebrosides)	흔적	-
합 계 (Total)	6.1	100.0

① 글리세리드(glyceride) : 글리세리드를 구성하는 지방산은 표 1-5에서 보는 바와 같이 올레인산, 팔미틴산, 리놀산 및 스테아린산의 4종류가 대부분이고, 각각의 함량은 50, 27, 11 및 6% 정도이다. 계란에 있는 지방산의 종류와 함량은 사료에 의해 영향을 받기 쉽다.

표 1-5 난황글리세리드(진성지질)의 지방산 조성

지방산의 종류	함량비 (%)
올레인산 (Oleic acid)	50
팔미틴산 (Palmitic acid)	27
리놀산 (Linoleic acid)	11
스테아린산 (Stearic acid)	6
팔미토오레인산(Palmitoleic acid)	6
리놀렌산 (Linolenic acid)	
크루파노돈산 (Clupamodonic acid)	
미리스틱산 (Myristic acid)	

② 인지질(phospholipid) : 난황 중에 함유되어 있는 인지질의 조성은 표 1-6에서 보는 바와 같다. 포스파티딜 콜린(phosphatidyl choline)이 압도적으로 많고, 이어서 포스파티딜 에탄올라민(phosphatidyl ethanolamine), 리소포스파티딜 콜린(lysophosphatidyl choline)의 순으로 많이 함유되어 있다. 이러한 인지질은 계란이 나타내는 유화성에 가장 밀접한 관계가 있는 성분이다. 또 구성지방산에는 올레인산, 아라키돈산 및 리놀산 등의 불포화지방산이 많아서 산화되기 쉬운 성질을 가지고 있다.

표 1-6 난황인지질의 구성성분

인지질의 성분	함량비 (%)
포스파티딜 콜린 (phosphatidyl choline)	73.0
포스파티딜 에타놀아민 (phosphatidyl ethanolamine	15.0
리소포스파티딜 콜린 (lysophosphatidyl choline)	5.8
스핑고미엘린 (spongomyelin)	2.5
리소포스파티딜에타놀아민 (lysophosphatidyl ethanolamine)	2.1
플라스마로겐 (plasmalogen)	0.9
포스파티딜 이노시톨 (phosphatidyl inositol)	0.6

③ 스테롤(sterol) : 스테롤의 대부분이 콜레스테롤이다. 계란 1개당 약 250 mg의 콜레스테롤을 함유하고 있는데, 이것은 난황의 약 1.6%(난황 전 지질의 약 5%)를 차지한다. 그 중에서 약 84%는 유리형 콜레스테롤이고, 나머지 약 16%는 에스테르형 콜레스테롤이다.

(2) 난백지질

난백에는 극히 미량의 지질이 함유되어 있다. 중성지질과 복합지질의 구성비율은 7 ~ 6 : 1이고, 복합지질에는 스핑고미엘린(spingomyelin)과 세레브로시드(cerebroside)가 주성분이다.

5) 당질

계란에 함유되어 인는 당질함량은 계란 1개당 0.5 g이고, 그 약 75%가 난황에 존재한다. 난황과 난백에 존재하는 당질은 결합형과 유리형으로 나눌 수 있다. 결합형은 단백질이나 지질과 결합해 있고, 만노오스, 글루코사민, 슈크로오스 및 갈락토오스가 주요 당이다. 유리형의 당은 글루코오스가 대부분이다.

6) 무기질 및 비타민

계란에 존재하는 무기질과 비타민의 조성은 표 1-7에서 보는 바와 같다. 난백과 난황에 존재하는 무기질의 종류에 있어서는 차이가 없지만, 난황에 비해 난백에 Ca, Fe,

P, K, Na 및 S의 함량이 높게 함유되어 있는 것을 알 수 있다. 또 난황에는 인의 함량이 가장 높고, 다음으로 K과 Ca이 높은 경향이다.

비타민에 대해 보면, 비타민 A, D, E, B2, B6, 판토텐산, 비오틴, 엽산 및 콜린 등의 지용성 비타민과 수용성 비타민이 잘 균형있게 함유되어 있어서 계란이 좋은 영양식품이라는 것을 알 수 있다. 그러나 계란에는 비타민 C가 함유되어 있지 않다.

표 1-7 계란 중의 무기질 및 비타민 함량

무기질 및 비타민	난백	난황
Ca(mg%)	58.5	12.085 ~ 26.149
Cl(mg%)	172.1	0.641 ~ 0.695
Cu(mg%)	0.062	0.267 ~ 1.604
I(mg%)	0.072	0.016 ~ 0.042
Fe(mg%)	2.25	0.481 ~ 1.069
Mg(mg%)	12.41	3.155 ~ 12.780
Mn(mg%)	0.041	0.021 ~ 0.096
P(mg%)	237.9	54.278 ~ 97.967
K(mg%)	138.0	11.978 ~ 35.935
Na(mg%)	139.1	7.005 ~ 9.251
S(mg%)	165.3	1.550 ~ 1.871
Zn(mg%)	1.5	3.743 ~ 5.347
비타민B_6(μg%)	217	308
판토텐산(mg%)	0.14	4.23
비오틴(μg%)	7.0	52.0
엽 산(μg%)	0.6	12.9
콜 린(mg%)	-	1,490

7) 색소

난황이 나타내는 등황색은 카로티노이드(carotenoid)에서 유래한다. 계란 중의 카로티노이드의 함량은 2.6mg%이고, 그 대부분이 크산토필류이다. 크산토필류는 닭의 생체 내에서는 생합성되지 않고, 사료에 의해 이행하기 때문에 닭의 사육 상태에 따라 난황의 색은 크게 변동한다. 이러한 이유로 안전성이 보증되어 있는 색소를 사료와 함께 투여하여 난왕의 색을 개선하는 방법도 현실직으로 채딕되고 있다. 또 크산토필류에 속하는 것으로는 루테인(lutein), 제아크산틴(zeaxantin) 및 크립토크산틴

(cryptoxanthin)이다.

8) 효소

계란에는 라이소자임을 비롯하여 많은 효소가 존재한다. 트리뷰틸리나제(tributy-linase), 펩티다제(peptidase), 포스파타제(phosphatase) 및 카탈라제(catalase) 등이 라이소자임과 함께 난백에 존재한다.

난황에는 아밀라제(amylase), 트리뷰틸리나제, 펩티다제(peptidase) 및 포스파타제가 존재하는 것으로 알려져 있다. 특히 α -아밀라아제는 64.4℃에서 2.5분간의 가열에 의해 실활한다. 이 가열조건은 살모넬라균의 살균조건과 일치하기 때문에 전란의 저온살균처리의 판정에 α -아밀라아제 활성측정이 이용되고 있다.

3. 계란의 물리학적 특성

1) pH

계란의 pH는 난백과 난황이 다르고, 신선한 난백의 pH는 7.6이고, 난황의 pH는 6.0이다. 난백의 pH는 산란 후에 CO_2 가스분압의 변화에 의해 급속히 상승하여 최고로 약 9.7에 달한다. 난황도 저장기간이 경과함에 따라 pH가 6.5부근까지 상승한다.

2) 비중

신선란의 비중(g/㎤)은 1.08 ~ 1.09이고, 난백과 난황의 비중은 거의 비슷하며, 25℃에서 1.035이다.

3) 굴절률

난백과 난황의 굴절률은 각각 1.3562 및 1.4185이다. 또 오보뮤신 함량이 높은 농후난백의 굴절률은 1.3557이다. 이에 대해 외수양난백의 굴절률은 1.3511이고, 내수양난백의 굴절률은 1.3582로 부위에 따라 굴절률이 약간 다르다.

4) 기타 물리학적 성질

난백과 난황의 전도율, 비저항, 표면장력, 빙결점 및 응고점은 표 1-8에 나타낸 바와 같다.

표 1-8 계란의 물리학적 성질

성 질	난 백	난 황
전도율(mho^{-1}×10^{-3})	8.68	3.10
비저항(ohm/cm)	120	320
표면장력(dyn/cm)	53	35
빙결점(℃)	-0.424	-0.587
응고온도(℃)	61	65

4. 계란의 저장과정에 따른 무균적 변화

계란의 저장과정 중에 일어나는 변화에는 계란 내부에 침입한 오염미생물에 의한 성분의 변화와 오염미생물이 관여하지 않는 무균적 변화가 있다. 무균적 변화에는 다음에 기술하는 바와 같이 계란 성분의 생물활성의 저하에 따른 화학적 및 물리학적 변화가 있다.

1) 수분의 변화

계란은 1개당 7,000 ~ 17,000개의 기공을 가지고 있기 때문에 외계의 온도와 습도에 의존하여 계란 중의 수분이 증산한다. 증산하는 수분의 양은 저장일수가 길어질수록 많게 된다. 또 저장일수가 길게 되면 난백 중의 수분이 난황으로 이행하는 것으로 알려져 있다. 이것은 난백과 난황과의 삼투압의 차이에 의한 것으로 그림 1-5에 나타낸 바와 같이 저장온도가 높을수록 단기간에 난백의 수분이 난황으로 이행한다.

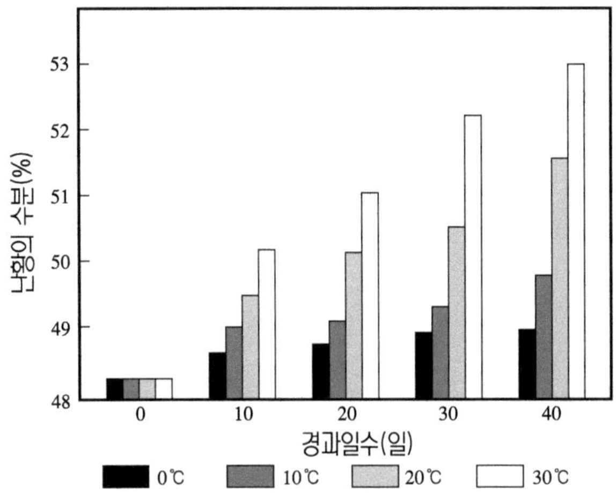

그림 1-5 계란의 저장 중에 일어나는 난황수분의 변화

2) CO_2 가스분압과 난백 pH의 변화

계란이 산란되면 계란 내부에 충만해 있던 CO_2 가스가 계란 외부로 발산된다. 이와 같이 CO_2 가스가 발산됨에 따라 산란 시에 7.6부근이었던 난백의 pH는 상승하여 산란 후 10일 경에는 pH 9.7부근에 도달한다.

3) 농후난백의 수양화

난백은 저장일수가 경과함에 따라 서서히 수양화가 시작된다. 신선란의 농후난백과 수양난백의 비율은 6 : 4이지만 난백의 pH가 상승하고 농후난백량이 감소하여 수양난백량이 증가하게 된다. 이것은 농후난백에 다량 존재하는 오보뮤신의 거대분자 구조가 붕괴하기 때문에 일어나는 현상이다. 농후난백의 수양화는 난백자체의 점성을 저하시켜 결과적으로 난백의 안정성을 상실하게 한다.

4) 칼라자의 약화

저장일수가 경과함에 따라 난황을 지지하고 있던 칼라자가 약해져서 산란 시에 칼라자에 고농도로 함유되어 있던 라이소자임의 함량이 감소한다. 예를 들면 30℃에서

21일간 저장한 계란 중의 칼라자에는 라이소자임이 신선란의 절반 이하밖에 함유되지 않는다.

5) 난황막의 약화

난황을 두러싸고 있는 난황막은 저장일수가 경과함에 따라 점차 약화되기 시작한다. 신선란을 할란할 때 관찰되는 것과 같은 난황의 구상이 유지되지 않는다. 난황막의 약화에 비례하여 난백보다 난황으로의 수분의 이행이 쉬워진다. 계란의 신선도를 판정하는 여러 방법 중의 하나로 난황계수(yolk index)가 있다. 이 방법은 평판 위에 한란된 난황의 높이(mm)와 난황의 직경(mm)을 측정하여 난황의 높이를 난황의 폭으로 나눈 값이다. 난황막이 약화되지 않은 상태에서는 그 값이 높으며, 신선란에서는 0.44 ~ 0.36의 값을 나타낸다.

Ⅱ. 계란의 등급판정

1. 계란의 등급판징

계란의 등급판성은 품질등급과 중량규격으로 구분한다. 계란의 품질등급은 롯트의 크기에 따라 무작위로 표본을 추출하는 표본판정방법을 적용한다. 롯트의 크기에 따른 표본추출률(신청수량에 따른 표본의 수)은 표 1-9과 같다.

표 1-9 롯트크기에 따른 표본 추출률

롯트의 크기	표본 추출률
3,000개 미만	롯트의 7%이상
3,000이상~15,000미만	롯트의 5%이상
15,000이상~30,000미만	롯트의 3%이상
30,000개 이상	롯트의 2%이상

(1) 표본추출된 계란 중에서 100개 이상의 계란에 대하여 외관 및 투광판정을 실시하여야 한다. 다만, 표본수가 100개 미만인 경우에는 전량의 계란에 대하여 외관 및 투광판정을 실시한다.

(2) 외관 및 투광판정이 실시된 계란 중 20개 이상에 대하여 할란판정을 실시한다.

1) 계란의 품질등급 판정기준

계란의 품질등급판정을 위한 외관, 투광 및 할란판정의 기준은 표 1-10과 같으며, 등급판정 신청된 롯트의 표본에 대한 등급판정 결과에 따라 표 1-11과 같이 신청 롯트 전체에 등급을 부여한다. 각 품질등급별 파각란 허용범위는 표 1-12와 같다. 등급판정사는 등급판정을 실시한 결과 해당 롯트가 신청인이 희망하는 품질등급에 미달되는 경우에는 등급판정을 보류하고 그 사실을 신청인에게 통보한다.

표 1-10 계란의 품질기준

판정항목		품질기준			
		A급	B급	C급	D급
외관판정	난각	청결하며 상처가 없고 계란의 모양과 난각의 조직에 이상이 없는 것	청결하며 상처가 없고 계란의 모양에 이상이 없으며 난각의 조직에 약간의 이상이 있는 것	약간 오염되거나 상처가 없으며 계란의 모양과 난각의 조직에 이상이 있는 것	오염되어 있는 것, 상처가 있는 것, 계란의 모양과 난각의 조직이 현저하게 불량한 것
투광판정	기실	깊이가 4mm이내	깊이가 8mm 이내	깊이가 12mm 이내	깊이가 12mm 이상
	난황	중심에 위치하며 윤곽이 흐리나 퍼져 보이지 않는 것	거의 중심에 위치하며 윤곽이 뚜렷하고 약간 퍼져 보이는 것	중심에서 상당히 벗어나 있으며 현저하게 퍼져 보이는 것	중심에서 상당히 벗어나 있으며 완전히 퍼져 보이는 것
	난백	맑고 결착력이 강한 것	맑고 결착력이 약간 떨어진 것	맑고 결착력이 거의 없는 것	맑고 결착력이 전혀 없는 것
할란판정	난황	위로 솟음	약간 평평함	평평함	중심에서 완전히 벗어나 있는 것
	농후난백	많은 량의 난백이 난황을 에워 싸고 있음	소량의 난백이 난황주위에 퍼져 있음	거의 보이지 않음	이취가 나거나 변색되어 있는 것
	수양난백	약간 나타남	많이 나타남	아주 많이 나타남	
	이물질	크기가 3mm 미만	크기가 5mm 미만	크기가 7mm 미만	크기가 7mm 이상
	호우단위(1)	72이상	60이상~72미만	40이상~60미만	40미만

(1) 호우단위(Haugh Units)라 함은 계란의 무게와 농후난백의 높이를 측정하여 다음 산식에 의하여 산출한 값을 말한다.

$$\text{호우단위(H.U)} = 100\log(H + 7.57 - 1.7W^{0.37})$$

H : 난백높이(mm)

W : 난중(g)

표 1-11 계란의 품질등급 부여방법

품질등급	등급판정 결과
1+등급	A급의 것이 70%이상이고, B급이상의 것이 90%이상이며 D급의 것이 3%이하이어야 함(나머지는 C급)
1등급	B급 이상의 것이 80%이상이고, D급의 것이 5%이하이어야 함(기타는 C급)
2등급	C급 이상의 것이 90% 이상(기타는 D급)
3등급	C급 이상의 것이 90% 미만(기타는 D급)

표 1-12 파각란 허용범위

품질등급	파각란 허용범위
1+등급	7%이하
1등급	9%이하
2등급	12%이하
3등급	12%초과

2) 계란의 중량규격 기준

계란의 중량규격은 계란의 무게에 따라 표 1-13과 같이 구분한다. 등급판정사는 신청인이 제시한 롯트의 중량규격을 확인하기 위하여 표 1-9의 외관 · 투광판정을 실시하는 계란에 대하여 중량을 칭량(稱量)하여, 중량범위에서 2 g이상 미달하는 계란의 수가 표본수의 5%를 초과하는 경우에는 해당 롯트에 대하여 중량규격의 재선별을 신청인에게 요구한다.

표 1-13 계란의 중량규격

규격	왕란	특란	대란	중란	소란
중량	68g	68g미만~60g이상	60g미만~52g이상	52g미만~44g이상	44g미만

3) 계란등급의 재판정 신청

신청인은 등급판정이 보류되거나, 중량규격 재분류가 요구된 계란의 롯트에 대해서는 중량규격 및 품질평가기준에 적합하도록 다시 선별한 후 등급의 재판정을 신청할 수 있다. 이때 등급판정사는 등급의 재판정이 신청된 롯트에 대해서는 표 1-9의 표본의 크기 보다 더 많은 표본을 추출하여 등급판정을 할 수 있다.

4) 계란의 등급표시

① 계란의 등급표시는 품질등급과 중량규격을 포장용기에 그림 1-6과 같이 등급판정일자, 축산물등급판정소장 인영(또는, 축산물등급판정사 성명) 등과 병행하여 표시한다.

② 중량규격 및 등급판정일자는 신청인이 속포장지와 겉포장지에 별도로 표시하는 경우에는 생략할 수 있다.

③ 신청인은 등급판정 받는 모든 계란의 난각에 식용색소로 그림 1-7과 같이 등급판정 확인표시를 하여야 한다.

④ 신청인은 난각의 등급판정 확인표시 방법에서 집하장 시설여건을 고려하여 집하장 코드, 생산자번호, 계군번호의 표기를 생략할 수 있다.

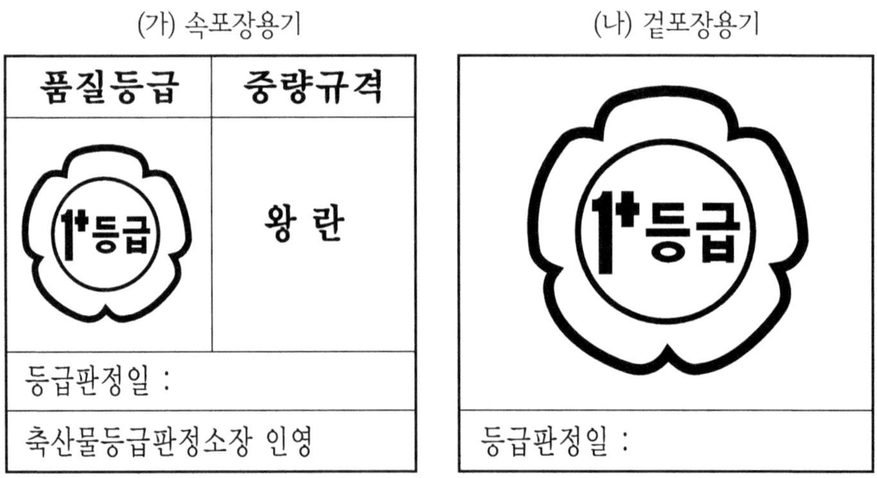

그림 1-6 계란의 등급표시 예시

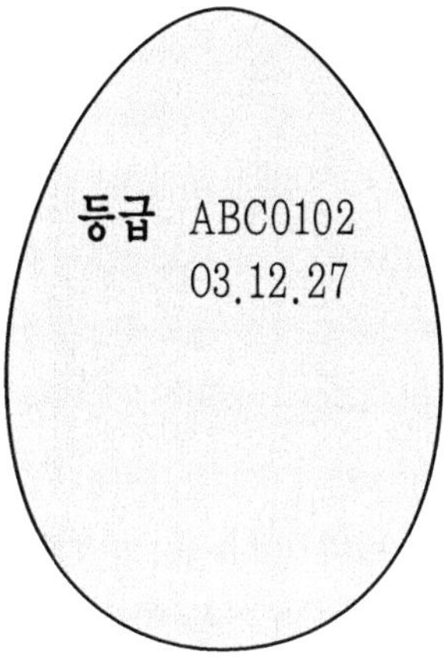

범례	
등급	등급판정 확인표시
ABC	집하장명(영문 3자리)
01	생산자번호(숫자 2자리)
02	계군번호(숫자 2자리)
03.12.27	등급판정일(년.월.일)

그림 1-7 난각의 표시사항 예시

Ⅲ. 계란의 기능특성

1. 응고성(coagulating property)

난백의 가열응고는 주로 난백단백질의 약 66%를 차지하는 오보알부민과 콘알부민의 성질에 의한 것이다. 난백을 가열응고할 경우 육안적으로는 62℃ 부근에서 겔로 변하고, 65℃에서 유동성이 현저하게 감소하며, 70℃ 이상에서 유연한 응고물이 난난한 응고물로 변화한다. 난백의 응고온도는 pH 의존성이 있어서 오보알부민의 등전점인 pH 4.6에서 콘알부민의 pH 6.0의 범위에서 응고온도가 가장 낮게 나타난다.

난백의 열응고는 난백의 희석도에 의해서도 크게 변화한다. 즉, 난백을 희석하면 열응고를 일으키기 어렵게 되고, 적량의 염화나트륨을 가하면 단백질 분자 간의 반발력이 감소하여 난백의 열에 의한 응고성이 회복되며, 당을 첨가하면 열응고 겔을 유연하게 한다. 이러한 성질을 이용한 것이 계란 요리이다.

한편, 난황은 육안적으로는 65℃ 정도부터 응고되기 시작하여 빠른 속도로 응고되며, 70℃에서 완전히 고화된다. 또 65℃에서 장시간 방치할 경우에도 응고될 수 있다.

난백은 이 온도에 장시간 방치해도 고화되지 않는다.

2. 겔형성

1) 난백의 알칼리 또는 산에 의한 겔화

난백의 겔화에 대한 pH의 영향은 표 1-14에서 보는 바와 같다. 즉, 난백을 pH 2.2 이하의 산성 또는 pH 11.9 이상의 알칼리성의 조건에 방치하면 겔을 형성하며, 겔화에 요하는 시간은 pH의 변화에 따라 크게 변동한다. 또 산성 난백 겔은 스스로 액화되지는 않지만 소량의 물을 가하면 액상이 되고, 그것을 방치하면 다시 겔화하는 특징을 나타내며, 겔은 유탁하여 불투명하다. 이에 대해 알칼리성 난백 겔은 투명하고, 다음에 설명하는 중국의 전통적 난제품인 피단에서 볼 수 있는 난백의 겔화는 이 알칼리성 난백의 화학적 변화에 의한 것이다. 알칼리에 의한 난백의 겔화는 분자 간의 S-S 결합이나 함황아미노산의 감소에 의하여 일어난다.

표 1-14 난백의 겔화에 대한 pH의 영향

pH	겔화에 요하는 시간(초)	pH	겔화에 요하는 시간(초)
12.0	15,000	1.0	65
12.1	10,000	1.2	85
12.2	1,000	1.4	110
12.3	480	1.6	300
12.4	340	1.8	600
12.5	180	2.0	1,000
12.6	90	2.2	2,400
12.7	10	2.3	겔화되지 않음

2) 난황의 동결에 의한 겔화

난황을 -6℃ 이하로 동결시키면 점도에 변화를 일으키고, 이를 다시 해동해도 원래의 점도로 돌아오지 않는다. 난황이 나타내는 이러한 겔화 현상은 플라스마 중의 저밀도리포단백질의 변성에 기인한 것이다. 또 동결온도와 해동 후의 난황의 점도에는 그림 1-8에 나타낸 바와 같이 동결온도가 낮을수록, 또 동결저장기간이 짧을수록 점도가 낮은 경향을 보인다.

한편, 동결에 의한 겔화의 방지에 대해 검토한 결과에 의하면 설탕이나 식염의 첨가가 겔화 방지에 유효하다고 알려져 있다.

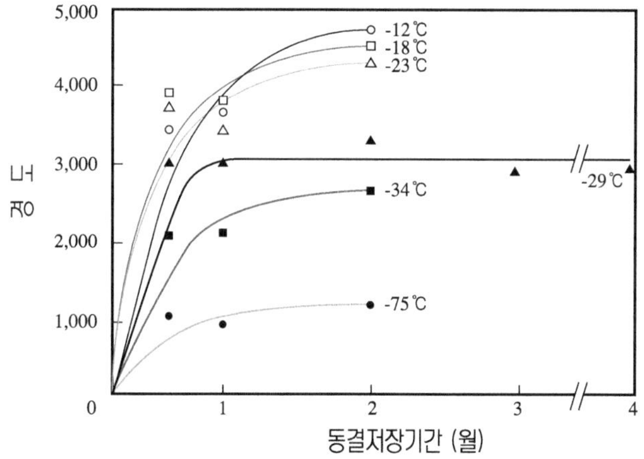

그림 1-8 해동 후의 난황점도에 미치는 동결온도와 동결저장기간의 영향

3. 기포성(foaming ability)

1) 단백질의 기포성

용액이 기포력을 갖기 위해서는 거기에 존재하는 용질이 계면장력을 낮추는 성질(계면활성을 가진 성질)을 갖지 않으면 안 된다. 여기에는 용질이 분자 내에 소수성기와 친수성기를 가지고 있는 것이 중요하고, 이 양자의 기를 가진 물질이 계면활성제이다. 단백질은 일반적으로 소수성기(소수성 아미노산잔기)와 친수성기(아미노기, 카르보닐기)를 가지고 있기 때문에 계면활성제의 성질을 가지고 있다.

용액의 기포성은 기포력과 포말의 안정성으로부터 평가된다. 단백질 용액에 있어서의 기포력은 표면장력 감소속도와 정비례의 관계에 있다. 예를 들면, 소수성기가 분자의 표면에 나오기 어려운 라이소자임에서는 표면장력 감소속도도 작게 되고, 기포력도 작다. 안정한 포말은 단백질 분자가 기액계면(氣液界面)에 흡착된 후 분자구조가 변화하여 분자끼리 회합함으로써 안정한 막이 될 수 있다.

2) 난백의 기포성과 포말의 안정성

난백의 기포성은 난백을 구성하는 각 단백질의 기포성에 의하여 결정되고 일반적으로 변성되기 쉬운 단백질일수록 기포력이 강하다. 난백단백질에 있어서는 글로불린>콘알부민>오보뮤코이드>오보알부민>라이소자임의 순으로 기포력이 감소한다. 또 동일 단백질이라도 기포력은 pH에 따라 크게 변동한다. 그림 1-9는 오보알부민과 콘알부민의 기포력에 미치는 pH의 영향을 나타낸 것이다. 강산성, 강알칼리성 및 각 단백질의 등전점 부근에서 기포력이 최대가 되는 것으로 알려져 있다.

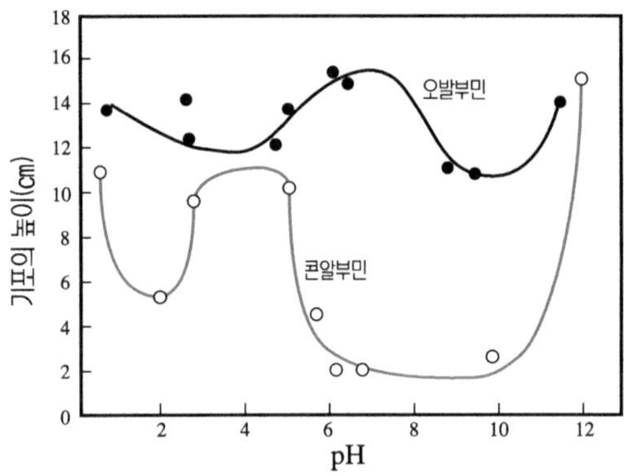

그림 1-9 난백단백의 기포력

한편, 난백단백질의 포말는 안정하다. 그 안정성은 포립에 의하여 단백질의 분자구조에 어떠한 변화가 생겨서, 결과적으로 강한 막이 형성되기 때문이다. 그 안정성의 강약은 단지 분자 표면에 있는 소수성의 증가만으로는 설명할 수 없고, 다른 분자 간의 S-S 결합의 관여 도 고려하지 않으면 안 된다. 예를 들면 그림 1-10에서 보는 바와 같이 오보알부민의 경우 각 온도에서의 가열처리에 의한 표면소수성의 증가와 포말안정성과의 사이에는 반드시 직선적인 관계가 성립되지 않는다는 것이다. 또 포말의 안정성은 일반적으로 용액의 온도가 높을수록 높기 때문에 난백에 글리세린이나 솔비톨 등의 증점제가 가해지는 경우도 있다.

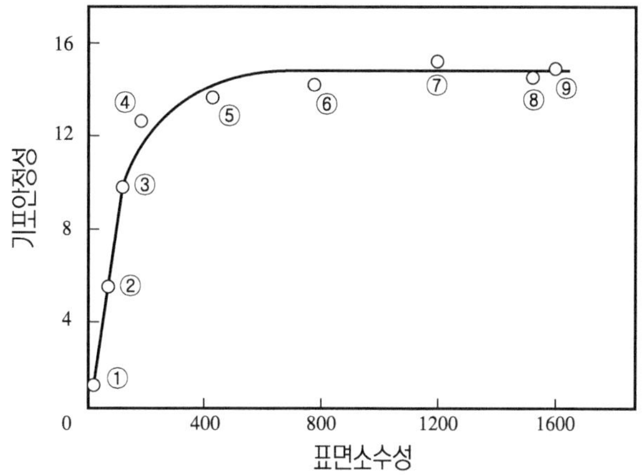

①：미변성 오발부민 ②：66℃ 가열 ③：70℃ 가열
④：72℃ 가열 ⑤：74℃ 가열 ⑥：76℃ 가열
⑦：78℃ 가열 ⑧：80℃ 가열 ⑨：82℃ 가열

그림 1-10 변성 오보알부민의 표면소수성과 기포안정성의 관계

3) 난백의 기포력에 영향을 주는 요인

(1) 난황혼입에 의한 기포력의 저하

난황의 혼입은 난황에 함유된 유지가 소포제로서 작용하기 때문에 일어난다. 공업적으로 대량의 계란으로부터 난백을 분리할 경우 난황의 혼입을 방지하는 것이 쉬운 일이 아니다. 이 때문에 혼입된 난황을 처리하기 위해서 원심분리에 의한 제거, 리파제에 의한 난황 유지의 분해 등의 방법이 채택되고 있다. 또 음이온 계면활성제를 첨가하여 저하된 기포력을 증대시키는 방법도 채택되고 있다.

(2) 동결보존에 의한 기포력의 저하

난백의 동결보존에는 구성단백질을 부분적으로 변성시켜 불용화를 초래하며, 이로 인하여 기포력이 저하한다.

(3) 액란의 저온살균에 의한 기포력의 저하

액란 중에 오염된 여러 종류의 미생물 중에 살모넬라균은 가장 유해성이 높은 균 중의 하나이다. 오염균을 살균하는 것은 식품위생상 당연한 일이며, 통산 저온살균(55 ~ 57℃, 15 ~ 30분)이 실시된다. 그러나 난백의 기포력에 큰 기여를 하는 콘알부민이 저온살균처리의 과정에서 변성하여 난백 그 자체의 기포력을 저하시킨다. 이 때문에 인산염이나 구연산염을 난백에 가하여 콘알부민의 저온살균처리과정에서의 변성을 방지하는 방법이 이용되고 있다.

4. 유화력(emulsifying capacity)

1) 난황의 유화력과 안정성

난백에 비해 난황은 우수한 유화제로서 수중유적형의 에멀젼(emulsion)을 만드는데, 마요네즈나 아이스크림에서 볼 수 있는 에멀젼은 난황의 유화작용에 의한 것이다. 유화제란 유지와 물의 계면을 분산시킬 경우 안정한 에멀젼을 형성시키는 능력을 가진 계면활성물질로서 소수성기와 친수성기를 가지고 있다. 그림 1-11에 나타낸 바와 같이 에멀젼의 형태에는 수중유적형(水中油滴型, o/w型)과 유중수적형(油中水滴型, w/o型)이 있고, 계면활성물질(유화제) 분자의 배합의 상태에 따라서 양자의 에멀젼을 가질 수 있다. 수중유적형에는 전도성이 있으나, 유중수적형에는 전도성이 없는 것이 다른 점이다.

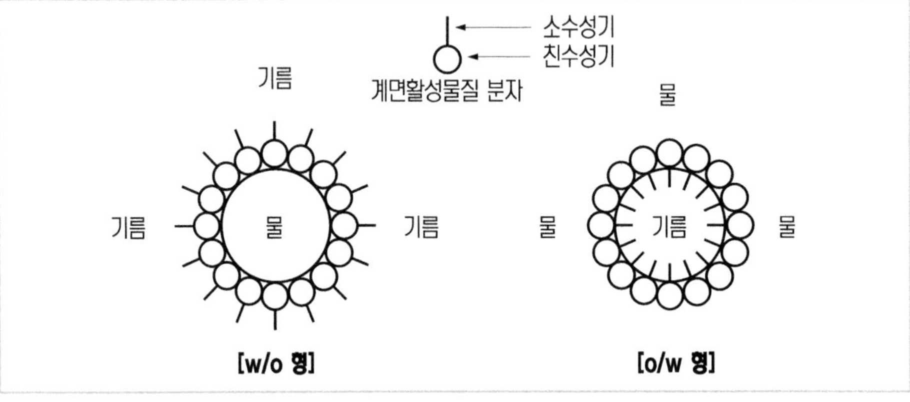

그림 1-11 계면활성물질의 유-수 계면에의 흡착

난황의 우수한 유화성은 앞에서 언급한 저밀도리포단백질(LDL)에 크게 의존하고 있다. LDL은 직경 250 ~ 270Å의 입자로 그림 1-12 및 그림 1-13에 나타낸 바와 같이 입자의 중심부는 트리글리세라이드, 외측은 인지질과 인지질과 결합한 단백질이 복합되어 있다. LDL은 고밀도리포단백질(HDL)보다도 유화용량이 크고, 에멀젼의 분산입경(分散粒徑)은 HDL을 사용한 경우보다도 훨씬 작다. 그러나 에멀젼의 안정성은 HDL을 사용할 경우 더 안정하다. 난황 중의 단백질 분획의 유화 안정력은 HDL〉리베틴〉LDL〉호스비틴의 순서이다.

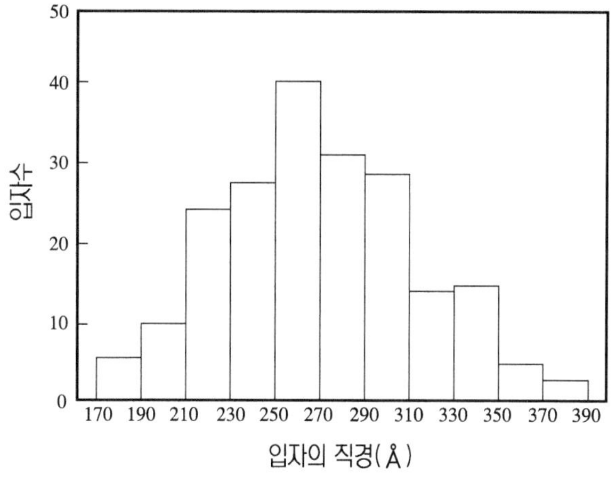

그림 1-12 저밀도리포단백질 입자경의 분포

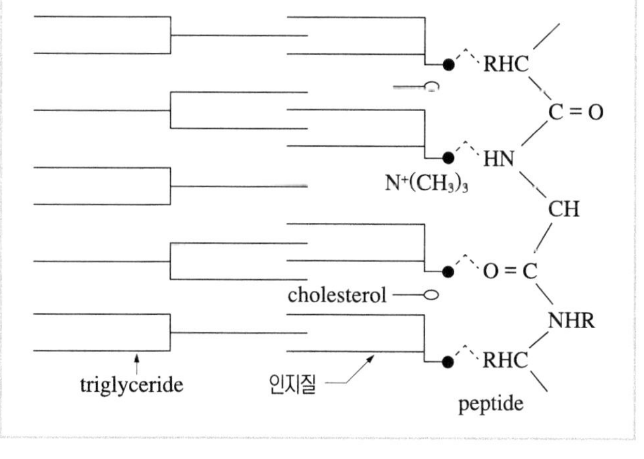

그림 1-13 저밀도리포단백질 입자의 표면층의 성분구성

2) 유화성에 영향을 주는 요인

(1) 첨가물의 영향

식염이나 설탕의 첨가와 난황의 유화성과의 관계를 보면, 그림 1-14에서 보는 바와 같이 식염이나 설탕의 첨가량이 적을 때는 난황의 유화성에 전혀 영향을 주지 않지만, 첨가량이 많으면 현저하게 유화성이 저하된다. 그 이유는 식염이나 설탕의 첨가에 의해서 탈수현상이 일어나고 당도가 증가하기 때문이다.

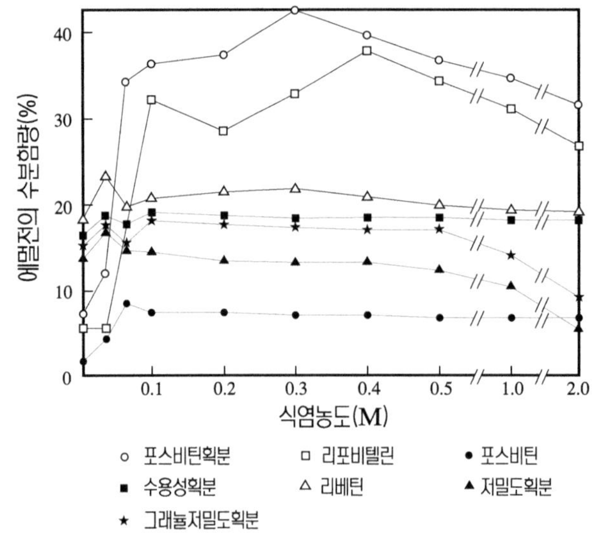

그림 1-14 식염농도에 대한 난황단백질의 유화안정성

(2) pH의 변화

산성 pH에서는 유화성이 저하한다. 난황의 pH를 초산을 이용하여 낮추면 pH 4.0까지의 유화력은 전혀 변하지 않지만, pH 4.0 이하로 되면 급속히 저하한다.

(3) 건조, 동결 및 가열의 영향

표 1-15에서 보는 바와 같이 난황은 건조나 동결에 의하여 유화 안정성이 저하한다. 난황을 건조시키면 리포단백질의 지질이 분리되고, 분리된 지질은 건조난황분말의 표면에 부착하여 유화성을 저하시키는 원인이 되고 있다. 또 난황을 -6℃ 이하로 동결시키면 점도를 증가시키고 해동 후에도 해동 후에도 복원되지 않는다. 이러한 현상은 주로 LDL이 동결에 의하여 변성하기 때문에 일어나는 것이다. 따라서 동결에 의한 난황

의 유화성 저하는 LDL의 변성에 기인하는 것으로 이해된다. 또 동결에 의한 난황의 유화성 저하는 동결 전에 식염이나 설탕을 난황에 가함으로써 어느 정도 방지할 수 있다.

한편, 가열처리는 난황의 살균에 있어서 반드시 필요하다. 가열살균에 의한 난황의 유화력의 저하는 그만큼 크지만, 표 1-16에서 보는 바와 같이 살균온도가 높을수록 안정성이 높은 것으로 알려져 있다.

표 1-15 난황의 유화 안정성

	유의 분리량
신선난황	1.2
동결난황	3.0
동결건조난황	4.6
분무건조난황	8.8

표 1-16 난황 에멀젼의 안정화에 미치는 살균온도의 영향 (가열시간 : 5분)

살균온도 (℃)	정치 2시간 후의 분리수상량(mL)
미살균	1.52
61	1.50
63	0.77
65	0.72

Ⅳ. 난가공품의 제조

1. 난가공품의 분류

난가공품은 일반적으로 1차 가공품과 2차 가공품으로 크게 분류한다. 계란을 할란하여 난각을 제거하고 유통과정에서의 취급을 용이하게 한 것을 1차 가공품이라 부르며, 액상란, 동결란 및 건조란의 3종류가 있다. 이들을 가공난이라 하며, 여기에는 전란, 난황 및 난백이 있다. 또 내용물을 식용으로 직접 제공될 수 있도록 가공한 것을 2차 가공품이라 하며, 통상 이러한 제품을 난제품이라 부른다.

한편, 우리나라 축산물의 가공기준 및 성분규격에 의하면 알가공품이란 알이나 알의 내용물에 다른 식품 또는 식품첨가물 등을 가한 것이거나 분리, 건조, 냉동, 가열, 발효·숙성 등의 방법으로 가공한 것으로 정의하고, 다음과 같이 9가지 유형으로 분류하고 있다.

① 전란액 : 알의 전 내용물이거나 이에 식염, 당류 등을 가한 것 또는 이를 냉동한 것(알내용물 80% 이상).

② 난황액 : 알의 노른자이거나 이에 식염 및 당류 등을 가한 것 또는 이를 냉동한 것(알내용물 80% 이상).

③ 난백액 : 알의 흰자이거나 이에 식염 및 당류 등을 가한 것 또는 이를 냉동한 것(알내용물 80% 이상).

④ 전란분 : 알의 전 내용물을 분말로 한 것(알 내용물 90% 이상).

⑤ 난황분 : 알의 노른자를 분말로 한 것(알 내용물 90% 이상).

⑥ 난백분 : 알의 흰자를 분말로 한 것(알 내용물 90% 이상).

⑦ 알가열성형제품 : 알의 응고온도 이상으로 가열, 살균 등의 열처리공정을 거쳐 성형시킨 것(알 내용물 30% 이상).

⑧ 염지란 : 알을 삶은 후 그대로 또는 할란하여 조미액에 일정시간 조리거나 조미료 및 향신료를 첨가하여 포장한 것(알 내용물 50% 이상).

⑨ 피단 : 알껍질 외부로부터 조미·향신료 등을 알 내용물에 침투시켜 특유의 맛과 단단한 조직을 갖도록 숙성한 것(알 내용물 90% 이상).

2. 난가공품의 제조법

1) 액상란

할란하여 알의 내용물만을 모은 것으로 생액란이라고도 하며, 할란에 의하여 미생물에 대한 방어체제를 상실하기 때문에 가열살균을 하는 것이 바람직하지만, 가열에 의하여 난단백질이 변성하고 가공특성이 저하하기 때문에 가열살균을 하지 않는 경우도 있다.

(1) 세란

난각의 오염물을 제거하기 위하여 물, 세정액 또는 1 ~ 2% 탄산나트륨액을 가하면서 회전 브러시를 이용하여 세정하고, 필요에 따라 100 ~ 200 ppm의 유효염소를 함유하는 차아염소산을 분무하여 살균한다. 세정액에 철분이 함유되어 있을 경우 알의 내부로 침투하여 난백 중의 콘알부민과의 결합에 의해 난백의 색이 적갈색으로 변할 수 있으므로 주의하지 않으면 안 된다.

(2) 검란

보통 투광법에 의하여 실시된다. 기계할란하는 경우 식용 부적란을 발견하지 못하면 양질의 알까지 품질이 떨어지기 때문에 검란에 유의하지 않으면 안 된다.

(3) 할란

할란작업은 크게 나누면 수할란(手割卵, hand breaking)과 기계할란이 있다. 수할란은 작업자가 손으로 작업을 하는 것이어서 시간과 노동력을 요하지만, 불량란을 발견할 경우에 처리하기 쉽고, 난황의 혼입량이 적어 기포성이 좋다. 기계할란에 쓰이는 할란기(그림 1-15)에는 여러 종류가 있으며, 종류에 따라 매분 100 ~ 3,000개의 할란능력을 가지고 있다. 할란 후의 알 내용물에는 난각조각, 칼라자 또는 난황막이 존재하므로 여과하여 제거된다.

(4) 살균

보존성이 좋은 액란을 얻기 위해서는 여과 후에 살균기(그림 1-16)를 이용하여 살균을 하는 것이 바람직하다. 액란은 열응고성이 있기 때문에 우유와 같이 고온단시간살균법을 이용하기는 곤란하다. 따라서 액란의 살균은 주로 살모넬라균 및 대장균을 사멸시키는 것을 목적으로 하여 저온살균을 실시한다. 액란은 그 용도에 따라 열응고성, 포립성 및 유화성 등의 기능적 특성을 이용하기 때문에 이러한 특성의 근원인 단백질의 기능이 저하하지 않도록 해야 한다. 표준적인 가열조건은 전란액의 경우 60℃ 이상에서 3.5분 이상, 난황액의 경우 62.2℃ 이상에서 3.5분 이상, 그리고 난백액의 경우 젖산을 가하여 pH 7.0으로 조정하고 여기에 알루미늄이온을 가하여 60℃에서 3.5 ~ 4분간이다. 알루미늄은 포립성에 관여하는 콘알부민과 결합하여 열변성을 억제하고 포립성이 좋은 살균 난백액을 얻을 수 있기 때문에 사용한다.

(5) 포장

가열살균 후의 액란은 바로 5℃ 이하로 냉각한 다음 충전기(그림 1-17)를 이용하여 플라스틱제의 용기에 충전하거나 폴리에틸렌 백에 넣어 포장한다.

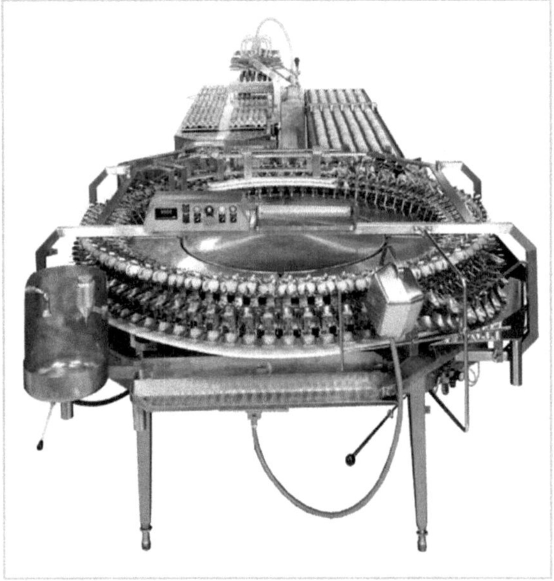

그림 1-15 할란기(SANOVO SBS 3001)

그림 1-16 액란 살균기(SANOVO)

그림 1-17 액란 충전기(SANOVO)

2) 동결란

액산란을 포장용기 중에서 동결시킨 것을 동결란이라 하며, 전란, 난백 및 난황의 구분은 액상란의 경우와 같다.

(1) 동결벙법

동결이 빠르게 진행되도록 하기 위해서 액란의 용기는 작은 것이 좋다. 액란을 용기에 충전한 후 가급적 빠르게 -30℃ 이하의 동결실에서 급속동결을 한다.

(2) 해동

해동의 기본은 물성 및 미생물학적 측면에서 보면 단시간에 해동하는 것이 바람직하다. 적어도 24 ~ 36시간 이내에 종료해야 한다. 현재 일반적으로 이용되고 있는 것은 유수해동, 상온해동 및 이들을 병용한 방법이다.

(3) 품질

난백의 빙결점은 -0.45℃로 -20℃의 동결란을 해동하면 생난백 중의 농후난백이 반감하여 전체가 묽게 보인다. 그러나 기포성이나 포말안정성의 저하가 작고, 이것을 사용한 제품의 조직이나 풍미는 양호하다.

난황의 빙결점은 -0.58℃로 동결온도가 -6℃ 이하이면 해동 후에 응집물이 형성되고 점도가 상승하여 겔화 상태가 된다. 겔화란 난황 중의 저밀도 리포단백질을 함유하는 미동결수가 단백질의 구조안정상 필요한 부동수(不凍水)보다 적게 될 때 저밀도 리포단백질이 변성하여 가역적 응집이 일어나기 때문이라고 생각된다. 또 동결저장에서 점도가 상승하는 것은 동결과정에서의 염류의 농축 부분적 공정빙결(共晶氷結), 미빙정(微氷晶)으로의 융합 등에 의해 이포단백질의 입체구조에 변화가 일어나는 결과이다.

미생물학적 품질을 보면 동결에 의하여 미생물수는 약간 감소한다. 그러나 경우에 따라서는 증가하는 경향을 나타내기도 하므로 동결 전의 살균에 의하여 액란의 미생물수를 가능한 한 최소화해야 한다. 해동에 장시간이 걸리면 미생물수가 증가하기 때문에 액란의 용적을 적게하여 동결하고 급속해동 후에 즉시 사용하는 것이 중요하다.

3) 건조란

건조란은 액상란을 건조시킨 것으로 원칙적으로 탈당하고 나서 건조시킨다.

(1) 탈당법

난백액에는 유리의 글루코오스가 약 0.4% 존재하고 있다. 난백의 pH는 8 ~ 9이므로 그대로 건조시키면 글루코오스는 난백단백질과 아미노카르보닐 반응(maillard reaction)을 일으켜 갈변물질을 생성하고, 단백질은 구조변화를 일으켜 불용화한다. 따라서 무처리 난백의 건조품은 저장 중에 황색 반투명에서 갈색 불투명으로 변화하고 용해도를 감소시켜 포립성을 나쁘게 한다. 이를 방지하기 위해서 글루코오스를 제거할 필요가 있다.

글루코오스를 제거하는 방법으로 일반적으로 이용하는 제당법은 다음 반응식에서 보는 바와 같다. 즉, 분자상의 산소의 존재 하에 글루코오스옥시다아제가 글루코오스를 글루콘산으로 산화하는 반응을 이용한 것이다. 이때 분자상의 산소는 과산화수소로부터 카탈라아제의 작용에 의하여 얻어진다. 이 방법은 전란, 난백 및 난황의 탈당에 모두 적용될 수 있다.

$$2H_2O_2 \xrightarrow{catalase} 2H_2O + O_2$$

$$\underset{glucose}{H_2O + C_6H_{12}O_6} + O_2 \xrightarrow{glucose\ oxidase} \underset{glucose\ acid}{C_6H_{12}O_7 + H_2O_2}$$

(2) 건조법

탈당시킨 액란은 여과 후에 농축시키지 않고 바로 건조시킨다. 전란, 난백 및 난황 등에 따라 적용하는 건조법이 다르고, 제품의 특성유지를 위해서 변성방지제를 첨가하여 건조시키기도 한다.

전란이나 난황에는 주로 분무건조법이 사용되고 있다. 포립 저하 방지제로서 설탕이나 콘시럽, 유화조제로서 스테아린산모노글리세리드나 올레인산 디글리세리드 등을 첨가하여 건조시키는 경우도 있다. 난백의 경우 수분이 많기 때문에 미리 역삼투법(수분과 같은 저분자물질만을 통과시키고, 단백질과 같은 고분자물질을 통과시키지 않는 성질을 가진 반투막을 사용하여 수분을 제거하는 방법)으로 고형분을 25 ~ 30%

가지 농축시키고 나서 분무건조한다. 그 외에 동결건조법, 드럼건조법 및 벨트식 건조법 등이 있다.

3) 품질

탈당하고 나서 건조시킨 전란은 실온에서 1년, 난황은 8개월, 그리고 난백은 전란이나 난황보다 장기간 동안 품질이 유지된다. 질소가스치환 또는 진공밀봉법보다도 제습과 저온유지(6℃ 이하)에 유의하여 저장하면 효과가 있다. 건조난황에서는 지질의 유리나 산화가 문제되므로 탈당하지 않으면 인지질과 당의 반응으로 갈변이나 형광을 발생한다.

4) 마요네즈

마요네즈(mayonnaise)는 식물성 기름 65 ~ 75%, 난황 약 10%, 양조식초 5 ~ 15%, 식염, 설탕, 핵산조미료 등의 조미료, 후추 등의 향신료를 혼합하여 유화시킨 소스의 일종이다. 혼합 이후에는 살균공정이 없으므로 위생시설을 완비한 공장에서 만들지 않으면 안 된다. 마요네즈는 정제한 식물성 기름, 난황 및 식초를 기본 성분으로 하는 영양가가 높은 반고체 식품으로서 난황의 유화작용을 이용하여 식초와 기름을 가해 저으면서 만들어진다. 이때 주의할 점은 ① 처음부터 기름을 한꺼번에 넣으면 분리되므로 조금씩 넣으면서 섞을 것, ② 신선한 계란을 사용할 것, ③ 기름이 냉각되면 섞이지 않으므로 적당히 가온할 것 등이다. 이러한 마요네즈는 물(水相) 중에 기름의 입자가 분산된 수중유적형(o/w 형) 에멀젼으로 기름의 입자가 작을수록 제품의 점도가 높아 안정하고, 물과 기름이 분리되지 않는다.

5) 피단

피단(pidan)은 원래 중국에서 제조되고 있던 오리 알을 알칼리 응고시킨 식품으로 피단으로 지칭된다. 계란이나 메추리 알을 사용하여 제조되기도 한다. 오래 전에는 석회, 짚재, 목회 등의 알칼리와 식염, 홍차의 혼합액으로 알 전체를 칠하여 제조되었다. 이와 같이 알을 식염이 포함된 강알칼리 용액에 침지하거나 강알칼리성의 페이스트를 피복함으로써 알의 내부로 침투된 알칼리에 의해 난백과 난황의 단백질은 변성되고 알 전체가 겔화된다. 이때 난백은 흑갈색으로, 난황은 청흑색으로 각각 변한다. 특히 집오리 알의 경우 보다 낮은 pH에서 제조가능하기 때문에 기호성이 우수하고, 알칼리의 작용으로 황화수소가 존재하기 때문에 독특한 풍미를 갖는다.

6) 라이소자임

라이소자임(lysozyme)은 세균 세포벽의 용균작용을 갖는 단백질로 난백 중에 0.3 ~ 0.4%정도 함유되어 있으며, 의약품이나 식품의 방부제로서 사용된다. 라이소자임의 등전점이 10.5 ~ 11.0으로 난백 중에서는 다른 단백질 특히 오보뮤신과 정전기적 결합을 하기 쉽다. 칼라자층에는 다른 난백 부분보다 2 ~ 3배 많은 라이소자임이 존재한다. 이러한 라이소자임을 분리하는 방법은 많지만, 일반적으로 이용되고 있는 것은 직접 결정화하는 방법이다. 난백에 식염을 5%가 되도록 가하여 pH를 8 ~ 11로 조정한 후 3℃ 전후의 저온에서 10 ~ 20시간 동안 서서히 교반함으로써 라이소자임을 분리할 수 있다.

제 1 편 참고문헌

1. 한국낙농유협회(http://www.naknong.or.kr) 및 서울우유(https://www.seoulmilk.co.kr)

2. 서울우유협동조합 1997. 서울우유 60년사

3. 농림부, 2004. 낙농진흥회 낙농편람.

4. 사이언스데일리, 라이브사이언스닷컴, 동아닷컴

5. 최신유가공학. 김거유, 김세헌, 김완섭, 김철현, 남영수, 문용일, 배인휴, 오세종, 윤성식, 이수원,이원재, 전우민, 하월규 2011 유한문화사

6. 우유와 유제품의 과학, 김영교, 김영주, 김현욱, 1981, 선진문화사

7. 낙농식품가공학, 한국낙농공학연구센터 1996, 선진문화사

8. 낙농 및 식품미생물학, 김현욱, 1996, 선진문화사

9. 축산식품가공학, 김현욱, 이무하, 성삼경 1997 선진문화사

10. 축산식품가공학, 하정욱 2007 두양사

11. http://www.law.go.kr/법령/축산물위생관리법

12. 축산물의 과학, 강창기, 고준수, 권일경, 김거유, 박구부, 박승용, 박재인, 이성기, 채영석, 최면, 최일신, 1997, 유한문화사

13. 축산물가공기준 및 성분규격, 2010, 수의과학검역원

14. 유식품가공학, 2002, 고준수 등 선진문화사

15. 축산식품가공학 김현욱, 이무하, 성삼경 1997 선진문화사

16. 축산식품가공학 하정욱 2007 두양사

17. Alfa-Laval, 1980. Dairy Handbook. Alfa-Laval AB, Dairy and Food Engineering Division, Lund, Sewend.

18. American Diry Products Institute, 1990. Standards for grades of dry milks including methods of analysis, Bulletin 916(Revised)

19. Caric, M., 1993. Concentrated and dired dairy products. In: Darity technology and science handbook, Hui, Y.H.(eds), VCH Publishers Inc., NY, Vol. 2. Product manufacturing.

20. Cogan, T and J-P. Accolas. 1996. Dairy starter clture. VCH Pbulisher, Inc. New York, USA.

21. Fuller, R. 1992. Probiotics, The scientific basis. Published by Chapman & Hall, 2-6 boundary Row, London.

22. Kosikowski, F.V. and Mistry, V.V., 1997. Cheese and Fermented milk Foods. 3rd Ed. F. V. Kosikowski L. L. C, Virginia.

23. Rajar K.K and K. J. Burgess, 1991. Milk Fat: production, Technology and Utilization. Society for Dairy Technology, Huntingdon. England.

24. Robinson R.K.,1994. Modern Dairy Technology 2nd Ed. Vol. 1. Advances in Milk Processing.

25. Rothwell J., 1989. Cream Processing Mannal. Society for Dairy Technology, Huntingdon. England

26. Varnam, A. H., and J. P. Sutherlan, Milk and Milk products, (Technology, chemistry and microbiology) 1994, Chapman and Hall, London

27. Walstra P. and T. J. Geurts, A. Noomen, A. Jellema, 1999. Dairy Technology. Marcel Dekker, Inc. New York.

제 2 편, 3 편 참고문헌

1. 식육생산과 가공의 과학, 강창기, 박구부, 성삼경, 이무하, 이영현, 정명섭, 최양일 1992 선진문화사

2. 식육과학과(이론과 응용), 강통삼, 김종원, 성삼경, 송인상, 이무하, 이성기, 이유방, 최양일, 1990, 선진문화사

3. 식육의 과학과 이용, 박정기외 공저, 1991, 선진문화사

4. 축산식품가공학 김현욱, 이무하, 성삼경 1997, 선진문화사

5. 식육과 육제품의 과학, 송계원, 강통삼, 김연욱, 성삼경, 송인상, 이무하, 이유방, 채영석, 한현석, 1985, 선진문화사

6. 축산식품가공학 하정욱 2007, 두양사

7. 계란의 과학과 그 이용, 한석현 1996, 선진문화사

8. Bacus, J. Utilization of Microorganisms in Meat Processing, 1985, Research Studies Press Ltd

9. Bechtel, P. J. Muscel as Food. 1986, Academic press, New York

10. Bendall, J. R., Postmortem Change in Muscle. In The structure and Funtion of Muscle. ed by Bourne, G. H. 1973. Academic Press

11. Bendall, J. R. 1980. The Electrical Stimulation of Carcass of Meat Animals. and Cuthbertson, A. Hot Processing of Meat. In Development in Meat Science 1. by Lawrie, R. 1980, Applied Science pub. Ltd. London

12. Campbel-platt, G. and Cook P. E. Fermented meats, 1995, Blackie academic and professional, London

13. Cross, H. R. Meat science, milk scence and technology, 1988, Elsevier science publishers B. V. Amsterdam

14. Ebashi, S., Maruyama, K. and Endo, M., Muscle Contraction, Its Regulatory Mechanisms, 1980, Japan Societies Press, Tokyo

15. Franklin, K. R. and H. R. Cross, Meat Science and Technology. Int. symp. proc., Nat Livestock and Meat Boaard., 1982, Chicago, Illinois

16. Gerrard F. and Mallion. F. J. The Complete Book of Meat, 1980, The Trinity Press, Worcester

17. Gerrard. F. Sausage and small goods production, 1976, Northwood Pub. Ltd

18. Goll, D. E. et al. Chemistry of Muscle Protein as a food. In "The physiology and biochemistry of muscle as a food " 2 ed. by Briskey E. J. et al. 1970. The Univ. of Wisconsin Press

19. Hamm, R. Water-holding capacity of meat, 1975, In meat (Cole, D. J. A and Lawrie, R. A. eds)

20. Judge, M. D. Aberle, E. D., Forrest, J. C., Hedrick H. B. and Merkel, R. A. Principles of meat science, 1989, Kendall/Hunt Publishing Company. USA

21. Kinsman, D. M., Kotula, A. W. and Breidenstein, B. C. Muscle foods, 1994, Chapman and Hall, Inc., New York, London

22. Lawrie, R. A. Meat Science(4rd edition), 1985, Pergamon Press, New York

23. Lawrie, R. A. (ed), 1980, Developments in Meat Science-1, Applied Science Pub. Ltd

24. Pearson, A. M. and T. R. Dutson, Electrical stimulation 1985, Adv. Meat research. Vol. 1.

25. Pearson, A. M. and T. R. Young, Muscle and Meat Biochemistry, 1989, Academic press, Inc

26. Price, J. F. and B. S. Schweigert, The science of meat and meat products. 3rd. ed. 1987, Food and Nutrition Press. Inc. Connecticut, USA

27. Sakai, T., M. Endo and H. Sugita. The Function and Structure of Muscle. Igaku Shoin Ltd, Tokyo.

28. Smith, D. S. Muscle. 1972. Academic Press, New York

29. Stadelman, W. J., and Cotterill, O. J., Egg Science and Technology, 1973, the AVI Pbulishing Company INC

30. Stadelman, W. J., and Cotterill O. J. Egg Science and Technology(3rd edtion), 1990, Food Products Press, New York

31. Wdward, S. K. Hand Book of Meat Snalysis(2nd edition), 1985, Avery Publishsing Group, INC